致密气藏加砂压裂实验评价技术与应用

李　杰　付永强　张华礼　彭钧亮　等编著

石油工業出版社

内容提要

本书集成梳理了致密气藏加砂压裂实验评价类型、实验原理、实验设备、实验评价参数、实验测试及数据处理方法，详细介绍了岩石力学、地应力、脆性指数、加砂压裂材料、大尺寸真三轴水力压裂裂缝起裂与扩展、支撑剂缝内铺置特征、裂缝导流能力等实验评价技术，并以致密砂岩气藏和页岩气藏为例，阐述了致密气藏加砂压裂实验评价结果在裂缝起裂及扩展研究、加砂压裂入井材料优选、施工排量和施工规模优化、压裂工艺措施选择等方面的应用。

本书可供从事致密气藏加砂压裂实验评价科研人员阅读，也可供相关院校师生参考使用。

图书在版编目(CIP)数据

致密气藏加砂压裂实验评价技术与应用 / 李杰等编著. —北京：石油工业出版社，2020.9

ISBN 978-7-5183-4128-3

Ⅰ.①致… Ⅱ.①李… Ⅲ.①致密砂岩-砂岩油气藏-油气开采-压裂-实验-评价 Ⅳ.①TE357

中国版本图书馆 CIP 数据核字(2020)第 123946 号

出版发行：石油工业出版社
(北京安定门外安华里 2 区 1 号楼　100011)
网　址：www.petropub.com
编辑部：(010)64523537　图书营销中心：(010)64523633
经　　销：全国新华书店
印　　刷：北京中石油彩色印刷有限责任公司

2020 年 9 月第 1 版　2020 年 9 月第 1 次印刷
787×1092 毫米　开本：1/16　印张：18
字数：450 千字

定价：150.00 元
(如出现印装质量问题，我社图书营销中心负责调换)

《致密气藏加砂压裂实验评价技术与应用》

编 委 会

前 言
PREFACE

作为世界上重要的非常规天然气资源，致密砂岩气及页岩气分布广泛、资源规模巨大。随着勘探开发的深入和技术的进步，两者也成为全球天然气产量的主要增长点。

在中国，非常规天然气已成为天然气增储上产的重要资源，据自然资源部 2018 年资料，致密砂岩气可采资源量为 $12\times10^{12}m^3$，页岩气可采资源量为 $21.8\times10^{12}m^3$。早在 20 世纪 60 年代，中国就开始了致密砂岩的勘探开发，随着致密气藏加砂压裂技术的进步，先后发现了四川盆地须家河组、鄂尔多斯盆地苏里格以及塔里木三个致密砂岩大气区，其中鄂尔多斯盆地的苏里格致密气田已成为中国最大的天然气田，2019 年产气量达 $254.5\times10^{8}m^3$。在页岩气开发方面，早在 1966 年，中国第一口页岩气井——四川盆地威远 5 井，在古生界寒武系筇竹寺组海相页岩中获得了日产气 $2.46\times10^{4}m^3$，但由于技术不足，未规模开发。随着技术的进步，中国从 2005 年开始掀起了页岩气的勘探开发热潮，现已建立了长宁—威远、云南昭通等多个国家级页岩气工业化开发先导性示范区，2019 年，中国石油西南油气田川南地区页岩气年产能已达 $100\times10^{8}m^3$。

致密砂岩储层具有低孔隙度、低渗透率，黏土矿物含量较高、种类较多，储层敏感性较强，自然产能极低的特征，需要通过加砂压裂提高气井产量，同时加砂压裂面临水锁伤害严重、主缝延伸困难、压裂液效率低、确定最优支撑缝长和导流能力难度大等问题。页岩储层具有孔隙度、渗透率极低，岩石脆性强，天然裂缝发育等特征，必须依靠加砂压裂形成复杂的裂缝，扩大储层改造体积从而实现对资源的有效动用，加砂压裂也面临裂缝复杂程度受限、滑溜水携砂能力不足、大量返排液的回收与处理难度大等问题。以上这些问题，对加砂压裂技术提出了更高的要求，同时，致密气藏加砂压裂技术的不断进步和完善，也显著地提高了致密砂岩气和页岩气的勘探开发效果。

致密气藏加砂压裂储层改造实验评价是加砂压裂工艺设计、施工参数、施工规模、入井材料选择的重要依据。中国石油西南油气田分公司工程技术研究院具备在高温（最高 200℃）、高压（最高 200MPa）条件下开展压裂机理、工艺模拟及优化、入井材料评价等方面的实验评价能力。通过多年的技术攻关和实践，形成了岩石力学、地应力、脆性指数、断裂韧性、储层可压性、储层敏感性、压裂液、支撑剂、暂堵转向材料、返排液水质分析及重复利用、大尺寸真三轴水力压裂裂缝起裂与扩展、支撑剂缝内铺置特征、裂缝导流能力等方面的实验评价技术。上述技术在四川盆地川中须家河储层和四川盆地长宁龙马溪组储层中加砂压裂实验评价技术的应用，有效地提高了致密气藏加砂压裂施工参数设计的针对性和经济性，现场应用取得了较好的效果，提高了气藏的勘探开发质量和效益。

为了促进技术进步和交流，使相关技术和科研人员能更好了解致密气藏加砂压裂技术实验评价的实验原理、实验设备、实验方法及应用，本书根据已取得的研究成果，结合储层特征，对岩石力学及地应力、敏感性、入井材料性能评价、加砂压裂工艺模拟等实验技术进行系统梳理和归纳，形成了一套完整的致密气藏加砂压裂实验评价技术。

本书由中国石油西南油气田分公司工程技术研究院组织编写。本书分为八章，前言由韩慧芬、彭欢、彭钧亮编写，第一章由彭欢、王良、高新平、闵建、王都、苟兴豪、韩慧芬、曾冀、王琨编写，第二章由彭欢、韩慧芬、秦毅、何轶果、冉立编写，第三章由高新平、王良、彭欢、韩慧芬、王琨、陈迟、黄玲编写，第四章由闵建、王都、彭钧亮、王琨、李金穗、彭欢、刘云涛编写，第五章由高新平、王良、彭欢、苟兴豪编写，第六章由彭欢、王良、高新平、韩慧芬、苏军编写，第七章由彭欢、王良、高新平、闵建、王都、官文婷、曾嵘编写，第八章由彭欢、曾冀、韩慧芬、李力、蒲军宏、周长林、韩旭、陈伟华、岳文翰编写。全书由李杰、付永强、张华礼、彭钧亮、彭欢统稿。

值此书出版之际，感谢西南石油大学郭建春教授在本书的编写过程中做出的技术指导，本书集成了中国石油西南油气田分公司工程技术研究院在加砂压裂实验评价技术方面多年来的研究成果，大量的科研技术人员为书稿做了大量的工作，在此一并感谢，同时向本书撰写过程中所引用到的众多学术论文、专著的作者及同行们表示崇高的敬意。

由于笔者水平有限，本书难免存在错误与不足之处，敬请读者提出宝贵意见。

目录
CONTENTS

第一章 致密气藏加砂压裂实验评价技术发展

第一节 致密气藏加砂压裂发展历程及技术进展

20 世纪 70 年代，美国为制定气井可获得政府税收抵免的标准，将渗透率低于 0.1mD 的气藏作为致密气藏。中国在制定《气藏分类》(SY/T 6168—1995)时，将试井资料求取的有效渗透率不超过 0.1mD 的气藏划分为致密气藏。在气藏的实际开发中，对于埋藏浅或较深、储层厚度小、压力低的油气藏，要想获得具有经济价值的产量，要求渗透率在 1mD 以上；而储层厚度大、压力高的油气藏，即使渗透率为 0.001mD，也能获得具有经济价值的产量，因此选择单一渗透率值来定义致密气藏的意义有限。通常认为“利用水平井或多分支井，经过水力压裂后，才能具有经济价值产量的气藏”为致密气藏，其主要包括砂岩气藏和页岩气藏。

砂岩和页岩的地质特征表明：砂岩储层具有岩石致密、岩性复杂、非均质性强、含气饱和度较低等特点，无自然产量或产量极低；页岩储层是页岩气以吸附和游离状态为主、少量溶解态赋存于页岩中的非常规天然气储层，非均质性强，并且具有低孔隙度、超低渗透率的物性特征。砂岩和页岩储层的商业化开采关键在于有多少经济和技术可采的地质储量。为了获取高产量和高效益，利用钻井、完井工程和储层改造等相关技术，通过优选目的层段、加快钻井速度、提高单井产能、延长开采期限，达到成本控制的目的。这些技术是砂岩和页岩开采过程中的重要环节，其中储层改造中的加砂压裂是实现这一些重要环节的关键，必须依靠加砂压裂形成有效的裂缝，扩大储层改造体积、提高泄流面积、改善渗流通道，从而实现对资源的有效动用。

加砂压裂中，致密砂岩面临水锁伤害严重、主缝延伸困难、压裂液效率低、确定最优支撑缝长和导流能力难度大等问题；页岩也面临裂缝复杂程度受限、滑溜水携砂能力不足、大量返排液的回收与处理难度大等问题。以上这些问题，对加砂压裂工艺设计、施工参数、施工规模、入井材料选择提出了更高的要求。加砂压裂储层改造实验评价是相关措施制定和决策的重要依据。同时，加砂压裂实验研究成果可显著提高致密气藏加砂压裂的针对性和经济性，确保气藏的勘探开发质量和效益。

一、加砂压裂发展历程

19 世纪 60 年代，最早的压裂技术出现在美国，人们使用液态的硝化甘油来压裂埋藏较浅、储层坚硬的油井，目的是使储层破裂，以期增加原油的初始产量和最终采收率。虽然使用具有爆炸性的硝化甘油进行压裂极具危险性，而且通常其使用不合法，但是硝化甘油还是成功地用于油井压裂作业。不久后，该压裂原理应用于水井和气井中，并取得了同样的效果(Montgomery C T，2010)。

20 世纪 30 年代，人们开始尝试将非爆炸性(酸性)的液体注入地层来压裂改造油气井。在油气井酸化作业中可实现“压裂”，由于酸液的非均匀刻蚀，最终在地层中形成不能完全闭合的裂缝，进而成为地层到井筒的流动通道，大大提高了油气井产量。这种“压裂”的现象不但在酸化的施工现场存在，在注水和注水泥固井的作业中也有发生。但对酸化、注水、注水泥固井作业中形成的地层破裂这一问题一直没有搞清楚原因，直到 Farris 石油公司(后来的 Amoco 石油公司)针对观察油气井产量与改造压力的关系进行了深入的研究。通过此次研究，Farris 石油公司萌生出了通过水力压裂地层而实现油气井增产的设想。

1947 年，第一次试验性的水力压裂改造作业由 Stanolind 石油公司在堪萨斯州的 Hugoton 气田完成，如图 1-1 所示。首先注入 1000gal($3.78m^3$)的黏稠环烷酸和凝稠的汽油，随后是破胶剂，用以压裂改造地下 2400ft(731m)深的石灰岩气层。虽然当时那口井作业的产量并没有因此得到较大的改善，但这仅仅是个开始。

1948 年，Stanolind 石油公司的 J. B. Clark 发表了一篇向石油工业界介绍水力压裂的施工改造过程的文章，指出利用高压泵将稠状流体(像固体汽油)以高压注入地层，使地层破裂，然后注入支撑剂(如砂子或其他物质)，以此保持地层中产出的裂缝，缩短低渗透处油气流出距离，使得油气比较容易通过裂缝流到井筒中。J. B. Clark 文章发表后，水力压裂技术得到广泛应用、长足发展，但是相关技术演化过程并没有结束。

1949 年 3 月 17 日，哈里伯顿固井公司进行了最初的两次水力压裂施工作业，一次在俄克拉荷马州的史蒂芬郡，总共花费 900 美元，另一次是在得克萨斯州的射手郡，总花费 1000 美元，使用的是原油或原油与汽油的混合油与 100～150lb(45～68kg)的砂子，如图 1-2所示。在这一年中，332 口井被压裂改造成功，平均增加了 75%的产量，压裂施工被大量应用，也意外地提升了美国石油的产量。同时，哈里伯顿固井公司(Howco)申请了水力压裂施工的发明专利。

图 1-1　Stanolind 石油公司于 1947 年在堪萨斯州的 Hugoton 气田水力压裂作业

图 1-2　哈里伯顿固井公司于 1949 年在得克萨斯州的水力压裂作业

1950 年，由于水泥泵车的出现，使加砂压裂得以迅速应用，并超乎想象地提高了美国

的石油产量。20 世纪 50 年代中期，每月有 3000 多口井采用压裂进行增产改造。后续人们陆续使用水、瓜尔胶作为压裂液，并将表面活性剂添加到压裂液中，以降低其与地层流体的乳化作用。除此之外，氯化钾也被添加到压裂液中作为黏土稳定剂。

1981—1998 年，滑溜水压裂从米切尔能源开发公司的巴内特页岩项目开发中发展起来。截止到 2009 年年底，必捷服务公司实施的压裂作业有 75%采用滑溜水，而斯伦贝谢有 68%。2009 年，采用滑溜水压裂的水平井占到 50%，现在这一比例逐步上升到 80%。

压裂规模从小型化向大型化发展，压裂层数从单层向多层发展，压裂井型从直井向水平井发展，形成了直井分层压裂、水平井分段压裂、重复压裂、同步压裂等多种压裂技术及配套工艺，储层改造效果大大加强。应用领域由最初主要用于低渗透油气藏，发展到超低渗透—致密储层油气及煤层气、页岩气、页岩油等非常规油气领域。特别是近年来，美国在页岩地层中大规模采用水平井多级压裂，助推了美国的“页岩气革命”(赵金洲，2018)。

在中国，从 1955 年玉门油田进行首口单井(老君庙油田 N-1 井)压裂施工到如今的大规模水平井分段、体积压裂施工，从常规小规模加砂压裂到如今的平台式多井工厂化压裂，从“百方砂、千方液”的单井次施工规模发展到“千方砂、万方液”，60 余年的时间，中国的压裂技术实现了长足进步和革命性突破，成长之路走得稳、走得快。

总体来看，加砂压裂已从简单的、低液量、低排量的压裂增产方式发展成为一种高度成熟的开采工艺技术，其发展可以从四个方面来表述。

(1)由单井的增产增注拓展到整个油藏的总体压裂优化设计。

最初的压裂改造，仅仅针对单井而言，缺乏对油藏非均质性、采收率与开采效益的总体考虑。从 20 世纪 80 年代中后期开始，压裂施工设计中把油藏总体作为一个工作单元，将水力裂缝与油藏进行匹配研究，使得加砂压裂与油藏工程结合起来。

(2)低渗透油气藏的“压裂开采”到“压裂开发”。

“压裂开采”是在给定井况条件下进行的，由于水力裂缝方位和井距已定，与之匹配的优化缝长就确定下来，这也就制约了裂缝长度和井数的设置。从 20 世纪 90 年代开始，有人提出“压裂开发”，这是在部署开发井前就考虑了水力裂缝方位、长度、导流能力等对油气藏生产动态可能造成的影响。通过研究开发井网系统和水力裂缝系统的优化组合，用获得总体优化的经济净收益和最终采收率的井网系统来部署开发井网，最大限度地实现低投入、高产出的目标，使加砂压裂与油藏工程的结合更加紧密，使实现低渗透油气藏的高效开采成为可能。

(3)水力裂缝几何模型由二维发展到三维模型。

在优化设计方面，对于二维延伸模型(PKN、KGD 和 Penny 径向模型)，其裂缝高度保持不变，只考虑了裂缝在宽度和长度的延伸情况。三维模型的裂缝延伸过程中，裂缝高度是可变的。拟三维模型解决平面应变问题，它包括三维裂缝几何模型、压裂液滤失模型、流变模型、温度场模型、支撑剂输送模型、产量和经济评价模型等，计算速度远远快于全三维模型。全三维模型则是解决弹性应力应变问题，它的精确度较拟三维模型高，一般用于复杂井的压裂设计。它除了考虑拟三维模型中的因素外，还模拟了复杂地应力状态、各层不同的岩石物性及各层条件下形成的多条裂缝等情况(郭建春，2015)。

(4)压裂规模从小型发展到大型作业。

最初的压裂作业，液量一般只有几至十几立方米，而现代大型压裂作业，液量已达上万立方米，支撑剂用量达数千吨。从致密气藏发展起来的大型水力压裂技术，现在已经应用于各种低渗透油气藏中。

总之，加砂压裂作为一种改造油气层的重要方法，是油气井增产、注水井增注的有效措施，在北美地区已成为大多数气井的首选完井方式。在中国，大量的低渗油气藏也需要进行压裂改造，以提高单井产量和稳产有效期。如果没有加砂压裂，许多油气田都无法被有效开发。随着全球能源供需压力增大，工业界已逐渐将开发目标转向非常规油气藏，相信在今后的油气资源开发道路上，加砂压裂将会继续扮演重要的角色。

二、加砂压裂原理

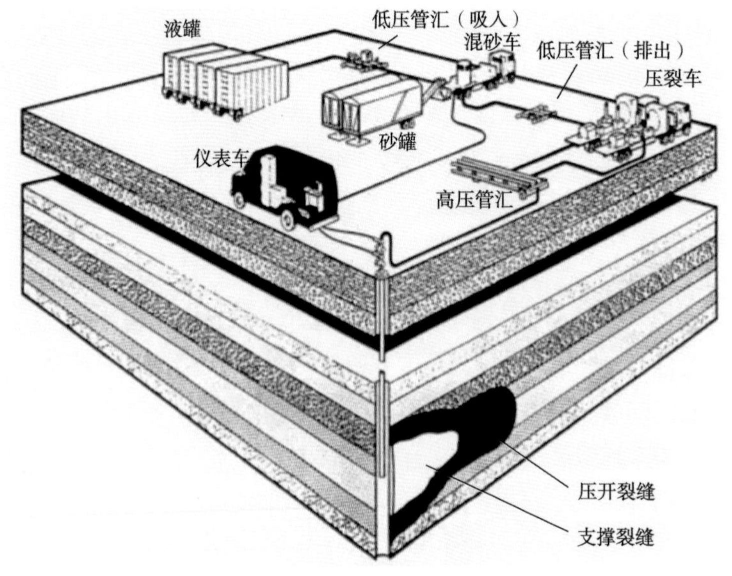

图 1-3　加砂压裂原理示意图

加砂压裂是利用地面高压泵，通过井筒向储层挤注具有一定黏度的压裂液，当注入压裂液的速度超过地层的吸收能力时，则在井底地层内形成很高的压力，当这种压力超过井底附近储层岩石的破裂压力时，储层将被压开并产生裂缝。此时继续不停地向储层挤注压裂液，裂缝就会继续向地层深部扩张(万仁溥，1998)。为了保持压开的裂缝处于张开状态，接着向储层注入带有支撑剂的携砂液。携砂液进入裂缝之后，一方面可以使裂缝继续向前延伸，另一方面可以支撑已经压开的裂缝，使其不至于闭合。再接着注入顶替液，将井筒的携砂液全部顶替进入裂缝，用支撑剂将裂缝支撑起来。最后，注入的压裂液返排出井筒，在地层中留下一条或多条长、宽、高不等的裂缝，使地层与井筒之间建立起一条新的流体通道，如图 1-3 所示。加砂压裂之后，油气井的产量一般会大幅度增长(李颖川，2009)。

三、压裂液

压裂液是加砂压裂施工过程中的工作液，起着传递压力，形成、延伸裂缝，携带支撑剂进入裂缝的作用。压裂液的发展经历了一个漫长的过程，现今仍然随着人类社会科学技术及石油工业的进步而发展。压裂液发展历史上标志性的事件见表 1-1(彭欢，2014)。

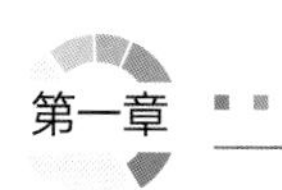

表 1-1 压裂液的发展历史

时间	标志性事件
19 世纪 60 年代	美国宾西法尼亚等地，使用液态硝酸甘油(具有爆炸性)对浅层油井进行改造
20 世纪 30 年代	开始尝试向地层注入非爆炸性流体进行压裂改造
1947 年	Stanolind 石油公司用胶状原油完成了第一次实验性压裂改造作业
1949 年	哈里伯顿公司用混合油完成了第一次商业化压裂改造作业
1953 年	水开始被应用于压裂施工，但直到 20 世纪 60 年初，压裂液均以油基压裂液为主
20 世纪 60 年代	瓜尔胶作为稠化剂用于水基压裂液，标志着现代压裂液化学的诞生
20 世纪 70 年代	瓜尔胶化学改性及交联体系的完善，高温井中使用金属交联剂被认为是最大革新
20 世纪 80 年代	泡沫压裂液大规模应用，另一个显著的发展是延迟交联的水基压裂液
20 世纪 90 年代	黏弹性表面活性剂、合成聚合物压裂液随着高分子技术的发展而迅速发展，清水压裂液重回人们的视野
21 世纪初	耐高温、低伤害成为研究热点，复合型、疏水缔合型压裂液等成为研究重点，低分子量压裂液也颇受关注
2011 年	瓜尔胶价格急剧上涨，研发替代瓜尔胶的压裂液体系

国内外常用的压裂液为水基压裂液，而水基压裂液体系根据应用范围，又可分为冻胶、线性胶、滑溜水(俞绍诚，2010)。

1. 冻胶

冻胶压裂液中的水与储层流体(油、气、水)性质差别最大，需要加入多种添加剂才能适应不同的储层特征和满足不同的压裂施工工艺要求。根据储层特征和压裂施工工艺不同，添加剂的种类和数量一般也有较大区别，主要的添加剂有稠化剂、交联剂、破胶剂、助排剂、黏土稳定剂，其他的辅助性添加剂有 pH 值调节剂、杀菌剂、破乳剂、温度稳定剂、降滤失剂等。

(1)稠化剂。

稠化剂是冻胶压裂液中的主要添加剂，以提高水溶液黏度、降低液体滤失、悬浮和携带支撑剂。稠化剂多为水溶性高分子，其性能好坏对压裂液综合性能、压裂施工效果都有着重要影响。尤其对于高温、低渗透、碱敏储层的开发，寻求增稠能力更强、对地层伤害更小、高温稳定性更好的稠化剂成为国内外学者研究的方向。目前使用的稠化剂种类繁多，可分为天然植物胶及其衍生物、纤维素衍生物、微生物胶、合成聚合物、黏弹性表面活性剂五大类。

①天然植物胶及其衍生物。

基于可用性、成本和性能等因素，油田化学工作者在寻找稠化剂时很容易就注意到了天然植物胶。天然植物胶来源丰富，与其他稠化剂相比，具有价格低廉、降滤失性能好、造宽缝能力强、环保等优点。最开始使用玉米淀粉，但其黏度却难以控制。由于瓜尔胶增稠能力强、易于配制、性能容易控制，后来玉米淀粉逐渐被瓜尔胶及其衍生物所取代，瓜尔胶及其衍生物分子结构如图 1-4 所示。

随着油田化学的发展、压裂液伤害机理研究的深入、储层保护的日益重视，油田化学工作者逐渐认识到了瓜尔胶存在的水不溶物及残渣等缺点将对储层产生较大的伤害，便投身到了对瓜尔胶进行改性及寻找新的植物胶的工作中。目前对瓜尔胶的改性主要集中在低分子量、疏水缔合、酸性交联及耐高温四个方面。

国内常用的几种植物胶及性能见表 1-2。

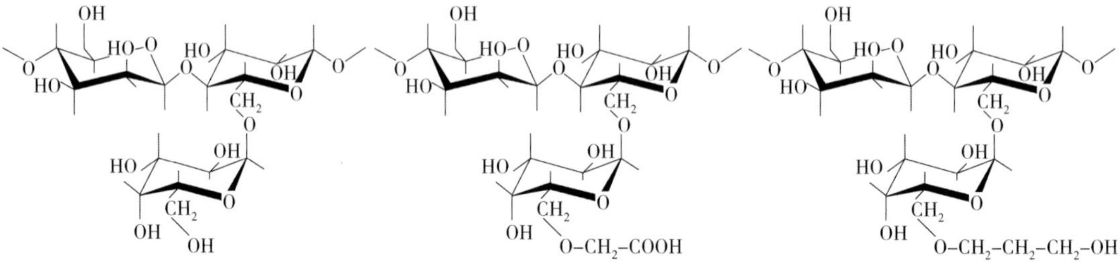

（a）瓜尔胶　（b）羧甲基瓜尔胶　（c）羟丙基瓜尔胶

图 1-4　瓜尔胶及其衍生物分子结构

表 1-2　国内常用的植物胶稠化剂及性能

稠化剂	瓜尔胶及其衍生物		香豆胶	苦蒡胶	田箐胶	魔芋胶
	瓜尔胶	羟丙基瓜尔胶				
英文名	Guar	HPG	Fenugreek	Kuli Gum	Sesbania	Devilstonguee
平均分子量	190×10^4		25×10^4	50×10^4	39×10^4	50×10^4
化学结构	半乳甘露聚糖					葡萄甘露聚糖
半乳糖/甘露糖	1∶1.6~1.8	取代度为 0.35~0.6	1∶1.2~1.6	1∶1.34	1∶2	1∶1.6
外观	淡褐黄色	淡黄色	淡黄色	淡黄色	淡褐黄色	浅褐色
1%水溶液黏度，mPa·s	187~351	255~298	156~321	357	121~212	551
水不溶物含量,%	8~25	2~12	7~15	5	15~32	6.5~33.8
交联性能	与硼酸盐、有机硼、有机锆、有机钛等交联					与硼酸盐交联
来源	进口		国产			
适用范围	低、中、高温储层				低、中温储层	

②纤维素衍生物。

用于稠化剂的纤维素衍生物主要是纤维素醚，它以胶体形式溶解于水中，溶液的黏度随浓度增加而迅速增加，随温度升高而迅速降低。纤维素衍生物包括羧甲基纤维素、羧乙基纤维素、羟丙基纤维素、羧甲基羟丙基纤维素等，其开发应用已有几十年的历史，水不溶物及残渣含量明显低于植物胶衍生物。

③微生物胶。

微生物胶是微生物生长代谢过程中，在不同的外部条件下产生的各种多糖。与植物胶相比，微生物胶的生产受到地理环境、气候、自然灾害等因素的影响较小，产量及质量都很稳定，而且性价比较高。近 20 年来，由于微生物胶的天然性、性能的优越性、用途的广泛性以及资源的取之不竭，欧、美、日等国都开展了从筛选菌种到生产应用的多门类、多学科的广泛研究。用于压裂液的微生物胶主要为黄胞胶、温轮胶、结冷胶、网状的细菌纤维素。

④合成聚合物。

一般天然植物胶组成不可变，含有水不溶物、冻胶破胶后易产生残渣，难以满足压裂施工对压裂液更高的要求。天然植物胶虽可经化学改性来改善其性能，但成本也会增加。与天然植物胶压裂液相比，合成聚合物压裂液增稠能力强、对细菌不敏感、冻胶稳定性好、携砂能力强、残渣少、对地层伤害低。因此，以合成不同分子结构的聚合物作为稠化剂用于水基压裂液已成为热门研究方向。国内外对作为稠化剂应用于压裂液的合成聚合物研究主要集中在聚丙烯酰胺和聚乙烯醇两大类。

对聚丙烯酰胺类的研究主要在降低分子量、提高耐温抗剪性能、酸性交联以及疏水缔合四个方面。

管保山等在 2006 年研发了以低分子量合成聚合物 PY-1 为稠化剂的交联冻胶压裂液，提出了压裂液基液的配方，并对压裂液的流变性、滤失性、破胶液黏度及破胶后界/表张力进行了评价。PY-1 压裂液在长庆低渗油田 2 口新井实施取得了良好效果。

Jeremy Holtsclaw 等在 2009 年利用丙烯酸（AA）、丙烯酰胺（AM）、2-丙烯酰胺基-2-甲基丙磺酸（AMPS）合成了耐高温稠化剂，提出了一种新型耐高温交联合成聚合物压裂液体系，最高可以用于 232℃的地层。

因为聚乙烯醇分子中含有大量羟基，和常规使用的天然植物胶分子结构较为接近，具有易溶解易交联的特性，所以国内外油田化学工作者也研究将其作为稠化剂用于水基冻胶压裂液的可行性。

Wang Lei 等在 2013 年制备了有机硼交联聚乙烯醇的可再生多羟基醇压裂液，并考察了不同再生次数的多羟基醇压裂液的流变特性。随着再生次数的增加，压裂液耐温抗剪切性能会随之下降，黏弹性能也降低。

⑤黏弹性表面活性剂。

20 世纪 90 年代末，Eni-Agip 的流体专家联合斯伦贝谢的室内工程师推荐了一种黏弹性流体用于 Giovanna 的修井作业，随后斯伦贝谢公司推出了季铵盐类表面活性剂清洁压裂液。该压裂液使用黏弹性表面活性剂，由于无水不溶物、无残渣、添加剂少、携砂能力强、不用破胶剂等特点而广受关注。

黏弹性表面活性剂（Viscoelastic Surfactant，VES）中表面活性剂分子聚集形成胶束，加入盐使体系电荷平衡、压缩胶束结构，使胶束成长至一定程度的蠕虫状。蠕虫状胶束相互缠结在一起，最终形成具有空间网状结构的冻胶体，如图 1-5 所示。

图 1-5 黏弹性表面活性剂压裂液中相互缠结的蠕虫状胶束

对于VES压裂液，由于阳离子型黏弹性表面活性剂的研究已经较为成熟，国外学者将研究重点放在两性离子型、阴离子型、双子表面活性剂的研发上，并取得了一定成果。同时国内外的学者长期致力于黏弹性研究，极大地丰富了黏弹性理论，为VES的理论研究奠定了基础，得到的黏弹性评价方法为VES压裂液性能评价指明了方向。

卢拥军等在2013年研究了一种双子VES压裂液体系，该表面活性剂比传统表面活性剂具有更高的表面活性，黏度相同时，双子表面活性剂浓度也更低，耐温可达100℃，携砂性能强，对地层伤害低。

VES压裂液用量加拿大第一，墨西哥湾第二，美国东部第三。中国由于在界面化学和表面活性剂合成领域与发达国家相差较大，VES压裂液在我国发展还比较缓慢。

通过对冻胶压裂液稠化剂的调研和总结，几种压裂液性能比较见表1-3。

表1-3　冻胶压裂液常用稠化剂性能比较

分类	天然植物胶及其衍生物	纤维素衍生物	微生物胶	合成聚合物		VES
				聚丙烯酰胺	聚乙烯醇	
分子量，10^4	40~300	30~50	200	20~2000	10	0.04
用量，%	0.4~1	0.4~0.6	0.2~0.8	0.3~0.8	1~2	2~8
摩阻	小	大	大	最小	中等	大
交联剂	B，Ti，Cr，Zr	Ti，Cr，Zr，Al			B，Cr，Zr	不需要
抗剪切性	好	好	好	中等	好	中等
耐温性	好	好	好	好	差	差
残渣，%	10~25	0.5~5	2~5	基本无残渣		无残渣
抗盐性	好	差	好	差	差	好
滤失性	小	较小	较小	中等	中等	很大
温度，℃	30~150	35~150	35~120	60~200	30~90	30~100

总体来看，国内外的研究热点主要为天然植物胶及其衍生物、合成聚合物及VES三大类。

天然植物胶水不溶物含量高，破胶后残渣较多，交联条件大多为弱碱性，易结垢，并使油层中的黏土矿物发生膨胀、运移，容易被细菌和酶分解，在高温、超高温条件下难以保持良好的性能。同时常用的瓜尔胶产地集中，质量和产量容易受到环境、气候等影响，导致供给和价格不稳定，严重影响对油气田改造的正常施工。

VES压裂液中以阳离子型VES的制备与应用研究较多，但吸附较大，返排液难降解，应用温度较低，成本高，向地层中的滤失量大。国外有学者指出VES压裂液在高速剪切时降低施工摩阻的能力有限，在气井中能否彻底破胶存在争议。

合成聚合物发展历史较短，但已具有较大的生产规模，品种、数量已远远超过天然和天然改性产物。且与天然聚合物相比，合成聚合物增稠能力强、破胶性能好、残渣少、种类多，在质量和价格方面的变通性比天然高分子大，生产稳定性大。

随着压裂施工要求提高和化学理论技术的进步，相信未来冻胶压裂液稠化剂中合成聚合物将扮演重要的角色，如图1-6所示。

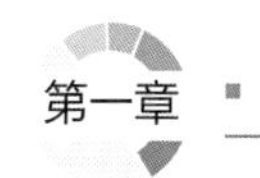

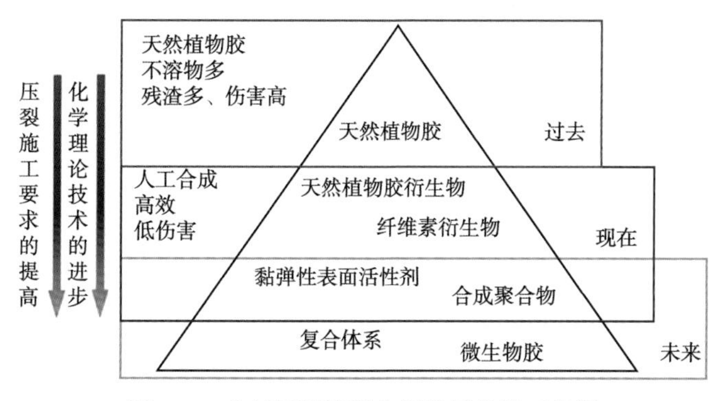

图 1-6　水基压裂液稠化剂发展趋势三角图

(2)交联剂。

提高压裂液黏度最经济有效的方法是交联，且不增加稠化剂的浓度。交联剂是能与聚合物大分子链形成新的化学键，使其联结形成网状体型结构的化学剂。压裂液基液因交联作用形成水基冻胶，可在地层高温条件下仍具有较高的黏度以满足携砂性能的要求。

交联剂的选用由聚合物上可交联的官能团和聚合物所处的水溶液环境共同决定。

常用的交联剂可分为两大类：无机化合物和有机化合物。无机化合物包括硼砂、氧氯化锆、三氯化铬、四氯化钛、硫酸铬钾、重铬酸钾等；有机化合物包括有机钛、有机铬、有机锆、有机硼、醛类等。

不同类型交联剂的交联特性与适用条件如表 1-4 及图 1-7 所示。

表 1-4　不同类型交联剂的交联特性与使用条件

交联剂类型	两性金属(非金属)含氧酸的盐	无机酸的两性金属盐	无机酸酯(有机钛或锆)	有机硼	醛类
举例	硼砂、偏铝酸钠、焦锑酸钾	硫酸铝、氯化铬、硫酸铜、氯化锆	有机钛、有机锆	有机硼	甲醛、乙醛、乙二醛
pH 值	硼酸盐：8~12 锑酸盐：3~6	4~7	7~13 锆酸盐：3~10	7~13	6~8
交联聚合物官能团	邻位顺式羟基	钠羧基、酰胺基、邻位反式羟基、邻位顺式羟基		邻位顺式羟基	酰胺基团
聚合物举例	植物胶及衍生物	羧甲基植物胶、羧甲基纤维素、聚丙烯酰胺		植物胶及衍生物	聚丙烯酰胺
耐温能力,℃	100	120~150	120~180	150	60
交联特性	快速交联		可延迟交联		
优点	清洁无毒、成本低	易与生物聚合物等交联	耐温能力好	耐温好、伤害小、易破胶	可与聚丙烯酰胺交联
缺点	耐温能力差	应用范围窄	破胶困难	成本比无机硼高	难控制、破胶困难

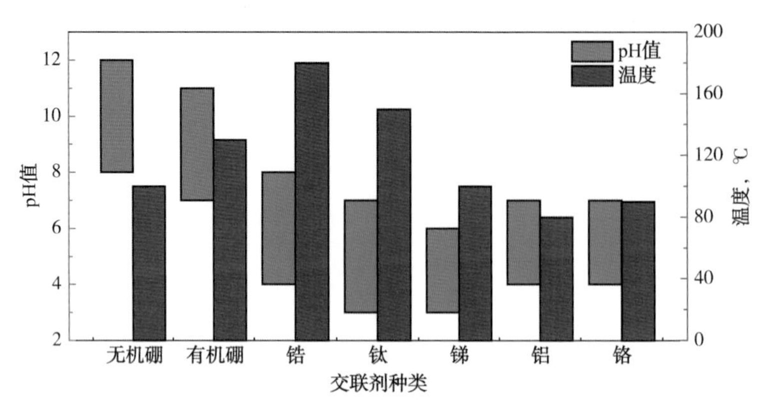

图 1-7　不同交联剂适用的 pH 值范围及温度范围

如今对交联剂的研究集中在延迟交联、高温交联和低伤害交联三个方面。有机硼交联剂是国外在 20 世纪 90 年代初研制的一种交联体系，该体系交联的压裂液耐温性为 130℃，延缓交联时间可达 3min，地层渗透率恢复值在 90%以上。

(3)破胶剂。

压裂施工结束后，压裂液需要快速降低黏度，以便从地层中返排，减少滤液、残胶以及裂缝壁面滤饼对储层基质及支撑裂缝的污染，尽量减少对油气层的伤害。受地层温度影响或依时间缓释的破胶剂，通过破坏交联所形成的网状体型结构，使压裂液冻胶达到破胶降黏的效果。

目前使用的破胶剂一般为过氧化物、生物酶、缓慢释放酸、胶囊破胶剂等，使用最为广泛的是经济便利的过氧化物中的过硫酸盐类，其破胶机理是氧化或产生游离基破坏聚合物的结构，常用破胶剂使用条件及优缺点见表 1-5。

(4)其他添加剂。

作为压裂施工的工作液，为满足不同条件下压裂施工对压裂液的性能要求，除了加入稠化剂、交联剂、破胶剂之外，压裂液中还需要加入有特定作用的助剂，以改善压裂液流变性、高温稳定性、破乳和滤失性等，从而让压裂液具备一些特殊性能，见表 1-6。

表 1-5　常用破胶剂的使用条件及优缺点

类型	过氧化物		生物酶		缓慢释放酸	胶囊破胶剂
优点	应用的 pH 值范围广，在 3~14 之间均可使用；成本低，破胶迅速		破胶快速、彻底，用量少		使植物胶及其衍生物等聚糖水解	可提高用量，对压裂液影响小；破胶彻底
缺点	温度低于 60℃时要加活化剂；高温时破胶过快		应用 pH 值范围较窄，使用温度低，成本高		速度较慢	成本高
举例	过硫酸钾	过氧化氢	α-淀粉酶	特种瓜尔胶酶	三氯甲苯	包裹过硫酸盐
适用条件	天然或合成聚合物，温度大于 50℃	阴离子聚合物，浅层低温	pH 值：5~7 温度：10~90℃ 植物胶压裂液	pH 值：8~12 温度：60~120℃ 植物胶压裂液	与过硫酸盐配合使用	可提高用量，实现黏度保持与破胶平衡
用量 mg/L	10~200	0.5~10	0.01~0.1	100~1000	5~100	100~1000

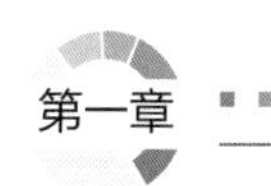

表 1-6 压裂液其他常用添加剂种类及作用

添加剂种类	作用	举例
助排剂	降低表面/界面张力	表面活性剂
黏土稳定剂	稳定黏土矿物，防止分散运移堵塞	KCl，聚季铵盐
pH 值调节剂	调节溶液 pH 值	NaOH，Na_2CO_3
杀菌剂	消灭压裂液基液中的细菌	季铵盐或醛类
破乳剂	减少压裂液在地层中的油水乳化	表面活性剂
温度稳定剂	提高压裂液耐温能力	硫代硫酸钠
降滤失剂	降低压裂液滤失量	柴油，油溶性树脂，粉砂

选择添加剂需要考虑储层岩石及地层流体的物理化学性质、压裂施工作业过程中的经济技术要求及各种添加剂自身之间的相互配伍性能。

压裂液中添加剂选用的最终目标是让压裂液各种添加剂之间相互配合，让压裂液在整个压裂施工中黏度可控、造缝能力强、携砂性能好、摩阻低、滤失和伤害小、可快速返排，其中压裂液黏度可控尤其重要，压裂施工中理想的压裂液表观黏度变化曲线如图 1-8 所示。

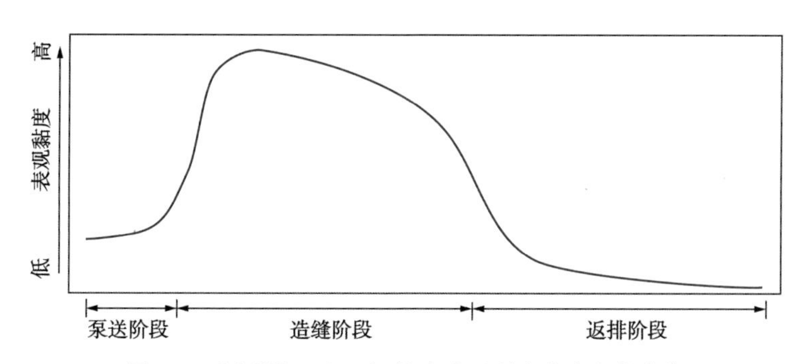

图 1-8 压裂施工中理想的冻胶压裂液黏度变化曲线

2. 滑溜水压裂液

降阻剂是水力压裂体系中最重要的成分，其降阻率直接决定着整个体系的压裂性能及应用范围(杜凯，2014)。

添加降阻剂的水力压裂液体系最早见于 20 世纪 50 年代末。随着 20 世纪末美国页岩油气资源的开发重新受到重视并迅速发展。1997 年，Mitchell 能源公司在 Barnett 地区首次实施了滑溜水压裂，使用了 3029m^3水、90t 砂，其页岩气最终采收率提高了 20%，压裂费用较大型水力压裂减少了 65%。降阻剂的加入不仅降低了施工摩阻，实现了造网状缝的目的，显著改进了水力压裂的实际效果，而且减少了对设备水马力的要求，避免了对设备在作业过程中的高速冲击造成的磨损。

滑溜水压裂液在 Barnett 页岩地区的成功应用很快扩展到美国 Haynesville、Marcellus、Woodruff 和 Fayetteville 等地区。滑溜水已经成为现应用最成熟的页岩气压裂液，近年中国压裂的页岩气井均使用了滑溜水压裂液体系。可用作降阻剂的主要有丙烯酰胺类聚合物、聚氧化乙烯、瓜尔胶及其衍生物为代表的生物基聚多糖、表面活性剂类等。

合成聚合物类降阻剂的分子结构与共聚物组成、相对分子质量、离子度、所带电荷种类等决定了降阻剂的降阻效果(张亚东，2016)。从现场施工及配制要求出发，对页岩气压裂用降阻剂的性能要求包括：

(1)高的降阻效率；

(2)较高耐盐性；

(3)较高耐温性；

(4)快速水化溶解以满足现场施工要求；

(5)适宜的相对分子质量以降低储层伤害；

(6)低成本；

(7)无毒无害，满足相应油气田作业、排放环保标准。

国内外应用最普遍的降阻剂是由一种或多种不同的单体共聚生成的聚丙烯酰胺类降阻剂，具体可分为阳离子、非离子、阴离子型及两性离子丙烯酰胺，相对分子质量一般为 $1\times10^6\sim2\times10^7$，使用浓度一般为 0.05%~0.15%，降阻性能明显优于瓜尔胶和纤维素衍生物。阴离子型聚丙烯酰胺具有优异的降阻性能且成本较低，是现场使用最多的降阻剂。阳离子型或其他类型聚丙烯酰胺可应用于含醇压裂液或存在特殊施工要求的压裂液体系中。

从产品类型来看，目前滑溜水压裂现场使用的降阻剂有粉剂和乳剂两种剂型产品。粉剂产品成本低、便于运输，但一般溶解速度较慢；乳剂产品拥有溶解速度快、便于现场混配等优点，但成本略高，合成工艺较复杂。

2009 年，Superior Well Services 公司推出的 GammaFRac 压裂液体系被美国 E&P 杂志评为 2009 年世界十项石油工程技术创新特别奖，其中 WFR-3B 降阻剂是该压裂液体系的核心助剂。该公司专利报道使用的降阻剂为聚丙酰胺均聚物、阳离子型聚丙烯酰胺、阴离子型聚丙烯酰胺及两性离子聚丙烯酰胺的乳液。

中国石化北京化工研究院自 2011 年起针对页岩气压裂用高效降阻剂开展研发，从分子设计出发，根据聚合物降阻机理，注重聚合物和水之间的相互作用，设计合成了适应不同储层条件、滑溜水配方要求 BHY-DR 系列的高效降阻剂，包括阴离子、阳离子及两性离子型聚丙烯酰胺，并申请了多项专利。经中国石化石油工程技术研究院、河南油田的室内及现场压裂施工表明，降阻剂性能达到了国外同类产品水平，同时具有较好的溶解性、优异的耐盐性、耐温性和剪切稳定性等特点，与现场使用的其他助剂(黏土稳定剂、助排剂、破乳助排剂等)配伍性好，可适用于返排水配制，同时储层伤害小。

斯伦贝谢公司 Abad 等通过含酯羰基功能单体与丙烯酰胺共聚，合成了具有选择性降解功能的降阻剂。该降阻剂在 $\frac{3}{8}$in 管径、35L/min 条件下，室内最高降阻率达 77%，该聚合物对 pH 值、温度变化具有响应性，可以断裂成小分子量片段，从而减少对地层的伤害。

滑溜水压裂需要大量的水资源，单井滑溜水使用量可达 $(2\sim3)\times10^4m^3$。为了节省成本、减少对淡水的使用和污染，对滑溜水压裂后的返排液进行研究，经处理能够回收再利

用具有较大的经济价值和非常重要的环保意义(任岚，2019)。由于处理后的返排液中含有大量 Na^{+}，Ca^{2+}，Mg^{2+} 等正价金属离子，金属离子与降阻剂分子相互作用，使降阻剂分子链卷曲，流体力学体积减小，降阻性能降低。为了满足返排液配制滑溜水的需求，Trican Well Service 公司的 Paktinat 等针对 Horn River 地区页岩气井返排液配制新型高耐盐性降阻剂进行了研究，筛选出了适应高矿化度、高钙离子含量条件下的阴离子型降阻剂。哈里伯顿公司推出可使用返排液直接配制滑溜水的阳离子型降阻剂，其可应用于溶解性总固体(TDS)在 50~300000mg/L 的返排液直接配制滑溜水。国内对返排液循环利用起步较晚，直到 2006 年才有此方面的研究报道，主要是针对传统冻胶压裂液的再利用，而滑溜水压裂液的循环利用近几年才被重视。页岩气资源多分布于丘陵地区，淡水资源匮乏，很难完全满足压裂过程中所需的大量水源。加之返排液中地层残余物多、化学需氧量高、色度深，使其无害化处理达到排放标准成本大、工艺要求高。若能实现返排液循环再利用，不但满足了配制工作液用水量大的要求，而且可以降低废弃物排放量。目前对压裂后返排液主要的处理措施是物理分离、化学絮凝、过滤等以除去其中的悬浮颗粒，调整水质酸碱度，使其达到再次配制滑溜水的水质标准。

滑溜水的缺点是携砂能力较弱。通常条件下，支撑剂是依靠压裂液的高黏度进入地层深处，而滑溜水黏度低，主要依靠大排量和大液量，通过湍流或砂堤翻滚携带支撑剂，其结果是造成支撑剂过早地沉降在压裂设备或者井筒附近中，导致储层深处裂缝不能有效支撑，降低了裂缝导流能力，进而降低油气井产量。同时，支撑剂大量沉积井筒附近的裂缝中容易引起砂堵。

总体来看，基于对页岩气压裂改造过程中所用降阻剂的研究，生物类降阻剂虽然来源广泛，自然降解能力强，但其减阻效果不佳，且不溶物含量相对较高，易导致储层孔隙喉道堵塞；表面活性剂类降阻剂现场用量大，与其他助剂配伍性差；当前现场应用最为广泛的是聚合物型降阻剂，其减阻效果明显、成本低、溶解速率快，能够满足施工现场即配即用的要求，但其相对分子质量高，不易降解，对储层伤害大，且会污染地层水资源；纳米复合降阻剂是保留多种原单一材料的优势，弥补其缺点，稳定性好、降阻效率高、抗盐抗污染能力强、对地层伤害小，可满足现场施工要求。因此，纳米复合类降阻剂将是未来研究的重点。

四、支撑剂

近年来，深层油气和页岩气、煤层气等非常规天然气资源的开发成为热点和难点。这些特殊油气资源的有效开发很大程度上依赖于水力压裂技术的发展，对支撑剂的强度、硬度、密度、粒径、表面性质和导流能力等提出了更高的要求。国内外压裂支撑剂也随着非常规油气藏压裂技术的发展而取得了新进展(李小刚，2018)。

1. 低密度支撑剂

常规支撑剂的视密度基本都在 2.0g/cm^3 以上。在压裂施工中，支撑剂的沉降速度快，支撑剂很难铺置到裂缝深处。由于支撑剂沉降速度与支撑剂和压裂液之间的密度差成正比，因此国内外支撑剂行业一直致力于降低支撑剂的密度，以提高支撑剂的可输送性能。

从制备低密度支撑剂技术原理角度出发，低密度支撑剂可以概述为以下两类：

(1)空心或多孔球粒支撑剂。通过在内部形成空心或多孔的结构，使得其密度大大降低。如以低密度的树脂为核心材料，优选的成孔剂在一定温度下会挥发形成内部空心或多孔的结构，制得的支撑剂的视密度可低至 1.0g/cm^3，28MPa 下的破碎率仅为 3.26%。在壁厚、强度和密度之间寻求最优的组合将是未来空心陶粒研究的技术关键。

(2)低密度材料支撑剂。低密度材料，如胡桃壳、果核等制得的支撑剂具有很低的密度，但同时强度也低，需要表面覆膜来增加强度。

低密度支撑剂面临的技术瓶颈主要是高强度和低密度功能很难同时实现，在埋藏较深的油气藏中，低密度支撑剂的强度往往难以在高应力条件下实现裂缝的有效支撑。因此，如何实现低密度支撑剂“高强度”与“低密度”的协调是低密度支撑剂研发的一个重要方向。

此外，目前低密支撑剂的造价普遍很高，价格也是制约其推广应用的主要因素之一。

2. 表面改性支撑剂

为了解决支撑剂的易破碎、润湿性、沉降快等难题，对其表面改性成为支撑剂研究的热门。严格来讲，覆膜支撑剂也是利用表面改性的原理，在常规的砂粒上进行适当的包裹，相当于在支撑剂表面上包覆一层薄薄的“保护膜”，进而提高支撑剂的性能。现在发展起来的疏水支撑剂、自聚性支撑剂、磁性支撑剂、载体支撑剂等利用到了复杂的表面改性原理，优选包裹材料和改性技术，制作出具有优异性能的支撑剂。

以疏水支撑剂为例，张锁兵等研究发现，经过模拟水浸泡的疏水支撑剂润湿性向亲水性转变，经过模拟油浸泡的疏水支撑剂润湿性向亲油转变，表明随着开采的进行，地层中的水会在支撑剂充填层出现“高含水带”，可能出现水锁。为了防止水锁的出现，Palisch 等又提出了一种中性支撑剂，利用耐磨的中性涂层对支撑剂表面进行改性，制得的支撑剂既不亲水，也不亲油。

因此，对于表面改性支撑剂，今后的发展趋势应该包括以下两点：一是确保表面改性后的支撑剂不因其改性而影响压裂的改造效果；二是改性的性能能够长时间地保持，不随时间和环境的变化而变化。

3. 液体支撑剂

液体支撑剂是指往地下泵注一种无固相的压裂液体，液体中含有特殊的化学添加成分。当液体静止后，在地层温度和地层闭合压力下，液体会慢慢形成一种有一定球度和圆度的颗粒，如图 1-9 所示，能够承受高达 96MPa 的压力，且闭合压力越大，支撑剂硬度也越大。液体支撑剂避免了传统意义的压裂液携砂问题，并且压裂液体的返排量也很少，同时能够有效分布在裂缝的最大长度和高度中，有着最大的支撑体积。

虽然液体支撑剂在加砂压裂上有很多优点，但同时在现场应用中也受到了一定的限制。例如液体滤失进入储层，在岩石孔隙中形成固相颗粒，造成储层伤害。因此，如何有效控制液体滤失是此类支撑剂研究的难点，也是该类支撑剂研发的前景所在；同时，在地下高温高压环境条件下，如何保证液体支撑剂的有效“固化成粒”也是一个值得研究的问题。

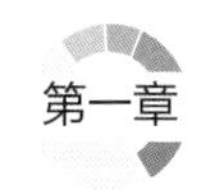

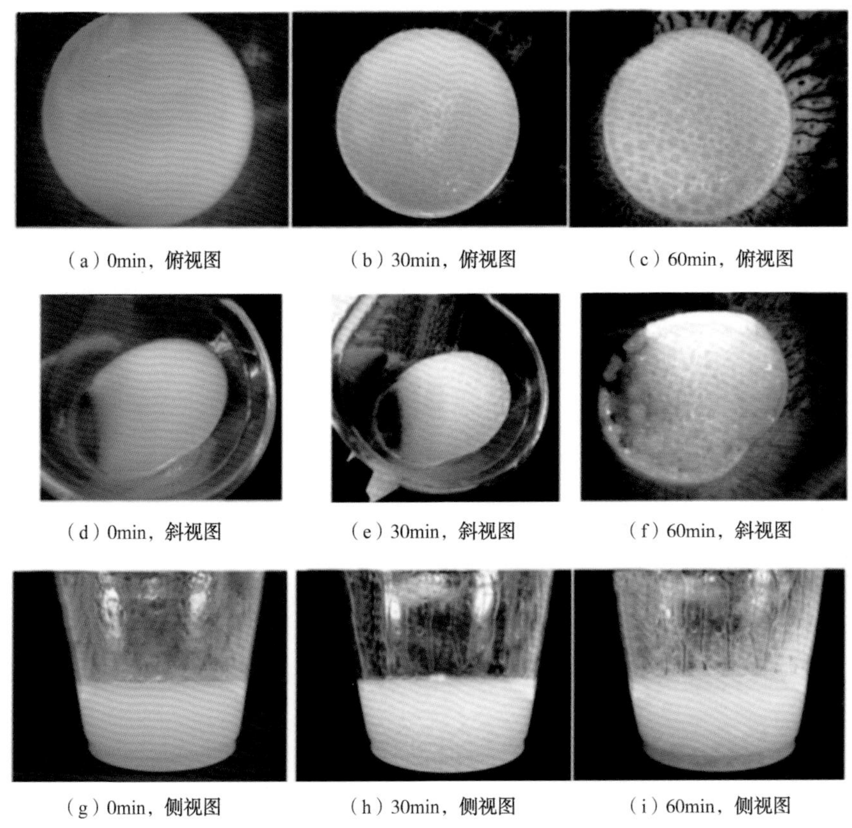

（a）0min，俯视图　（b）30min，俯视图　（c）60min，俯视图

（d）0min，斜视图　（e）30min，斜视图　（f）60min，斜视图

（g）0min，侧视图　（h）30min，侧视图　（i）60min，侧视图

图 1-9　液体支撑剂固化示意图(Frank F. Chang，2015)

4. 自悬浮支撑剂

压裂液一般需要较高的黏度才能满足造缝、支撑剂运移的需要。但高黏液体会对储层造成伤害，降低采收率，同时高黏流体往往造缝单一、宽大，低黏流体有助于压裂形成复杂缝。滑溜水通常使用聚丙烯酰胺等来降低摩阻，对地层伤害小；但携砂能力差，从而有效支撑裂缝较短。

针对此，有研究通过在支撑剂表面包覆一层吸水高分子材料，制得一种自悬浮型支撑剂——Self-Suspending Proppants(SSP)。SSP 在干燥条件下为颗粒状，遇水后立即吸水膨胀，如图 1-10 所示，达到分散和自悬浮的作用效果。

SSP 与传统压裂支撑剂相比，在滑溜水中的悬浮性和分散性好，如图 1-10 所示。SSP 还可有效提高压裂液的黏度，减少压裂液配制的复杂性，降低地层伤害。同时，自悬浮有助于支撑剂运移到裂缝深处。使用传统的破胶剂即可将其表面的吸水树脂层去除，不影响支撑效果。SSP 表面光滑，减阻效果好，且包覆层可起到保护作用，有效降低破碎率，优势明显。

总体来看，2014 年开始国际油气价格持续低迷，降本增效已成为页岩气开发的主旋律。北美除钻完井提速增效外，减少陶粒用量，同时增加石英砂在压裂施工中所占比例，大幅降低了压裂材料费用，实现了低气价下的页岩气效益开发，如图 1-11 与图 1-12 所示。

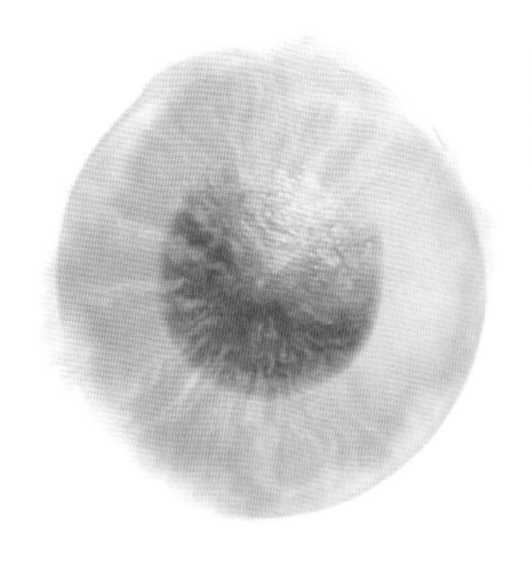

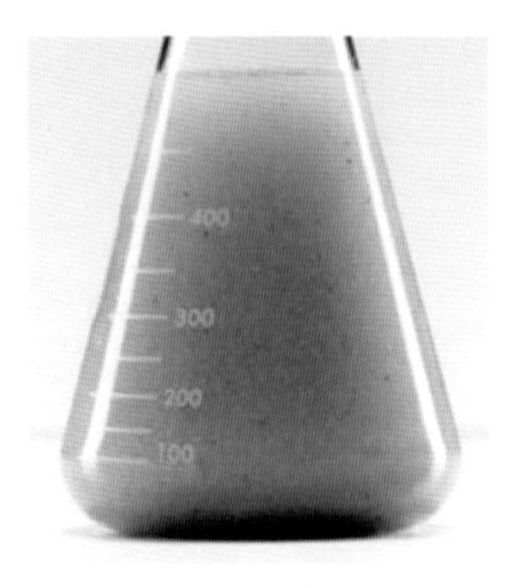

（a）SSP支撑剂吸水膨胀　（b）常规支撑剂沉降　（c）SSP支撑剂沉降

图 1-10　SSP 支撑剂吸水膨胀及其与常规支撑剂的沉降对比图(林历军，2018)

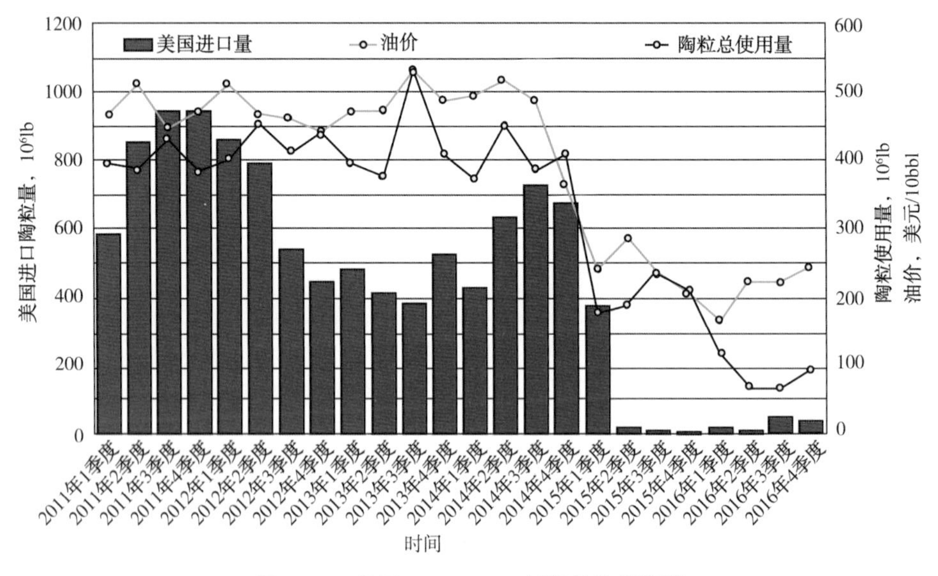

图 1-11　美国 2011—2016 年陶粒使用情况

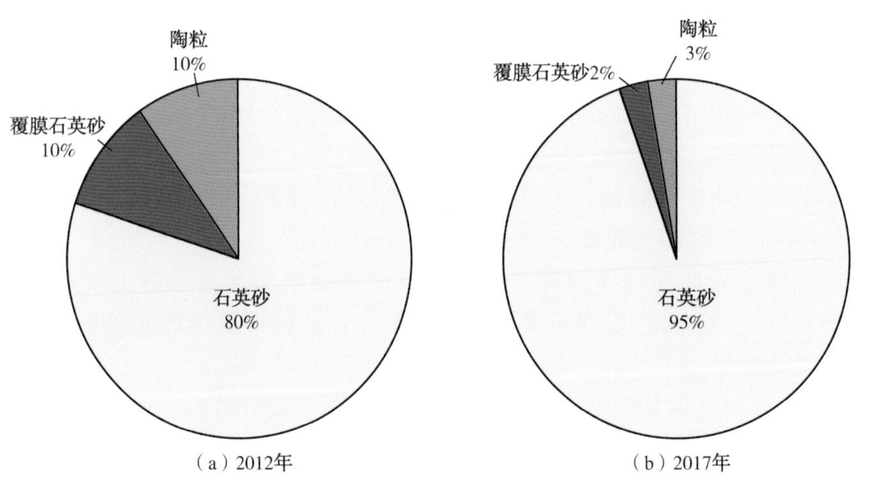

（a）2012年　（b）2017年

图 1-12　美国支撑剂市场 2012 年和 2017 年对比图

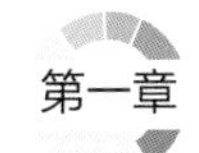

与常规气藏压裂相比，现水平井分段压裂形成复杂缝网是页岩气有效开采的关键技术之一，复杂缝网依靠支撑剂支撑并成为页岩气渗流的重要通道。虽然陶粒的导流能力明显高于石英砂，如图 1-13 所示，但国外通过对研究不同支撑剂用量下不同类型支撑剂对气井净收益的研究表明，在相同支撑剂用量下，由于陶粒价格较高，成本增加，反而陶粒的净收益低于石英砂，如图 1-14 所示，不利于低油价环境下的页岩气效益开发。

目前，渥太华砂和布莱迪砂是北美石油和天然气行业中使用的两种主要石英砂。根据砂质的主要色泽，通常又被称为“棕色砂”或者“白砂”。但是，这两种砂质材料之间的差别远不止颜色。根据其物理性质的情况，砂质材料可以被细分为优质、良好以及非标等级。质量最好的石英砂来自美国的中、北部，也就是“白砂”；而被划分为标准等级的“黄砂”，能够满足或者超过水力压裂支撑剂的行业标准要求。另外，现在北美页岩气中还有一些来自澳大利亚、中国、波兰和阿曼等地的支撑材料。因为一个或者多个指标不能满足行业公认的指标要求时，一般被认定为非标准产品。但由于该类支撑剂在某些特定油气藏的压裂增产中有独特的针对性，因而也一直得到应用。

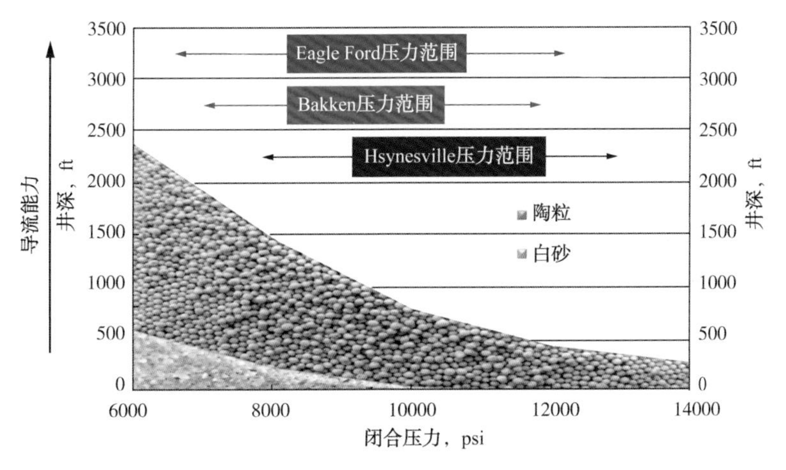

图 1-13　北美石英砂和陶粒导流能力对比

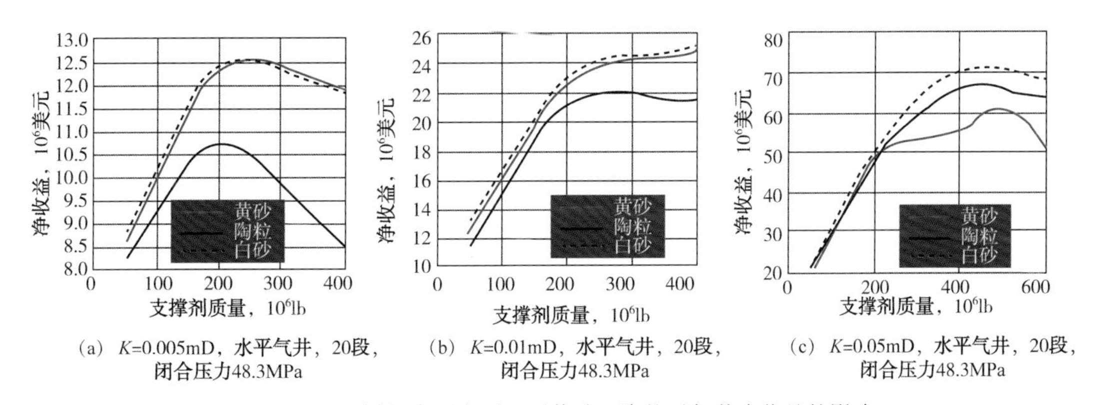

图 1-14　不同闭合压力下，石英砂、陶粒对气井净收益的影响

总体来看，现在美国页岩气压裂施工中支撑剂的整体趋势是：陶粒使用占比逐渐减少，甚至不用陶粒，石英砂占比增加，使用大量高浓度的小粒径石英砂。支撑剂在提高页岩气井产量方面是至关重要的，因其可以在超低渗透储层中形成高导流的支撑裂缝。虽然对支撑剂的选择问题仍存有分歧，从目前来看，考虑到压裂成本和经济效果，石英砂的应用仍占强势地位。

在国内，长宁—威远区块主体采用石英砂+陶粒的组合支撑剂，焦石坝气田主体采用粉陶+覆膜砂的组合。国内部分页岩气压裂支撑剂应用情况见表1-7。

表1-7　国内部分页岩气压裂支撑剂应用情况

区块	支撑剂使用情况
威远	70/140目石英砂+40/70目陶粒
长宁	70/140目石英砂+40/70目陶粒 70/140目石英砂+40/70目陶粒+30/50目陶粒
黄金坝	70/140目石英砂+30/70目陶粒+18/40目陶粒 70/140目陶粒+40/70目陶粒
富顺	70/140目石英砂+40/70目陶粒
涪陵	70/140目粉陶+40/70目覆膜砂或陶粒+30/50目覆膜砂或陶粒

长宁—威远区块示范区实施产能建设至2016年，共实施水平井改造126口，单井平均用液量普遍超过35000m^3，加砂规模近1800t，见表1-8。

表1-8　中国石油压裂井数与规模统计表(2014—2016年)

区块	压裂井数 口	总液量 m^3	总砂量 t	平均单井液量 m^3	平均单井砂量 t
N201井区	51	1890999	96362	37078	1890
W202井区	36	1198497	63390	33292	1761
W204井区	39	1441385	81788	36959	2097

涪陵区块的页岩气压裂主要以形成复杂缝网为改造目的，在复杂缝网中会形成很多尺寸大小不等的微裂缝，随着裂缝的不断延伸，远端裂缝的宽度越来越小(李玥，2016)。在压裂过程中需要加入不同粒径的支撑剂进行分级支撑，建立高导流能力的裂缝来保障单井的长期稳产。涪陵区块的页岩气压裂一般采用组合粒径支撑剂，即80/100目、40/70目及30/50目支撑剂的组合模式，对复杂缝网进行分级支撑，如图1-15所示，主要是用中/大粒径对近井地带的主缝支撑形成高导流能力通道，小粒径对远井地带的支缝甚至微缝形成有效支撑，从而保证整个复杂缝网的导流能力。

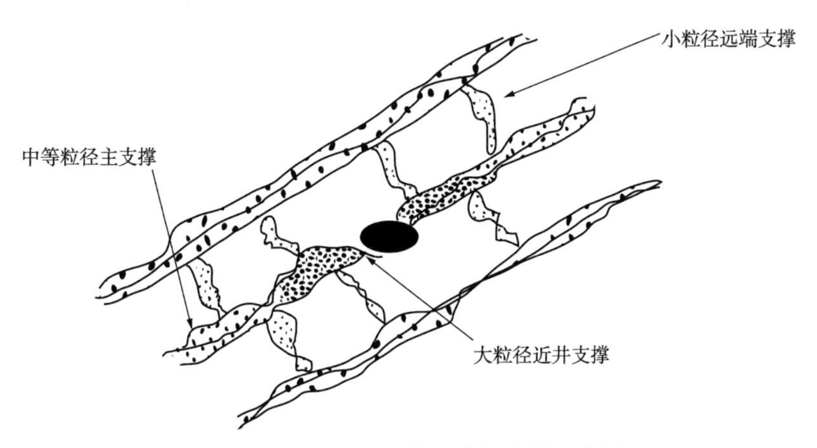

图 1-15 不同粒径支撑剂分级支撑示意图

五、暂堵剂

暂堵转向压裂工艺中，暂堵剂被注入地层后优先封堵高渗透层，阻止裂缝的继续延伸，并使井底压力继续升高，当裂缝内静压力超过新裂缝的破裂压力时，新裂缝被开启。且随着后续压裂液的持续注入，新裂缝得到延伸和扩展，并获得更大的改造体积。压裂结束后暂堵剂溶解，封堵的裂缝恢复畅通。根据暂堵剂在裂缝中作用机理的不同，可将其分为颗粒类暂堵剂、纤维类暂堵剂、胶塞类暂堵剂及复合类暂堵剂(毛金成，2016)。

颗粒类暂堵剂最早由哈里伯顿公司提出，同时也是目前现场应用最为广泛的一类暂堵剂。针对长庆油田低渗透储层物性差、微裂缝发育且储层整体动用程度低等特点，采用了暂堵转向压裂技术。利用该技术在现场累计施工井次达 2000 余口。压裂施工时，微地震监测数据表明暂堵剂的加入成功实现了裂缝转向，且压后平均单井日产能大于 1t，平均有效期长达 200d，改造效果显著。华北油田低渗透致密储层在进行水平井分段压裂时，开展了暂堵剂转向分段压裂技术的探索，相比于传统压裂技术，暂堵剂转向压裂技术造缝长度增加 1.5 倍，压后增产效果提升 2.1 倍，且压裂施工结束后暂堵剂能溶解于原油中，不会对地层造成任何伤害。

纤维类暂堵剂一般用于暂堵转向酸压施工中。为解决苏里格气田特低渗透气藏常规压裂后单井产量低的问题，采用纤维暂堵转向压裂技术，通过堵老缝开新缝的方式成功建立了新的储层缝网系统，现场试验证明，加入纤维类暂堵剂的施工使泵压上升了 10MPa，满足了新裂缝开启的要求，同时压后单井产量最高为邻井产量的 3 倍，改造效果显著。在哈萨克斯坦某油田使用了一种 DF 纤维暂堵剂先后对 16 口老井实施暂堵转向酸压作业，增产有效率超过 80%，增产有效期接近 200d，累计增油 2.4×10^4t，成功实现了暂堵纤维转向的目的。四川盆地川东地区气田以水平井和大斜度井为主，传统机械分段暂堵酸压或笼统酸化的增产效果差，使用纤维暂堵转向压裂技术后，暂堵有效率高于 85%，天然气单井日增产 $53.8\times10^4\text{m}^3$，同时，该暂堵剂可在地层环境下遇水分解，水解后随地层流体返排出地层，降低了纤维类暂堵剂对储层的伤害(尹俊禄，2017)。

胶塞类暂堵剂大多用于微米级裂缝储层的暂堵转向作业。针对传统机械封隔器转向压裂技术很难实现特低渗透层改造的问题，大牛地气田对某水平井进行了暂堵转向压裂作业，现场施工数据表明，注入暂堵剂后，地面泵压有明显上升，压裂层段出现多条新裂缝，且该井压后无阻流量超过 $1.10\times10^4 m^3/d$，成功完成了水平井多簇分段暂堵转向压裂作业。为改善储层高注低产的生产特征，彩南油田进行了暂堵转向压裂技术先导性试验，微地震监测结果表明，压裂作业形成了较明显的转向裂缝，随后，该油田陆续对 48 口井进行了转向压裂作业，累计增油约 $3.3\times10^4 t$，实现了低渗透油藏挖潜增产稳产的开发需求。

复合类暂堵剂是由上述三类暂堵剂两两组合而成，其中颗粒根据粒径级配原则构成暂堵层的主体骨架，纤维填充在颗粒空隙内大幅度提高了暂堵层的稳定性，同时高温下成胶液发生交联反应，形成的胶体段塞将其内部的纤维和颗粒紧紧束缚在各自位置，大大增强了暂堵层的抗压强度。因此，该类暂堵剂对不同条件下的储层压裂施工都具有很好的暂堵转向效果。在普光气田酸压作业中使用了一种由“纤维+颗粒+胶塞”的复合暂堵体系。在该体系中，颗粒与纤维相互作用形成了复杂的立体网状结构，有效阻止了酸压工作液在高渗透层的漏失；且对于厘米级缝宽裂缝岩心的封堵率大于 99%，在 15%盐酸中溶解率大于 95%，满足酸压暂堵的施工要求，实现了高含水油井储层均匀改造的目的。

第二节　致密气藏加砂压裂实验评价技术进展

一、矿物成分实验评价进展

岩石的矿物成分及含量是反映岩石物理特性的一项重要指标。随着科技不断进步，利用现代化的技术可对岩石中矿物成分的含量进行有效测定。就目前来看，对岩石矿物成分进行有效测定及分析，已经取得了较大的进展。

关于测定矿物成分的具体手段有许多，其中包括经典的化学分析方法，关注特征谱线的元素分析方法，利用 X 射线、红外线与紫外线测量的光谱分析方法，利用矿物热力学差异的差热分析方法等几大类。其中，最普遍且高效的分析岩石矿物成分的手段就是 X 射线衍射。此外，还有扫描电镜下的能谱法、CT 扫描技术也都可以对岩石矿物成分进行分析。

1. X 射线衍射分析技术

将一定波长的 X 射线打在粉末样的沉积岩上，由于 X 射线在结晶内受到不同排列原子的排斥作用而发生散射，散射出的 X 射线会形成不同强度、不同位置的光谱，不同结晶结构对应不同位置的光谱，不同结晶结构的含量对应不同强度的光谱，从而利用 X 射线衍射光谱能对样品矿物成分进行定量分析。

2. 色谱分析技术

岩石中分子的组成方式不同，且在不同相之间各分子处于相互均衡且相互分离的状态。该技术首先是对分离状态下的分子组进行分析以及研究，确定在固定相及流动相状态下材料的数值、性质及质量；随后，利用相关的测定技术对离子交换的吸附色谱以及亲和

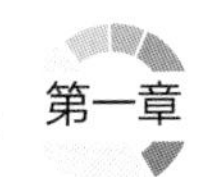

色谱进行综合整体分析。利用该技术，可对岩石中存在的矿物成分进行定性定量分析(李华阳，2014)。

3. 元素分析技术

该技术是将岩石矿物元素中所含有的电子与原子进行分离分析，之后对元素的活跃状态进行激发，并对整个流程中的岩石矿物元素释放的热量值等能量值进行记录。根据记录的数据对岩石内部元素的浓度、含量及特性进行研究。该技术经常和光谱测定的方式联合使用，以对岩石矿物成分进行研究。因此，在对岩石矿物成分进行测定的时候，需要利用其内部含有的元素对岩石矿物成分进行有效测定，发挥其实际作用(蒋常菊，2016)。

4. 差热分析技术

该技术是根据差热来对成分进行分析。这种方式是对矿物成分进行研究的主要环节，可有效分析矿物成分的性质及含量。

5. 光谱分析技术

该技术是对岩石中矿物成分进行分析及测定时用到的最重要的方式，其对岩石中矿物成分的吸收、发射及荧光光谱都可进行测量，之后再根据分析得到的图像对岩石中所含有的矿物成分的精确数值进行研究，从而得出岩石矿物成分资料(赵庆飞，2012)。

二、微观结构实验评价进展

对岩石的微观结构进行实验评价，目前还没有一种理论或实验方法可以完全确定岩石的所有微观特性，需要不同技术协同配合完成。比如显微、扫描可以对物质表面形貌进行放大观察；散射、衍射可以探测物质中原子的空间排列；核磁共振可以探索具有磁共振信号原子的周围环境等。显微、扫描、X 射线和核磁共振法基本只能对物质进行静态结构探测，而中子法可以对物质进行静态结构及动力学探测，这些方法是探测岩石微观结构的强有力手段。

光学显微是指透过岩石样品或从岩石样品反射回来的可见光通过一个或多个透镜后，能够得到微小样品放大图像的技术，所得图像可通过目镜直接用眼睛观察，其分辨率在理论上不能小于 0.2μm，如图 1-16(a)所示。电子显微是应用一束精细聚焦的电子束照射到需要检测的区域或是需要分析的岩石上，该电子束可以是静止的，也可以在被测物表面做光栅扫描，电子束与被测物相互作用激发出被测物中的各种电信号，通过对这些电信号加以显示、探测和分析，就可以获得被激发岩石试样微区的显微组织、晶体结构和化学成分，电子显微作为一种微束分析技术，分辨率可达 0.2nm，其分辨率和放大倍数优于光学显微，如图 1-16(b)所示。

扫描电镜主要架构和扫描隧道显微镜相似，主要不同在于扫描电镜以拉成针形的光纤取代金属探针，提高了被测物表面形貌图像的分辨率。使用光纤，亦可同时得到被测物表面的光学影像。相比传统光学显微技术，扫描电镜较大地提高了空间分辨率和探测灵敏性，并且作为一种非接触性探测，具有无损伤性，如图 1-17 所示。1990 年，卡尔蔡司公司推出了世界第一台场发射扫描电子显微镜。随后日立公司推出冷场发射扫描电镜，冷场单色性好，适合做表面形貌观测，分辨率在 1nm 左右。Amray 公司生产的热场发射扫描电镜，电子束稳定，束流大，分辨率在 3nm 左右。扫描电镜在真空条件下进行，观察前需要对样品进行真空金属镀膜导电处理。

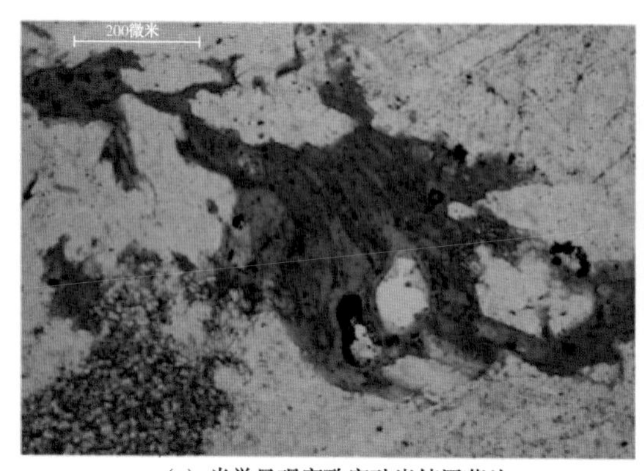

(a) 光学显观察致密砂岩储层薄片

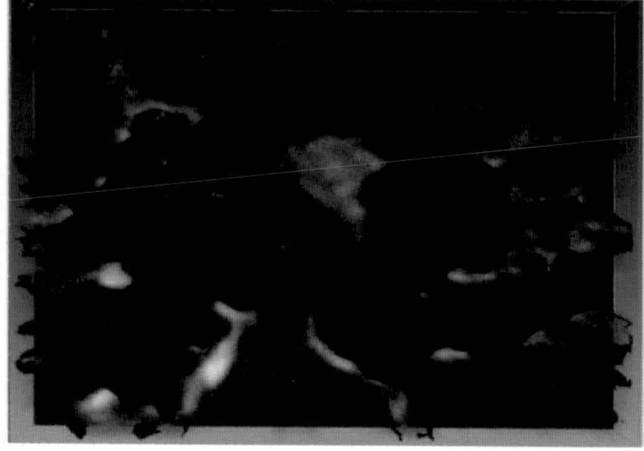

(b) 电子显微镜观察页岩储层孔隙及喉道

图 1-16　岩石样品显微图

对于常规油气储层，微观结构特征研究的实验技术手段以矿物薄片分析为主。而页岩气主要以游离态和吸附态存在于页岩储层中，页岩的微观孔隙结构决定着页岩的吸附和渗流特性，获取页岩储层的微观孔隙结构特征对于页岩的含气性评价和勘探开发具有十分重要的意义。但是，由于页岩储层的平均孔径只有微米尺度，而纳米尺度的孔隙更是研究的重点问题，传统的实验手段无法有效地表征和描述页岩的微观孔隙结构和表观形态。因此，页岩储层的表观形貌特征一般由高精度的扫描电镜实验完成，而页岩储层孔隙结构特征则会利用到纳米 CT(Computed Tomography) 扫描技术，如图 1-18 所示。

图 1-17　致密砂岩场发射扫描电镜图像

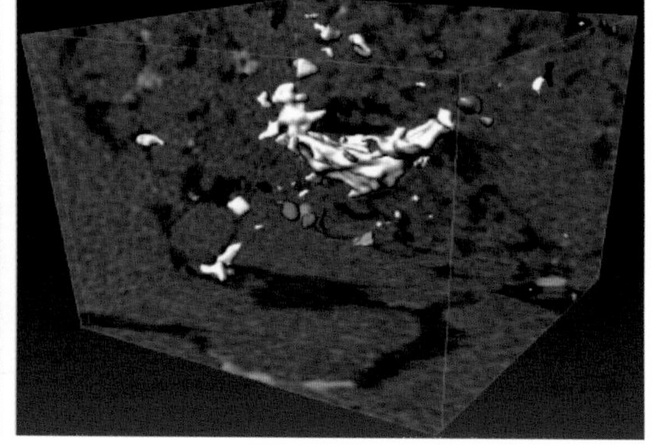

图 1-18　结合 CT 扫描提供的页岩微观孔隙结构

三、岩石力学实验评价进展

加砂压裂设计中涉及储层岩石的力学特性包括强度和弹性，需要的实验评价参数主要

为抗压强度、内聚力、内摩擦角、泊松比和杨氏模量。岩石力学实验评价参数的测定主要有两种方法：静态法和动态法。静态法是通过对岩样进行加载实验测得其变形而得到参数，所得参数为岩石静态力学特性参数。动态法是通过测定超声波穿过岩样的速度得到参数，所得参数为岩石动态力学特性参数(陈勉，2004)。

静态法一般采用常规单轴或三轴压缩实验方法。实验设备包括二种：柔性实验机和刚性实验机。柔性实验机适用于金属材料。岩石材料的全应力—应变曲线必须使用刚性实验机。刚性实验机性能精密，造价昂贵。引进的美国 MTS815、MTS816、TerraTek、GCTS 岩石力学实验测试系统，具备全面准确的行为控制、测试、数据后处理功能，温度、压力指标均可满足国内绝大部分储层加砂压裂用岩石力学实验评价的要求。

根据井下岩心的实际受载情况，岩石的静态力学特性参数更适合工程需要。岩石的静态力学实验评价参数的测定方法已比较成熟，且已有一套规范的实验程序和数据处理程序。但静态法需要先从地下取出待研究井段的岩心，然后在室内做单轴或三轴应力实验，其缺点是成本高、时效性差、资料代表性较差；而动态法利用声波测井资料，可直接求出原地应力下的动态力学特性参数，获得岩层沿深度的连续力学特性资料。

目前，岩石力学的实验研究领域主要有三方面：一是基础理论研究，包括岩石的形变、破坏理论及物理方程等；二是测试技术研究，包括岩石的强度、杨氏模量、泊松比、内摩擦角等的室内实验测试及现场测试技术；三是工程应用研究，包括油气田开发、地下工程、地质灾害预测等。

总体来看，岩石力学的基础理论经历了从经验理论到实验理论、借鉴固体力学理论到岩石力学独立理论的跨越式发展。特别是随着实验技术的进步、数学方法的应用、计算机及自动控制技术的发展，岩石力学基础理论获得了前所未有的进步，如在岩石物理方程、岩石强度准则、岩石应力状态数值模拟、反分析法、智能预测方法等方面取得了理论突破。

四、地应力实验评价进展

在钻井阶段，掌握地层原始地应力状态是有效控制钻井过程中井壁失稳的前提，有助于正确认识和评价地下围岩环境，从而达到安全、优质、高效和低成本钻井的目的；在完井阶段，地应力剖面对水平井的井眼方位、射孔井段和施工工艺等参数的确定具有指导意义；在加砂压裂改造中，地应力大小和方向对水力裂缝的方位、形态起着决定性作用，也影响着压裂的增产效果。因此，地应力模型应运而生，地应力模型的建立可以宏观描述区域地应力的大小、方向及分布范围，为油气藏开发提供正确的钻探井位及合适的压裂方案。

国外地应力测量起步于 20 世纪初(印兴耀，2018)，Liearace 利用应力解除法对胡佛坝下的隧道进行了岩石应力测量，这是人类第一次直接对地应力进行测量。20 世纪中期，Hast 使用应力计对斯堪的纳维亚半岛进行了地应力测量，发现地层浅部垂直应力小于水平应力。20 世纪 60 年代以后，地应力测量方法开始多样化，除扁千斤顶法、孔径变形法、光弹应力计法等平面应力测量方法外，还发展了三维地应力测量技术，通过单孔便可测得介质某一点的空间应力状态。1964 年，Fairhu-Rst 研究出了水力压裂地应力测量法，该方法是目前地层深部地应力测量应用最普遍的方法。1968 年，Haimson 从实验和理论两个方面对水力压裂地应力测量法做了全面分析。1972 年，Vonschon-Feldt 等在明尼苏达州开展了真正意义上的水力压裂法地应力测量工作。20 世纪 80 年代，瑞典发明了水下钻孔三向应变计，使用深度可达 500m。

中国的地应力研究是由李四光教授带领而发展起来的。在 20 世纪 40 年代，李四光教授就将地应力作为地质力学的一部分，并开展了相关研究。1966 年，中国第一个地应力观测站在河北省隆尧县建立；1980 年，国家地震局首次进行水力压裂法地应力测量，开启了国内地应力测量的篇章；20 世纪 80 年代，地应力测量开始应用于石油工业，由于水力压裂的施工及裂缝扩展规律和油水井的井位部署方案等方面的需要，开展了地应力测量及应用的相关研究工作。1993 年，中国石油天然气总公司协同各油田及科研院所开展了“地应力测量技术及其在油气勘探开发中的应用”研究项目，研究内容包括多种地应力的测量、计算、模拟及解释技术方法，油气储层裂缝的评价与预测，地应力状态与油田改造方案的选择和地应力在其他方面的应用等，利用 VSP(垂直地震剖面)资料确定最大水平主应力方向和判断裂缝，利用长远距声波研究地应力值，用井下微地震确定最大水平主应力方向，开展了三维油田应力场模拟和用测井资料进行综合地应力剖面解释。

目前，石油工业中的地应力研究总体上朝着系统化和多方法互相验证的方向发展，可根据研究手段的不同将地应力的研究方法分为五大类：基于岩心的方法、基于钻孔的方法、地质学方法、地球物理法和基于地下空间的方法。其中岩心测量是实验室地应力测量的主要方法，包括了岩心声发射实验、岩心波速测试、差应变分析、波速各向异性法、岩心古地磁定向法、黏弹性应变分析等。

地应力实验评价结果的准确与否，直接影响着储层裂缝密度预测的准确性、井位部署的合理性及钻井优化设计的完善性等，因此如何在理论方法及应用实践中探索出更好的地应力实验方法是今后需要研究的重点方向。

五、断裂韧性实验评价进展

水力压裂力学理论是建立在对深部地层中裂缝扩展特性认识的基础上的。由于岩石是一种特殊的主要呈脆性的材料，因此常常采用线弹性断裂力学理论来分析水力压裂裂缝扩展行为。根据 Irwin 的断裂力学理论，当应力强度因子 K 达到一临界值 K_c 时，裂缝发生扩展，因此称 K_c 为临界应力强度因子，即断裂韧性。断裂韧性越小，裂缝越容易扩张，越有利于水力压裂。获取储层岩心断裂韧性，对于指导增产改造设计具有重要意义。

进行断裂韧性实验是将断裂力学引入岩石力学的基础。鉴于岩石材料本身的复杂特性，进行岩石断裂韧性实验存在两个难题：一是岩石试件不易预制特定裂缝；二是裂缝长度难以准确测量。因此不能简单地照搬金属试件已有的测试规范，必须采用新方法和新规范。

1966 年，有学者提出用双扭法测试断裂韧性，1972 年 Evans 和 Williams 对双扭法进行进一步完善。该方法最先用于研究玻璃和陶瓷材料的断裂性质。1977 年之后，Herry 与 Atlinson 等将双扭法运用到岩石上。Awaji 和 Sato 首先于 1978 年提出使用圆盘形试件测试断裂韧性。通过在初始裂缝方向对岩样施加径向载荷直至岩样破裂，根据破裂压力值计算得

到断裂韧性值。美国材料与测试委员会(ASTM)于1984年提出了单边直裂纹三点弯曲梁试样，在做三点弯曲梁断裂韧性计算时，除了尺寸外，重要的是临界荷载与裂纹长度。采用人工切口进行断裂实验时，临界荷载一般采用荷载最大值，裂纹长等于人工切口长，这些参数都比较容易确定。采用预制裂纹试件，裂纹长在中国大部分采用染色法确定，在国外多采用柔度法确定。另外国际岩石力学协会(ISRM)也先后提出了两种用于测定岩石断裂韧性的建议方法：一是ISRM(1988)建议测试方法；二是ISRM(1995)建议测试方法。样品类型共有三种，分别为1988年推荐的V形切槽三点弯曲圆梁试样、V形切槽短圆棒试样和1995年提出的V形切槽巴西圆盘试样。这几种测试均要求连续记录荷载(F)与位移的全过程实验曲线，并进行符合要求的反复加卸载控制，以进行非线性修正。

划痕实验法是近年来新发展起来的一种断裂韧性测试方法，该方法通过划痕仪刀具在岩石表面刻划，获取法应力和切应力等力值信号，再根据相应数学模型，将这些信号与岩石断裂韧性相联系，进而获得沿划痕方向的断裂韧性连续剖面。

断裂韧性的实验方法各有优缺点，见表1-9。针对井下岩心开展断裂韧性测试建议采用巴西圆盘法或划痕法，这样可以保证利用有限的岩心获取准确的实验数据。

表1-9 断裂韧性常用实验方法优缺点对比

评价方法		优点	缺点
三点弯曲法	直裂纹矩形梁	实验简单； 加载机器和夹具制备容易； 试件样式加工简单	针对金属材料测试岩石不适用； 精确度低； 只能实现纯I型断裂模式
	V形缝圆梁	考虑岩石材料特殊性； V形切口更好模拟I型裂缝； 精度高	浪费岩心； 只能实现纯I型断裂模式
巴西圆盘法	中心孔直缝	节约岩心； 能承受较高的临界载荷； 易实现纯I、II型或复合断裂	实验条件要求高； 试件加工过程复杂； 需要特定切割机夹具
	单边直缝	节约岩心； 预制裂缝加工操作简便	应用较少
厚壁圆筒法		操作简便	需要特定切割机夹具
划痕实验法		岩心损耗小；可测得断裂韧性连续剖面	应用较少

六、大尺寸真三轴水力压裂裂缝起裂与扩展实验评价进展

大尺寸真三轴水力压裂裂缝起裂与扩展实验在认识复杂裂缝起裂扩展机理与模拟现场压裂工艺方面发挥了重要作用。通过大物模实验可以测试岩石的断裂力学参数，研究压裂参数如岩石本构、围压、水压等对裂缝扩展影响规律，为理论和数值模拟研究提供重要参考依据。

20世纪60年代，国外Thomas L B和Biot M A分别开始水力压裂物理模拟方面的研究，20世纪90年代末后，我国学者陈勉和姚飞利用小规模物模实验设备也开展了相关研

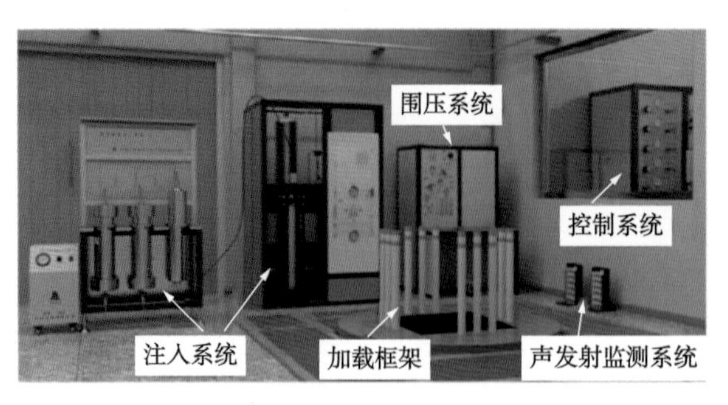

图 1-19　全三维大尺度水力压裂物理模拟实验系统图

究，中国石油勘探开发研究院廊坊分院于2012年在国内建立了目前国际领先、亚洲唯一的1.0m^3大物模实验系统（庄茁，2015），岩样的标准尺寸为762mm×762mm×914mm，加载最大应力可达69MPa，如图1-19所示。

如何对水力压裂裂缝的动态扩展进行实时准确监测，不仅是大物模实验也是现场压裂施工过程中亟须解决的难题。目前，水力压裂实验中采用的声波监测裂缝扩展技术主要分为主动和被动声波两类。2001年，荷兰Delft大学的De Pater等自主开发了主动声波监测技术。但该技术只能进行二维平面定位，对于转向裂缝或扭曲裂缝定位还存在误差。现应用最广泛的监测技术是被动声波监测技术，在小型岩心板压裂实验中取得了较好监测效果，在大尺寸岩样上应用的报道较少。中国石油勘探院廊坊分院王永辉等利用大物模实验，研究了声波监测水力裂缝起裂及扩展形态。为了弥补速度模型的缺陷，2013年，中国石油勘探开发研究院廊坊分院付海峰等采用主动声发射校正速度模型的方法，即通过主动声发射对传感器坐标点的定位进行速度场校核，最大限度地降低声波速度误差；同时，为了降低声波在大尺度（1m^3）岩样内衰减带来的误差，尽可能增加声波监测通道的数量，采用24路声波监测通道实时监测，推动了大物模实验系统和实时监测等技术的进步。

七、储层物性实验评价进展

在油气藏评价中，储层物性实验技术能够提供地层评价所需要的理论基础或事实依据。现最常用的直接定量储层物性实验为岩心分析。

常规物性实验包括孔渗实验、流体饱和度实验、力学实验、微观结构实验等。近年来随着科技的发展，物性实验评价手段多种多样，并且开发新型的数值模型对实验结果进行深入分析，可获得比常规实验结果更多的数据。

2014年，Kegang Ling等开发了一种新的模型，用以评估均质岩石样品或非裂隙岩心样品中的流体瞬态流动，如图1-20所示。通过该种方法可以通过测试常规岩心渗透率获取岩心裂缝发育特征情况。不含裂缝的岩心样品中的所有流体流动行为都遵循开发的理论模型。由于流体在裂缝中的流动能力比在均质岩石孔隙中高得多，因此与均质模型的任何明显偏差都表明存在裂缝或微裂纹。

通过测量大量实验样本获取岩心的孔隙度和渗透率，发现利用渗透率实验数据确定岩心中的裂缝基于以下四个原理：（1）如果不存在裂缝，相似的岩石类型具有相同的孔隙度—渗透率关系；（2）裂缝显著增加了岩石的渗透性；（3）裂缝对孔隙度的增加贡献很小；（4）裂隙岩石的孔隙度—渗透率关系与非裂隙岩石的渗透率趋势不同，这是由于裂缝对渗透率具有重要贡献。因此可通过数据分析方法对常规岩心孔渗数据进行分析。

2017年，Samir Kumar Dhar等详细介绍了数字岩心技术在储层物性表征上的优势。数

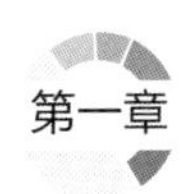

字岩心可替代常规岩石物理评价研究，并兼具经济性和高效性。数字岩心常通过微型 CT（显微计算机断层扫描）或纳米 CT 技术获取岩石孔隙和矿物颗粒的高分辨率图像并对储层岩石进行数学建模。然后用这些岩心数学模型模拟解释静态和动态岩石特性。在数值岩心中岩石的几何和拓扑复杂的孔隙尺度结构是在 3D 图像中捕获的，并在计算网格中客观表述，因此在分析过程中不会损害岩心的基础物性，如图 1-21 所示。

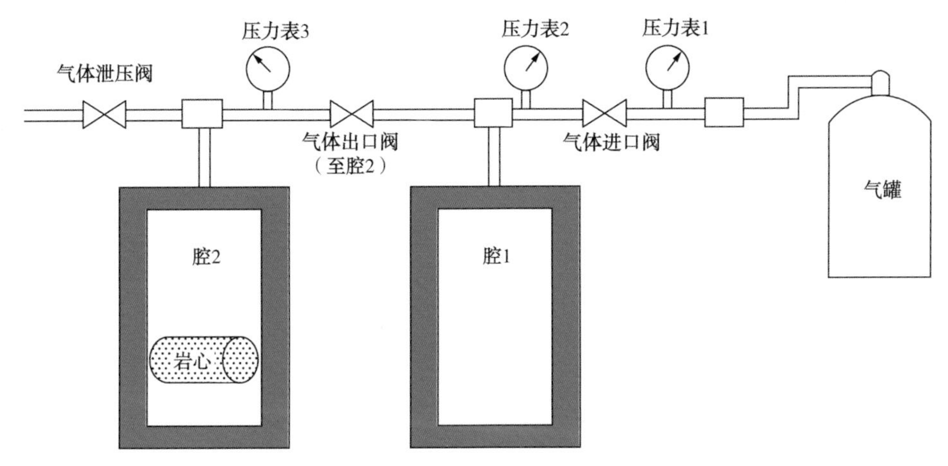

图 1-20　双腔式气测岩心孔隙度测试仪（Kegang Ling，2014）

数字岩心可分析孔隙结构、矿物分布等，并可通过一定数学方法计算岩心孔隙度、渗透率、润湿性等基本物理参数。

图 1-21　数字岩心示意图（Samir Kumar Dhar，2017）

2019 年，Hongxia Li 等应用 3D 打印技术，重构微观孔隙结构，并控制其表面润湿性，如图 1-22 所示。研究者使用光学透明性材料制作孔隙结构，使用高速激光共聚焦显微镜捕获瞬态液体传播过程，并开展微模型驱油（油气、水煤气、水油）实验，从而定量化研究不同孔隙结构下岩心的物性变化特征。

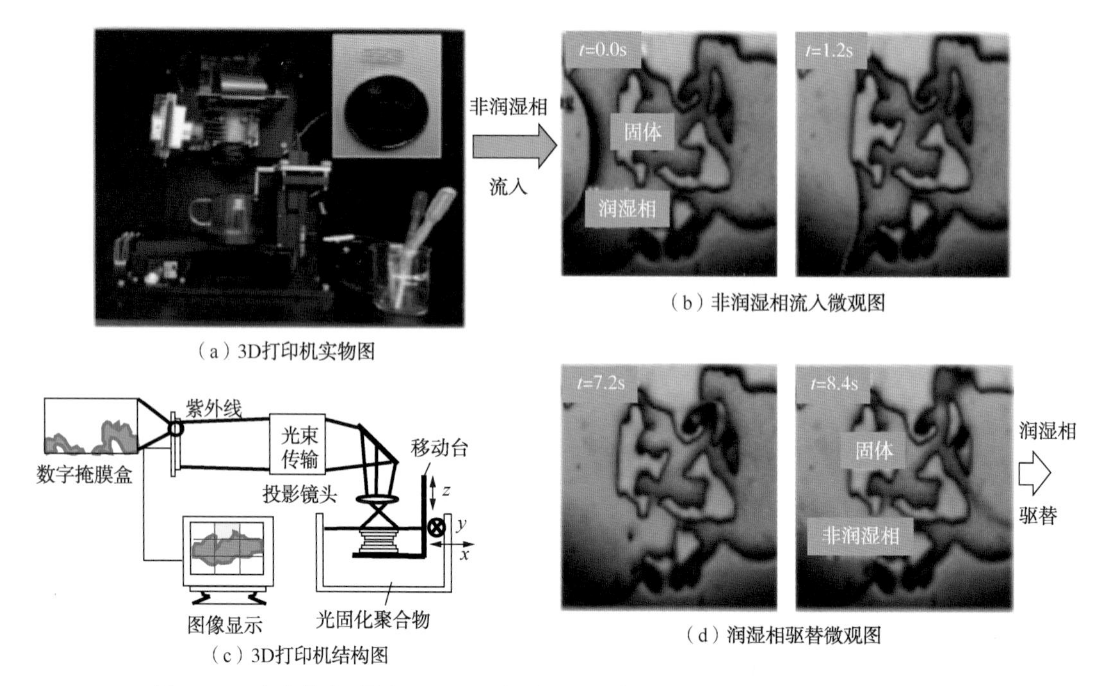

图 1-22　高分辨率(精度 2μm)3D 打印机及重构的微观结构(Hongxia Li，2019)

随着科技的进步，储层物性实验技术朝着微观发展，研究者更注重储层物性的基础及孔隙结构的表征，从宏观走向微观，从一个实验测试数据表征一个物性参数，到多参数全面分析岩心物性特征方向发展。

八、储层敏感性流动实验评价进展

微粒运移和黏土膨胀是造成储层敏感的主要原因，也可表述为渗透率的损害。胶结不良和致密地层含有大量自生和对水溶液敏感的孔隙充填黏土(如高岭石、伊利石、蒙皂石、绿泥石、混层黏土矿物)。储层中的岩石—流体相互作用主要分为两类：(1)岩石矿物与不相容流体接触发生的化学反应；(2)由于过大的流速和压力梯度造成的物理过程。

储层敏感性流动实验主要通过岩心驱替实验装置进行，如图 1-23 所示。

2010 年，Van der Zwaag 等指出岩心夹持器的设计方法和方位不同(水平或垂直)，或用于达到岩心初始含水饱和度的饱和步骤不同，实验室储层伤害测试的结果也会不同，如图 1-24 所示。还举例强调，如由于岩心位置和饱和度不同引起的重力降解及沿岩心流体的分布情况不同而得到的相对渗透率(伤害渗透率与初始渗透率或渗透率基值的比率)不同。此外，实验室的实验准备和测量方法也影响测试结果，影响因素包括岩心柱塞清洗和饱和程序、渗透率测试方法、流体滤失的不同测试方法(静态滤失或动态滤失)及生产模拟方法(恒压降或恒速率)。他们进一步解释道，滤失条件(静态或动态)、夹持器位置(水平或垂直)及注入面位置(顶面或底面)不同会对滤饼形成和流体滤失过程具有不同的影响。这是因为这些因素会影响作用于多孔介质中流体与颗粒系统内的黏滞力、毛细管压力及重力。他们强调，对于一个水湿的岩心，由于其出水端的毛细管不连续性引起的毛细管的末端效应会导致出水口附近的水饱和度大于地层水的水饱和度(取决于流速)。这需要对渗透

率基值的确定进行严格的修正。因此，在饱和度失真的影响下，对渗透率基值的准确测定是具有重要实际意义的关键问题。他们指出，重力可以影响岩心表面上滤饼颗粒的分离。此外，不同密度流体的重力分离和稀流体驱替黏稠流体过程的黏性指进也会影响岩心相对渗透率的测量。

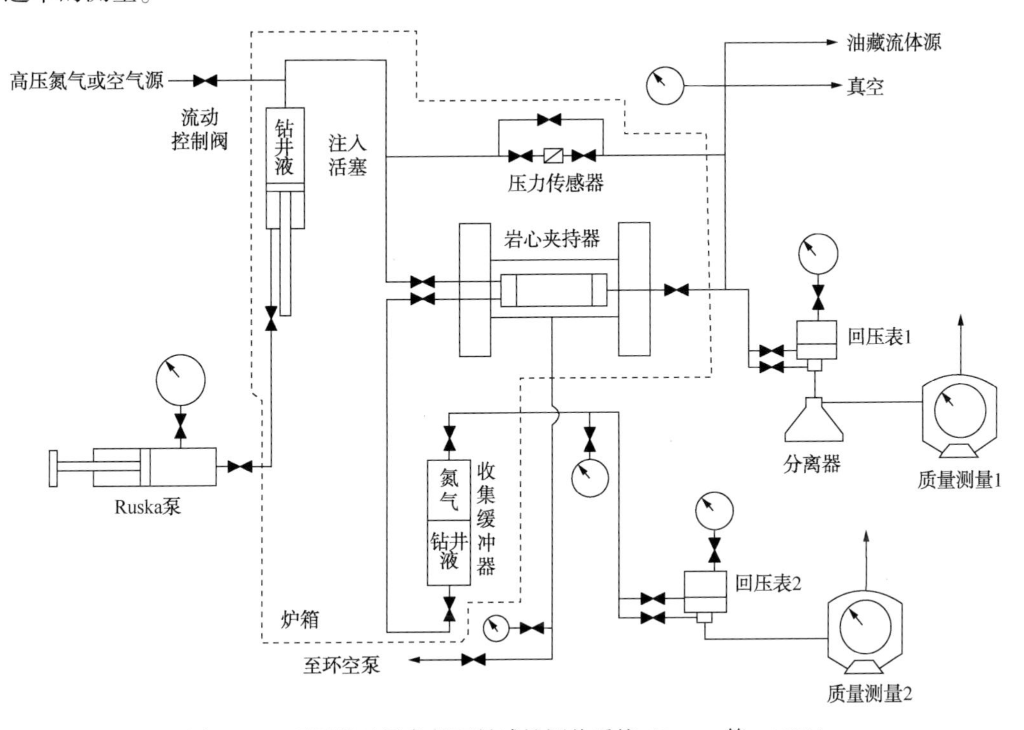

图 1-23　通用的地层条件下敏感性评价系统（Doane 等，1999）

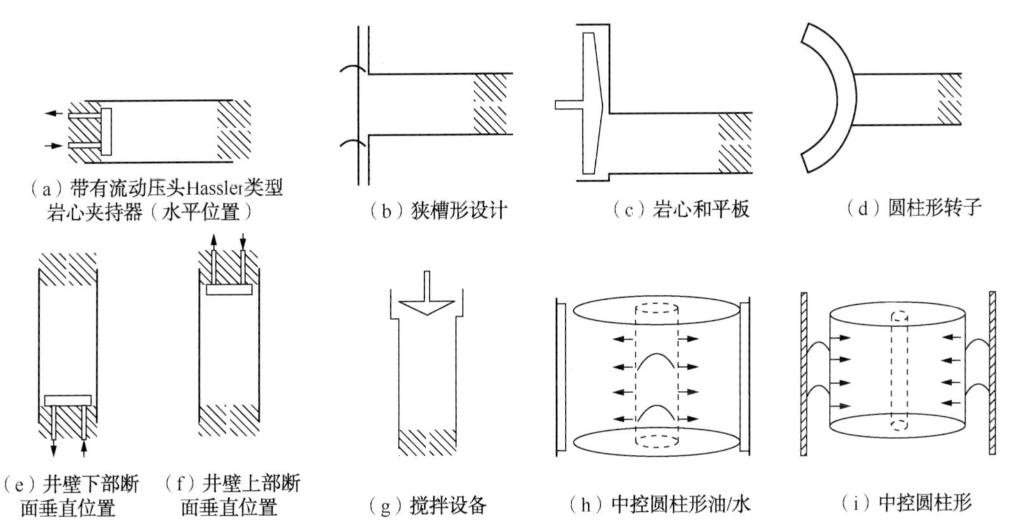

图 1-24　用于储层伤害试验的岩心夹持器设计和方向（Van der Zwaag，2010）

虽然基本实验原理及方法一致，但近年来敏感性的实验评价手段在不断进步。

2016 年，Renfeng Yang 等，使用新的数据处理方法对水敏性实验结果进行分析，他们认为尽管对储层岩石水敏性进行了多年的现场观察和实验室研究，但尚未开发出定量预测地层对水敏感性的方法来提高可靠性。因此基于物质平衡方程、相对渗透率的解析函数，开发出一个新的渗透率下降模型，该模型可以定量地预测水敏感性的影响，并清楚地反映所有系数。

除此之外，也有学者不断尝试使用新的实验岩心和实验设备对特定敏感性进行针对性研究。

2014 年，Ye Tian 等创新使用剖缝岩心测量裂缝性地层应力敏感特性，如图 1-25 所示。研究者对四个岩心的评估表明，如果是裂缝孔隙度较小直接导致的 Biot 系数值较低，则裂缝渗透率的应力依赖性会变弱；裂缝对实验室的围压变化非常敏感，而对生产中的储层压力变化敏感不大，这可能可以弥补实验室研究与生产实践之间的差异。

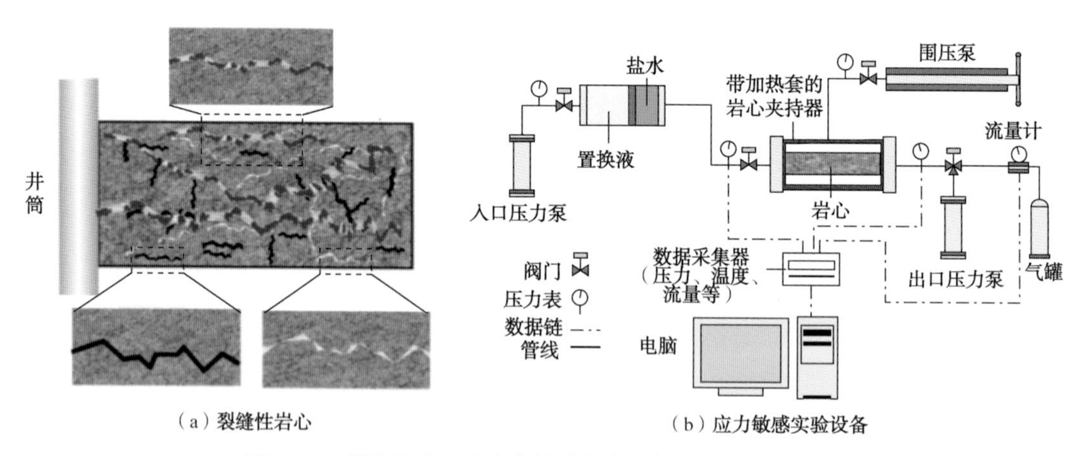

（a）裂缝性岩心　　（b）应力敏感实验设备

图 1-25　裂缝性岩心及应力敏感实验设备(Ye Tian，2014)

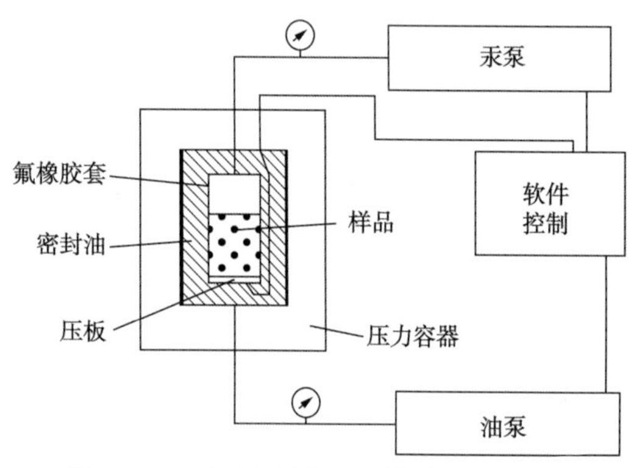

图 1-26　压汞法测量应力敏感(P Guie，2018)

2018 年，P Guie 等创新实验手段，使用压汞实验测试致密岩心的应力敏感，如图 1-26 所示。研究结果表明汞注入分析的结果对施加到样品的净应力比常规测试手段更敏感。对于致密气砂岩，在储层条件下的常规阈值压力是使用传统高压汞孔隙率仪(在无条件条件下运行)估算的阈值压力的 3 倍，而比所有测试岩石的平均值高出 4 倍。

由此可见，储层敏感性流动实验技术发展比较成熟，使用常规测量手段可以满足绝大多数需求。但随着技术的发展，对于一些特殊岩性的分析，如多裂缝发育、矿物成分复杂、孔隙结构复杂等情况，不同研究者尝试用不同的实验方法及实验手段对其进行针对性研究。因此，储层敏感性流动实验技术将在较长时间内以常规驱替实验测量渗透率衰减情况为主，特征岩性敏感性将借助各类手段开展针对性实验。

九、压裂液实验评价进展

水基压裂液实验评价的主要依据是行业标准《水基压裂液性能评价方法》SY/T 5107—2016，并根据压裂液技术的研究进展、先进方法的引进、仪器设备的更新、标准实施过程中的问题，分别更新了1986年、1995年、2005年、2016年四个版本的变化。

1995年，随着压裂液技术的发展，压裂液性能逐渐得到提高和完善。为了更全面地评价压裂液性能，在行业标准《水基压裂液性能评价方法》SY/T 5107—1986中增加了表面张力仪测定破胶液表面张力和界面张力的实验方法、压裂液交联时间测定方法、降阻率的现场测试方法。由于实验设备的更新，增加了RV_{20}黏度计测定压裂液流变性的方法。压裂液对岩心基质渗透率损害率机理的研究表明，压裂液滤液侵入，滤液在地层孔隙、喉道中发生物理化学变化是造成地层基质渗透率损害的主要原因，因此建立了滤液对基质渗透率损害的测定方法。

2005年，随着液体技术和实验设备的发展，为了评价胶囊破胶剂的性能，在行业标准《水基压裂液性能评价方法》SY/T 5107—1995中增加了含胶囊破胶液压裂液破胶的性能评价方法。为了评价压裂液动态滤失性能，增加了动态滤失性能的评价技术。

由于滑溜水大规模应用于页岩气压裂施工中，为了规范滑溜水实验评价和现场应用，建立了行业标准《页岩气 压裂液 第1部分：滑溜水性能指标及评价方法》(NB/T 14003.1—2015)，对滑溜水的pH值、运动黏度、表面张力、界面张力、结垢趋势、SRB、FB、TGB、破乳率、配伍性、降阻率、排出率、CST比值的性能指标及评价方法都进行了规范和统一。

水基压裂液和滑溜水相关标准中的实验方法主要针对压裂液的常规性能进行评价，除此以外，国内外学者也对压裂液伤害和携砂性能的实验评价方法开展了大量的工作。

压裂液在改善油气渗流通道时，因为液体与储层的相互作用会给储层带来伤害，影响压裂施工的效果，所以分析储层的特点与压裂液伤害的关系，对减少压裂液伤害、提高压裂效果有极大意义。目前用于测试储层伤害的实验方法主要有恒速压汞、岩心基质渗透率损害测定、敏感性、表面和界面张力、膨胀测试等。上述方法通过模拟压裂液及其破胶液在储层中的作用过程，得到实验数据，反映压裂液性能对储层伤害的影响程度。虽然能够定性定量分析不同类型伤害的程度，但由于实验对岩心的破坏性，所以不能对比分析伤害前后的岩心数据；由于可视化能力的限制，不能直观表现伤害发生的位置和程度，进而难以分析伤害产生的具体原因。为准确判断引起储层液相伤害的具体原因及伤害程度，有学者将低磁场核磁共振分析技术应用于压裂液对储层的液相伤害研究(曹彦超，2016)，定量检测不同实验阶段岩心内束缚流体、可动流体的含量及变化，如图1-27所示，与常规流动实验相结合，测试流体注入前后岩心渗透率的变化情况，提出了一套评价压裂液对储层伤害的实验方法，建立了每种伤害机理与伤害程度间的对应关系，评价压裂液对储层的液相伤害。

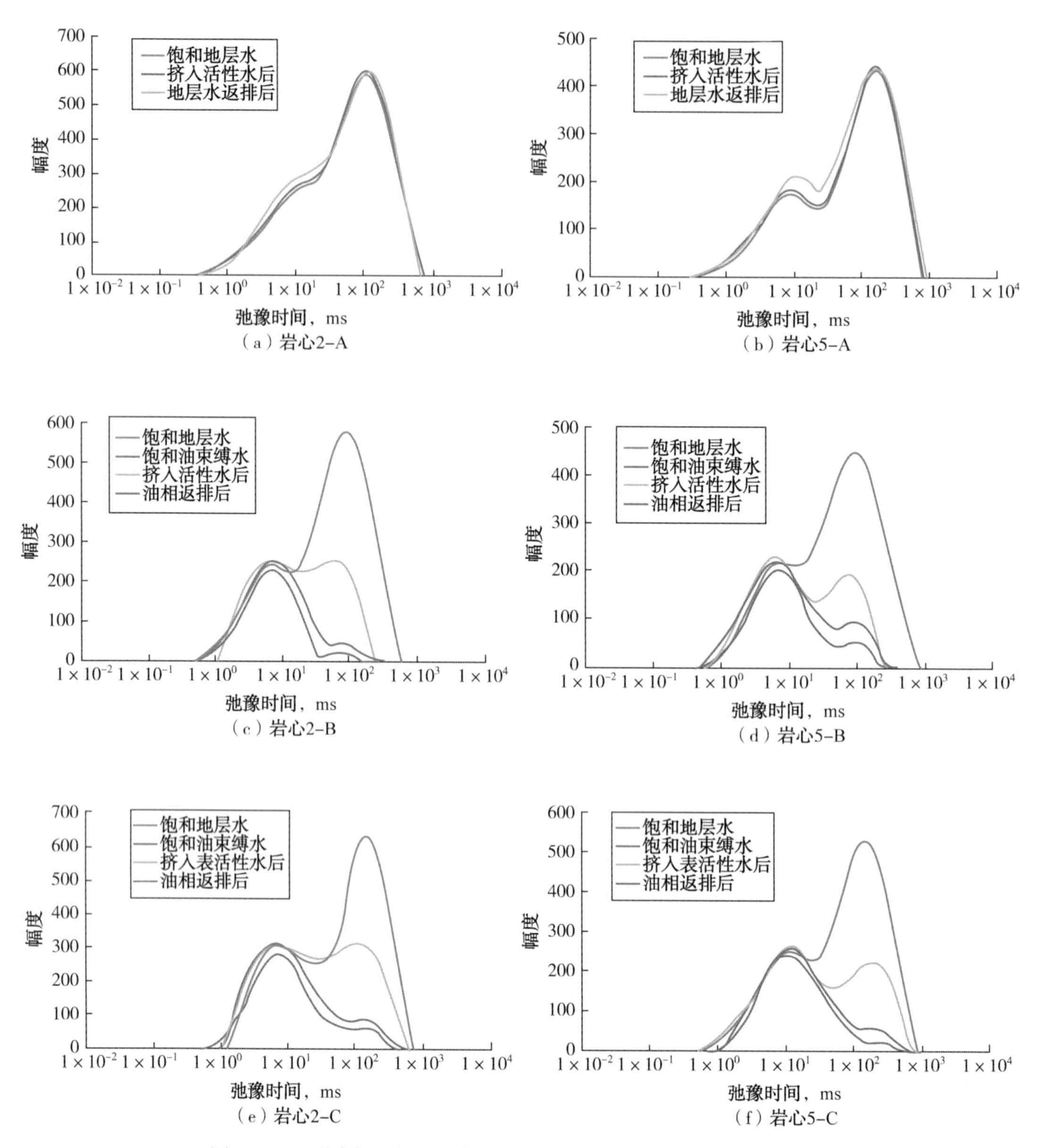

图 1-27　不同岩心在不同条件下的核磁共振图谱(曹彦超，2016)

除了低磁场核磁共振分析技术，使用 CT(计算机断层扫描)技术也可以在不破坏岩心的前提下进行无损检测，可对压裂液储层伤害的位置和程度进行效果对比、定量分析和直观观察。有学者采用微米—纳米级 CT 扫描系统对压裂液伤害前后的岩心进行微观分析，分析了岩心结构、流体分布状态、黏土矿物形态改变等参数(刘玉婷，2019)。CT 技术定性、定量、可视化的分析能力可以更直观地反映上述伤害产生的位置和程度，如图 1-28 所示，可以有效印证其他分析手段得到的数据，为压裂液伤害的研究提供实验手段和理论依据。

压裂液携砂性能是衡量压裂液性能的重要参数，也是决定压裂施工成败及压后增产效果的关键因素之一。目前实验室内评价压裂液携砂性能的方法主要有两种：一种是基于 Stokes 理论公式的单颗粒支撑剂沉降法，在静态下观察并测定单颗粒支撑剂在压裂液中沉降至容器底部所需时间并计算出沉降速率，但单颗粒沉降法很难反应携砂液携带大量支撑剂的沉降特性；另一种是多颗粒携砂性能测试法，在静态下观察并测定携砂液中不同砂浓度的支撑剂完全沉降所需时间并推算沉降速度。多颗粒携砂性能测试法比起单颗粒的支撑剂沉降法更能客观地反映压裂液的悬砂及支撑剂的沉降特性，更接近压裂实际情况。针对以上目标，相关学者设计、研制了压裂液悬砂性能实验装置（Weaver J D，2013；刘建坤，2019），如图 1-29 与图 1-30 所示，可用于开展不同粒径支撑剂在不同砂比的压裂液的携砂能力及沉降机理实验研究。

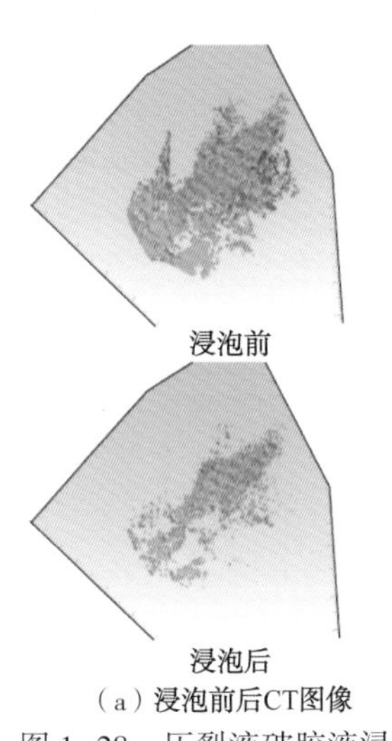

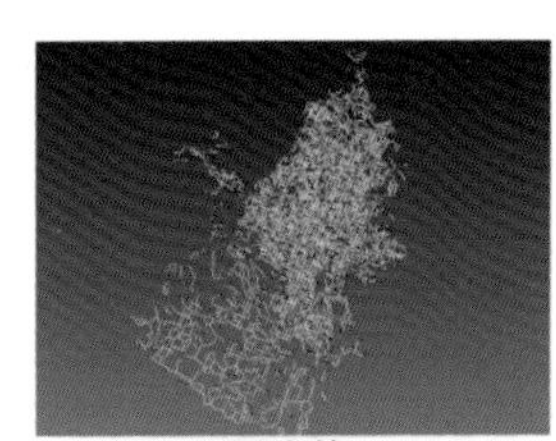

（a）浸泡前后CT图像　（b）岩心孔喉球棍模型

图 1-28　压裂液破胶液浸泡前后的岩心孔喉 CT 图像与岩心孔喉球棍模型对比图（刘玉婷，2019）

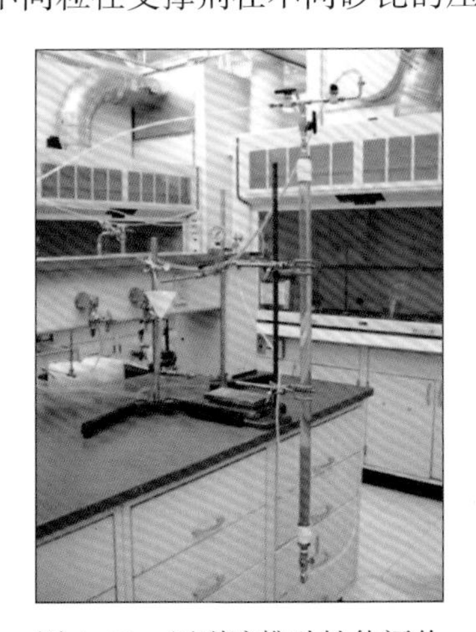

图 1-29　压裂液携砂性能评价装置（Weaver J D，2013）

图 1-30　压裂液悬砂及支撑剂沉降机理实验装置（刘建坤，2019）

总体来说，目前压裂液实验评价的研究，在相关标准实验评价方法的基础上，从与储层伤害实验评价、支撑剂相互作用的结合上衍生出了很多新实验技术，有利于更深入地开展压裂液实验评价工作。

十、支撑剂实验评价进展

支撑剂实验评价的主要依据是行业标准《水力压裂和砾石充填作业用支撑剂性能测试方法》（SY/T 5108—2014），标准源自 API（American Petroleum Institute，美国石油学会）标准(API RP58-60-61)。经过多年的生产实践和技术研究，压裂支撑剂的性能指标及评价测试方法已经基本成熟。ISO(International Organization for Standardization，国际标准化组织)专业委员会在API标准的基础上，于2006年颁布了《水力压裂和砾石充填作业用支撑剂性能测试方法》(ISO 13503-2)。国内分别于1997年、2006年、2014年共计3次根据API标准和国际标准，以“修改采用”的采标方式，修订了行业支撑剂标准，主要包括筛析、圆球度、酸溶解度、浊度、密度、破碎率等实验评价。

支撑剂性能评价的标准做法主要针对支撑剂产品的常规性能进行评价，除此以外，国内外学者对支撑剂数字化实验评价方法、支撑剂与储层和施工条件结合的实验评价方法开展了大量工作。

在粒径分析方面，大多采用的方法是人工筛析法，不仅效率低，且容易引入人为因素造成相应的误差，给实际应用带来诸多不利。2009年，张学军提出采用理论分析和实验的方法，通过对颗粒数字图像进行二值化处理，运用链编码技术直接提取图像几何特征的两个算法，即计算边界点的坐标及边界上两点间距离的坐标标定自动机，推导了压裂支撑剂粒径测量算法，实验验证了其粒径均值的求解过程，如图1-31所示。

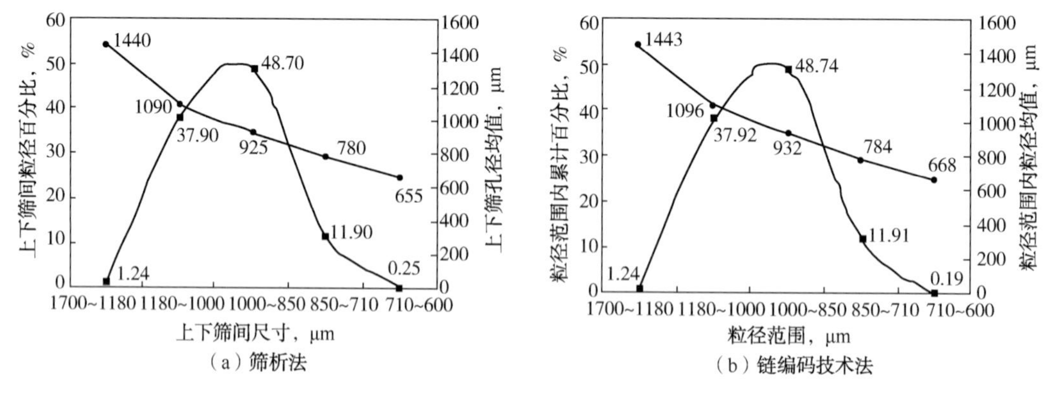

图1-31 筛析法和链编码技术法的实验结果对比(张学军，2009)

在圆球度实验方面，通常使用Krumbei和Sloss在1963年发表的球度和圆度图版。在被测试的样品中任意取出20~30粒支撑剂，放在显微镜下观察和拍下照片，根据图版人工确定每粒支撑剂的球度和圆度，最后再计算这批支撑剂样品的平均球度与平均圆度。该方法人为因素的误差较大，而且人工效率低下，不利于大批量的支撑剂实验评价。2015年，裴润有提出了一种自动化的支撑剂圆度球度测定方法，利用计算机图像处理技术，对显微镜采集的支撑剂颗粒图像进行自动处理，直接测得图像中的每个支撑剂颗粒的圆度和球度，如图1-32所示，降低了测量过程中的人为主观因素和劳动强度，同时也提高了工作效率。

在破碎率方面，常规的破碎率实验方法侧重于对支撑剂自身的性能评价，与储层条件结合较差。由于在油气生产期间，支撑剂长期处于地层水的浸泡中，为研究地层水浸泡对支撑剂性能的影响，2009年，何红梅首次提出并在室内进行了支撑剂被地层水浸泡72h后的破碎率实验，并与破碎率和导流能力的常规实验结果进行了对比分析，认为地层水浸泡后支撑剂的破碎率较未浸泡的支撑剂破碎率有一定程度的增加，支撑剂粒径越小、抗压强

度越高，地层水浸泡后的破碎率增幅越小。同时，当井底流压发生变化(如周期性开关井等)，作用在支撑剂充填层上的应力也会变化或循环。2012 年，宋时权运用微机控制电液伺服万能实验机，对循环应力加载条件下支撑剂破碎率进行实验研究，考察不同应力加载次数下不同支撑剂的破碎率情况，表明循环应力加载对支撑剂的破碎率存在影响。为了对支撑剂破碎后的微观形态进行研究，也有学者利用扫描电镜分析支撑剂破碎后颗粒的微观结构，研究不同受力条件下支撑剂的破碎情况，如图 1-33 所示。

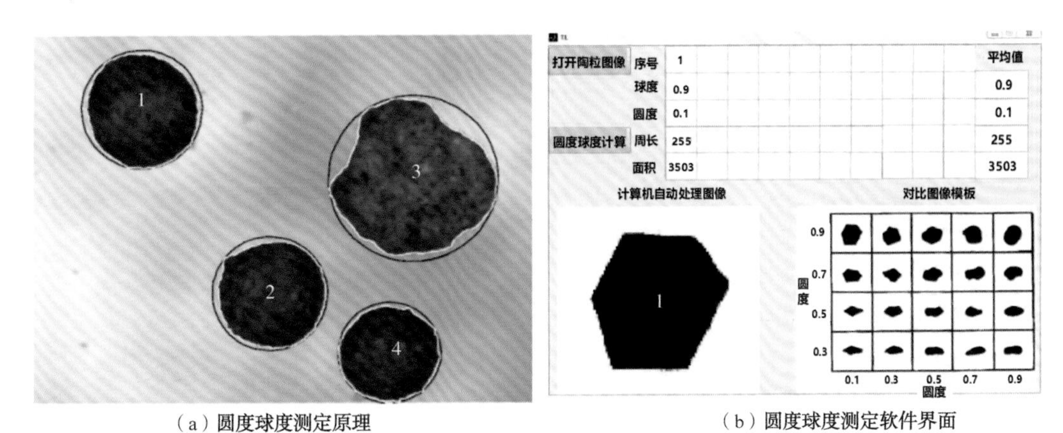

(a) 圆度球度测定原理　　(b) 圆度球度测定软件界面

图 1-32　压裂支撑剂圆度球度软件(裴润有，2015)

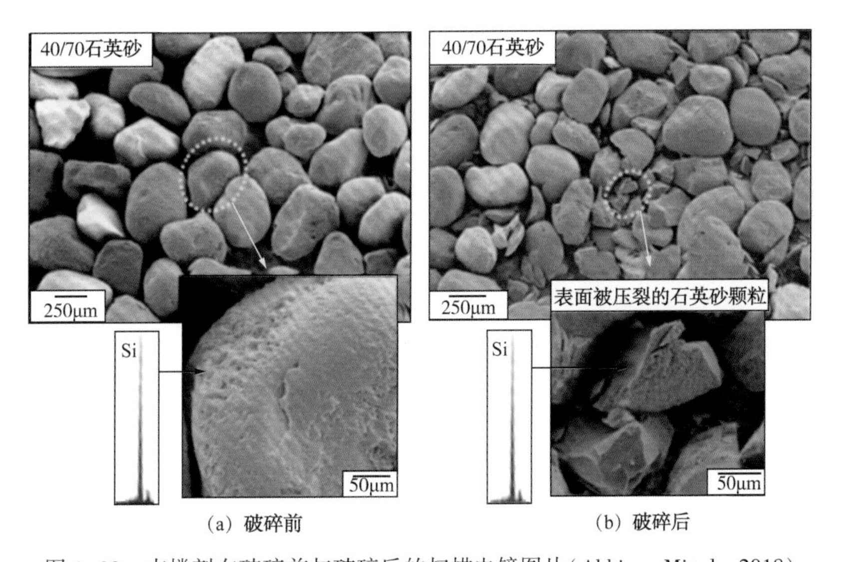

(a) 破碎前　　(b) 破碎后

图 1-33　支撑剂在破碎前与破碎后的扫描电镜图片(Abhinav Mittal，2018)

目前的破碎率实验是通过一定量的支撑剂在承压后，利用粒径的变化，评价支撑剂的宏观破碎规律。为了评价单一支撑剂颗粒的承压情况，2017 年，Shuai Man 提出采用纳米压痕仪，开展了不同类型支撑剂在单颗粒条件下的承压破碎情况，如图 1-34 所示，有助于深入研究支撑剂的微观破碎规律。

在酸溶解度方面，标准中支撑剂耐酸性能测试方法未模拟地层高温高压及流体流动的条件，所测得的酸溶解度值较实际情况可能存在偏差。2015 年，秦升益提出一种可模拟地层温度压力和流体流动共存条件下的耐酸性能测试方法，设计了针对石油压裂支撑剂耐酸性能检测的新型测试方法和设备，如图1-35所示。该方法可模拟地层温度(30~150℃)、闭合压力(10~100MPa)和不同酸介质流速(1~70mL/min)对支撑剂进行耐酸性能测试。

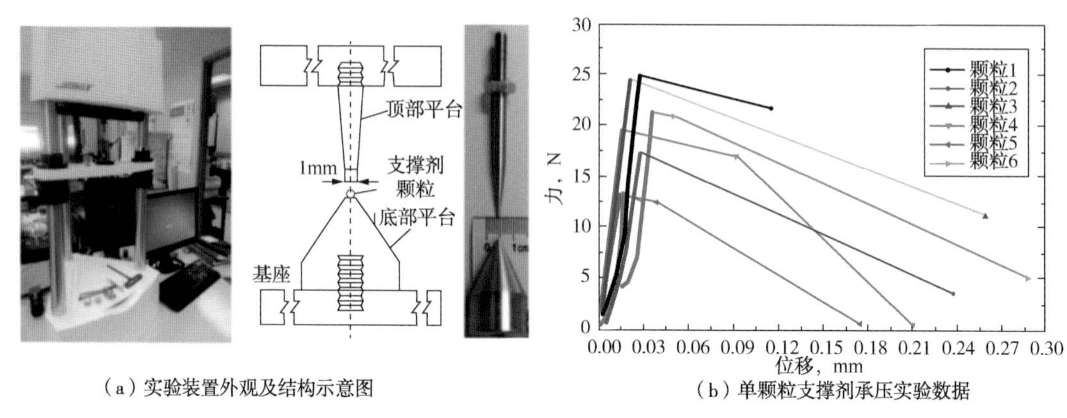

(a)实验装置外观及结构示意图　　(b)单颗粒支撑剂承压实验数据

图1-34　支撑剂单颗粒承压实验(Shuai Man，2017)

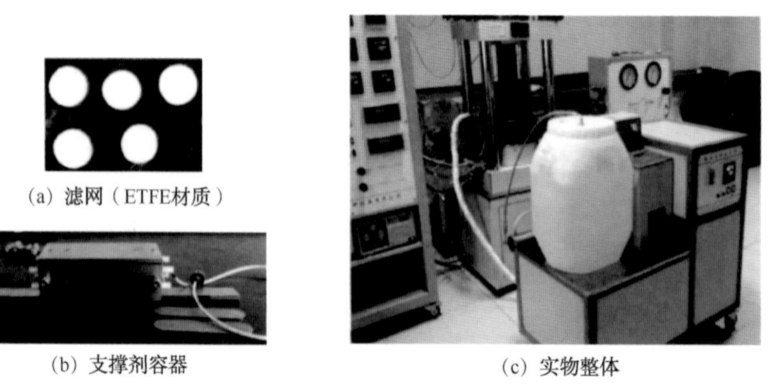

(a) 滤网(ETFE材质)

(b) 支撑剂容器

(c) 实物整体

图1-35　支撑剂耐酸性能测试设备实物及配件图(秦升益，2015)

在浊度方面，对样品施加符合行业标准规定的摇振力和摇振速度对于检验结果的影响很大。目前采用的方法是采用人工操作，其对操作人员的技术水平和熟练程度提出了很高的要求，人为因素的影响制约了检验的精度和权威性。2015年，潘文启提出将腕式振荡仪应用于压裂支撑剂实验中浊度检验中，如图1-36所示，设定相应参数，模拟手腕摆动，大大降低了劳动强度和人为因素对检验结果的影响。

为了评价支撑剂单颗粒或多颗粒相互作用情况，2014年，Mark G Mack提出了单颗粒支撑剂的回弹系数和多颗粒支撑剂的堆积系数。通过将单颗支撑剂或多颗粒在一定高度自由下落，根据单颗粒支撑剂回弹高度和距离中心点距离、多颗粒支撑剂堆积的砂堤情况，进而评价支撑剂运移情况。回弹系数实验装置及实验结果，如图1-37所示，单颗粒落地回弹高度越高、距离中心点越远，越容易运移至裂缝深部。摩擦系数实验结果，如图1-38所示，支撑剂堆积的砂堤与平面的夹角越小，支撑剂相互作用越小，越容易运移至远处。

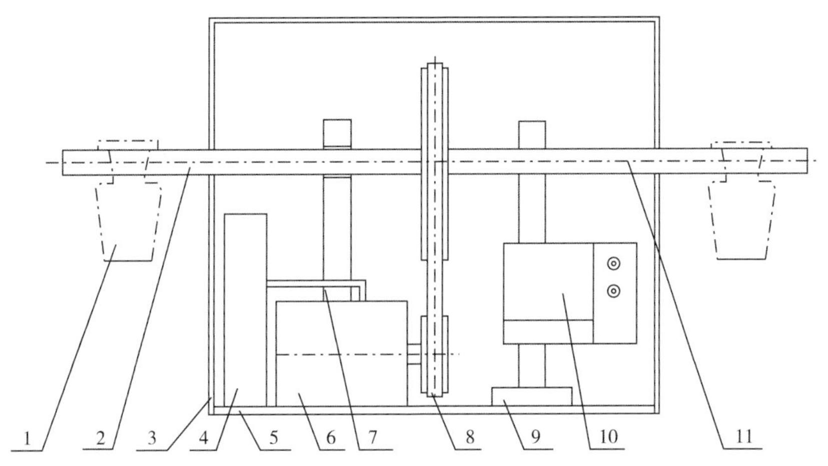

图 1-36　腕式震荡仪结构示意图(潘文启，2015)

1—试样瓶；2—固定轴套；3—箱盖；4—步进电机驱动器；5—底座；6—步进电动机；7—数据传输通道；8—同步带轮组；9—支座；10—触屏操作面板；11—转轴

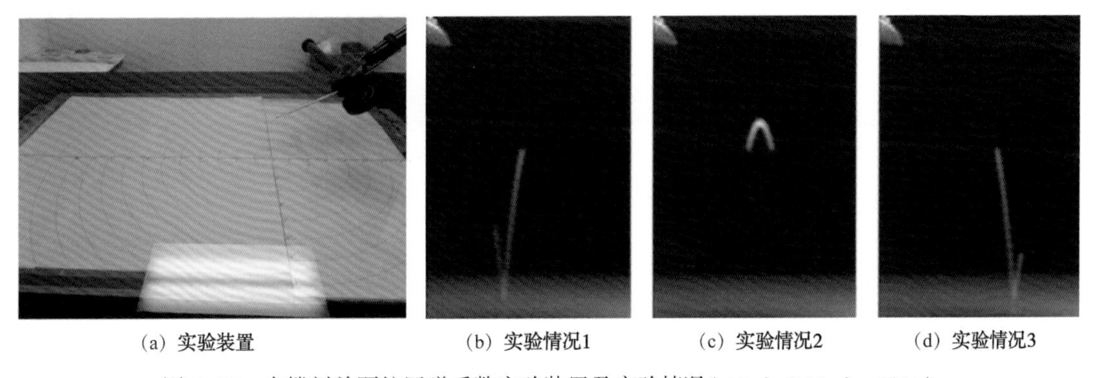

(a) 实验装置　(b) 实验情况1　(c) 实验情况2　(d) 实验情况3

图 1-37　支撑剂单颗粒回弹系数实验装置及实验情况(Mark G Mack，2014)

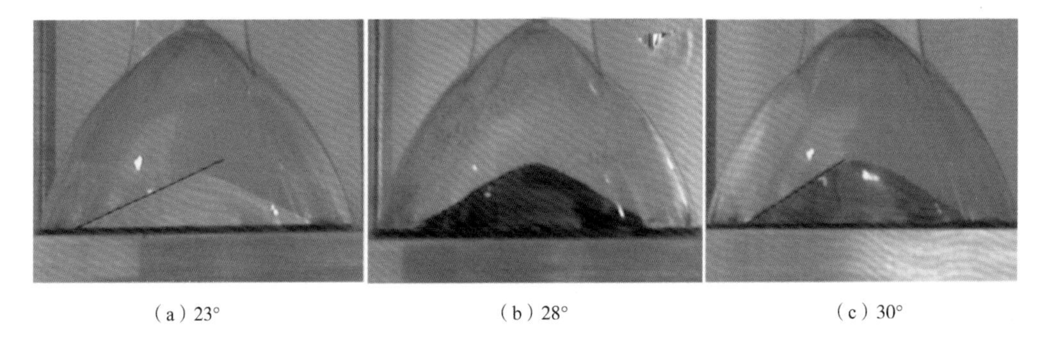

(a) 23°　(b) 28°　(c) 30°

图 1-38　支撑剂多颗粒摩擦系数实验结果(Mark G Mack，2013)

总体来说，目前支撑剂实验评价的研究，在标准化实验评价的基础上，从宏观实验评价走向微观实验评价，数字化、智能化的应用也逐步提高。

十一、暂堵剂实验评价进展

暂堵剂的实验评价经过近年的发展，主要包括物理性能评价和暂堵性能评价两个方面。

在物理性能方面，主要评价暂堵剂密度、溶解、配伍性、分散稳定性、黏度、力学性能等参数。其中溶解实验是观察在不同温度、不同时间条件下的溶解情况；配伍性是评价暂堵剂在地层水或模拟地层水中的溶解情况；分散稳定性是评价暂堵剂是否有分层、沉淀现象；力学性能是将暂堵剂加工固定形状，通过材料试验机分析材料的机械力学性能，根据暂堵剂材料的应力—应变曲线结果，分析暂堵剂的抗压强度、弹性模量、可压缩应变、屈服形变量等力学参数，评价暂堵剂的抗压强度、韧性等性能。通过物理性能评价，可以初步判断暂堵剂的可行性和有效性。

针对暂堵性能方面，不同的学者根据暂堵剂类型和应用条件，提出了不同的评价方法。例如用劈裂岩心再人工铺置一定量的支撑剂(周法元，2010)或利用钢膜带缝岩心(Shijie Xue，2015)，如图1-39所示，再注入暂堵剂，根据突破压力、封堵率、渗透率恢复率、基质伤害率等参数，评价暂堵剂的性能。

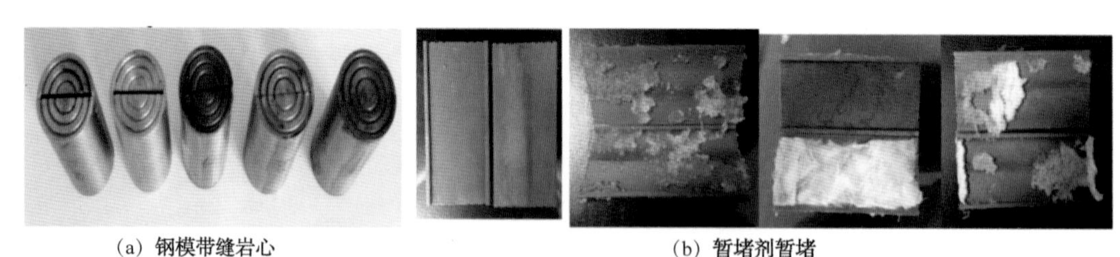

(a) 钢模带缝岩心　　(b) 暂堵剂暂堵

图1-39　钢模带缝岩心及不同的暂堵剂暂堵情况(Shijie Xue，2015)

2014年，周福建利用自主研发的地层条件动滤失分析仪，提出将岩心劈裂以模拟人工裂缝，岩样在一定围压和驱替压差下，测量劈裂缝内暂堵剂滤饼的滤失情况，并且可以提供一定的搅拌速度，来模拟实际井下纤维压裂液的剪切情况，从而真实评价实际暂堵剂的滤失情况，测定暂堵剂的滤失系数，根据滤失系数来评价暂堵剂的暂堵性能。

2016年，Mojtaba P Shahri介绍了一种暂堵实验装置，如图1-40所示，通过评价暂堵剂在不同形状、滤饼厚度条件下的最大承压和稳定压力，用于优选不同暂堵剂类型。

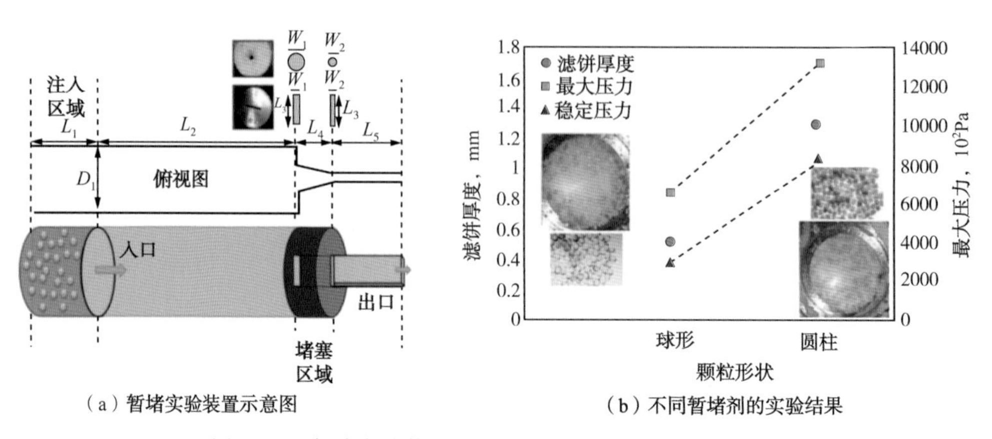

(a) 暂堵实验装置示意图　　(b) 不同暂堵剂的实验结果

图1-40　暂堵实验装置及结果(Mojtaba P Shahri，2016)

2017 年，段晓飞设计了一套暂堵剂暂堵性能评价实验装置，如图 1-41 所示，将一定量暂堵液加入到暂堵液容器中，通过压紧螺栓与压紧丝杠密封容器，并接通气源，通过高压打气筒补充压力，打开减压阀，高压气体进入暂堵液容器，暂堵液受压后，其中的暂堵剂发生沉降并在裂缝出口位置产生封堵滤饼，暂堵液漏失。记录漏失时间及漏失量，观察滤饼并评价暂堵剂性能。

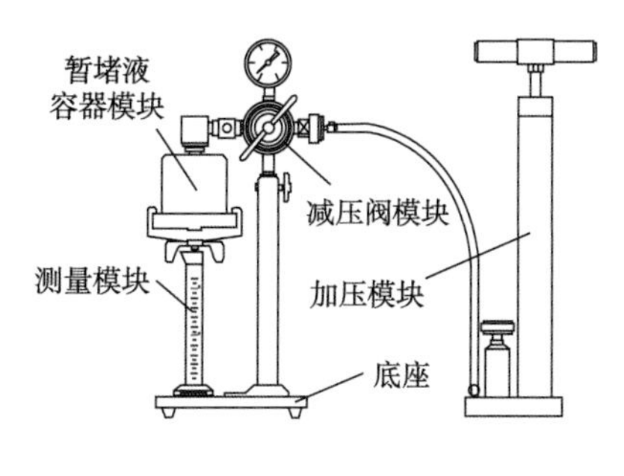

（a）实验装置示意图

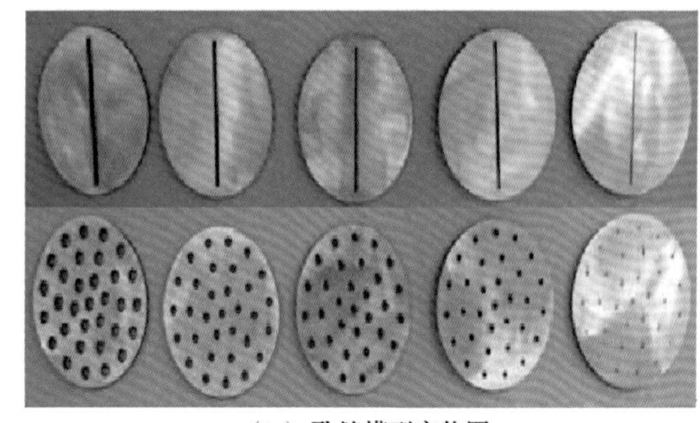

（b）孔缝模型实物图

图 1-41 暂堵剂暂堵性能评价实验装置示意图及实物图(段晓飞，2017)

总体来说，目前暂堵剂实验评价尚未形成统一标准，众多学者对暂堵剂的研究侧重于暂堵剂的物理性能和暂堵性能评价，对暂堵剂的标准化实验评价方法和暂堵机理有待深入开展。

十二、支撑裂缝导流能力实验评价进展

支撑裂缝导流能力的定义为裂缝渗透率与裂缝宽度的乘积，从其提出起，国内外学者进行了大量的室内实验，研制了相关实验设备，模拟了不同地层条件、不同工况下裂缝导流能力的变化及其影响因素，并且对一些压裂产生的现象(导流能力递减、支撑剂嵌入等问题)提出了实验评价方法(张阳，2015)。

在实验方法方面，主要包括气水两相条件下、不同裂缝形态、不同支撑剂组合及铺置浓度等条件下的导流能力实验研究。

1993 年，Milton 等研究了裂缝内气水两相流的相互影响，指出在有液态(水)存在的情况下气体的导流能力与单相相比至少下降了 20%，当液态存在较多时甚至下降 1~2 个数量级；在气体雷诺数值大于 100 时，气体压降与流速之间存在线性关系。

1999 年，Fredd 等对清水压裂的裂缝形态进行了室内研究，评价了不同裂缝形态的导流能力，主要包括粗糙面裂缝闭合、裂缝错位、闭合铺置支撑剂、错位铺置支撑剂四种条件。

2009 年，Weaver 在室内通过电镜照片研究了陶粒和地层间相互作用的化学使裂缝导流能力降低，进一步解释了以三氧化二铝为主要矿物成分的陶粒在破碎后和地层岩石会产生快速的化学“成岩作用”，解释了支撑剂溶解破碎后再次矿化胶结将使裂缝渗透率下降 90%以上，所以在高温或高压地层要注意考虑地层和支撑剂材料的适配性，避免发生过快的化学反应。

2014 年，Kathryn Briggs 针对不同性质的页岩设计了三组对比实验，包括不铺砂、铺置 0.15kg/m^{2}和 0.5kg/m^{2}浓度的支撑剂，研究表明在低浓度支撑剂情况下裂缝导流能力很大程度取决于岩石性质和裂缝面的粗糙度，不同性质岩石在裂缝剪切破裂时碎屑脱落、滑移和自支撑程度不同，在低闭合应力和低铺砂浓度条件下对裂缝导流有着较大的影响。

国外对裂缝导流能力研究极为重视，国内的研究内容也很多在借鉴其实验方法的基础上，开展了一系列的支撑裂缝导流能力实验研究，形成了《压裂支撑剂导流能力测试方法》(SY/T 6302—2019)、《页岩支撑剂充填层长期导流能力测定推荐方法》(NB/T 14023—2017)、《页岩气自支撑裂缝导流能力测定推荐方法》(NB/T 10120—2018)等行业标准，相关学者为了让实验结果更有针对性，结合特定区块和支撑剂类型，为压裂方案设计提供更有力的参考。

1987 年，俞绍诚进行了陶粒和石英砂的室内长期导流能力研究，并探讨了裂缝导流能力的递减规律及其影响因素。从闭合时间、实验环境(温度、地层水)、支撑剂粒度的均匀程度以及压裂液伤害等方面进行了实验研究，并提出了相应的改善方法。

2000 年和 2004 年，张毅等在利用 API 导流室对陶粒支撑剂进行了短期和长期导流实验，短期实验主要集中在两种铺砂浓度的对比上，长期实验进行了长达 200 小时的测试，得到了导流能力长期递减曲线。

2008 年，蒋建方等在室内对气测和液测导流能力做了研究，表明气测和液测裂缝导流能力相差巨大，在要获得相同压裂效果的前提下，气藏比油藏采用更低的铺砂浓度和砂比。

2009 年，孙海成等在室内对支撑剂嵌入对裂缝导流能力伤害进行了实验研究。实验设计了钢板、砂岩岩板、泥岩岩板在相同的铺置条件和闭合应力条件下做了详细的实验对比，发现砂岩纯度越高，则嵌入越小；泥质含量越高则嵌入程度越大，导流能力伤害越严重。

2012 年，王雷等在室内对不同类型支撑剂组合设计了石英砂为主体、尾随不同比例的核桃壳或树脂砂，以求发挥出不同类型支撑剂的优势，优化出了支撑剂组合的最佳比例，并做出理论解释。

在实验设备方面，国内外主要通过改进导流室、与其他实验装置配合，从而满足不同支撑裂缝导流能力实验研究的需要。

2014 年，Nguyen P D 提出在导流能力实验中，使用一套压力加载装置、多导流室并联的实验方法，如图 1-42 所示，可以一次最多开展 4 套导流能力实验，用于平行实验样品、不同样品统一加载方式的实验研究需要，极大地增加了实验效率。

2016 年，温庆志为了能够测试缝网导流能力，设计了新型导流室，主体内腔长度为 170mm，宽度为 90mm，有效高度为 50mm，如图 1-43 所示，放置不同形状岩板模拟的不同结构缝网，通过室内实验研究了闭合压力、铺砂浓度、砂堤高度、支撑剂及缝网结构等因素对缝网导流能力的影响，并利用正交实验分析各参数对缝网导流能力的影响程度。

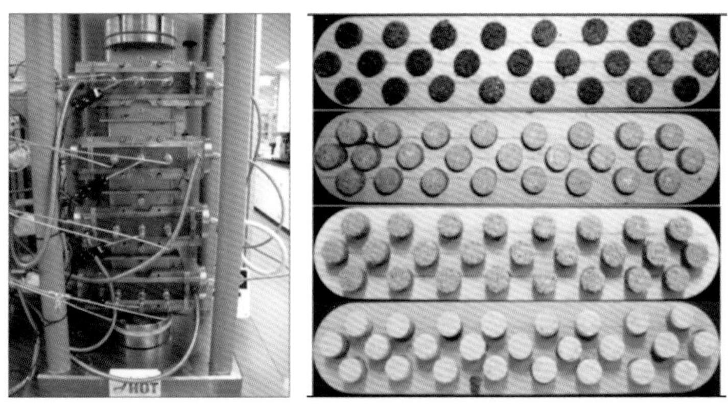

图 1-42　多导流室并联的实验方法(Nguyen P D，2014)

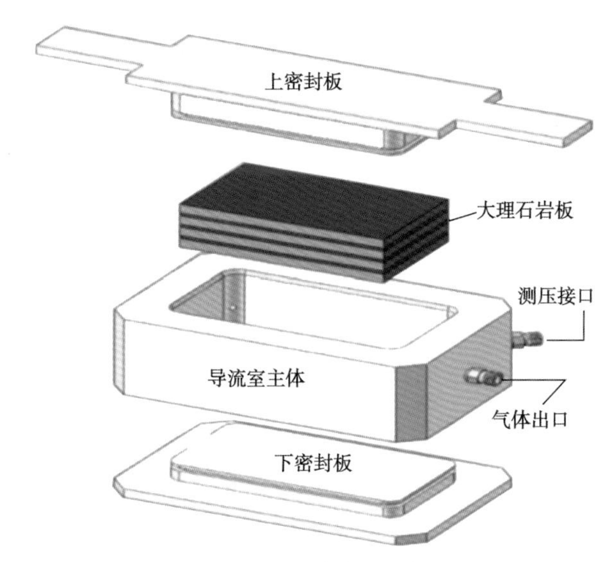

图 1-43　新型导流室结构(温庆志，2016)

2016 年，Robert Duenckei 提出了一种针对支撑导流室使用支撑剂铺置装置，如图1-44所示，由三层筛网组成，用于在导流室中均匀铺置支撑剂，对支撑剂的铺置重复性、稳定性更好，相同实验条件下的支撑裂缝导流能力误差更小。

2018 年，Maziar Arshadi 利用一个微型的核心设备，与一个高分辨率 X 射线 CT 扫描仪集成在一起，研究支撑剂充填层的气体(水)的两相导流能力，在微观孔隙尺度上研究了支撑剂力学变形及其对裂缝中流体流动的影响，如图 1-45 所示。

总体来看，支撑裂缝导流能力在实验方法和实验装置的研究都取得了较大进展，与针对储层特点和工艺方法开展铺置浓度、加载方式、粒径组合等实验方法及设备的研究是今后的重点研究方向。

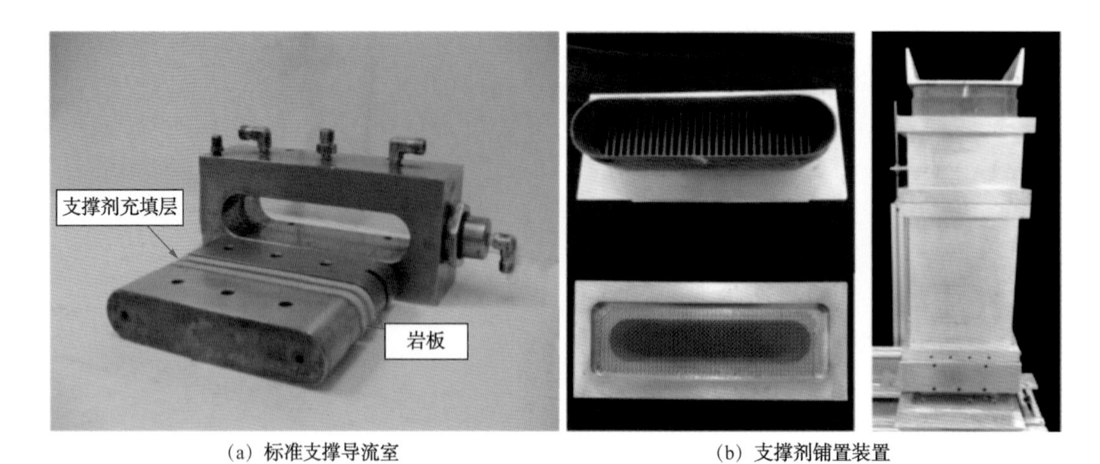

(a) 标准支撑导流室　　(b) 支撑剂铺置装置

图 1-44　标准支撑导流室和支撑剂铺置装置图(Robert Duencke, 2016)

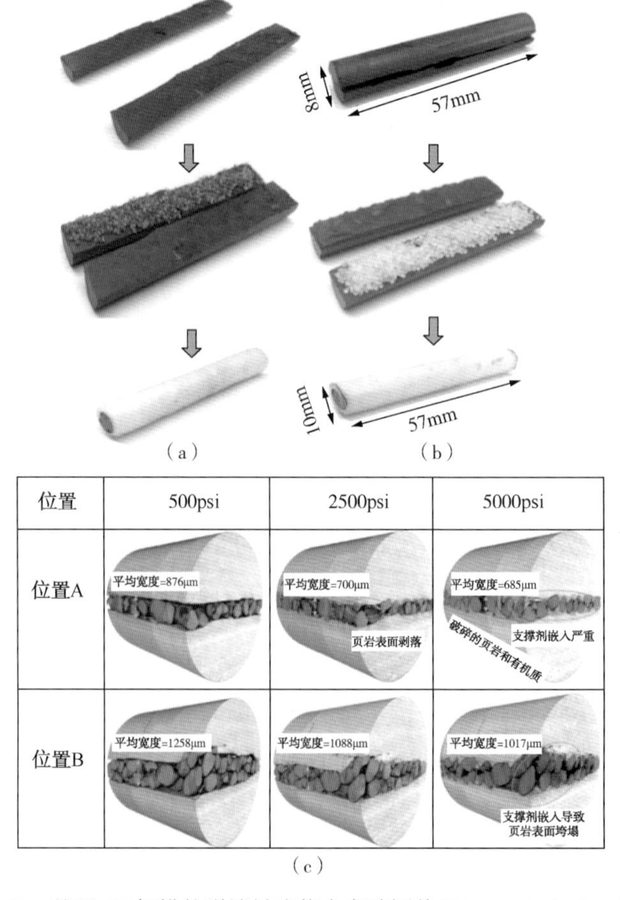

(c)

图 1-45　基于 CT 扫描的裂缝导流能力实验评价(Maziar Arshadi, 2018)

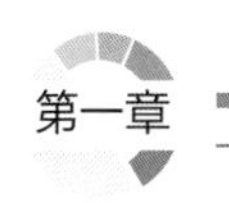

十三、支撑剂缝内铺置特征实验评价进展

支撑剂在裂缝中的运移沉降规律是影响支撑剂在裂缝中铺置形态的关键，也直接决定了压裂改造的最终效果。

目前用于研究支撑剂铺置相关物理实验装置大致分为常规单缝和多功能缝两种(李靓，2014)。

图 1-46 支撑剂在常规缝内铺置规律实验装置(Baidurja Ray，2017)

在常规单缝装置方面，2017 年，Baidurja Ray 为测量支撑剂在裂缝内的铺置特征，设计了缝宽为 0.63cm 的窄缝设备，如图 1-46 所示，在裂缝端部有一圆筒状结构，圆筒内有螺旋桨搅拌器，携砂液注入圆筒内再一次经过搅拌注入裂缝，进而测量支撑剂在裂缝中的铺置高度。

在多功能缝方面，不断有学者在常规缝的思想的指导下，通过考虑缝宽可调节、考虑裂缝壁面粗糙、复杂裂缝形态 3 个方面对实验装置进行再设计。

为动态改变裂缝宽度，评价不同缝宽条件下支撑剂的铺置规律，Clark、Roodhart 等对常规单缝装置进行设计，实现了常规缝装置缝宽的可调性的功能。

为考虑裂缝壁面粗糙，Liu 等采用不光滑的平行板研究，表明裂缝壁面越粗糙，携砂液的指进现象越明显；低黏携砂液驱替高黏度前置液有利于支撑剂输送到裂缝深部。A Raimbay采用树脂拓印岩石裂缝壁面的方法，研制了考虑粗糙壁面的小型窄缝设备，如图 1-47 所示。

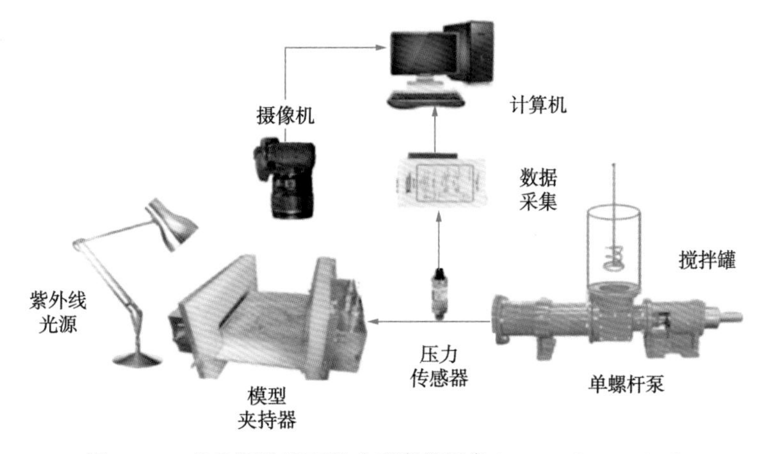

图 1-47 考虑粗糙壁面的小型窄缝设备(A Raimbay，2015)

为研究支撑剂在复杂缝网内的铺置规律，许多学者开始探索支撑剂在复杂缝网内的输送规律。2008 年，Dayan A 等在小型窄缝装置上增加一条平行分支缝，如图 1-48 所示，

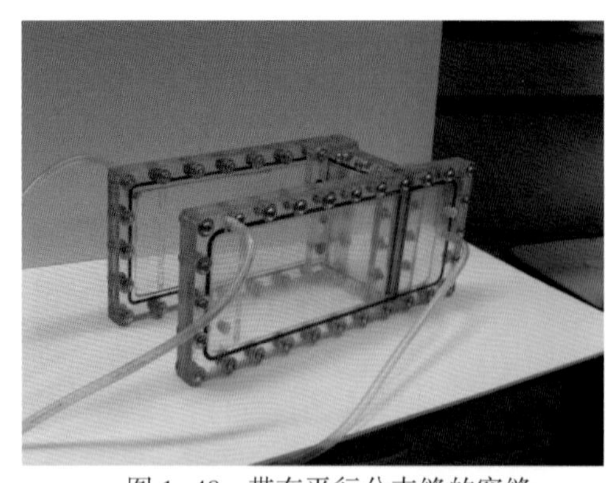

图 1-48 带有平行分支缝的窄缝装置(Dayan A，2008)

用以模拟页岩气储层中的复杂裂缝，指出主缝中的携砂液流动存在一个临界流速，当高于临界流速时，分支裂缝才开始进砂。

国内外众多学者以离散化缝网模型为基础，建立复杂缝网实验装置，开展不同支撑剂类型、排量、裂缝形态内进行支撑剂沉降运移规律实验，用以研究不同形态缝网中支撑剂铺置规律，如图 1-49 所示。

总体来看，由于现有的设备硬件材料在可视化与耐高压两个方面难以兼得，导致现有的支撑剂铺置实验装置承压能力较低(一般在1MPa 以下)，存在难以考虑压裂液滤失、密封不严、无法模拟地层高温条件等诸多局限性。因此，为了较好地模拟地层条件，研发具有耐压、可视化并具有表征复杂缝的支撑剂铺置实验装置是今后一个重要的发展方向。

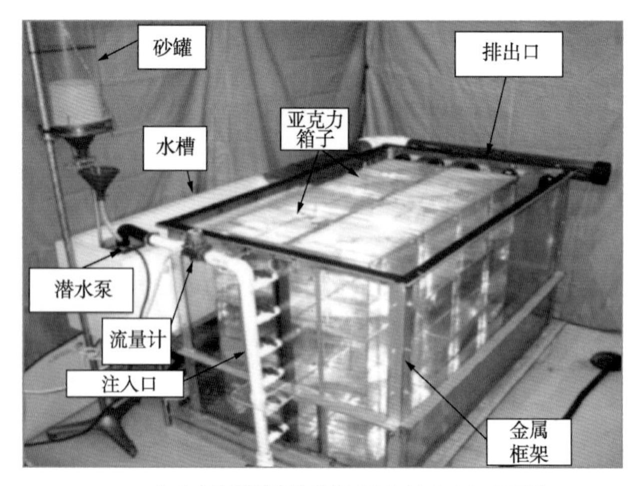

(a) 复杂裂缝实验装置（Rakshit Sahai，2014）

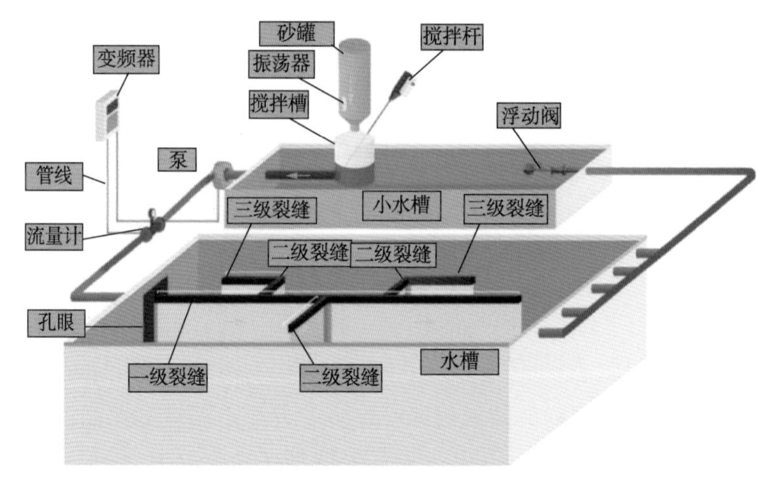

(b) 多级裂缝实验装置（Msalli A. Alotaibi，2015）

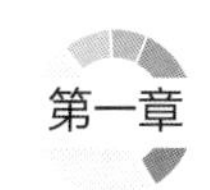

(c) 长裂缝实验装置(Congbin Yin, 2015)

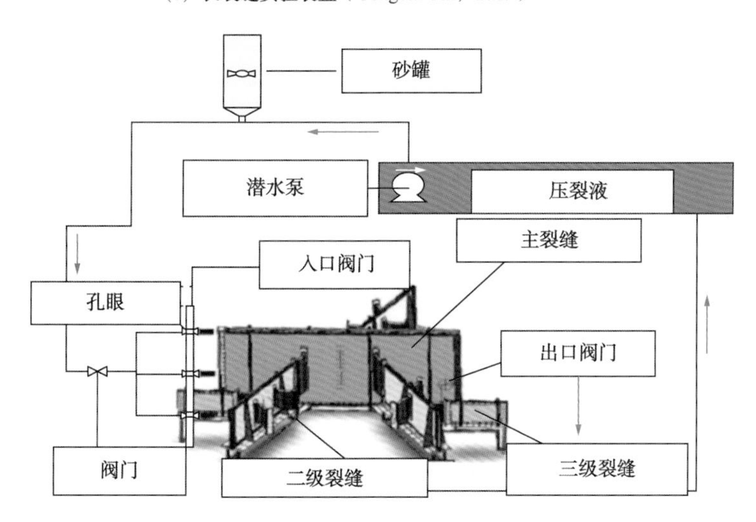

(d) 分支裂缝实验装置(李年银, 2016)

图 1-49 不同学者提出的复杂裂缝实验装置

十四、返排液水质分析实验评价进展

页岩压裂用滑溜水中水的含量一般都大于95%，而页岩含大量黏土矿物，遇压裂液时会与其发生相互作用。目前针对页岩水化膨胀实验研究较多，但基本停留在膨胀、分散性实验上，对返排液水质分析研究较少。而页岩可溶盐及其离子组成分析是页岩气井压后返排研究的重要内容，返排液矿化度及离子组成的变化能间接地反映气井的返排阶段和储层改造效果(郭建春，2018)。

2014 年，以 Ashkan Zolfaghari 为主的国外学者开始重视压后返排液离子成分及矿化度的分析及应用。选取北美页岩气区块岩样，采用接触角分析、离子组成等手段，评价了压裂液—页岩间的相互作用(Ashkan Zolfaghari，2014)。2015 年，研究认为返排液的化学分析是评价压裂后裂缝复杂程度的必要手段。为了进一步了解返排液中盐类物质的来源和水岩相互作用机理，通过实验分析了 Horn River 盆地三口页岩气井的页岩岩样的矿物成分和返排液的导电性及特征离子浓度，试图摸清返排液中特征离子的含量高低以及与水力裂缝网络的相关性(Ashkan Zolfaghari，2015)。2016 年，他们继续开展研究，收集了 18 口井的压后返排数据，统计分析了盐浓度随累计产水量之间的关系，并通过 Young-Laplace 方程描述了返排液中盐浓度与裂缝开度的关系，表明返排液中浓度变化可以定性解释裂缝的复杂程度(Ashkan Zolfaghari，2016)。

其他学者对压后返排液的研究主要通过数值模拟。2014 年，Vazquez O 基于一维反应运移模型，模拟注入的压裂液和储层矿物接触时，压裂液与页岩发生的物理化学过程及后续压后返排过程。2016 年，Seales M B 为了对返排液进行管理或者重复利用，将离子传输和岩盐溶解模型和全隐式双孔模型进行耦合，通过数值模拟研究返排液中溶质的来源，并预测返排液中 Na^+ 和 Cl^- 含量。

第二章 致密气藏加砂压裂实验评价方法及分类

第一节 实验评价方法分类

加砂压裂是致密气藏的高效开发的主要技术措施之一，加砂压裂实验评价是实施加砂压裂工艺的重要技术保障。基于储层岩心分析、岩石力学分析、地应力、液体性能、支撑剂性能等关键参数的实验评价，对压裂方案设计中的压裂工艺的选取、裂缝形态的扩展、压裂材料的选择等方面有着至关重要的意义，为合理、科学地开发致密油气藏、页岩气资源提供了依据。

归纳总结致密气藏加砂压裂实验室内评价类型，主要包括储层物性特征参数、岩心矿物成分、岩石力学参数、地应力大小及方向、液体性能、支撑剂性能、裂缝起裂及延伸规律、支撑剂缝内铺置规律、支撑裂缝导流能力等方面的评价实验。具体来说，加砂压裂实验评价主要分为 6 大类：储层物性、岩心分析、岩石力学及地应力、储层敏感性、入井材料性能评价、加砂压裂工艺模拟，如图 2-1 所示。

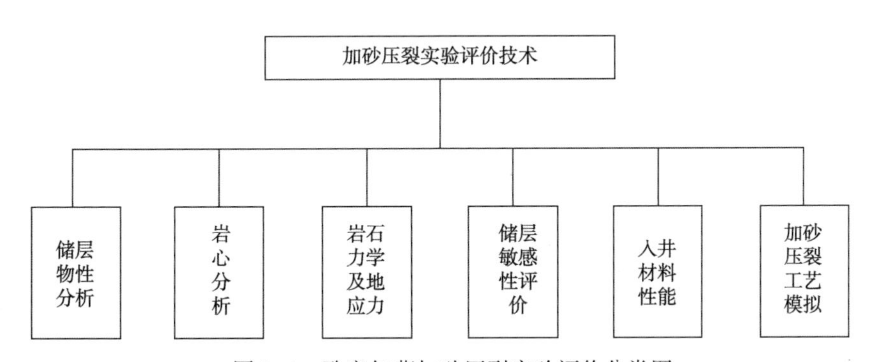

图 2-1 致密气藏加砂压裂实验评价分类图

将 6 大类加砂压裂实验评价再进行细分，可以划分为 26 小类评价实验，其中储层物性分析内容包括孔隙度、渗透率；岩心分析内容包括矿物成分、微观孔隙结构；岩石力学参数及地应力包括岩石力学参数、地应力大小、地应力方向、脆性指数、断裂韧性；储层敏感性评价内容包括水敏性、酸敏性、碱敏性、应力敏感性、速敏性、盐敏性、水锁、线性膨胀率、毛细管吸收时间；入井材料性能测定内容包括压裂液性能、支撑剂性能、暂堵剂性能、返排液水质分析；加砂压裂工艺模拟实验测试内容包括裂缝起裂与延伸、支撑剂缝内铺置规律、支撑裂缝导流能力。具体分类见表 2-1。

表 2-1 致密气藏加砂压裂实验评价分类表

粗分类型	细分类型
储层物性分析	孔隙度、渗透率测试
岩心分析	矿物成分、微观孔隙结构分析
岩石力学参数及地应力	岩石力学参数、地应力大小、地应力方向、断裂韧性、脆性指数
储层敏感性评价	水敏性、酸敏性、碱敏性、应力敏感性、速敏性、盐敏性、水锁、线性膨胀率、毛细管吸收时间
入井材料性能	压裂液性能、支撑剂性能、暂堵剂性能、返排液水质分析
加砂压裂工艺模拟	裂缝起裂与延伸、支撑剂缝内铺置规律、支撑裂缝导流能力

第二节 实验评价设备及材料

一、加砂压裂室内评价实验设备

归纳总结了各种加砂压裂实验评价方法所需用到的实验设备及执行的相关行业标准，见表 2-2。对于少数没有相应的行业标准参照的评价实验，编制了相应的评价方法供参照执行。

表 2-2 加砂压裂实验评价主要执行标准、实验结果及实验设备

实验类型		主要执行标准或评价方法	实验结果	主要实验设备
储层物性	孔隙度	GB/T 29172—2012《岩心分析方法》	孔隙度	覆压孔渗自动测量仪
		SY/T 6385—2016《覆压下岩石孔隙度和渗透率测定方法》		
	气测渗透率	GB/T 29172—2012《岩心分析方法》	渗透率	气体渗透率仪 覆压孔渗自动测量仪
		SY/T 6385—2016《覆压下岩石孔隙度和渗透率测定方法》		
岩心分析	矿物成分	SY/T 5163—2018《沉积岩中黏土矿物和常见非黏土矿物 X 射线衍射分析方法》	全岩矿物、黏土矿物	X 射线衍射仪
	微观结构	SY/T 5162—2014《岩石样品扫描电子显微镜分析方法》	微观结构	扫描电镜
岩石力学及地应力	岩石力学	ASTM D7012—2014《不同应力和温度状态下完整岩心试样耐压强度及弹性模数的标准试验方法》	杨氏模量、泊松比、抗压强度、内聚力、内摩擦系数	GCTS 岩石力学仪、MTS 岩石力学仪、SAM 岩石力学仪
		GB/T 23561.10—2010《煤和岩石物理力学性质测定方法 第 10 部分：煤和岩石抗拉强度测定方法》	抗拉强度	
	地应力大小	Q/SY XN 0343—2011《等围压条件下岩心加载过程中凯塞尔效应测试方法》 实验室自制的《岩心定向的实验方法》	最大、最小水平主应力、垂向地应力、地应力剖面	差应变测量系统、GCTS 岩石力学仪
	地应力方向		地应力方向	差应变测量系统、古地磁测试仪

续表

实验类型		主要执行标准或评价方法	实验结果	主要实验设备
储层敏感性评价	酸敏性、水敏性、应力敏感性、速敏性、碱敏性、盐敏性	SY/T 5358—2010《储层敏感性流动实验评价方法》	六敏伤害率及临界流速、临界 pH 值、临界应力	气测渗透率仪、高温高压滤失仪、长岩心流动仪、岩心伤害仪
	线性膨胀率	SY/T 5613—2016《钻井液测试泥页岩理化性能试验方法》	线性膨胀率	页岩膨胀仪
	毛细管吸收时间	NB/T 14022—2017《页岩水敏性评价推荐做法》	毛细管吸收时间比值	CST 仪
入井材料性能	压裂液	SY/T 5107—2016《水基压裂液性能评价方法》 NB/T 14003. 1—2015《页岩气 压裂液 第 1 部分：滑溜水性能指标及评价方法》	密度、黏度、流变参数、黏弹性、静态滤失、破胶性能、降阻率	密度计、旋转黏度计、流变仪、开路摩阻仪
	支撑剂	SY/T 5108—2014《水力压裂和砾石充填作业用支撑剂性能测试方法》	筛析、圆球度、酸溶解度、破碎率	支撑剂性能测试仪
	暂堵剂	实验室自制的《暂堵剂性能评价方法》	溶解时间、承压性能	酸液滤失仪
	返排液	SY/T 5370—2018《表面及界面张力测定方法》 SY/T 5523—2000《油气田水分析方法》	矿化度、离子浓度	水质分析仪
加砂压裂工艺模拟	裂缝起裂与延伸	实验室自制的《水力压裂大物模实验评价方法》	破裂压力、延伸规律	水力压裂大物模实验装置
	支撑剂缝内铺置规律	实验室自制的《支撑剂缝内铺置规律实验评价方法》	砂堤高度、砂堤前沿、铺置形态	支撑剂缝内铺置可视化装置
	支撑裂缝导流能力	NB/T 14023—2017《页岩支撑剂充填层长期导流能力测定推荐方法》 SY/T 6302—2019《压裂支撑剂导流能力测试方法》	导流能力	支撑裂缝导流仪

二、实验岩心尺寸及材料用量

不同加砂压裂评价实验所需岩心尺寸及每套实验所需材料用量见表 2-3。

表 2-3 不同加砂压裂实验所需岩心尺寸及每套实验所需液量

实验类别	岩心尺寸	所需材料	实验套次
孔隙度、渗透率	实验岩心尺寸		1
微裂缝分析	小岩块		1
岩石矿物成分	岩粉		2~3
岩石力学	ϕ25. 4mm×L50. 8mm ϕ50. 8mm×L100mm		2~3

续表

实验类别	岩心尺寸	所需材料	实验套次
地应力大小、方向	ϕ25.4mm×L20mm L45mm×W45mm×H45mm		2~3
地应力	ϕ39mm×L76mm		2~3
水敏性	ϕ25.4mm×L50.8mm	各种浓度标准盐水各1L	1~2
速敏性	ϕ25.4mm×L50.8mm	标准盐水2L	1~2
碱敏性	ϕ25.4mm×L50.8mm	各种pH值溶液及标准盐水各1L	1~2
应力敏感性	ϕ25.4mm×L50.8mm		1~2
盐敏性	ϕ25.4mm×L50.8mm	各种矿化度盐水各1L	1~2
酸敏性	ϕ25.4mm×L50.8mm	酸及标准盐水各1L	1~2
水锁	ϕ25.4mm×L50.8mm	1L	1~2
线性膨胀率	岩粉100g	压裂液破胶液1L	1~2
毛细管吸收时间	岩粉200g	压裂液破胶液1L	1~2
支撑剂性能		支撑剂1.0kg、 酸液(12%HCl+3%HF)300mL	1~2
暂堵剂性能	ϕ25.4mm×L50.8mm	暂堵剂500g	1~2
压裂液性能	ϕ25.4mm×L50.8mm ϕ50.8mm×L100mm	压裂液41L	1~2
返排液		返排液2L	1~2
裂缝起裂与延伸	长宽高：500mm×500mm×500mm	压裂液10L	1~2
支撑剂缝内铺置规律		支撑剂200kg、压裂液300L	1~2
支撑裂缝导流能力	自支撑，岩板长宽高： L177.5mm×W35mm×H50mm	长期：支撑剂0.5kg，压裂液5L； 短期：支撑剂0.5kg，压裂液1L	1~2

第三节　实验评价参数选择

一、加砂压裂工艺实验评价类别

对于致密气藏加砂压裂，实验评价的主要目的是加砂压裂过程中液体的携砂性能、支撑剂性能及导流能力、压裂液滤液对岩心渗透率的伤害等。概括起来主要是以下几个方面：

(1)岩石力学、地应力大小及方向；

(2)液体的携砂性能；

(3)支撑剂性能；

(4)储层敏感性；

(5)压裂液滤液对岩心渗透率的伤害；

(6)支撑裂缝导流能力；

(7)裂缝起裂与延伸；

(8)支撑剂缝内铺置规律；

(9)返排液水质分析及重复利用。

因此，加砂压裂的实验评价主要是岩石力学、地应力大小及方向、液体和支撑剂的性能评价、加砂压裂工艺的优选。

二、实验评价参数选择

根据加砂压裂改造工艺类型及达到的实验目的，将需要进行的评价实验类型进行汇总，见表2-4，列出每种方法对应的实验结果参数，并利用这些实验结果指导加砂压裂储层改造的入井材料类型选择、施工参数优化及工艺类型选择等。

表2-4 加砂压裂实验评价表

工艺类型	实验类别	实验结果	应用范围
加砂压裂	孔隙度、渗透率	ϕ、K	认识储层，辅助实验结果分析
	微裂缝分析	岩石微观结构	黏土矿物成分分析，微裂缝产状及喉道特征
	岩石矿物成分	岩石及黏土矿物成分	液体配方优化、储层敏感性分析依据
	岩石力学	杨氏模量、泊松比、抗压强度、断裂韧性、脆性指数	施工压力、裂缝宽度及裂缝起裂研究
	地应力	地应力大小和方向、应力剖面	裂缝几何形态计算、闭合压力及裂缝纵向延伸分析
	敏感性实验	六敏伤害率及临界流速、临界pH值、临界应力	储层伤害评价、工作液优选、开发措施依据
	线性膨胀率	线性膨胀率	液体优选
	毛细管吸收时间	毛细管吸收时间比值	液体优选
	液体性能	密度、浓度、黏度、表面张力、破胶性能、残渣	液体评价及液体优选
	支撑剂性能	筛析、圆球度、密度、破碎率、浊度、酸溶解度	支撑剂评价及支撑剂优选
	暂堵剂性能	溶解性能、承压时间	暂堵剂评价及暂堵剂优选
	裂缝起裂与延伸	裂缝起裂、延伸	裂缝起裂与延伸规律
	支撑剂缝内铺置规律	砂堤高度、砂堤前沿、砂堤形态	模拟现场工艺确定最优排量、砂浓度以及工艺流程
	支撑裂缝导流能力	导流能力变化规律	优选支撑剂、工艺参数

(1)物性分析：采用储层岩心开展实验。

(2)矿物成分：全岩矿物成分分析在储层敏感性、毛细管吸收时间、支撑剂嵌入等实验中需要涉及的参数，黏土矿物成分分析在敏感性分析、储层伤害因素、线性膨胀率分析中需测试。

(3)岩石力学及地应力：预计地层破裂压力、裂缝起裂及延伸中需要涉及的参数。

(4)支撑剂性能测试：密度、圆球度、破碎率、浊度、酸溶解度是支撑剂性能评价及优选都需涉及的参数。

(5)压裂液性能测试：密度、黏度、流变参数、黏弹性、静态滤失、破胶性能、降阻率是压裂液性能评价及优选都需要涉及的参数。

(6)加砂压裂工艺模拟：裂缝起裂与延伸、支撑剂缝内铺置规律、支撑裂缝导流能力。

(7)指定的特殊实验不受上述原则限制。

第四节　实验评价依据

加砂压裂实验评价建立在现场压裂施工的需求上，模拟储层真实状况开展实验评价，为压裂施工设计提供重要参考依据。因此，实验评价条件要以井下实际条件为基础。在开展实验以前，实验研究有必要收集以下资料获得相关参数。

(1)地质资料：主要包括单井地质设计、区块储层描述以及开展的物性分析相关实验等方面资料。其主要目的是弄清楚储层温度、压力、储层井段、流体性质、储层物性、岩性、钻井液漏失情况等。

(2)完井资料：主要包括完井设计。其主要目的是弄清楚完井管柱、完井方式、完井液类型等相关资料。

(3)压裂施工资料：主要包括单井压裂设计、压裂施工公报、压裂施工数据或者邻井及区域的压裂设计、压裂施工公报、压裂施工数据。其主要目的是弄清楚储层改造施工参数、工作液类型、闭合压力、工作液性能参数、压裂工艺、施工管柱及裂缝几何尺寸参数等。

综上所述，加砂压裂实验评价条件来源主要包括地质资料、完井资料及压裂施工资料，每一种类型资料具体包括哪些资料名称及能为实验评价提供哪些类型的参数见表2-5。

表2-5　加砂压裂实验评价所需资料统计表

类别	资料名称	获取参数
地质资料	单井地质设计、区块储层描述、物性分析	储层温度、压力、储层井段、流体性质、储层物性、岩性、钻井液漏失情况等
完井资料	完井设计	完井管柱、完井方式、完井液类型等相关资料
压裂施工资料	单井压裂设计、压裂施工公报、压裂施工数据、邻井及区域的压裂设计、压裂施工公报、压裂施工数据	储层改造施工参数、工作液类型、闭合压力、液体性能参数、压裂工艺、施工管柱及裂缝几何尺寸参数等

第三章 储层物性特征实验评价技术

随着勘探开发技术的发展，油气储层的特征也越来越多样化。为了确保储层改造与保护技术能够顺利有效地实施，必须先准确分析和掌握油气储层的各项特征。

近年来，随着油气开采技术水平的快速进步、勘探开发经验的不断积累，在低渗透致密砂岩、页岩储层中找到了油气藏。储层物性分析是油气藏开发的基础，通过分析可以全面认识油气层的岩石物理性质及岩石中矿物的类型、产状、含量及分布特点，为各项储层改造工艺方案的设计提供依据和建议。本章主要概述了砂岩、页岩储层的岩石矿物组成、储层微观结构、储层物性参数的实验评价方法。

第一节 岩石矿物成分

储层岩石矿物成分常常是储层改造工艺的先决条件，根据岩石成分选择压裂液体系是液体优选的主要思想。

一、实验原理

X 射线衍射(X-Ray Diffraction，XRD)分析是岩石矿物成分的主要方法。X 射线是一种波长很短的光波，穿透力很强，X 射线射入黏土矿物晶格中时会产生衍射现象，不同的黏土矿物、晶格构造各异，会产生不同的衍射图谱。每种黏土矿物都有其特定的构造层型和层间物，构造层型和层间物的不同决定了它们的基面间距不同。一般来说，所谓的黏土矿物 X 射线衍射定性分析是指将所获得的实际样品中的某种黏土矿物的 X 射线衍射特征(d 值、强度和峰形)与标准黏土矿物的衍射特征进行对比，如果两者吻合，就表明样品中的这种黏土矿物与该标准黏土矿物是同一种黏土矿物，从而作出黏土矿物的种属鉴定。XRD 分析就是基于不同的黏土矿物具有不同的晶体构造，利用黏土矿物具有层状结构的特征以及 X 射线的衍射原理，根据衍射峰值计算出晶面间距，判断出矿物类型，并推算出样品中各种黏土矿物的百分含量。

黏土矿物的定量分析就是在定性分析的基础上，利用各种矿物相衍射峰的强度、高度关系等计算各自的相对百分含量。总之，黏土矿物 X 射线衍射分析就是根据基面衍射的 d 值和衍射峰强度对黏土矿物进行定性、定量分析。

(1)绝热法。

$$X_i=\frac{\frac{I_i}{K_i}}{\sum\frac{I_i}{K_i}}\times 100\% \tag{3-1}$$

式中　X_i——岩样中 i 矿物的含量,%;

K_i——i 矿物的参比强度;

I_i——i 矿物某衍射峰的强度。

(2)K 值法。

$$X_i = \frac{1}{K_i} \times \frac{I_i}{I_{cor}} \times 100\% \tag{3-2}$$

式中　X_i——岩样中 i 矿物的含量,%;

K_i——i 矿物的参比强度;

I_i——i 矿物某衍射峰的强度;

I_{cor}——刚玉某衍射峰的强度。

二、实验设备

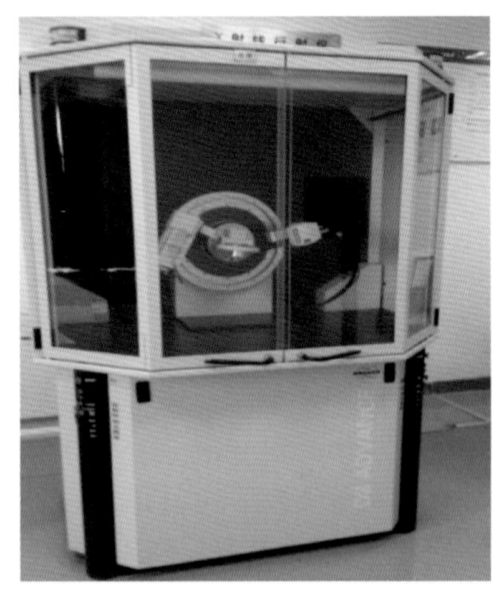

图 3-1　X 射线衍射仪

用于矿物成分测试的 X 衍射仪，主要部件包括高稳定度 X 射线源、样品及样品位置取向的调整机构系统、射线检测器、衍射图的处理分析系统四大部分。其中高稳定度 X 射线源提供测量所需的 X 射线，改变 X 射线管阳极靶材质可改变 X 射线的波长，调节阳极电压可控制 X 射线源的强度；样品及样品位置取向的调整机构系统的样品须是单晶、粉末、多晶或微晶的固体；射线检测器检测衍射强度或同时检测衍射方向，通过仪器测量记录系统或计算机处理系统可以得到多晶衍射图谱数据；对于衍射图的处理分析系统，现代 X 射线衍射仪都带安装有专用衍射图处理分析软件的计算机系统。布鲁克 AXS 公司的 D8 ADVANCE X 衍射仪如图 3-1 所示，采用 Theta/theta 立式测角仪，Theta 角度范围为 2°~160°，角度精度为 0.0001，Cu 靶为标准尺寸光管。

三、实验方法

目前利用 X 射线衍射仪开展岩石的黏土及全岩的矿物成分及含量测定主要依据行业标准《沉积岩中黏土矿物和常见非黏土矿物 X 射线衍射分析方法》(SY/T 5163—2018)执行。检测参数：黏土矿物总量和石英、方解石、白云石、铁白云石、菱铁矿、硬石膏、石膏、无水芒硝、重晶石、黄铁矿、石盐、斜长石、钾长石、钙芒硝、浊沸石、方沸石等常见非黏土矿物。黏土矿物总量和常见非黏土矿物的百分含量为 0~100%。实验方法如下。

1. 全岩矿物分析

(1)样品的制备。

X 射线衍射仪分析的样品状态主要有粉末、块状、薄膜、纤维等，样品状态不同，分

析目的不同(定性分析或定量分析)，制备方法也不同。岩石矿物分析通常为粉末试样和块状试样。

X射线衍射仪分析的粉末试样必须满足两个条件，即晶粒要细小且试样无择优取向(取向排列混乱)，所以通常将试样加工细后使用，可用玛瑙研钵研细。定性分析时实验样品的粒度应小于44μm(350目)，定量分析时应将实验样品研细至10μm左右，将试样粉末一点点地放进试样填充区，用玻璃板压平实，要求试样面与玻璃表面齐平。

X射线衍射仪分析的是块状试样的情况下，先将块状样品表面研磨抛光，大小不超过$(20\times18)mm^2$，然后用橡皮泥将样品粘在样品支架上，要求样品表面与样品支架表面平齐。

(2)质量要求：取心要干净，避免污染，样品如需含油，需洗油至荧光四级以下。

(3)取样量：以粉末试样为例，取样量不少于2g，采用自然沉降法提取粒径小于10μm的全部组分。粒径小于10μm的组分在样品中的百分含量为：

$$X_{10}=\frac{W_{10}}{W_T}\times100\% \tag{3-3}$$

式中 X_{10}——粒径小于10μm组分在样品中的含量,%；

W_{10}——粒径小于10μm组分的质量，g；

W_T——样品的质量，g。

(4)在粒径小于10μm组分的岩样中按照1∶1掺入刚玉，混合均匀后将岩粉装入样品框内，制成样品粉末平面。

(5)将样品放在X射线衍射仪的实验台上，选定技术参数和实验条件后，启动仪器进行操作，当测角器转至所需角度2θ后，即可结束实验。

(6)用K值法计算各种非黏土矿物的含量，粒径小于10μm组分中各种非黏土矿物含量总和为$\sum X_i$。

(7)黏土矿物总量为：

$$X_{TCCM}=X_{10}\times(1-\sum X_i) \tag{3-4}$$

式中 X_{TCCM}——黏土矿物总的含量,%。

(8)用绝热法计算各种非黏土矿物的含量。

$$X_i=\frac{\frac{I_i}{K_i}}{\sum\frac{I_i}{K_i}}\times(1-X_{TCCM})\times100\% \tag{3-5}$$

2. 黏土矿物分析

黏土矿物分析具体实验步骤主要分为四步：分离小于2μm的黏土颗粒、样品制备、X衍射分析和相对含量的测定。

(1)分离黏土颗粒。

按下述方法提取样品中小于2μm的颗粒。

①首先用蒸馏水清洗，去除样品中残留的钻探钻井液。

②将清洗好的样品放入塑料瓶中，用蒸馏水浸泡，用振动器使样品完全崩解，对于非

常坚硬的样品则需用超声波进行处理。

③在样品中加入蒸馏水直到液体导电率小于50~60s。

④然后将制成的悬浮液用离心机以2000r/min的速度分离2min，粉土颗粒最终会沉淀下来，而小于2μm的颗粒仍会保留在悬浮液中。

⑤悬浮液用陶瓷过滤器进行过滤，去掉水分，剩余的黏土颗粒放到小碟中，在烘箱中以550℃的温度恒温2h进行烘干。

(2)样品制备。

①从上述分离出来的小于2μm的样品中，称取1g左右放入0.5mol/L氯化镁溶液中，用球状玻璃棒充分搅拌。

②称取0.05g镁饱和试样加入2~3mL纯水，充分搅拌使其分散，吸出1.5mL悬液，在洁净的平面载玻板上均匀铺开，静置晾干，制备成定向薄膜试样。

③做好的载玻片放在干燥器中保留24h。

④试样550℃热处理。目的是区分绿泥石、高岭石以及其他黏土矿物。定向薄膜放入550℃高温炉中加热2h，然后冷却至60℃左右取出，贮于盛有无水氯化钙的干燥器中，直至进行XRD分析时取出使用。

(3)X射线衍射。

①将粉末样品装在随机附带的样品架内，用载玻片压平，然后装在标准粉末样品台上，选择合适的狭缝。一般情况下，选择2.0mm、2.0mm和0.2mm的狭缝组合，也可根据分析样品的强度情况选择适当的狭缝。

②将做好的载玻片插在X射线衍射仪的实验台上，选定技术参数和实验条件后，启动仪器进行操作，当测角器转至所需角度2θ后，即可结束实验。

(4)黏土矿物中各种黏土矿物种类的相对含量测定。

黏土矿物中各种黏土矿物种类的相对含量测定首先要按照碳酸盐岩黏土分离方法将黏土分离出来，制成定向片，然后采用X射线衍射分析方法，根据基面衍射的*d*值和衍射峰强度对黏土矿物进行定性、定量分析，即将样品中的某种黏土矿物的X射线衍射特征(*d*值、强度和峰形)与标准黏土矿物的衍射特征进行对比。如果两者吻合，就表明样品中的这种黏土矿物与该标准黏土矿物是同一种黏土矿物，从而作出黏土矿物的种属鉴定。在定性分析的基础上，利用各种矿物相衍射峰的强度、高度关系等计算各自的相对百分含量。

各种黏土矿物成分百分含量计算公式见《沉积岩中黏土矿物和常见非黏土矿物X射线衍射分析方法》(SY/T 5163—2018)中4.4.2~4.4.4节及附录D。

四、应用实例

1. 砂岩

四川盆地川中须二段储集岩石类型以岩屑长石砂岩和长石岩屑砂岩为主，灰白色、浅灰色细—中粒，分选中等—好，磨圆次棱—次圆，多呈孔隙式胶结。石英含量介于54%~83%，平均为66.90%；长石含量介于4%~24%，平均为13.63%；岩屑含量介于5%~

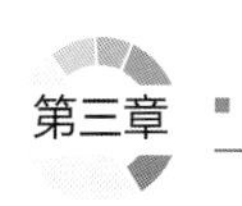

36%，平均为 18.95%，如图 3-2 所示。岩屑成分分为变质岩屑、沉积岩屑和岩浆岩屑，主要是变质岩屑。

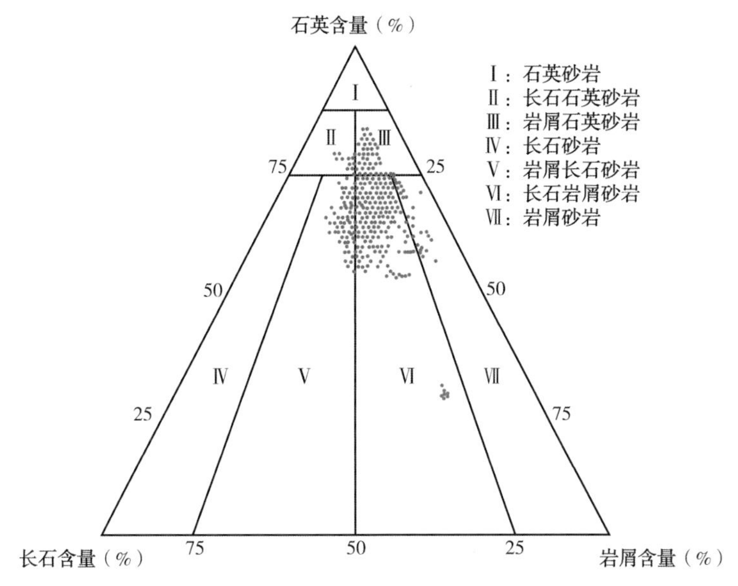

图 3-2　合川地区须二段储层岩石成因类型三角图

2. 页岩

页岩是指由粒径小于 0.005mm 的细粒碎屑、黏土、有机质等共同组成，具有页状或薄片状层理，易碎裂的一类沉积岩。页岩在自然中分布广泛，沉积岩中大约有 60%以上是页岩。常见的页岩类型有黑色页岩、碳质页岩、油页岩、硅质页岩、铁质页岩、钙质页岩、砂质页岩等。

页岩由碎屑矿物和黏土矿物组成，碎屑矿物包含有石英、长石、方解石等，黏土矿物包括高岭石、蒙皂石、伊利石、水云母等。碎屑矿物和黏土矿物含量的不同是导致不同页岩差异明显的主要原因。黑色页岩及碳质页岩富含有机质，是形成页岩气的主要颜色类型，其有机质含量为 3%～15%或者更高。

第二节　储层微观结构

储层微观结构是岩石孔隙和喉道的几何形状、大小、分布、连通状况及孔隙与喉道的配置关系，反映了岩石中孔隙与孔隙间连通喉道的组合，是孔隙与喉道发育情况的总貌（卢渊，2017）。

一、实验原理

近年来，扫描电子显微镜（Scanning Electron Microscopy，SEM）在石油天然气行业广泛使用，主要用于研究观察岩石微观特征，在四川盆地碳酸盐岩、致密砂岩、页岩气等领域的天然气勘探开发过程中都发挥了重要作用。

扫描电子显微镜的工作原理是用一束极细的电子束扫描岩石样品，在岩石样品表面激发出次级电子。次级电子的多少与电子束入射角有关，也就是说与岩石样品的表面结构有关。次级电子由探测体收集，并在那里被闪烁器转变为光信号，再经光电倍增管和放大器转变为电信号来控制荧光屏上电子束的强度，显示出与电子束同步的扫描图像，如图3-3所示。图像为立体形象，反映了岩石样品的表面结构。为了使标本表面发射出次级电子，标本在固定、脱水后，要喷涂上一层重金属微粒，重金属在电子束的轰击下发出次级电子信号。

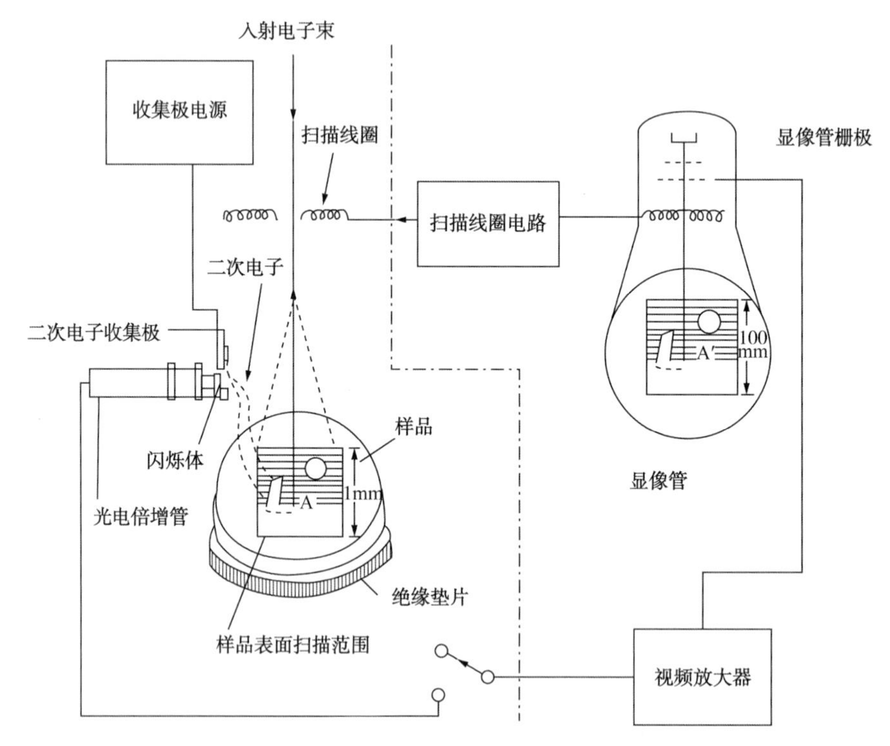

图3-3　扫描电子显微镜工作原理示意图

二、实验设备

图3-4　扫描电子显微镜

扫描电子显微镜通常由电子枪、镜筒(电子光学系统)、探测器、样品室、机柜(电气、真空系统)五大部分组成，具有放大倍率高、分辨率高、景深大、立体感强、保真度好和操作简单的特点。日本岛津公司SSX-550型扫描电子显微镜如图3-4所示，设备参数：分辨率为3.5nm(30kV)，放大倍率为20~300000倍，最大样品尺寸为ϕ125mm，最大倾斜角为-30°~60°。

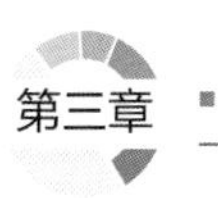

三、实验方法

目前岩石微观结构实验方法参考的行业标准《岩石样品扫描电子显微镜分析方法》(SY/T 5162—2014)，具体实验步骤如下。

(1)样品制备：样品导电性是扫描电镜观察的最重要条件，样品表面不导电或导电性不好，将造成图像不清晰甚至无法观察，岩石样品通常采用喷金或镀膜以满足样品导电性。

(2)样品固定：将样品固定在样品台的导电胶上，用镊子将样品台在桌面上轻轻磕碰，使得没有粘住的样品更加松散，再用压缩空气吹掉松散的粉末即可进行实验观察。

(3)放入样品：将样品室中放入空气后，打开样品室，将样品固定在样平台上，关上样品室，抽真空。

(4)观察样品：开电子枪并进行电流饱和，对电子束进行合轴；搜寻样品，调节对比度和亮度，调节放大倍数和对焦，观察图像；去剩磁和最优化，观察图像；保存图像数据。

(5)实验结束：关闭电子枪，样品台复位；放入空气后，打开样品室取出样品；关上样品室，抽真空，关闭实验设备。

四、应用实例

1. 碎屑岩矿物微观结构

碎屑岩样品孔隙类型包括粒间孔隙、粒内孔隙、铸模孔隙、晶间孔隙、溶蚀孔隙、微裂缝。分析孔隙发育程度包括测量孔隙大小、描述孔隙分布及连通性。分析喉道发育程度包括测量喉道宽度、描述发育程度。

观察碎屑岩样品的岩石结构时，在300倍以下观察碎屑颗粒、填隙物、孔隙整体分布及连通性等岩石结构特征，如图3-5所示。从图中可以看出，长石晶体被强烈溶蚀淋滤形成窗格状粒内次生溶蚀孔隙(图3-5a)，长石晶体被溶蚀形成粒内次生溶孔，见粒内次生裂缝(图3-5b)。

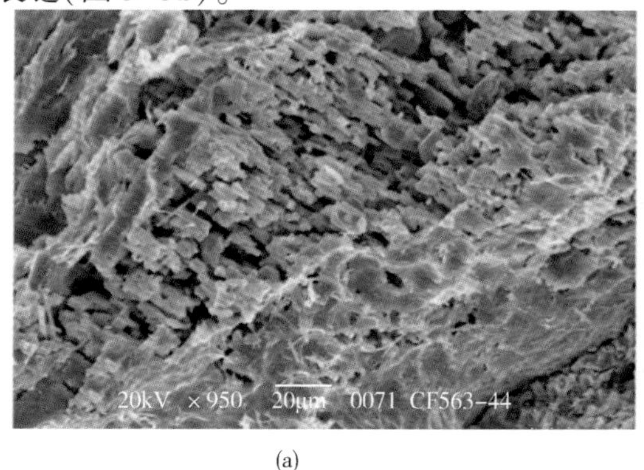

(a)

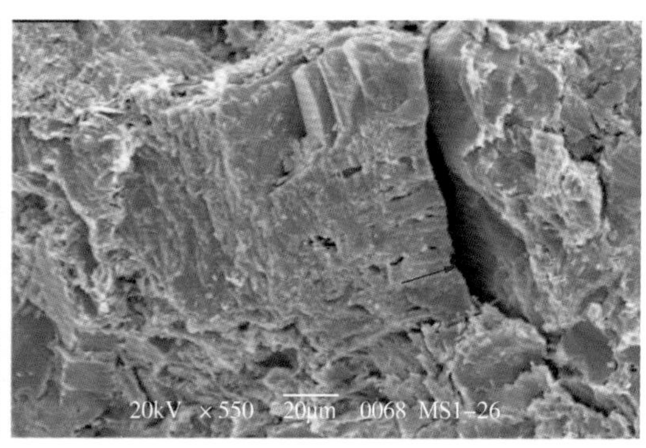

(b)

图3-5 须家河砂岩储层微观特征

2. 页岩微观结构

页岩的岩石学特征是影响页岩基质孔隙和微裂缝发育程度、含气性及压裂改造方式的重要因素。页岩中黏土矿物含量越低，石英、长石、方解石等脆性矿物含量越高，岩石脆性越强，在外力作用下越易形成天然裂缝和诱导裂缝。形成树状或网状构造缝，有利于页岩气开采。而高黏土矿物含量的页岩塑性强，吸收能量强，以形成平面裂缝为主，不利于页岩体积改造。观察页岩样品的结构及构造时，在500倍以下观察泥页岩的构造、结构，描述其层理组成。

应用扫描电镜观察页岩储集空间结构特征，发现川南地区五峰组—龙马溪组页岩中发育有机孔、黏土矿物层间孔、矿物颗粒边缘孔、溶蚀孔、草莓状黄铁矿晶间孔和微裂缝等多种孔隙类型(蒲泊伶，2014)。其中，有机孔多呈蜂窝状分散在矿物基质中，如图3-6(a)所示；孔径为20~200nm孔隙是页岩气主要的储集空间类型。随着埋藏深度的增加，压实作用逐渐增强，黏土矿物发生脱水作用后出现层间孔，大小形状不一，多呈长条状或扁豆状，如图3-6(b)所示。不规则伊蒙混层发育较广泛，由于蒙皂石多呈鳞片状，脱水作用后黏土矿物片间出现微孔隙，多呈蜂窝状、半蜂窝状、棉絮状等，部分孔隙被有机质充填，如图3-6(c)所示，孔径多分布在5~50nm，为页岩气储集提供了空间。页岩石英、长石和方解石边缘易形成微孔隙，形态多为不规则状、串珠状或分散状，如图3-6(d)和图3-6(e)所

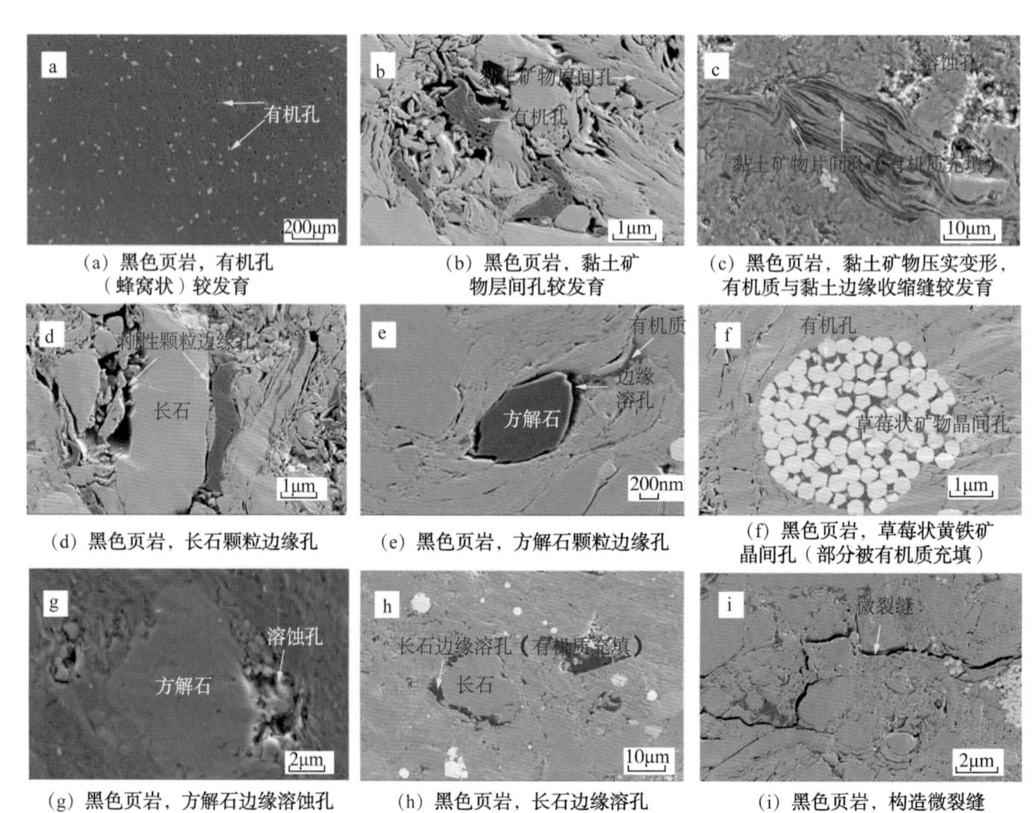

(a) 黑色页岩，有机孔（蜂窝状）较发育　(b) 黑色页岩，黏土矿物层间孔较发育　(c) 黑色页岩，黏土矿物压实变形，有机质与黏土边缘收缩缝较发育

(d) 黑色页岩，长石颗粒边缘孔　(e) 黑色页岩，方解石颗粒边缘孔　(f) 黑色页岩，草莓状黄铁矿晶间孔（部分被有机质充填）

(g) 黑色页岩，方解石边缘溶蚀孔　(h) 黑色页岩，长石边缘溶孔　(i) 黑色页岩，构造微裂缝

图3-6　川南地区五峰组—龙马溪组页岩微观特征(蒲泊伶，2014)

示。片状黏土矿物颗粒随着成岩演化过程的进行逐渐开始发生塑性变形，粒间孔因被充填而减少，而草莓状黄铁矿晶间孔常见于富有机质页岩层段 TOC 为 2%。黄铁矿颗粒呈菱面体晶形，集合体以球粒聚集形式存在，如图 3-6(f)所示，偶见有机质充填。酸性水介质导致不稳定矿物(长石和方解石等)发生溶蚀作用，使得黏土矿物颗粒内部出现溶蚀孔隙，形状常呈港湾状、蜂窝状或分散状等，如图 3-6(g)和图 3-6(h)所示，孔径为 0.2~1.0μm。微裂缝的形成受构造应力作用影响，形状近乎平直，孔径为 0.03~1.00μm，如图 3-6(i)所示。五峰组—龙马溪组页岩以黏土矿物层间孔和有机孔为主，刚性颗粒边缘可见溶蚀孔，表明在埋藏成岩过程中，孔隙发育对页岩气储集和保存均具有重要意义(郑珊珊，2019)。

第三节 储层物性参数

孔隙度及渗透率是衡量储层物性的两个基本参数。孔隙度是衡量岩石储集空间和储集能力大小的参数，孔隙度越大，储集性能越好。渗透率则是岩石渗透流体能力大小的度量，渗透率越大岩石的渗流能力越好(李皋等，2007)。通过文献调研，对中国部分致密砂岩气藏储层的物性特征进行统计(仓辉等，2010)，结果见表 3-1。

表 3-1 致密砂岩储层物性参数统计表

气田名称	储层层位	孔隙度,%	渗透率，mD
充西气田	须家河组	2.79~15.70 6.7	0.025~8.16 0.52
广安气田	须家河组	4~15.55 7.33	0.05~0.4 0.29
巴喀油气田	八道湾组	4.3~8.4 5.9	0.08~3.62 0.37
大牛地气田	太原组	2~11 6.78	0.02~8.61 0.17
苏里格气田	山西组	0.38~19.7 6.79	0.002~156 0.74
	石盒子组	0.29~19.4 8.92	0.003-7.94 0.4

注：表中横线上数据为范围，下方为平均值。

可以看出，致密气层孔、渗参数总体较差，孔隙度通常低于 10%，有效渗透率分布区间主要在 0.1~0.5mD。而对于一些特定的致密砂岩储层，部分统计样品渗透率达到 10mD 以上，是因为部分致密砂岩储层发育存在裂缝，裂缝可以提高储层渗流能力，表明裂缝对致密砂岩储层物性有明显的改善作用，可作为重要的渗流生产通道，提高产气能力。

孔隙度的定义为岩样中所有孔隙空间体积之和与该岩样体积的比值，以百分数表示。储层的孔隙度越大，说明岩石中孔隙空间越大。岩石总孔隙体积(V_a)可以细分为以下几种孔隙，如图 3-7 所示。有效孔隙体积是指在一定压差下被油气饱和并参与渗流的连通孔隙体积。需要注意的是，有些孔隙虽然彼此连通，但未必都能让流体流过。例如，由于孔隙的喉道半径极小，在通常的开采压差下仍难以使流体流过；又如在亲水岩石孔壁表面常存在着水膜，相应地缩小了油流孔隙通道。因此，从油田开发实际出发，又在上述孔隙度基础上，进一步划分出绝对孔隙度、有效孔隙度、流动孔隙度、双重介质孔隙度。

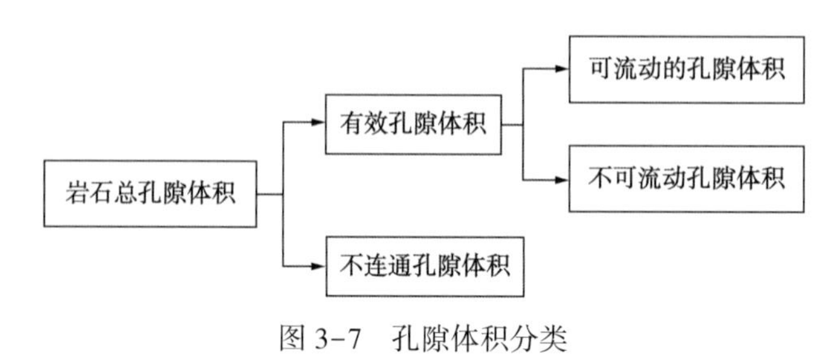

图 3-7　孔隙体积分类

(1)岩石的绝对孔隙度。

岩石的绝对孔隙度(ϕ_a)是指岩石的总孔隙体积 V_a 与岩石外表体积 V_b 之比，即

$$\phi_a=\frac{V_a}{V_b}\times100\% \tag{3-6}$$

(2)岩石的有效孔隙度。

岩石的有效孔隙度(ϕ_e)指岩石中有效孔隙的体积 V_e 与岩石外表体积 V_b 之比，即

$$\phi_e=\frac{V_e}{V_b}\times100\% \tag{3-7}$$

(3)岩石的流动孔隙度。

岩石的流动孔隙度 ϕ_{ff}指在含油岩石中，流体能在其内流动的孔隙体积 V_{ff}与岩石外表体积 V_b 之比，即

$$\phi_{ff}=\frac{V_{ff}}{V_b}\times100\% \tag{3-8}$$

流动孔隙度与有效孔隙度的区别在于它不仅排除了死孔隙，亦排除了那些为毛细管力所束缚的液体所占有的孔隙体积，还排除了岩石颗粒表面上液体薄膜的体积。此外，流动孔隙度还随地层中的压力梯度和液体的物理—化学性质(如黏度等)而变化。因此，岩石的流动孔隙度在数值上是不确定的。尽管如此，在油田开发分析中，流动孔隙度仍具有一定的实际价值。

由上述分析不难理解，绝对孔隙度 ϕ_a、有效孔隙度 ϕ_e、及流动孔隙度 ϕ_{ff}间的关系应该是 $\phi_a>\phi_e>\phi_{ff}$。

(4)双重介质岩石孔隙度。

双重孔隙介质储层具有两种孔隙系统：第一类是由岩石颗粒之间的孔隙空间构成的粒间孔隙构成的孔隙度，称为原生孔隙度；第二类是由裂缝和空洞的空隙空间形成的系统构成的孔隙度，称为次生孔隙度。

总孔隙度 ϕ_z、裂缝孔隙度 ϕ_f 和岩石原生孔隙度 ϕ_p 之间有如下关系：

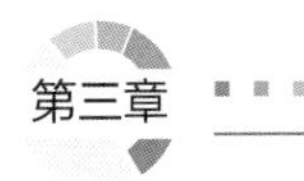

$$\phi_z = \phi_p + \phi_f \tag{3-9}$$

式中 ϕ_f——裂缝空隙体积/岩石总体积；

ϕ_p——基质孔隙体积/岩石总体积。

在实际评价中，一般均采用有效孔隙度，因为对储层的评价只有有效孔隙度才具有真正的意义。习惯上人们把有效孔隙度称为孔隙度。砂岩储层的孔隙度变化在5%～30%，按孔隙度的大小将砂岩储层分为五级，见表3-2。

表3-2 储层孔隙度分级(莱复生，1979)

孔隙度,%	0～5	5～10	10～15	15～20	20～25
评价	无价值	差	中等	好	极好

岩石渗透性的好坏，以渗透率的数值大小来表示，有绝对渗透率、有效渗透率和相对渗透率三种表示方式。

(1)绝对渗透率：是岩石孔隙中只有一种流体(单相)存在，流体不与岩石起任何物理和化学反应，且流体的流动符合达西渗流定律时所测得的渗透率。

(2)有效渗透率：在非饱和水流运动条件下的多孔介质的渗透率。岩石的绝对渗透率是岩石孔隙中只有一种流体(单相)存在，流体不与岩石起任何物理和化学反应，且流体的流动符合达西渗流定律时所测得的渗透率。

(3)相对渗透率：多相流体在多孔介质中渗流时，其中某一种流体在该饱和度下的渗透系数与该介质的饱和渗透系数的比值叫相对渗透率，无量纲。

作为基数的渗透率可以是用空气测定的绝对渗透率、用水测定的绝对渗透率及在某一储层的共存水饱和度下油的渗透率。与有效渗透率一样，相对渗透率的大小与液体饱和度有关。同一多孔介质中不同流体在某一饱和度下的相对渗透率之和永远小于1。根据测得的不同饱和度下的相对渗透率值绘制的相对渗透率与饱和度的关系曲线，称为相对渗透率曲线。

目前的气藏分类标准中，主要是根据气藏渗透率等级划分。中国致密砂岩气藏的划分通常使用实验室条件下的气藏渗透率为标准。气藏分类行业标准《气藏分类》(SY/T 6168—2009)中，中国对致密砂岩气藏储层的定义为覆压条件下基质有效渗透率小于0.1mD或者气测渗透率小于1mD，并且具有孔隙度小于10%的特征。因此，只有在一定的压裂、水平井等技术措施的基础上，致密砂岩气藏才能获得工艺天然气产能。一般情况下按以下标准界定致密砂岩气藏(Aly A M等，2010)。

表3-3 气藏分类标准表

气藏类型	高渗透	中渗透	低渗透	致密
气测渗透率，mD	>300	>20～300	>1～20	≤1
有效渗透率，mD	>50	>5～50	>0.1～5	≤0.1
气藏类型	高孔隙度	中孔隙度	低孔隙度	特低孔隙度
孔隙度,%	>20	>10～20	>5～10	≤5

一、实验原理

孔隙度与渗透率的实验测定可归纳为两类：即直接测定法和间接测定法，各种方法可互相对比、互为补充。

1. 直接测量法

(1)孔隙度测定。

常规岩心分析中，测定岩石孔隙度的各种方法均从孔隙度的定义出发。按孔隙度定义，岩样中所有孔隙空间体积之和与该岩样体积的比值称为该岩石的总孔隙度，以百分数表示，即

$$\phi=\frac{V_{\mathrm{p}}}{V_{\mathrm{b}}}=1-\frac{V_{\mathrm{s}}}{V_{\mathrm{b}}} \tag{3-10}$$

式中 ϕ——总孔隙度,%；

V_{b}——岩心外表体积；

V_{p}——孔隙体积；

V_{s}——岩石颗粒体积。

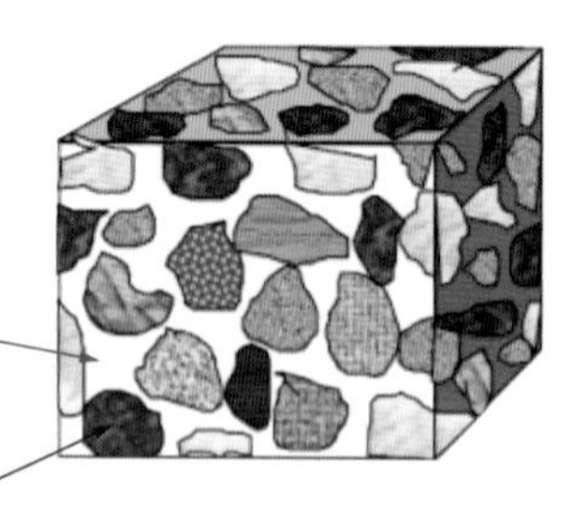

图 3-8 岩石孔隙结构示意图

因此，只需在实验室测得岩心外表体积 V_{b} 及孔隙体积 V_{p}(或岩石颗粒体积 V_{s})中的两个值，即可求出孔隙度值。测定岩心孔隙度通常有几种方法，其测量的主要目的就是为了获得岩石颗粒体积、孔隙体积及岩心外表体积，岩石孔隙结构示意图如图 3-8 所示。

①岩石外表(视)体积 V_{b} 的测定。

岩石外表(视)体积 V_{b} 的测定方法有 4 种，即直接量度法、封蜡法、饱和煤油法和水银法。

直接量度法最常用，且适用于胶结较好，钻切过程中不垮、不碎的岩石。把准备用作其他实验的岩心(如用来测定渗透率等)，通常用直径 2.54cm 的钻头钻取一小段，经两端磨平而成为规则的岩心柱。采用千分卡尺直接量得岩心的直径 d 和长度 L，便可按式(3-11)计算出岩心的视体积 V_{b}，即

$$V_{\mathrm{b}}=\pi d^{2}L/4 \tag{3-11}$$

式中 V_{b}——岩心视体积，cm^3；

d——岩心直径，cm；

L——岩心长度，cm。

封蜡法对于较疏松的易垮、易碎的岩石，可采用此法。其过程是将外表不规则但仍光滑的岩样称其重量为 w_1，再浸入熔化的石蜡中让其表面覆盖一层蜡衣，再称其重量为 w_2，最后将已封蜡的岩样置于水中称重得 w_3，按式(3-12)计算 V_{b}，即

$$V_{\mathrm{b}}=\frac{w_2-w_3}{\rho_{\mathrm{w}}}-\frac{w_2-w_1}{\rho_{\mathrm{p}}} \tag{3-12}$$

式中 ρ_w，ρ_p——水和石蜡的密度，通常 ρ_w 取 0.918g/cm^3；

w_1，w_2，w_3——对应不同条件下的重量，g。

饱和煤油法适用于外表不规则的岩心，其过程为将岩心抽真空后饱和煤油，再将已饱和煤油的岩心分别在空气和在煤油中称重得 w_1 和 w_2，利用阿基米德浮力原理，按式(3-13)计算 V_b 值，即

$$V_b=\frac{w_1-w_2}{\rho_o} \quad (3-13)$$

式中 ρ_o——煤油的密度，g/cm^3。

对于不规则的岩心，以及准备用压汞法测定毛细管压力曲线的岩心常用水银法。它借助于水银体积泵来测定岩样的总体积。原理是分别记录下岩心装入岩样室前、后水银到达某一固定标志时泵上刻度盘读数值大小，其差值即为岩样的外表体积。当水银不侵入岩样的孔隙时，该法相当可靠且测量迅速。

$$V_b=V_1-V_2 \quad (3-14)$$

式中 V_1——岩样装入岩样室前水银的体积，cm^3；

V_2——岩样装入岩样室后水银的体积，cm^3。

②岩心的孔隙体积 V_p 的测定。

除了计算岩心孔隙度需要测定 V_p 值之外，在岩心的各种流动实验、驱替实验中，岩心的孔隙体积 V_p 值也是一个很重要的参数，通常整理资料数据时用的“注入孔隙体积倍数”就是以 V_p 为基础的。因此，对岩石孔隙体积 V_p 的测定应给予高度重视。

由于不同的方法采用不同的工作介质(如空气、水)，故同一岩样所测得的 V_p 值可能不相同，要根据介质充满岩心孔隙的程度，确定所测孔隙度值代表何种孔隙度概念。下面介绍最常用的、也是行业标准中“常规岩心分析作法”中所提及的三种测定岩石孔隙体积的方法。

气体孔隙度仪是一种专门用来测量体积的仪器，由它可测得岩样的颗粒体积，其原理是波义耳(Boyle)定律(图3-9)：将已知体积(标准室)的气体 V_k 在一定的压力 p_k 下，向未知室作等温膨胀，再测定膨胀后的体系最终压力 p，该压力的大小取决于未知体积 V 的大小，故由最终平衡压力按波义耳定律可得

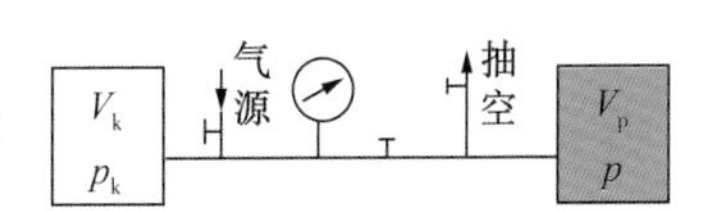

图3-9 气体孔隙度仪原理示意图

$$V_k p_k=p(V+V_k) \quad (3-15)$$

$$V_p=\frac{V_k(p_k-p)}{p} \quad (3-16)$$

因此，由上述原理可测出岩样的孔隙体积或颗粒体积。目前中国采用此孔隙度仪较为普遍，所用气体为氮气或氦气。因氦气分子量低，对岩石具有较高的渗透能力，而有利于氦气进入岩石孔隙中，故对于较为致密的灰岩和孔隙较小的岩样，采用氦气测定岩石孔隙体积比用氮气更精确。

液体(水或煤油)饱和法将已抽提、洗净、烘干、表面经平整的岩样在空气中称重为 w_1，然后在真空下使岩样饱和煤油，在空气中称出饱和煤油后的岩样重为 w_2，若煤油密度

为ρ_o，则岩石孔隙体积V_p为

$$V_p=(w_2-w_1)/\rho_o \tag{3-17}$$

式中 w_1——已洗净、烘干的岩样在空气中的质量，g；

w_2——饱和煤油岩样在空气中的重量，g。

此种方法装置简单，操作方便。当实验过程中需要将岩心饱和液体时，常用此法测定岩心孔隙度。

③岩石颗粒体积V_s的测定。

岩石颗粒体积通过式(3-18)测定：

$$V_s=V-\frac{V_k(p_k-p)}{p} \tag{3-18}$$

或通过固体体积法，利用固体体积计，把岩样捣碎，倒置，然后读出颗粒体积。

④孔隙度计算。

通过实验方法测得了孔隙体积和岩心总体积，孔隙度计算公式为

$$\phi=\frac{\text{孔隙体积}}{\text{岩心总体积}}\times100\% \tag{3-19}$$

(2)渗透率测定。

渗透率是指在一定压差下，岩石允许流体通过的能力。渗透率是表征岩石本身传导流体能力的参数，其大小与孔隙度、液体渗透方向上孔隙的几何形状、颗粒大小及排列方向等因素有关，而与在介质中运动的流体性质无关。

渗透率常规测试包括气测渗透率和液测渗透率的测定，气测渗透率采用气体渗透率仪或者CMS-300覆压孔渗自动测量仪进行测量，液测渗透率的仪器包括高温高压滤失仪、长岩心流动仪、岩心伤害仪等。

①液测渗透率。

岩石绝对渗透率的测定基于达西公式，即当流体通过岩样时，其流量与岩石的截面积A、进出口端压差Δp成正比，与岩样长度L成反比，与流体黏度μ成反比。

当单相流体通过横截面积为A、长度为L、压力差为Δp的一段孔隙介质呈层状流动时，流体黏度为μ，则单位时间内通过这段岩石孔隙的流体量为

$$Q=K\frac{A\Delta p}{\mu L}\times10 \tag{3-20}$$

式中 Q——在压差Δp下，通过岩心的流量，cm^3/s；

A——岩心截面积，cm^2；

L——岩心长度，cm；

μ——通过岩心的流体黏度，mPa·s；

Δp——流体通过岩心前后的压力差，MPa；

K——岩心的渗透率，D。

根据达西定律，只要知道实验岩心的几何尺寸(A、L)，液体性质(μ)，实验中测出液体流量(Q)及相应于流量为Q时岩心两端的压力差Δp，即可计算出岩石绝对渗透率K值。

用达西公式来测定岩石绝对渗透率时必须满足以下条件。

(a)岩石中，只能饱和和流动着一种液体，即流动是单相流，而且是稳定流。并认为液体是不可压缩的，即在岩心两端压力 p_1 和 p_2 下，其体积流量 Q 在各横断面上不变，并与时间无关。

(b)在液体性质(μ)和岩心几何尺寸(A、L)不变的情况下，流过岩心的体积流量 Q 和岩心两端的压力差 Δp 成正比，即 Q 和 Δp 间成直线关系，也即所谓直线(线性)渗流。只有这时，达西公式中的渗透率 K 才是常数，它代表了岩石绝对渗透率的概念。

(c)液体性质稳定，不与岩石发生物理、化学作用。但在实际用液体测定时，很难选用到这种液体。例如，当用水测岩石渗透率而岩石中含有黏土矿物时，黏土会遇水膨胀而使渗透率降低。而空气具有来源广、价格低，氮气又具有化学稳定性好，使用方便的优点等，故目前中国常规岩心分析标准中，规定用气体(干燥空气或氮气)来测定岩石的绝对渗透率。

由于气体受压力影响十分明显，当气体沿岩石由高压力流向低压力时，气体体积要发生膨胀，其体积流量通过各处截面积时都是变数，故达西公式中的体积流量应是通过岩石的平均流量。

②气测渗透率。

岩石渗透率的测试通常采用气体法，测试介质为氮气。对于气测渗透率的测试方法是首先对岩样进行烘干，用游标卡尺测量岩样长度和直径，长度取正交两个方向的平均值，直径取两端的平均值。将烘干的岩样沿测定方向装入岩心夹持器内，加围压，高于注入压力 2MPa，每个样品加 4 个以上的注入压力，记录岩心两端的压力、注入速度等参数，从而测出无上覆压力下的渗透率。

气体的体积随压力和温度变化而变化。由于在岩心中沿长度 L 每一断面的压力均不相同，因此，进入岩心的气体体积流量在岩心各点上是变化的，与出口气量也不相等，而是沿着压降的方向不断膨胀、增大，此时就需采用达西公式的微分形式：

$$K=-\frac{Q\mu}{A}\cdot\frac{\mathrm{d}L}{\mathrm{d}p} \tag{3-21}$$

即认为在一个微小单元 $\mathrm{d}L$ 上，流量不变。实际沿岩心整个长度 L 上，流量 Q 是变数。由于 $\mathrm{d}p$ 和 $\mathrm{d}L$ 有着不同的符号(即 $\mathrm{d}L$ 增量为正时，$\mathrm{d}p$ 为负，因为压力在降低)，为保证渗透率 K 为正值，在公式右边取负号。

考虑气体在岩心中渗流时为稳定流，故气体流过各断面的重量流量是不变的。若其所发生的膨胀过程为等温过程，根据波义耳—马略特定律，流量 Q 随压力 p 变化，见式(3-22)：

$$Qp=Q_0p_0=\text{常数或}\ Q=\frac{Q_0p_0}{p} \tag{3-22}$$

式中 Q_0——在大气压 p_0 下气体的体积流量(即出口气量)。

因此

$$K=-\frac{Q_0p_0\mu}{A}\cdot\frac{\mathrm{d}L}{p\mathrm{d}p} \tag{3-23}$$

分离变量，两边积分，则

$$\int_{p_2}^{p_1} Kp\mathrm{d}p = -\int_0^L \frac{Q_0 p_0 \mu}{A}\mathrm{d}L \tag{3-24}$$

$$K\frac{p_1^2-p_2^1}{2} = -\frac{Q_0 p_0 \mu}{A}L \tag{3-25}$$

$$K_{\mathrm{a}} = -\frac{2Q_0 p_0 \mu L}{A(p_1^2-p_2^2)}\times 10^{-1} \tag{3-26}$$

式中 K_{a}——气体渗透率，mD；

μ——气体黏度，mPa·s；

Q_0——气体在一定时间内通过岩样的体积，$\mathrm{cm^3/s}$；

p_0——测试条件下的标准大气压，MPa；

L——岩样长度，cm；

A——岩样横切面积，$\mathrm{cm^2}$；

p_1——岩样出口压力，MPa；

p_2——岩样进口压力，MPa。

式(3-26)即为气测岩石渗透率的计算公式，它与液测渗透率计算公式的最大不同点是：岩石渗透率 K 不是与岩石两端的压力差 Δp 成反比，而是与两端压力的平方差($p_1^2-p_2^2$)成反比。

2. 间接测量法

常用的间接测定法包括以各种测井方法为基础的间接测定法，以及低场核磁共振测试测定方法等。其中，低场核磁共振测试具备无损、快速的特点，在岩石物性测试、孔隙结构表征等方面具有突出优势，近年来受到广泛关注。低场核磁共振技术通过测试岩样内部流体中的氢核信号可直接反映岩石孔隙流体分布并反演计算出岩样孔隙度及渗透率。

对于孔隙中的流体，有三种不同的弛豫机制，即自由弛豫、表面弛豫、扩散弛豫，可以表示为

$$\frac{1}{T_2} = \frac{1}{T_{2\mathrm{S}}} + \frac{1}{T_{2\mathrm{B}}} + \frac{1}{T_{2\mathrm{D}}} \tag{3-27}$$

式中 T_2——通过 CPMG 序列采集的孔隙流体的横向弛豫时间；

$T_{2\mathrm{S}}$——表面弛豫引起的横向弛豫时间；

$T_{2\mathrm{B}}$——在足够大的容器中(大到容器影响可忽略不计)孔隙流体的横向弛豫时间；

$T_{2\mathrm{D}}$——磁场梯度下由扩散引起的孔隙流体的横向弛豫时间。

T_2弛豫时间反映了样品内部氢质子所处的化学环境，与氢质子所受的束缚力及其自由度有关，而氢质子的束缚程度又与样品的内部结构有密不可分的关系。除去体弛豫和扩散影响，T_2分布与孔隙尺寸相关。在多孔介质中，孔径越大，存在于孔中的水弛豫时间越长；孔径越小，存在于孔中的水受到的束缚程度越大，弛豫时间越短，即峰的位置与孔径大小有关，峰的面积大小与对应孔径的大小有关。

当采用短回波间隔且孔隙只含水时，表面弛豫起主要作用，则

$$\frac{1}{T_2} \approx \frac{1}{T_{2S}} = \rho_2 \frac{S}{V_b} \tag{3-28}$$

式中 ρ_2——T_2表面弛豫率；

$\frac{S}{V_b}$——孔隙的比表面积。

假设孔隙是一个半径为 r 的球体，则

$$\frac{1}{T_2} = \rho_2 \frac{3}{r} \tag{3-29}$$

式(3-29)中，T_2与孔隙半径 r 成正比，确定表面弛豫率后，就可以将 T_2分布图转化为孔径分布图，反映岩样内部孔隙尺寸的分布。

(1)孔隙度测定。

对完全饱和水的岩样测得的 T_2谱，利用标准样品进行刻度，将信号强度转换成孔隙度：

$$\phi_{NMR} = \sum_i \frac{m_i V_h}{M_b V_b} \times 100\% \tag{3-30}$$

式中 ϕ_{NMR}——岩样核磁孔隙度，%；

m_i——岩样第 i 个 T_2分量的核磁共振 T_2谱幅度；

M_b——标准样品 T_2谱总幅度；

V_b——岩样外表体积，cm^3；

V_h——标准样品含水体积，cm^3。

(2)渗透率测定。

根据核磁共振测试结果，采用以下 4 种模型计算渗透率。

①SDR 模型。

采用完全饱和水岩样的核磁孔隙度、T_2几何平均值 T_{2g}计算渗透率：

$$K_1 = C_{s1} \cdot \left(\frac{\phi_{NMR}}{100}\right)^4 \cdot T_{2g}^2 \tag{3-31}$$

式中 K_1——SDR 模型计算的核磁渗透率，mD；

C_{s1}——模型参数，由相应地区的测量数据统计分析得到。

②SDR 扩展模型。

$$K_2 = C_{s2} \cdot \left(\frac{\phi_{NMR}}{100}\right)^m \cdot T_{2g}^n \tag{3-32}$$

式中 K_2——SDR 扩展模型计算的核磁渗透率，mD；

C_{s2}，m，n——模型参数，由相应地区的测量数据统计分析得到。

③Coates 模型。

采用完全饱和水岩样的核磁孔隙度、束缚水体积、可动水体积计算渗透率：

$$K_3 = \left(\frac{\phi_{NMR}}{C_{n1}}\right)^4 \cdot \left(\frac{\phi_{NMRm}}{\phi_{NMRb}}\right)^2 \tag{3-33}$$

式中 K_3——Coates 模型计算的核磁渗透率，mD；

C_{n1}——模型参数，由相应地区的测量数据统计分析得到；

ϕ_{NMRm}——核磁可动流体孔隙度，%；

ϕ_{NMRb}——核磁束缚流体孔隙度，%。

④Coates 扩展模型。

$$K_4=\left(\frac{\phi_{NMR}}{C_{n2}}\right)^p\cdot\left(\frac{\phi_{NMRm}}{\phi_{NMRb}}\right)^q \tag{3-34}$$

式中 K_4——Coates 扩展模型计算的核磁渗透率，mD；

C_{n2}，p，q——模型参数，由相应地区的测量数据统计分析得到。

束缚水饱和度确定采用 T_2 截止值法，对应于岩样核磁共振 T_2 谱曲线，核磁束缚水饱和度等于 T_2 谱中小于 T_2 截止值($T_{2cutoff}$)的不可动峰下包面积与整个 T_2 谱下包面积之比。束缚水体积等于束缚水饱和度乘以孔隙体积，可动水体积等于孔隙体积与束缚水体积之差。

经验 T_2 截止值取值如图 3-10 所示。

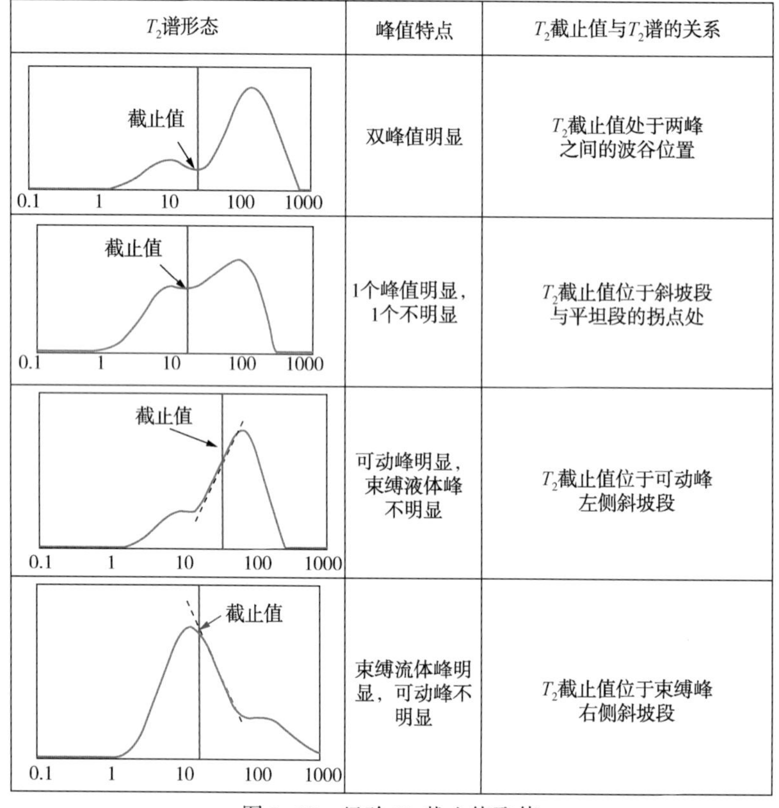

图 3-10 经验 T_2 截止值取值

二、实验设备

孔隙度、渗透率直接测量通常采用覆压孔渗仪进行测定，仪器主要由气源调节及输入系统、岩心夹持系统、上覆压力系统、压力监测系统、气体微流量测量系统、数据采集处理及实时控制系统等部分组成。美国 CoreLab 岩心公司 CMS-300 型计算机自动控制岩心覆

压孔渗测试系统，如图 3-11 所示。该系统采用达西-克氏-费氏综合计算模型，以及改进型波义耳定律，并结合先进的标定技术，利用非稳态压力脉冲衰减法技术进行渗透率和孔隙度联测，测试速度快、测试岩心样多，自动化程度高。设备参数：最多可测量 18 个 1in 岩心样品，12 个 1.5in 岩心样品，测试范围的孔隙体积为 0.02cm^3 到 25cm^3，渗透率为 0.00005mD～15D，可指定 8 个范围在 500～9800psi 的围压。

孔隙度、渗透率间接测量通常采用高温高压核磁渗流可视化分析与成像系统，其主要由三大部分组成：低场核磁系统，高温高压驱替系统，低温控制系统。西南石油大学拥有的高温高压核磁渗流可视化分析与成像系统如图 3-12 所示，其主要功能包括：(1)弛豫谱测试，获取岩石样品内部流体的 T_2 弛豫谱，分析得到岩石样品的孔隙度、流体饱和度、渗透率等物性参数，以及孔径分布；(2)核磁共振成像，可多角度、分片成像，获取岩石样品内部流体空间分布，反映孔隙、裂缝的发育情况等；(3)核磁共振高温高压驱替测试，在 0～100℃、0～40MPa 条件下，向岩石样品中注入地层水、甲烷、二氧化碳等流体，观察核磁共振信号变化；(4)核磁共振低温高压驱替测试，在-20～50℃、0～15MPa 条件下，向岩石样品中注入甲烷、二氧化碳等气体，观察核磁共振信号变化。

图 3-11　覆压孔渗仪

图 3-12　高温高压核磁渗流可视化分析与成像系统实物图

三、实验方法

1. 常规孔隙度渗透率测试方法

目前实验室常规孔隙度测试分为两种方式，一种采用覆压条件下孔隙度的测量采用覆压孔渗仪按照标准《覆压下岩石孔隙度和渗透率测定方法》(SY/T 6385—2016)执行；另一种是非覆压条件下孔隙度的测量，按照标准《岩心分析方法》执行(GB/T 29172—2012)。渗透率测试主要参照《岩心分析方法》(GB/T 29172—2012)和《覆压下岩石孔隙度和渗透率测定方法》(SY/T 6385—2016)标准执行。

(1)实验准备。

①岩心按照《岩心分析方法》(GB/T 29172—2012)钻取、清洗、烘干岩心，疏松岩心进行包封处理。

②测量岩心直径、长度。

(2)孔隙度、渗透率测定。

①打开氮气钢瓶，调节出口压力为1200psi和300psi，打开高纯氦气钢瓶，调节出口压力为300psi。

②按照仪器要求的顺序和压力调节仪器入口压力，空气动力压力调节器调至115psi±5psi，升降压力调节器调至20psi±2psi，增压器压力调节器调至1050psi±50psi，氦气压力调节器调至240psi±5psi。

③打开软件程序，进入系统参数设置，选择相应的渗透率和孔隙度测试模式。

④使用岩心最小标块和实心标快进行氦泄漏检测。

⑤输入实验环境温度、大气压和实验样品数量，再输入文件名称、井号，样品号及其直径、长度、颗粒体积，最后输入净上覆压力。

⑥开始测试，依次测定岩心的渗透率和孔隙度。

2. 核磁共振岩心孔隙度渗透率测试方法

低场核磁共振测试主要参照《岩心分析方法》(SY/T 5336—2006)、《岩样核磁共振参数实验室测量规范》(SY/T 6490—2014)标准执行。

(1)实验准备。

①岩心按照《岩心分析方法》(GB/T 29172—2012)钻取、清洗、烘干岩心；

②测量岩心直径、长度。

(2)孔隙度、渗透率测定。

①按照配套线圈垫板位置，放入常规探头线圈，使线圈位于磁体中心，连接信号线。

②设备基底信号测试：将空试管放入探头线圈，测试设备基底信号。

③核磁孔隙度定标：选择一组与待测岩石样品尺寸一致的定标样，装入空试管，放入探头线圈，依次测试核磁共振 T_2 谱，测试完成进入数据查询界面，将定标样信号、设备基底信号进行批量反演，记录峰面积，输入到Excel中，将每组数据中的设备基底信号减掉，根据孔隙度与信号量的关系作出核磁孔隙度定标曲线。

④干燥岩样基底信号测试：将岩心样品放入试管，采集原始样品干燥条件下的 T_2 谱。

⑤岩样抽真空加压饱和：把岩心样品放入样品仓中，对样品进行抽真空加压饱和处理，抽真空时间2h，加压10MPa。

⑥取出岩心样品，擦干表面水后采集饱和水样品的 T_2 谱，对比分析饱水前后 T_2 谱差异，并根据定标曲线计算岩样核磁孔隙度。

四、应用实例

1. 常规孔隙度渗透率测试

选取N212井、NX202井共计90块页岩岩心进行实验，共测试出31块页岩岩心孔隙度和渗透率，实验结果如图3-13所示。可以看出，N212井岩心由于微裂缝发育，平均孔隙度及渗透率均高于NX202井岩心。

N212井岩心平均孔隙度为0.28%，平均渗透率为0.638mD，NX202井岩心平均孔隙度为0.17%，平均渗透率为0.133mD。

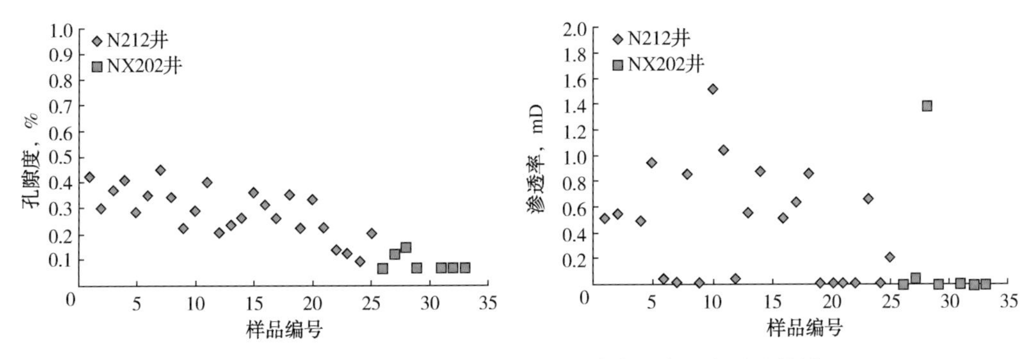

图 3-13 N212 井、NX202 井岩心孔隙度、渗透率测试结果

2. 低场核磁共振测试岩心孔隙度与渗透率

采用低场核磁共振技术测试 M4 井 1 号岩样的孔隙度、渗透率。1 号岩样 T_2谱，如图 3-14 所示。

T_2谱图呈现双峰特征，且左峰明显小于右峰，因此取两峰之间的波谷位置为 T_2截止值，其数值为 2.41ms，不可动峰下包面积占整个 T_2谱下包面积的 4.55%。

采用相同的测试参数，测试定标曲线如图 3-15 所示，进而计算得到 1 号岩样核磁孔隙度为 7.82%。

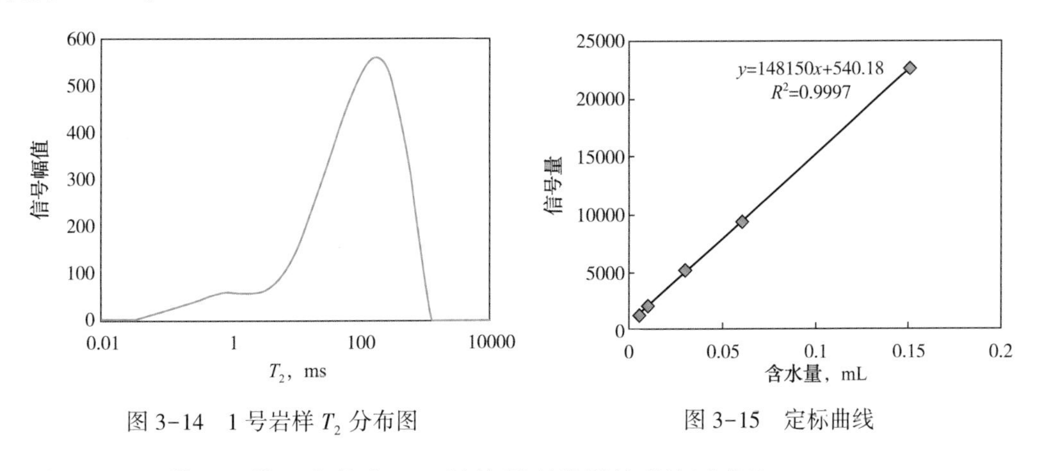

图 3-14 1 号岩样 T_2 分布图

图 3-15 定标曲线

采用 Coates 模型，模型参数取 10，计算得到岩样核磁渗透率为 164.57mD。

第四章 岩石力学及地应力实验评价技术

第一节 岩石力学

岩石力学是研究岩石的力学性状的一门理论和应用的科学，它是固体力学中的一个分支，是探讨岩石对其周围物理环境中力场反应的学科，具体来说，就是研究岩石在载荷作用下的应力、变形和破坏规律以及工程稳定性等问题。岩石力学在石油工程中应用较为广泛，可用于井壁稳定性分析、水力压裂、出砂预测、钻头优选、套损机理等。

一、实验原理

岩石力学实验是按照一定的规则将岩石加工为标准的实验样品，在模拟地层条件下，通过应力加载或声波加载的形式，测试实验样品的变形、强度、声波速率特征，进而推算出岩石弹性模量、泊松比等力学性质的过程。岩石力学参数主要包括杨氏模量、泊松比、抗压强度、抗拉强度等，是开展压裂设计的基础。

1. 静态参数测试

通常岩石静态力学参数的测定是通过岩石三轴实验，该实验是通过模拟岩心在对应取心深度处承受的上覆应力、围压、孔隙压力及温度，测定岩石的强度和变形的一种方法，通过该实验可以得到岩石的抗压强度、弹性模量、泊松比、黏聚力和内摩擦角等静态力学参数。

(1)三轴抗压强度。

$$\sigma_c = \frac{p_c}{A} \tag{4-1}$$

式中 σ_c——岩石的三轴抗压强度，MPa；

p_c——破坏载荷，kN；

A——实验样品截面面积，mm^2。

(2)三轴岩石力学压缩，岩石的应力—应变关系曲线，如图 4-1 所示。

(3)计算弹性模量及泊松比。

在轴向应力—应变曲线的直线段部分用线性最小二乘法拟合，其直线段部分的斜率即为杨氏模量，如图 4-2 所示。杨氏模量按式(4-2)计算，即

$$E = \frac{\Delta\sigma}{\Delta\varepsilon_a} \tag{4-2}$$

式中 E——杨氏模量，MPa；

$\Delta\sigma$——轴向应力增量，MPa；

$\Delta\varepsilon_a$——轴向应变增量。

泊松比按式(4-3)计算，即

$$\nu=-\frac{k_1}{k_2} \tag{4-3}$$

式中 ν——泊松比；

k_1——轴向应力—应变曲线的斜率；

k_2——径向应力—应变曲线的斜率。

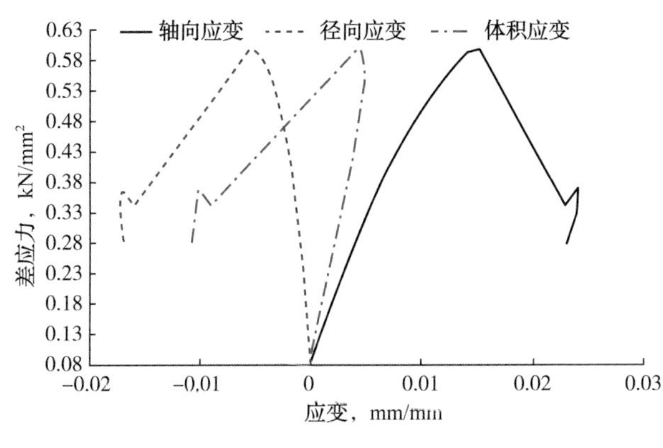

图 4-1 应力—应变关系曲线图

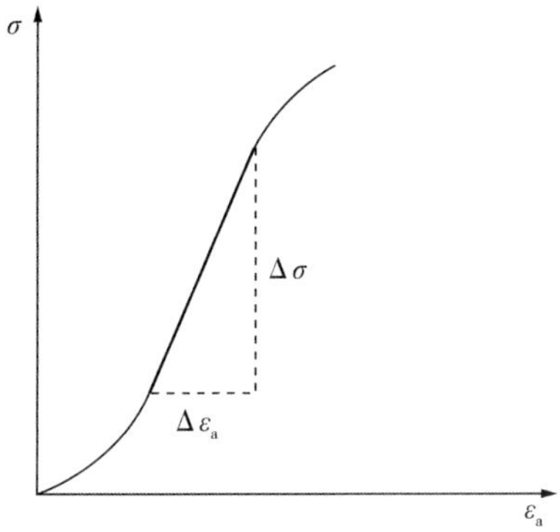

图 4-2 计算杨氏模量示意图

(4)计算黏聚力及内摩擦角。

在 σ-τ 坐标系中可画出岩石破坏应力圆，用相同的岩样在不同侧向压力 σ_3 下进行三轴实验，可以得到一系列岩石破坏时的 σ_1、σ_3 值，可画出一组破坏应力圆。这组破坏应力圆的包络线，即为岩石的抗剪强度曲线。

库仑—摩尔破坏准则是目前岩石力学最常用的一种强度准则。该准则认为岩石沿某一面发生破坏，不仅与该面上剪应力大小有关，而且与该面上的正应力有关。岩石并不沿最大剪应力作用面产生破坏，而是沿剪应力与正应力达到最不利组合的某一面产生破坏(师欢欢，2009)，即

$$|t_f|=t_0+\sigma_n\cdot\tan\phi \tag{4-4}$$

$$f=\tan\phi \tag{4-5}$$

式中 $|t_f|$——岩石剪切面的抗剪强度，MPa；

τ_0——岩石固有的剪切强度，MPa；

σ_n——剪切面上的正应力，Pa；

f——内摩擦系数；

ϕ——内摩擦角，(°)。

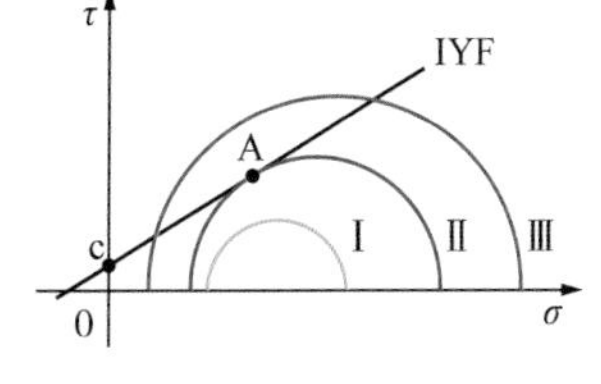

图 4-3 库仑—摩尔破坏准则

在 σ-τ 坐标系下，库仑—摩尔破坏准则可以用一条直线来表示，如图 4-3 所示。

①莫尔圆Ⅰ位于破坏包络线 IYF 的下方，说明该点在任何平面上的剪应力都小于极限剪切应力，因此不会发生剪切破坏；

②莫尔圆Ⅱ与破坏包络线 IYF 相切，切点为 A，说明在 A 点所代表的平面上，剪应力

正好等于极限剪切应力，该点就处于极限平衡状态，圆Ⅱ称为极限应力圆；

③破坏包络线 IYF 是摩尔圆Ⅲ的一条割线，这种情况是不存在的，因为该点任何方向上的剪应力都不可能超过极限剪切应力。

2. 动态参数测试

在压头中嵌入超声波收发装置，利用声波发射器在发射端发射一组声波，声波通过样品到达接收端产生振动信号再通过示波器解析出声波信号。声波在样品中的传播速率反映了样品的固有性质，结合样品的体积密度可计算获得岩石的弹性力学参数。

动态杨氏模量按式(4-6)计算，即

$$E_d=\rho\frac{v_s^2(3v_p^2-4v_s^2)}{v_p^2-v_s^2}\tag{4-6}$$

式中 E_d——动态杨氏模量，Pa；

ρ——试样的体积密度，kg/m^3；

v_p——纵波速度，m/s；

v_s——横波速度，m/s。

动态泊松比按式(4-7)计算，即

$$\nu_d=\frac{(v_p^2-2v_s^2)}{2(v_p^2-v_s^2)}\tag{4-7}$$

式中 ν_d——动态泊松比。

动态剪切模量按式(4-8)计算，即

$$G_d=\rho v_s^2\tag{4-8}$$

式中 G_d——动态剪切模量，Pa。

动态体积模量按式(4-9)计算，即

$$K_d=\rho(v_p^2-\frac{4}{3}v_s^2)\tag{4-9}$$

式中 K_d——动态体积模量，Pa；

ρ——试样的体积密度，kg/m^3。

岩石在一定的初载荷作用下，可以视为弹性体。当声波强度在 $1\sim5W/m^2$(在几个至十几个大气压下)范围内时，岩体的形变和应力呈线性关系，可以用虎克定律和波动方程来描述，此时两种波的波速方程为

$$v_p^2=\frac{E(1-\upsilon)}{\rho_b(1+\upsilon)(1-2\upsilon)}\tag{4-10}$$

$$v_s^2=\frac{E}{2\rho_b(1+\upsilon)}\tag{4-11}$$

式中 E——弹性模量(杨氏模量)，Pa；

υ——泊松比，无量纲；

ρ_b——岩石密度，g/cm^3。

其计算模型及其力学意义具体如下。

(1)弹性模量 E。

$$E=\frac{\rho_b}{\Delta t_s^2}\cdot\frac{3\Delta t_s^2-4\Delta t_c^2}{\Delta t_s^2-\Delta t_c^2} \tag{4-12}$$

式中 ρ_b——岩石密度;

Δt_c——岩石中纵波时差;

Δt_s——岩石中横波时差。

(2)泊松比 υ。

$$\upsilon=\frac{1}{2}\cdot\frac{\Delta t_s^2-2\Delta t_c^2}{\Delta t_s^2-\Delta t_c^2} \tag{4-13}$$

(3)体积弹性模量 K。

$$K=\rho_b\cdot\frac{3\Delta t_s^2-4\Delta t_c^2}{3\Delta t_s^2\cdot\Delta t_c^2} \tag{4-14}$$

(4)体积压缩系数 C_b:体积压缩系数是体积弹性模量的倒数。

$$C_b=\frac{1}{K} \tag{4-15}$$

(5)骨架体积压缩系数 C_r。

$$C_r=\frac{3\Delta t_{sma}^2-4\Delta t_{cma}^2}{\rho_{bma}\cdot3\Delta t_{sma}^2\cdot\Delta t_{cma}^2} \tag{4-16}$$

式中 ρ_{bma}——岩石骨架密度,g/cm^3;

Δt_{cma}——岩石骨架中纵波时差,μs/ft;

Δt_{sma}——岩石骨架中横波时差,μs/ft。

(6)剪切模量 G。

$$G=E/2(1+\upsilon) \tag{4-17}$$

(7)拉梅系数 l:指阻止物体侧向收缩所需要的侧向张应力与纵向拉伸形变之比。

$$l=r_b(1/Dt_c^2-1/Dt_s^2) \tag{4-18}$$

(8)Biot 弹性系数 α。

$$\alpha=1-\frac{C_r}{C_b} \tag{4-19}$$

二、实验设备

岩石力学静态参数、动态参数通常采用多功能岩石力学仪,美国 GCTS 公司 RTR-2000 高温高压岩石三轴仪如图 4-4 所示。设备参数:轴向最大加载载荷 2000kN,围压最大 200MPa,孔隙压力最大 200MPa,温度最高 200℃。

实验装置包含主控器、液压站、加载架和压力室、压力室温度控制器、围压孔压增压控制器、引伸计、软件控制系统。

(1)主控器。

主控器内置 CATS 软件,集成完整的模块,包括函数生成程序、数据采集和数字化的输入/输出单元,与计算机连接完成数据采集和控制。

(2)液压站。

液压泵站为动力源，为轴向加载、围压室提升、围压及孔压加载提供动力。

(3)加载架和压力室。

加载架由数字伺服控制软件操作，硬件包括电液动力系统、伺服阀、传感器、计算机接口；压力室的底座配油压增压器，用于围压的加载。

(4)压力室温度控制器。

温度控制器包括底座加热器，压力室壁加热器。

(5)围压孔压增压控制器。

围压增压器和孔压控制器分别独立，用于直接控制或测量围压/孔压压力和体积。

图 4-4　RTR-2000 高温高压岩石三轴仪

(6)引伸计。

引伸计即轴向/径向应变测量装置，两个轴向传感器和一个径向传感器，直接测试样品的轴向和径向应变。

(7)软件控制系统。

CATS 三轴模块为当今最高级的岩土软件。在此模块中，可根据样品的尺寸大小进行测试参数的程序设计，简化三轴实验过程；三轴测试模块可自动控制轴向加载、围压和孔压。

三、实验方法

岩石力学静态参数、动态参数通常参考《压力及温度变化下原状岩心样品抗压强度及弹性模量标准测试方法》(ASTM D7012—2014)，主要实验步骤如下。

(1)样品制备：样品尺寸为 ϕ25.4mm×L50.8mm、ϕ50.8mm×L101.6mm，高径比为 2∶1，精度要求是在样品整个高度上，直径误差不超过 0.3mm，两端面的不平行度最大不超过 0.05mm，端面应垂直于样品轴，最大偏差不超过 0.25 度。

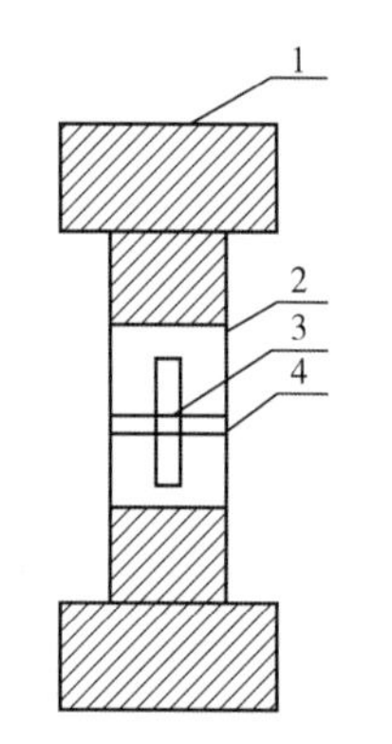

图 4-5　岩石力学实验样品示意图

1—压头；2—实验岩心样品；3—轴向变形测量装置；4—径向变形测量装置

(2)安装样品：用热缩管套住岩心和压头，注意排除热缩管内空气。

(3)安装径向变形测量装置、轴向变形测量装置，连接孔隙流体注入管线、温度测量和控制装置，安装好的样品和变形测量装置如图 4-5 所示。

(4)岩心预加载，放下并固定三轴压力室。

(5)向三轴压力室内泵注液压油。

(6)关闭液压回路控制开关，启动实验模拟地层温度及压力条件。

(7)连续加载，直至岩心破裂。

(8)卸压降温，提升三轴压力室，卸测量导线及变形测量装置，取出岩心。

(9)岩心破坏分析及实验数据处理，实验结束。

注意事项：

(1)在同一含水状态下，每组不少于5个样品，分别施加不同的围压，在轴向载荷的连续加载下，使试样破坏；

(2)围压、孔压及温度数据根据岩石所处地质环境资料确定；

(3)对于轴向加载速度，应力控制在0.5~1MPa/s，位移控制在0.1mm/min。

四、应用实例

选取须家河组岩心为研究对象，开展常规三轴实验，获全套岩石力学参数，为测井数据解释、地震数据分析提供实测参考数据。利用X1井、X2井、X3井井下岩心在模拟地层压力条件下开展三轴岩石力学实验共计10套次，实验结果见表4-1至表4-3。X1井、X2井、X3井的井下岩心应力—应变曲线如图4-6至图4-8所示。

表4-1　X1井须家河组岩石三轴岩石力学实验结果

样品信息			实验结果						
样号	深度 m	密度 g/cm^3	上覆压力 MPa	围压 MPa	孔隙压力 MPa	温度 ℃	泊松比	抗压强度 MPa	弹性模量 10^4MPa
1	1707	2.41	41	33	19	61	0.197	162.141	2.684
2	1707	2.40	41	33	19	61	0.193	150.307	2.640
3	1707	2.41	41	33	19	61	0.199	146.253	2.220
4	1707	2.40	41	33	19	61	0.235	120.063	2.670

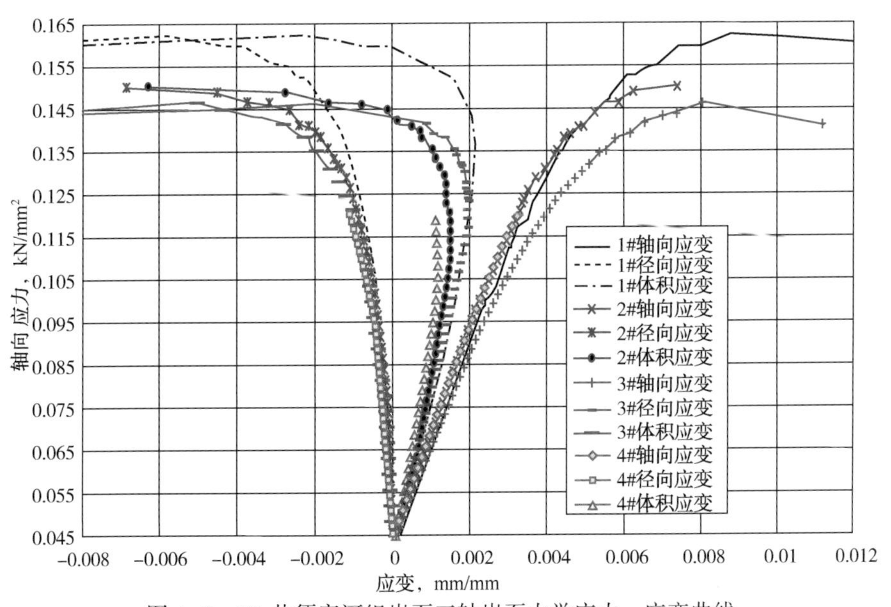

图4-6　X1井须家河组岩石三轴岩石力学应力—应变曲线

通过 X1 井三轴实验结果及应力应变分析，X1 井取心深度处岩石力学特征如下：

(1)三轴抗压强度分布范围为 120.063~162.141MPa，平均值为 144.691MPa；

(2)弹性模量分布范围为(2.220~2.684)×10^4MPa，平均值为 2.554×10^4MPa；

(3)泊松比分布范围为 0.193~0.235，平均值为 0.206；

(4)岩心密度分布范围为 2.40~2.41g/cm^3，平均值为 2.405g/cm^3。

从岩心的应力应变曲线分析，X1 井 4 块岩心具有相似的变形特征，表明岩心具有较好的均质性。

表 4-2 X2 井须家河组岩石三轴岩石力学实验结果

样品信息			实验结果						
样号	深度 m	密度 g/cm^3	上覆压力 MPa	围压 MPa	孔隙压力 MPa	温度 ℃	泊松比	抗压强度 MPa	弹性模量 10^4MPa
1	2052	2.33	47	38	21	67	0.196	154.529	2.121
2	2052	2.27	47	38	21	67	0.203	144.133	2.231
3	2052	2.28	47	38	21	67	0.213	145.978	2.261

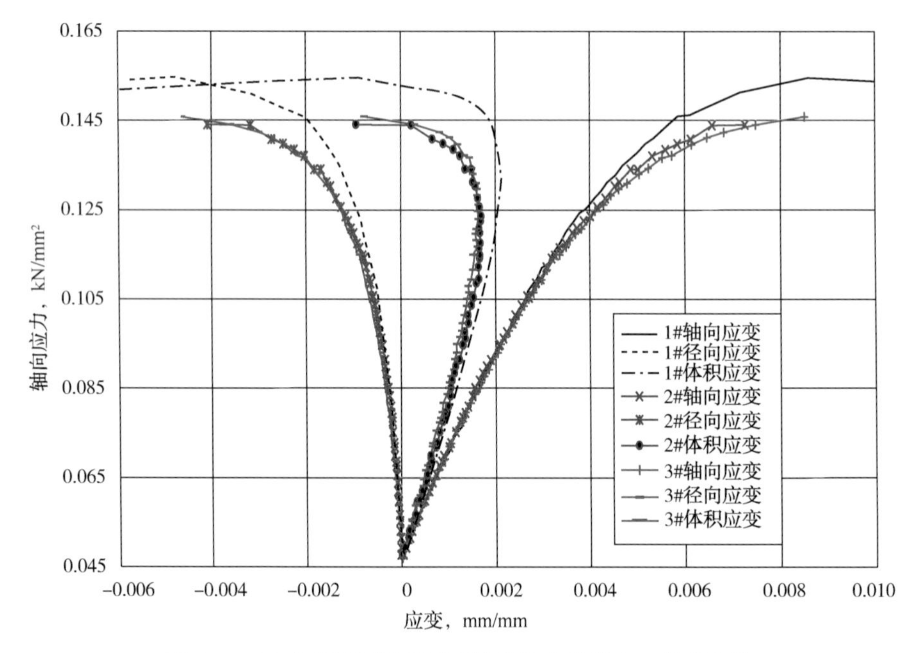

图 4-7 X2 井须家河组岩石三轴岩石力学应力—应变曲线

通过 X2 井三轴实验结果及应力应变分析，X2 井取心深度处岩石力学特征如下：

(1)三轴抗压强度分布范围为 144.133~154.529MPa，平均值为 148.213MPa；

(2)弹性模量分布范围为 2.121~2.261×10^4MPa，平均值为 2.204×10^4MPa；

(3)泊松比分布范围为 0.196~0.213，平均值为 0.204；

(4)岩心密度分布范围为 2.27~2.33g/cm^3，平均值为 2.293g/cm^3。

从岩心的应力应变曲线分析，X2 井 3 块岩心具有相似的变形特征，表明岩心具有较好的均质性。

表 4-3　X3 井须家河组岩石三轴岩石力学实验结果

样品信息			实验结果						
样号	深度 m	密度 g/cm³	上覆压力 MPa	围压 MPa	孔隙压力 MPa	温度 ℃	泊松比	抗压强度 MPa	弹性模量 10^4MPa
1	2023	2. 46	50	40	22	66	0. 166	217. 412	2. 819
2	2023	2. 46	50	40	22	66	0. 170	204. 974	2. 965
3	2023	2. 46	50	40	22	66	0. 168	210. 820	2. 610

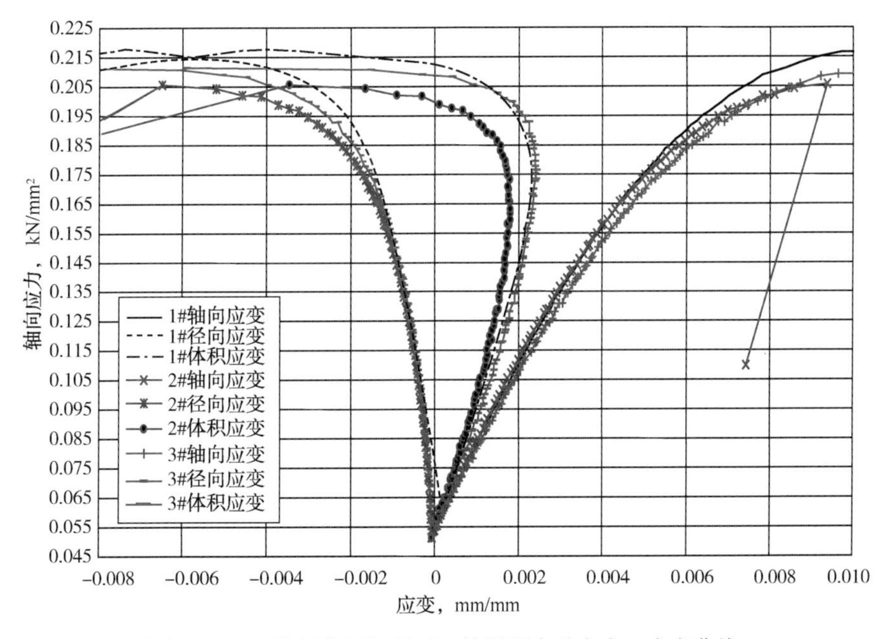

图 4-8　X3 井须家河组岩石三轴岩石力学应力—应变曲线

通过 X3 井三轴实验结果及应力应变分析，X3 井取心深度处岩石力学特征如下：

(1)三轴抗压强度分布范围为 204. 974~217. 412MPa，平均值为 211. 069MPa；

(2)弹性模量分布范围为(2. 61~2. 965)×10^4MPa，平均值为 2. 798×10^4MPa；

(3)泊松比分布范围为 0. 166~0. 17，平均值为 0. 168；

(4)岩心密度分布范围为 2. 46~2. 46g/cm³，平均值为 2. 46g/cm³。

从岩心的应力应变曲线分析，X3 井 3 块岩心具有相似的变形特征，表明岩心具有较好的均质性。

上述实验结果表明：

(1)在不同构造位置所取岩心表现出较好的均质性；

(2)综合考虑地层的可改造性以及后期生产过程中地层的稳定性等因素，提出适宜改造地层的岩石力学参数范围，弹性模量分布范围为(2.0~3.0)×10^4MPa，泊松比分布范围为0.16~0.22；

(3)可用于测井资料的校正，通过实测岩石力学参数，校正X1、X2、X3测井资料计算岩石力学参数剖面。

第二节　地应力

由于板块周围的挤压、地幔对流、岩浆活动、地球转动、新老地质构造运动及地层重力、地层温度不均匀、地层中的水压梯度等，使得地下岩石处于十分复杂的自然受力状态。这种应力统称为地应力，它随时间和空间变化。地应力主要以两种形式存在于地层中：一部分是以弹性能形式，其余则由于种种原因在地层中处于自我平衡而以冻结形式保存(王斌，2010)。

在致密气藏加砂压裂改造中，储层地应力特征、岩石力学特征决定着水力裂缝的形态、方位、高度和宽度，影响着压裂的增产效果；而地应力剖面分析则对水平井井眼方位、射孔井段、施工规模、施工工艺等参数的确定具有指导意义。

一般在深度h处的岩体所受到的地应力可用三个主地应力来表示：一个为垂直向主地应力，另外两个为相互垂直的两个水平主地应力。大多数情况下三个地应力值是不相等的。

一、实验原理

1. 波速各向异性测地应力方向

地层中的岩石处于三向应力作用下，从井下钻井取心后，岩石脱离应力作用，产生应力释放。应力释放过程中岩心上出现了与卸载程度成比例的微裂隙，最大水平地应力方向上岩心松弛变形最大。因此，这些小裂隙将垂直最大水平地应力方向，裂隙被空气充填。岩石与空气的波阻值相差很大，声波在岩石中的传播速度远远大于空气中传播速度，岩心中的微小裂隙使得声波在岩心不同方向上传播速度有明显的各向异性。在最大水平地应力方向上岩心的卸载程度最大，因此沿最大水平地应力方向上的波速最小；反之，沿最小水平地应力方向上波速最大(丁原辰，2000)。

利用超声波仪，测得0°处沿直径方向纵波传播所用时间，然后每顺时针旋转10°测量沿直径方向纵波传播所用时间，结合岩心直径尺寸计算出纵波传播速度，进一步得到波速偏差，即

$$S_\theta = v_\theta - \bar{v} \tag{4-20}$$

式中　S_θ——夹角为θ时的波速偏差，m/s；

v_θ——沿直径方向的波速，m/s；

$\bar{v}$——平均波速，m/s。

作波速偏差随圆周角的变化曲线，从曲线上找出最小波速、最大波速位置对应的角度，即为实验得到的最大水平主应力方向。之后分别沿水平最大、水平最小方向钻取声发

射样品开展实验。

2. 差应变测地应力大小及方向

非弹性应变恢复法(Anelastic Strain Recovery，ASR)是通过测量现场取心与时间相关的应变松弛变形来反演原地应力场方向和量值的一种方法。岩心从地层中取出后，由于作用在岩心上的原地应力场突然消失，岩心会沿周向产生差别松弛变形。变形包括岩心从母岩解除下来后立即产生的弹性变形和随岩心放置时间延长逐步产生的非弹性变形，在实验室常用差应变实验开展相关研究(王成虎，2014)。

差应变实验在等围压室中进行，井下所取出来的岩心被加工成至少有三个面相互垂直的方形样品，如图4-9所示，每个方向粘贴3张应变片，其中两片与棱平行，第3个应变片位于前两个应变片的角平分线上。把岩心密封后，放入围压室中(通常认为把试样封装在硅橡胶中是一种较好的密封方式)，然后加静水压力，加压大小取决于原来岩心所在的深度。记录加压过程中岩石试件上应变片的应力应变值，描绘出应力—应变曲线，如图4-10所示。

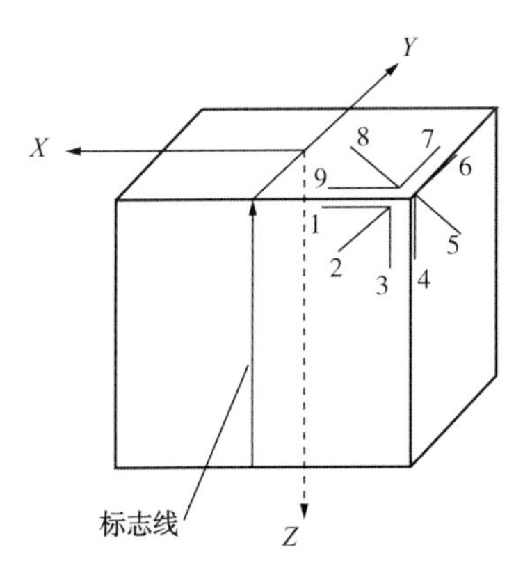

图4-9　差应变测试样品示意图

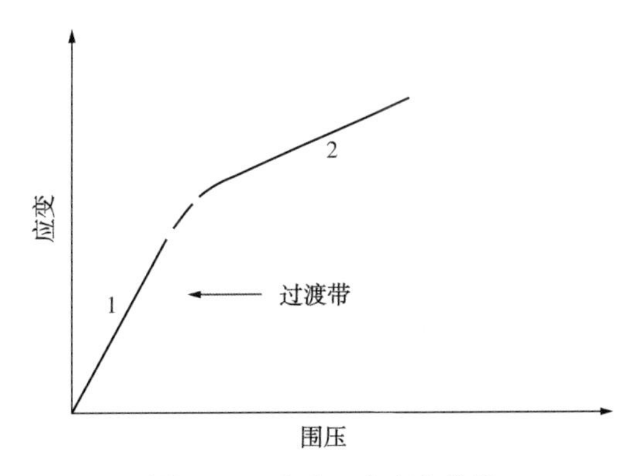

图4-10　应力—应变曲线图

大部分岩石受压测得的应力—应变曲线由斜率明显不同的两段直线组成，两条直线段斜率变化明显。曲线上斜率变化的点对应的压力与原地应力有关。在室内对岩心进行加载，达到原地应力状态时，微裂缝闭合，这个点对应应力—应变曲线上斜率变化的点。初始直线段斜率大于末尾直线段，这是由于初始阶段存在许多由应力释放而产生的微裂缝，压力增加，岩样受压产生形变包括裂缝闭合和岩石基质产生两部分；而末尾直线微裂缝以及大部分孔隙空间已经闭合，岩石形变仅为岩石基质形变，其值大小取决于岩样矿物成分的固有压缩率。通过不同应变通道的应力—应变曲线可计算获得三向主应变比值及各主应变的方位角及倾角。

结合岩石的杨氏模量、泊松比等参数，通过弹性本构方程便可获得三向主应力值。

3. 声发射测地应力大小及方向

由于井下岩心在重复加载过程中，如果没有超过地层原始条件下的最大应力，则很少有声发射(Acoustic Emission，AE)产生。只有当加载应力达到或超过地层原始条件下的最

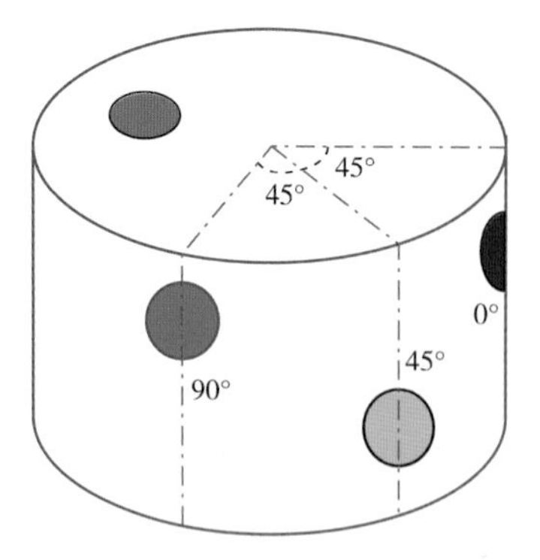

图 4-11　声发射实验岩心取样示意图

大应力后，才会产生大量声发射，也称为凯塞尔(Kaiser)效应。一般在与钻井岩心轴线垂直的水平面内，以45°为增量的方向钻取三块岩样，测出三个方向的 Kaiser 点处的正应力，而后求出水平最大、最小主应力；由与岩心轴线平行的垂向岩样 Kaiser 点处的地应力确定垂向地应力，共计取心4块。声发射取心示意图，如图4-11所示。

由上述四个方向岩心进行实验测得四个方向的正应力，利用式(4-21)至式(4-24)可确定出深部岩石所处的地应力，即

$$\sigma_{\mathrm{V}}=\sigma_{\perp}+\alpha p_{\mathrm{p}} \tag{4-21}$$

$$\sigma_{\mathrm{H}}=\frac{\sigma_{0^\circ}+\sigma_{90^\circ}}{2}+\frac{\sigma_{0^\circ}-\sigma_{90^\circ}}{2}(1+\tan^2 2\theta)^{\frac{1}{2}}+\alpha p_{\mathrm{p}} \tag{4-22}$$

$$\sigma_{\mathrm{h}}=\frac{\sigma_{0^\circ}+\sigma_{90^\circ}}{2}-\frac{\sigma_{0^\circ}-\sigma_{90^\circ}}{2}(1+\tan^2 2\theta)^{\frac{1}{2}}+\alpha p_{\mathrm{p}} \tag{4-23}$$

$$\tan 2\theta=\frac{\sigma_{0^\circ}+\sigma_{90^\circ}-2\sigma_{45^\circ}}{\sigma_{0^\circ}+\sigma_{90^\circ}} \tag{4-24}$$

式中　σ_{V}——上覆地层应力，MPa；

σ_{H}，σ_{h}——分别为最大、最小水平主地应力，MPa；

p_{p}——地层孔隙压力，MPa；

α——有效应力系数(tan2θ 中的 θ 为角)；

$\sigma_{\perp}$——垂直方向岩心的凯塞尔点应力，MPa；

σ_{0°，σ_{45°，σ_{90°——分别为0°，45°，90°三个水平向岩心凯塞尔点应力，MPa。

4. 水力压裂法测地应力大小

水力压裂法是根据井眼的受力状态及其破裂机理来推算地应力。在地层某深处，当井内液柱产生的压力升高足以压裂地层，使原有的裂隙张开延伸或形成新的裂缝时的井内流体压力称为地层破裂压力(周鹏高等，2009)。地层破裂压力的大小和地应力的大小密切相关。根据多孔介质弹性理论，井壁周围岩石所受的各应力分量为

$$\sigma_{\mathrm{r}}=p_{\mathrm{i}}-\alpha p_{\mathrm{p}} \tag{4-25}$$

$$\sigma_{\theta}=(\sigma_{\mathrm{H}}+\sigma_{\mathrm{h}})-2(\sigma_{\mathrm{H}}-\sigma_{\mathrm{h}})\cos 2\theta-p_{\mathrm{i}}-\alpha p_{\mathrm{p}} \tag{4-26}$$

$$\tau_{\mathrm{r}\theta}=0 \tag{4-27}$$

式中　σ_{r}——井眼周围所受径向应力，MPa；

σ_{θ}——井眼周围所受周向应力，MPa；

$\tau_{\mathrm{r}\theta}$——井眼周围所受切应力，MPa；

p_{i}——井内液柱压力，MPa；

σ_{H}——最大水平地应力，MPa；

σ_{h}——最小水平地应力，MPa；

θ——井眼周围某点径向与最大水平主应力方向的夹角，(°)；

p_p——地层孔隙压力，MPa；

α——有效应力系数。

从力学上说，地层破裂是井内流体压力过大使岩石所受的周向应力达到岩石的抗拉强度造成的，即

$$\sigma_\theta = -S_t \tag{4-28}$$

式中 S_t——岩石的抗拉强度，MPa。

破裂发生在 σ_θ 最小处，即 $\theta=0°$ 或 $\theta=180°$ 时即可得岩石产生拉伸破坏时井内液柱压力 p_f(即地层破裂压力)为

$$p_f = 3\sigma_h - \sigma_H - \alpha p_p + S_t \tag{4-29}$$

反之，若已测得地层的破裂压力，地层孔隙压力及岩石的抗拉强度则可以利用式(4-29)求地应力。但由于有两个地应力 σ_H 和 σ_h，因此，仅利用式(4-29)还不能完全求得地层的两个水平主应力，所以进行水力压裂试验法测定地应力。

如图 4-12 所示为一典型的现场破裂压力试验曲线，从中可以确定以下应力值：破裂压力 p_f、延伸压力 p_{pro}、瞬时停泵压力 p_s、裂缝重张压力 p_r。再利用公式

$$S_t = p_f - p_r \tag{4-30}$$

$$\sigma_h = p_s \tag{4-31}$$

$$\sigma_H = 3\sigma_h - p_f - \alpha p_p + S_t \tag{4-32}$$

即可以确定出地层某深处的最大、最小水平主地应力。

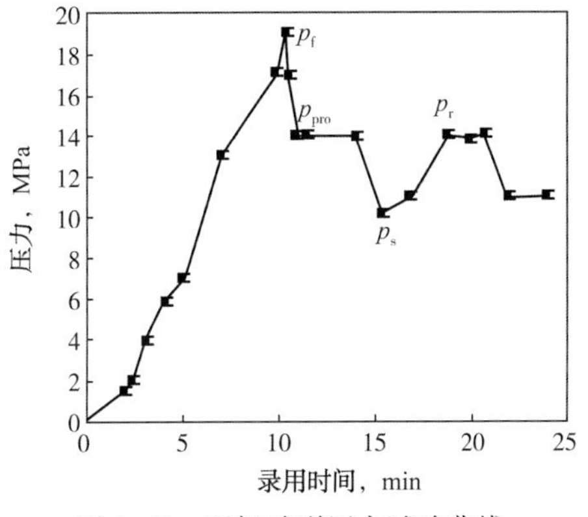

图 4-12 现场破裂压力试验曲线

5. 岩心定向实验原理

无论是采用差应变、声发射还是波速各向异性获得的地应力方位，都只是以岩心为参照物，如果方位不能回归地理方位，所有的测试都是徒劳的。因此，地应力方向测试很重要的一项工作就是岩心定向，回归岩心标志线相对地理北极的方位角。目前岩心定向主要有两种方式，一是现场定向取心，优点是定向准确度高，但其致命弱点是成本高。故多采用第二种方式，即室内实验评价，采用古地磁定向实验技术。

地球已有 45 亿年历史，它有一个旋转地理轴，还有一个与地理轴成 11.5°的磁轴，因此就形成以过地球中心为轴的偶极子磁场。在这个庞大地磁场影响下，地面上所有磁性矿物颗粒，都将被它按地磁场方向磁化，并在岩石中保存很长时间，甚至数亿年。

古地磁学作为一门科学，发展和形成的另一条件，就是保存历史记忆的岩石内存在有磁性矿物颗粒，这些磁性颗粒在地磁场作用下被磁化，记载了当时信息，并在岩石中维持很长时间。

当岩石形成时或形成较短的一段时间后，岩石中的磁性矿物的分布方向将指向与当时、当地的地球磁场相同的方向，所以岩石中的磁性矿物将生成一种天然剩磁(Natural Remanent

Magnetization，NRM)，而且它的方向就是当时地球磁场在那个位置的方向，这就是原生剩磁。随着历史的变迁和推移，地质事件发生，在漫长的时期内，岩石内的磁性颗粒，继续受到地磁场影响和磁化，岩石中的原生剩磁可能全部或部分被年代较轻的、方向明显和原生磁化强度不一致的剩磁所代替，这时岩石获得的剩磁称为次生剩磁或叫黏滞剩磁(Viscous Remanent Magnetization，VRM)。因此，特定岩心上的天然剩磁也许是不同形成时期、不同方向磁化分量的组合。现代地磁场黏滞剩磁一般是在近 73 万年内形成的，并与当代地磁场方向一致。它的磁性强弱和方向与原生剩磁可能不完全一样。把这种原生剩磁和后来形成的黏滞剩磁统称为天然剩磁，它是古地磁学研究的核心内容和基础，是推动古地磁学发展的重要因素。因为它保留了岩石长时间生存发展磁性信息。标准的古地磁测量是分离出天然剩磁中的不同分量，并由此分离出地层磁化强度的特征，再与当时、当地岩石的已知方向进行对比。黏滞剩磁测量方法是分离出近代获得的天然剩磁分量。

岩石中往往含有铁磁性矿物，因而岩石剩磁特征及其变化基本上严守着铁磁学的一般规律。在成岩作用过程中由于受客观存在的地磁场的作用，岩石记录了其形成时的地磁特征。不同类型的岩石记录地磁特征的机制是不同的。如果含有磁性矿物的岩石在稳定的磁场中放置足够的时间，不管它原有的磁化强度如何，所有的磁性矿物最终将被磁化成外界的磁场方向。对于具有相同磁性颗粒的岩样，岩样获得重新磁化的时间和团块的衰减期相关，其衰减期和放射性物质的衰减期相似。

对一团相同的磁性颗粒来说，它获得这种新的磁化强度所占用的时间是与它的松弛时间相关的。这种磁性颗粒具有的这个特征时间常数，称为弛豫时间 τ，用式(4-33)表示，表达关系式为

$$\tau=\frac{1}{C}\exp\left(\frac{VB_{\mathrm{c}}J_{\mathrm{s}}}{2KT}\right) \tag{4-33}$$

式中 C——频谱因子，约 $10^{-10}\mathrm{s}^{-1}$；

V——颗粒体积，m^3；

K——波尔兹曼常数，$1.3806505\times10^{-23}\mathrm{J/K}$；

B_{c}——矫顽力，A/m；

J_{s}——磁化强度，K；

T——绝对温度。

由式(4-33)看出，岩石磁性颗粒弛豫时间 τ 强烈地依赖于温度 T，也与矫顽力有关。岩石中不稳定的天然剩磁在正常温度下，依磁性颗粒的性质，弛豫时间在 100s 至 10^8 年范围内，并在此间可转化为新的黏滞剩磁。如果温度高，弛豫时间短，原生剩磁大部分会消失，并转成对黏滞剩磁贡献。同时，弛豫时间与单畴磁性颗粒形状大小及其在多畴颗粒格阵分布相关。

73 万年以来，地球的磁场获得了稳定的方向，此时的平均磁北极和地理北极一致。岩石中一部分磁性矿物的衰减期小于 73 万年，这些颗粒的磁化强度将重新定向于稳定的地球磁场方向，也就是说岩石中获得了黏滞剩磁。为了准确测量黏滞剩磁的方向，使用分段退磁的方法，岩样依次被加热并冷却直至室温(在零磁场中)并测量每一步的剩余磁化强度。在地层中的某一点，真正的黏滞剩磁的磁偏角(磁矢量的水平分量)和正北方向一致，黏滞剩磁的磁倾角(磁矢量的垂直分量)和该地点的纬度相关。

对于地心轴极磁场，纬度和磁倾角有以下简单的关系，即

$$\tan I = 2\tan L \tag{4-34}$$

式中 I——黏滞剩磁的磁倾角，(°)；

L——就地地理纬度，(°)。

因此，如果测点的纬度已知，可以根据近似地心轴磁极的磁倾角值选择相关温度(350℃以下)磁矢量分量，此分量的方向和地理正北方向一致，就可以确定出岩心的方向。标准的黏滞剩磁定向过程是以一定温度(一般为40℃或50℃)为步长在100~300℃进行分段热退磁。将退磁数据画在正交矢量投影图上，即能够确定水平(磁偏角)和垂直(磁倾角)的磁分量，在此图上可以根据磁倾角确定黏滞剩磁分量。

黏滞剩磁定向的最小容许准则是五块样品中至少有三块样品的黏滞剩磁磁偏角相近，并且磁倾角对于当地的纬度来说是可以接受的。采用黏滞剩磁定向法仅需要的岩心资料是测点的纬度、岩心向上的方向、井斜角和井斜方位角。井壁附近的温度可能高于100℃，故在分析过程中不使用低于100℃的温度段。因为当岩心取至地面放凉后，这部分磁化强度以热剩磁的方式获得。同时也不选择高于300℃的温度段，因为高于300℃的剩磁段中仅有一小部分黏滞剩磁分量并且可能受更老的天然剩磁分量的强烈影响。

以上叙述表明黏滞剩磁定向技术比标准的古地磁定向技术有很多优点。首先是天然剩磁与时间相关性少，而且73万年前的构造变形可以忽略，取自复杂构造带的岩心也能够定向。唯一的要求是岩样中包含容易获得黏滞剩磁的磁矿物类型/颗粒尺寸(如磁性金属矿物)。利用岩心样品测定磁性矿物中记录其形成时的黏滞剩磁磁特征，确定岩石中最大主应力方向与黏滞剩磁方向的关系，得到水平最大主应力与地理北的夹角方向(田国荣，2003；侯守信，2000)。

古地磁岩心定向就是通过古地磁仪，测定岩石磁化时的地磁场方向来实现的。因为任何岩心所处的地层在形成时或稍后都会受到地球偶极子场引起的磁场磁化，并与当时地磁场一致。古地磁岩心定向就是利用古地磁仪(磁力仪和退磁仪)来分离和测定岩心的磁化变迁过程，用Fisher统计法确定与岩心对应的不同地质年代的剩磁方向，用以恢复岩心在地下所处的原始方位。

6. 测井资料预测地应力大小及方向

水力压裂法测试地应力是获取地应力数据的较为直接的手段。理论上讲，它应该比其他方法具有更高的精度。但是它存在以下几点不足。

(1)测量数据有限，不能得到连续的地应力剖面，对没有进行地应力实测的地层，只能大体估计其地应力范围。

(2)地应力测试成本高。

(3)并非所有的地层均可进行地应力实测，如对特薄层不能用水力压裂方法测得其精确的地应力值，特别是产层以上的薄盖层，油井生产常常不允许将其压穿；而井较深时，由于设备和管路的耐压等条件限制，可能不会将地层压出裂缝。

(4)分层地应力测试困难，不易得到分层地应力数据。

另一种获取地应力数据的手段是通过测井资料计算得到。岩石在几百万年的沉积过程中，受到压实、胶结、冷热等作用以及地层构造变形、剥蚀等多种作用的影响，在如此复杂的环境下，用简单的模型来描述地下复杂的应力状态是困难的。但地应力计算比地应力测量有着不可比拟的方便性和经济性，其光明的前景吸引着人们去不断探索。因此进行少量的地应力测试或实验，用地应力实测数据检验、标定地应力计算结果，并得到沿井深连续分布的分层地应力剖面是一种切实、可行的方法。

原地应力计算主要有以下几方面的优势。

(1)可充分利用测井资料提供的大量信息，方便、迅速地得到沿深度连续分布的地应力剖面，对没有进行地应力实测的地层可计算得到较为准确的地应力数值；

(2)节省昂贵的地应力测试费用，具有很大的经济意义；

(3)对计算得到的连续地应力剖面可以进行数学分层处理；

(4)利用地应力计算可对油田开发过程中地应力场的变化规律进行分析。

根据地应力分布规律和影响地应力诸多因素的分析，建立起地应力计算的半经验公式(模型)，利用测井资料计算模式中的各参数，可计算得到地层的地应力数据。这种方法的优点是比较简单、成本低，可以得到沿纵向的地应力剖面。但到目前为止，这种方法的理论基础不是很完善，属于经验总结。由于这种方法所具有无可比拟的优点，尽管其理论基础还不令人满意，却得到了很广泛应用。

对于垂向应力的确定，目前普遍采用了垂向应力 σ_v 为一主应力且等于上覆岩层重力的假设，即

$$\sigma_v = \int_0^H \rho(h) g \mathrm{d}h \tag{4-35}$$

垂向有效应力，即

$$\sigma_{ve} = \sigma_v - \alpha p_p \tag{4-36}$$

在确定的垂向应力的基础上，发展了以下几种水平应力计算模型。

(1)金尼克模型。

$$\sigma_H = \sigma_h = \frac{\nu}{1-\nu}\sigma_v \tag{4-37}$$

式中 ν——岩石泊松比，无量纲。

此模型针对均匀、各向同性、无孔隙的地层而提出，没有考虑地层孔隙压力的影响，对绝大多数的地层是不适用的。

(2)Mattews 和 Kelly 模型。

$$\sigma_H - p_p = \sigma_h - p_p = K_i(\sigma_v - p_p) \tag{4-38}$$

此模型认为 K_i 是不随深度而变化的常数，故不适合于实际情况。此外，K_i 需要用邻井的压裂资料确定，所以此模型未被推广使用。

(3)Terzaghi 模型。

$$\sigma_H - p_p = \sigma_h - p_p = \frac{\nu}{1-\nu}(\sigma_v - p_p) \tag{4-39}$$

Terzaghi 模型与 Mattews 和 Kelly 模型不同之处在于其垂向应力梯度随深度而变化，将

K_i具体化。

(4) Anderson 模型。

该模型利用 Biot(1954)多孔介质弹性变形理论导出。

$$\sigma_H-\alpha p_p=\sigma_h-\alpha p_p=\frac{\nu}{1-\nu}(\sigma_v-\alpha p_p) \tag{4-40}$$

有效应力系数 α 的引入使人们对地层孔隙压力有了进一步的认识。

(5) Newberry 模型。

Newberry 针对低渗透且有微裂缝地层，修正了 Anderson 模型。

$$\sigma_h-p_p=\frac{\nu}{1-\nu}(\sigma_v-\alpha p_p) \tag{4-41}$$

单轴应变模式意味着两水平方向的地应力大小相等，均小于垂直方向的地应力，这与大部分的地应力实测结果不符，这主要是没有考虑水平方向构造应力的影响。

(6)黄氏模式。

1983 年，中国石油大学黄荣樽教授进行地层破裂压力预测新方法的研究中，提出了一个新的地应力预测模式。

$$\sigma_h-\alpha p_p=\frac{\nu}{1-\nu}(\sigma_v-p_p)+\beta_1(\sigma_v-\alpha p_p) \tag{4-42}$$

$$\sigma_H-\alpha p_p=\frac{\nu}{1-\nu}(\sigma_v-p_p)+\beta_2(\sigma_v-\alpha p_p) \tag{4-43}$$

式中 β_1，β_2——常数。

该模式认为地下岩层的地应力主要由上覆岩层压力和水平方向的构造应力产生，且水平方向的构造应力与上覆岩层的有效压力成正比。在同一断块内系数 β 为常数，即构造应力与垂向有效应力成正比。该模式考虑了构造应力的影响，可以解释在中国更常见的三向应力不等且最大水平应力大于垂向应力的现象。但该模式没有考虑地层刚性对水平地应力的影响，对不同岩性地层中地应力的差别考虑不充分(王志刚，2009)。

(7)组合弹簧模式。

1984 年，中国石油大学在分析黄氏模式存在不足的基础上，假设岩石为均质、各向同性的线弹性体，并假定在沉积及后期地质构造运动过程中，地层和地层之间不发生相对位移。所有地层两水平方向的应变均为常数。由广义虎克定律有

$$\sigma_h-\alpha p_p=\frac{\nu}{1-\nu}(\sigma_v-\alpha p_p)+\frac{E\varepsilon_h}{1-\nu^2}+\frac{\nu E\varepsilon_H}{1-\nu^2} \tag{4-44}$$

$$\sigma_H-\alpha p_p=\frac{\nu}{1-\nu}(\sigma_v-\alpha p_p)+\frac{E\varepsilon_H}{1-\nu^2}+\frac{\nu E\varepsilon_h}{1-\nu^2} \tag{4-45}$$

式中 ε_h，ε_H——岩层在最小和最大水平应力方向的应变，在同一断块内 ε_h 与 ε_H 为常数。

1991 年，Thiercelin M J 和 Plumb R A 也提出了形式相同的计算模式，此模式意味着地应力不但与泊松比有关，而且与地层岩石的弹性模量有关，地应力与弹性模量成正比。用此式可对某些砂岩地层比相邻页岩层有更高地应力的现象作出解释。

在各种地应力计算模式中大都明确采用了岩石为线弹性材料的假定，这与岩石的实际

情况是有差距的。

(8)秦绪英模型。

根据泊松比 ν、地层孔隙压力贡献系数 V、孔隙压力 p_0 及密度测井值 ρ_b 可以计算三个主应力值。

$$\sigma_H=\left[\frac{\nu}{1-\nu}+A\right](\sigma_v-Vp_0)+Vp_0 \tag{4-46}$$

$$\sigma_h=\left(\frac{\nu}{1-\nu}+B\right)(\sigma_v-Vp_0)+Vp_0 \tag{4-47}$$

$$\sigma_v=\int_0^H\rho_b\mathrm{d}h \tag{4-48}$$

应用密度声波全波测井资料的纵波、横波时差(Δt_p、Δt_s)及测井的泥质含量 V_{sh} 可以计算泊松比 ν、地层孔隙压力贡献系数 V、岩石弹性模量 E 及岩石抗拉强度 S_T。

地层孔隙压力贡献系数:

$$V=1-\frac{\rho_b\Delta t_s^2(3\Delta t_s^2-4\Delta t_p^2)}{2\rho_m(\Delta t_{ms}^2-\Delta t_{mp}^2)} \tag{4-49}$$

式中 Δt_{ms}——横波时差,s;

Δt_{mp}——纵波时差,s。

(9)双轴应变模型。

双轴应变模型法是多孔弹性水平模型的一个特例,该特例以构造因子作输入参数,取代最大水平主应力方向的应变 ξ_H

$$\sigma_h=\frac{\nu}{1-\nu K_h}\left[\frac{\nu}{1-\nu}(\sigma_v-\alpha_{vert}p_p+\alpha_{hor}p_p)\right]+\frac{E}{1-\nu K_h}\xi_H \tag{4-50}$$

$$\sigma_H=K_h\sigma_h \tag{4-51}$$

式中 α_{hor}——水平方向的有效应力系数(Biot 系数),无量纲;

K_h——非平衡构造因子,反映的是构造力作用下最大水平应力和最小水平应力的地区经验关系。

(10)莫尔—库仑应力模型法。

此经验关系式以最大、最小主应力之间的关系给出。其理论基础是莫尔—库仑破坏准则,即假设地层最大原地剪应力是由地层的抗剪强度决定的。在假设地层处于剪切破坏临界状态的基础上,给出了地层应力经验关系式,即

$$\sigma_1-\rho_p=C_0+(\sigma_3-\rho_p)/N_\phi \tag{4-52}$$

$$N_\phi=\tan^2(\pi/4+\phi/2) \tag{4-53}$$

式中 N_ϕ——三轴应力系数;

ϕ——岩石内摩擦角;

σ_1,σ_3——最大和最小主应力;

C_0——岩石单轴抗压强度。

当忽略地层强度 C_0 时(认为破裂首先沿原有裂缝或断层发生),且垂向应力为最大主应力时,式(4-52)为

$$\sigma_1-p_p=(\sigma_3-p_p)/N_\phi \tag{4-54}$$

进而有

$$\sigma_h=\left(\frac{1}{\tan\gamma}\right)^2\sigma_v+\left[1-\left(\frac{1}{\tan\gamma}\right)^2\right]p_p \tag{4-55}$$

$$\sigma_H=K_h\sigma_h \tag{4-56}$$

$$\gamma=\frac{\pi}{4}+\frac{\phi}{2} \tag{4-57}$$

式中 ϕ——岩石的内摩擦角。

此经验关系式有一定的物理基础，比较适合疏松砂岩地层，但存在其地层处于剪切破坏的临界状态的假定，没有普遍的意义。该模型不考虑地层的形变机理和主应力方向，因此，它既可以用于拉张型盆地也可以用于挤压型盆地。

(11)葛氏地层应力经验关系式。

葛洪魁提出了一组地层应力经验关系式：

$$\sigma_h=\frac{\nu}{1-\nu}(\sigma_v-\alpha p_p)+K_h\frac{E(\sigma_v-\alpha p_p)}{1+\nu}+\frac{\alpha_T E\Delta T}{1-\nu}+\alpha p_p+\Delta\sigma_h \tag{4-58}$$

$$\sigma_H=\frac{\nu}{1-\nu}(\sigma_v-\alpha p_p)+K_H\frac{E(\sigma_v-\alpha p_p)}{1+\nu}+\frac{\alpha_T E\Delta T}{1-\nu}+\alpha p_p+\Delta\sigma_H \tag{4-59}$$

式中 α_T——热膨胀系数；

K_h，K_H——最小、最大水平地层应力方向的构造应力系数，在同一断块内可视为常数；

ΔT——温度变化值，℃；

$\Delta\sigma_h$，$\Delta\sigma_H$——考虑地层剥蚀的最小和最大水平地层应力附加量，在同一断块内可视为常数。

其中，水平应力的重力分量为$\frac{\nu}{1-\nu}\sigma_v$，热应力分量为$\frac{\alpha_T E\Delta T}{1-\nu}$，构造应力分量为$K_h\frac{E(\sigma_v-\alpha p_p)}{1+\nu}$和$K_H\frac{E(\sigma_v-\alpha p_p)}{1+\nu}$，孔隙压力分量为$\alpha p_p$，地层剥蚀的附加压力为$\Delta\sigma_h$和$\Delta\sigma_H$。

测井资料确定地应力方向，在成岩期和成岩后，如果水平应力存在着较大的各向异性，岩石会表现出侧向差异压实现象。此时，最大水平主应力方向上侧向压实程度较高，而在最小水平应力方向上侧向压实程度较低(马建海等，2002)，从而造成了应力引起的岩石物理各向异性。Esemersony C 等研究表明在最大水平主应力方向上的横波传播速度大于最小水平主应力的横波传播速度，由此可确定地应力的方向。

二、实验设备

1. 波速各向异性测试系统

波速各向异性测试测试系统用于地应力方向的测试，通过测量岩心不同角度和高度的压缩 P 波和剪切 S 波的波速，确定岩心的主应力方向。该系统包括高精度游标卡尺、

图 4-13　CVA 声波各向异性测试系统

气动动作器、阳极电镀铝探头、岩心夹持架及声波测量装置，美国 GCTS 公司的 CVA 声波各向异性测试系统如图 4-13 所示，设备参数：系统结构为高性能阳极电镀铝，固定装置为气动作动器、角度和高度定位为高精度游标尺，传感器为 P 波和 S 波，晶体频率为 200kHz 或 1MHz，最大试样直径为 100mm，设备尺寸长宽高为 40cm×32cm×30cm。

2. 差应变测试仪

TerraTek 差应变测量系统由液压泵、传感器控制箱及功控主机、压力室、电脑控制系统、传感器、连接线缆等组成。数据采集软件能分别显示 9 个通道电压值，并及时采集并显示应变片随时间电压变化。美国 TerraTek 公司的差应变地应力测量系统如图 4-14 所示，设备参数：围压系统最高 140MPa，压力室尺寸 75mm×300mm，样品尺寸 45mm 立方体，应变测量通道 9 个，应变片电阻 350Ω，应变片因子 2.0 标定。

3. 声发射测试系统

声发射测试系统由声发射压头、信号采集通道、前置信号放大器及信号处理软件构成。美国 GCTS 公司的 AE 声发射测试系统如图 4-15 所示。设备参数：可实时采集单轴或三轴 AE 事件，并与外部数据采集系统连接，确保和应力应变等参数同步采集；数字控制脉冲器和接收器，包括反混淆过滤，自动切换来选择 P 波和 S 波传感器；20MHz 采样率，12 位分辨率，0~10V DC 输出，8 通道数据采集仪，±10V DC 输入；超声波晶体置入压头中，耐压 200MPa，耐温 200℃。

图 4-14　TerraTek 差应变地应力测量系统

图 4-15　声发射测试系统

4. 古地磁测试仪

古地磁测量仪器由弱磁空间、热退磁仪、旋转磁力仪、岩心无磁切割和钻取工具、数据采集系统等组成。英国 Bartington 的 Ms2 古地磁测试仪如图 4-16 所示。设备参数：热退磁仪的最大温度为 800℃，热退磁仪烘箱内的剩余磁场小于 10Nt，温控误差小于 ±2℃。

图 4-16 Ms2 古地磁测试仪

三、实验方法

1. 地应力大小

利用差应变测地应力大小，由于岩心在地层深处由于地应力作用处于压缩状态，含有的天然裂隙也是处于闭合状态。将岩心取到地面后，由于应力解除将引起岩心膨胀导致产生许多新的微裂缝。这些微裂缝张开的程度和产生的密度、方向将与岩心所处原地环境应力场的状态有关，是地下应力场的反映。对岩心加压进行不同方向的差应变分析，可以得到最大与最小主应力在空间的方向。利用这一原理，采用岩心应力释放产生的应变与应力的相关性进行地应力大小测试。

实验步骤如下。

(1)岩心准备：岩心加工成长 45mm、宽 45mm、高 45mm 的正方体岩心。

(2)按照实验规则在岩心测试面粘贴专用应变片，并用焊锡将应变片与导线连接，如图 4-17(a)所示。

(3)采用硅胶将贴好应变片的岩心密封，如图 4-17(b)所示。

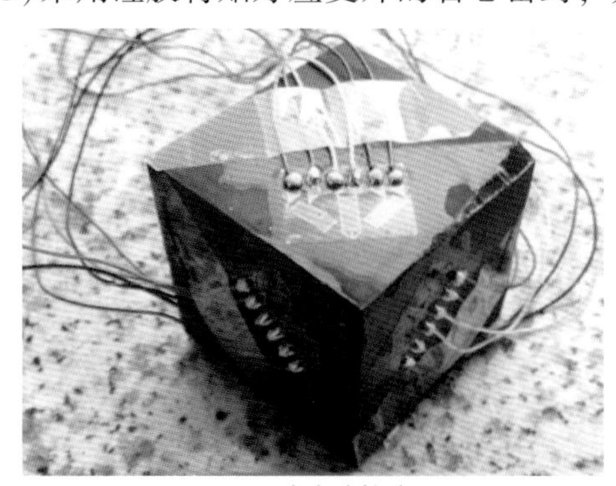

(a) 应变片粘贴

(b) 应变片封样

图 4-17 差应变实验的应变片粘贴和封样示意图

(4)岩心安装：将岩样装入仪器压力室，接好各个应变片传感器接线，提升并封闭压力室，进行液压回路排空。

(5)输入加载速率、压力等参数后，在指定的压力区间内进行三次加卸载循环，记录实验加卸载过程中的压力、应变等数据，如图 4-18 所示。

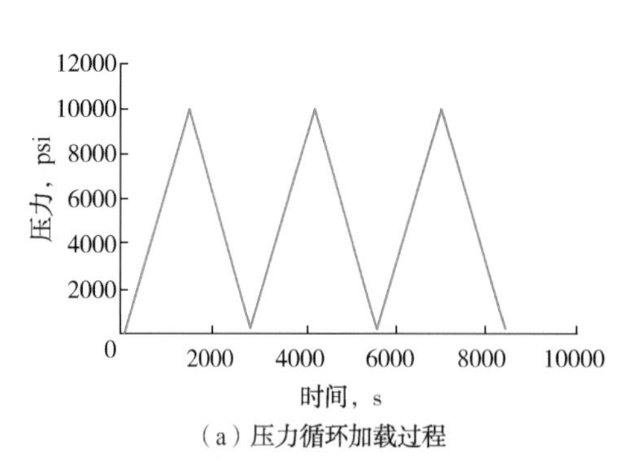

（a）压力循环加载过程

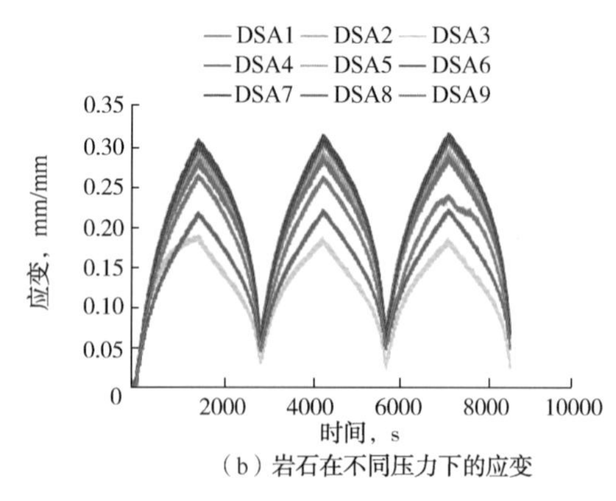

（b）岩石在不同压力下的应变

图 4-18　TerraTek 软件数据采集及结果界面

利用声发射测地应力大小，根据岩石 Kaiser 效应测试地应力大小，其发展建立在金属材料的声发射基础上。在载荷的作用下岩石内部由于应力释放产生的缺陷会发生闭合、张开、扩展等，并同时产生声发射，利用声发射特性结合岩石受载荷规律可以得出岩石地应力大小。采用不同方向的取心进行声发射实验，可以得到不同方向的地应力大小，实验步骤如下。

(1)岩心准备：根据研究需要按指定的方向钻取直径 25.4mm，直径与长度之比为(0.25∶1)~(0.75∶1)的柱状岩心。

(2)岩心干燥、照相、量尺寸、绘制标志线。

(3)用热缩胶筒将岩心固定在上下压头之间。

(4)将声发射探头安装在岩心指定位置，如图 4-19 所示。

(5)以恒定的应力或应变速率对轴向连续加载，直到到达预先定义的轴向应力值。

(6)采集应力及声发射信号数据，如图 4-20 所示。

图 4-19　声发射通道连接模块

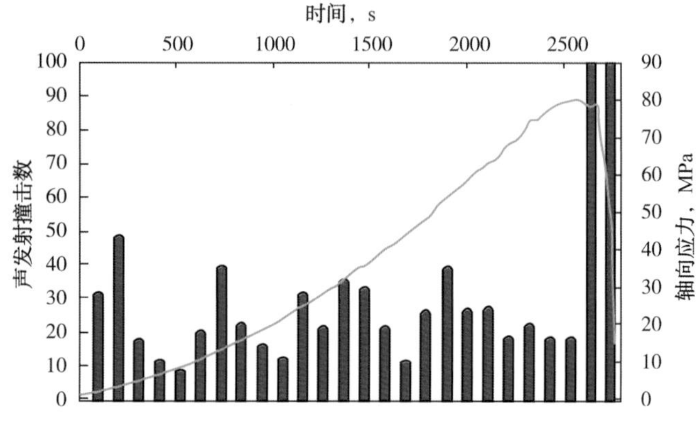

图 4-20　软件实时声发射信号显示

2. 地应力方向

波速各向异性测试实验步骤。

(1)测量实验样品直径。

(2)在超声波探头表面均匀涂抹耦合剂，启动超声波测试软件，收/发探头压紧，发射超声波信号，记录超声波信号。

(3)将波速各向异性样品安装于超声波测试台架上。

(4)在超声波探头及样品表面接触面均匀涂抹耦合剂，旋转岩样至0°位置，使探头与岩样表面充分接触并压紧。

(5)启动测试软件，发射超声波信号，记录超声波信号值，如图4-21所示。

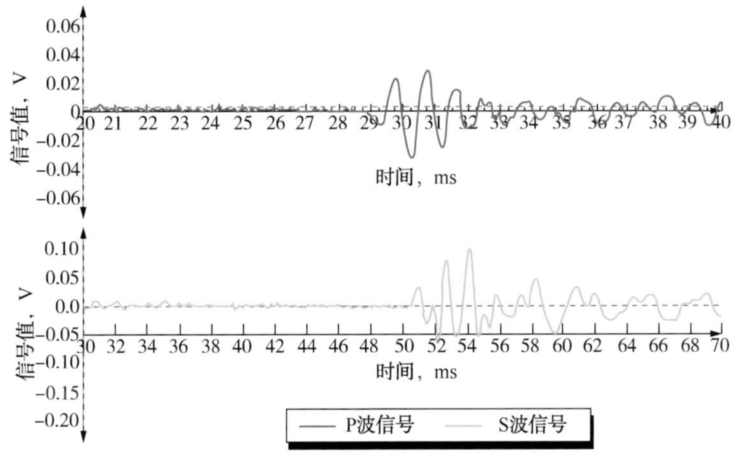

图4-21 岩心超声波信号

(6)松开探头，逆时针旋转10°。

(7)重复(5)~(6)步骤，以10°为角度梯度，测试样品一周的纵波速率。

(8)数据处理：绘制收/发探头面对面声波信号与时间的关系曲线，找到曲线起震时刻，即面对面时间 t。

(9)波形绘制，如图4-22所示。

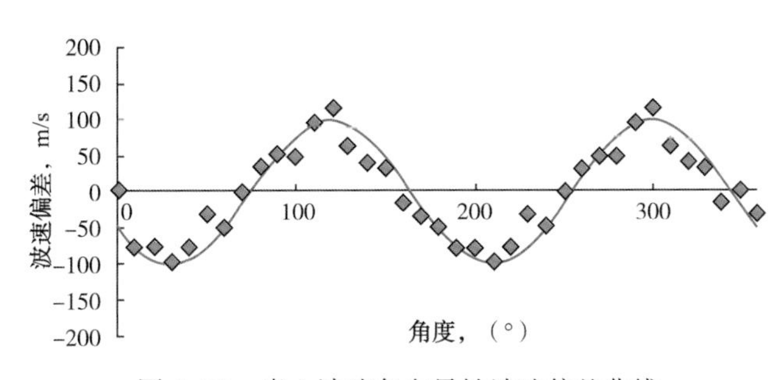

图4-22 岩心波速各向异性波速偏差曲线

古地磁测试法实验步骤。

(1)沿轴向钻取 ϕ25mm×L(15~25)mm 圆柱体样品，并绘制标志线，如图4-23所示。

(2)放置于恒温烘箱，设置温度60℃，放置8h烘干，完成古地磁样品的制备。

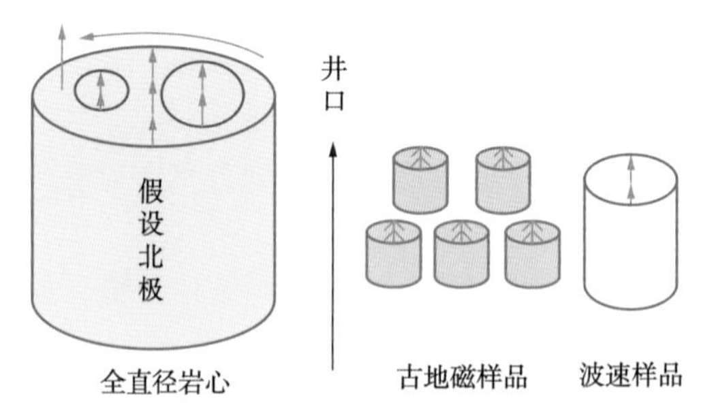

图 4-23　古地磁实验岩心的加工方法

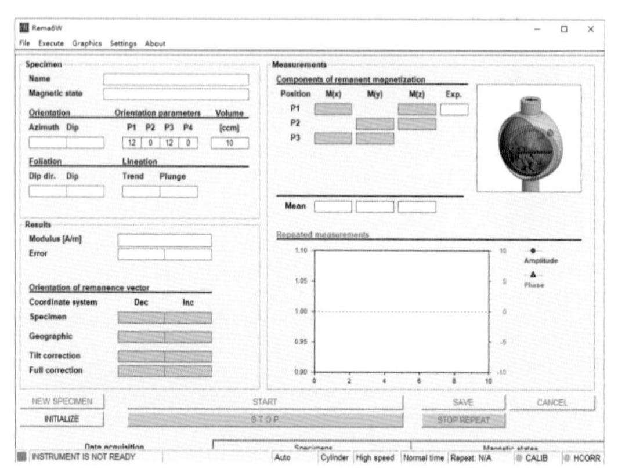

图 4-24　古地磁测量系统控制软件主界面

(3)将制备好的样品放在热退磁仪的岩心夹持器中，在设定加热温度、加热速率及恒温保持时间等参数，完成每一个温度段的热退磁。

(4)将岩心从热退磁仪的夹持器中取出，并逐个放入旋转磁力仪中测试剩磁矢量，如图 4-24 所示。

(5)剩磁矢量测试完成后，将岩心重新装入热退磁仪，开始下一温度段的测试，直至完成设计的所有温度段的热退磁及剩磁矢量测试。

四、应用实例

1. 地应力大小

利用地应力测试仪，分别取 Y1 井五峰组、龙马溪组，Y2 井五峰组、龙马溪组样品开展 6 套(次)实验，测试结果见表 4-4。

表 4-4　地应力大小实验结果

井号	层位	井深 m	三向主应力，MPa			三向主应力梯度，MPa/m		
			水平最大	水平最小	垂向	水平最大	水平最小	垂向
Y1 井	龙一$_1^2$	3836.72~3836.94	109.73	94.39	99.76	0.0286	0.0246	0.0260
	龙一$_1^1$	3837.63~3837.84	109.78	94.68	99.95	0.0286	0.0247	0.0260
	五峰组	3845.34~3845.54	110.36	95.37	99.98	0.0287	0.0248	0.0260
Y2 井	龙一$_1^2$	4310.80~4311.13	114.69	93.79	108.42	0.0266	0.0217	0.0258
	龙一$_1^1$	4314.07~4314.39	114.52	93.66	108.28	0.0265	0.0217	0.0258
	五峰组	4323.40~4323.72	117.23	94.57	112.81	0.0271	0.0219	0.0260

实验结果表明：垂向应力梯度为 0.0258～0.026MPa/m，水平最小应力梯度为 0.0217～0.0248MPa/m，水平最大应力梯度为 0.0265～0.0287MPa/m。

2. 地应力方向

利用差应变测试、声发射原理，开展室内实验，确定水平最大主应力方位，同时井下取心多是非定向取心，岩心需要利用古地磁进行岩心定向。

分别取 Y1 井五峰组、龙马溪组，Y2 井五峰组、龙马溪组样品开展 6 套(次)实验，测试结果见表 4-5。

表 4-5　地应力方向实验结果

井号	层位	井深，m	水平最大主应力方向(NE)，(°)
Y1 井	龙一$_1^2$	3836.72～3836.94	125
	龙一$_1^1$	3837.63～3837.84	115
	五峰组	3845.34～3845.54	121
Y2 井	龙一$_1^2$	4310.80～4311.13	125
	龙一$_1^1$	4314.07～4314.39	117
	五峰组	4323.40～4323.72	106

第三节　脆性指数

工业界通常利用水力压裂优化目的层的油气渗流通道，减低开采难度，最终实现增产。脆性作为水力压裂的重要参数指标之一，在油气资源的勘探中扮演着极为关键的角色。脆性的概念在多个学科中都有涉及，表征脆性的公式也种类繁多(钱恪然，2016)。

关于岩石脆性的含义国内外学者有许多说法。Morley A 等将脆性定义为材料塑性的缺失；Ramsey J G 认为岩石内聚力被破坏时，材料即发生脆性破坏；Obert L 和 Duvall W I 以铸铁和岩石为研究对象，认为试样达到或稍超过屈服强度，即破坏的性质为脆性；地质学及相关学科学者认为材料断裂或破坏前表现出极少或没有塑性形变的特征为脆性。上述定义出自不同的学科，尚缺乏考虑微观破裂机制和综合力学特性的统一观点。

统计发现，现有的脆性评价方法有 20 多种，Honda H 和 Sanada Y 提出以硬度和坚固性差异表征脆性；Hucka V 和 Das B 建议采用试样抗压强度和抗拉强度的差异表示脆性；Bishop A W 则认为应从标准试样的应变破坏实验入手，分析应力释放的速度进而表征脆性。这些方法大多针对具体问题提出，适用于不同学科，无统一的说法，亦尚未建立标准测试方法。仅有的共识是，岩石在破坏时表现出以下特征则为高脆性：低应变时即发生破坏、裂缝主导的断裂破坏、岩石由细粒组成、高抗压/抗拉强度比、高回弹能、内摩擦角大、硬度测试时裂纹发育完全。

脆性是岩石的综合特性，是在自身天然非均质性和外在特定加载条件下产生内部非均匀应力，并导致局部破坏，进而形成多维破裂面的能力。上述定义表明：

(1)脆性是岩石的综合力学特性，它不像弹性模量、泊松比那样为单一的力学参数，想要表征脆性，需建立特定的脆性指数；

(2)脆性是岩石的一种能力，能力的表现需同时兼顾内在和外在条件，脆性是以内在非均质性为前提，在特定加载条件下表现出的特性；

(3)脆性破坏是在非均匀应力作用下，产生局部断裂，并形成多维破裂面的过程，碎裂范围大、破裂面丰富是高脆性的特征，也是宏观可见的表现形式(李庆辉，2012)。

一、实验原理

1. 基于矿物组分评价方法

参照行业标准《沉积岩中黏土矿物和常见非黏土矿物 X 射线衍射分析方法》(SY/T 5163—2010)测定页岩样品中的总黏土、石英、长石、方解石、白云石、黄铁矿等矿物成分的质量百分含量。

基于页岩矿物组成分析，有如下 2 种页岩矿物脆性指数计算方法。

(1)脆性矿物含量算法。

参照国家标准《页岩气地质评价方法》(GB/T 31483—2015)，脆性矿物包括石英、白云石、方解石、长石及黄铁矿。采用式(4-60)计算页岩脆性指数，计算结果取整。

$$B_{M1}=(X_{quartz}+X_{dolomite}+X_{calcite}+X_{feldspar}+X_{pyrite})\times 100 \tag{4-60}$$

式中 B_{M1}——页岩矿物脆性指数(脆性矿物法)，无量纲；

X_{quartz}——样品中石英质量百分含量，%；

$X_{dolomite}$——样品中白云石质量百分含量，%；

$X_{calcite}$——样品中方解石质量百分含量，%；

$X_{feldspar}$——样品中长石质量百分含量，%；

X_{pyrite}——样品中黄铁矿质量百分含量，%。

(2)岩石力学权重算法。

页岩各矿物组分对应增加力学性能权重，按照式(4-61)计算页岩脆性指数，权重确定参照：

$$B_{M2}=(\alpha X_{quartz}+\beta X_{dolomite}+\gamma X_{calcite}+\eta X_{feldspar}+\zeta X_{pyrite}+\omega X_{clay}+\kappa)\times 100 \tag{4-61}$$

式中 B_{M2}——页岩矿物脆性指数(岩石力学权重法)，无量纲；

α——石英力学权重；

β——白云石力学权重；

γ——方解石力学权重；

η——长石力学权重；

ζ——黄铁矿力学权重；

ω——黏土矿物力学权重；

κ——修正常数项。

不同矿物的权重系数推荐值及修正常数项见表 4-6。

表 4-6 不同矿物的权重系数及修正常数项推荐值

名称	符号	权重系数
石英力学权重	α	0.74
白云石力学权重	β	0.69
方解石力学权重	γ	0.43
长石力学权重	η	0.32
黄铁矿力学权重	ζ	2.22
黏土矿物力学权重	ω	-0.05
修正常数项	κ	0.13

2. 基于岩石力学评价方法

岩石力学法计算页岩脆性指数为

$$B_{YB}=\frac{(E_s-E_{min})/(E_{max}-E_{min})+(\nu_{max}-\nu_s)/(\nu_{max}-\nu_{min})}{2}\times 100 \tag{4-62}$$

式中 B_{YB}——页岩岩石力学脆性指数，无量纲；

E_s——样品静态杨氏模量，MPa；

E_{min}——页岩静态杨氏模量下限，MPa，一般取值 0.7×10^4MPa；

E_{max}——页岩静态杨氏模量上限，MPa，一般取值 5.5×10^4MPa；

ν_{max}——页岩静态泊松比上限，无量纲，一般取值 0.40；

ν_s——样品静态泊松比，无量纲；

ν_{min}——页岩静态泊松比下限，无量纲，一般取值 0.10。

收集于长宁、威远、涪陵、昭通等多个页岩气主力区块有利层位的岩石力学数据，涵盖了龙马溪组、五峰组、筇竹寺组三个主要勘探开发层位。数据统计分析分别获得杨氏模量及泊松比概率统计分布，如图 4-25 与图 4-26所示，99.24%的杨氏模量统计落在 Rickman 建议的杨氏模量上限为 5.5×10^4MPa、下限为 0.7×10^4MPa 之间，统计泊松比数据 99.5%落在 Rickma 建议的泊松比上下限为 0.40 与 0.10 之间，并且从计算公式可以看出杨氏模量及泊松比的上下限取值仅影响岩石力学脆性指数的相对大小，并不改变整体规律，因此国内同样采用杨氏模量上限 5.5×10^4MPa、下限 0.7×10^4MPa，泊松比上限为 0.40、下限 0.10 参与计算是依据充分的。

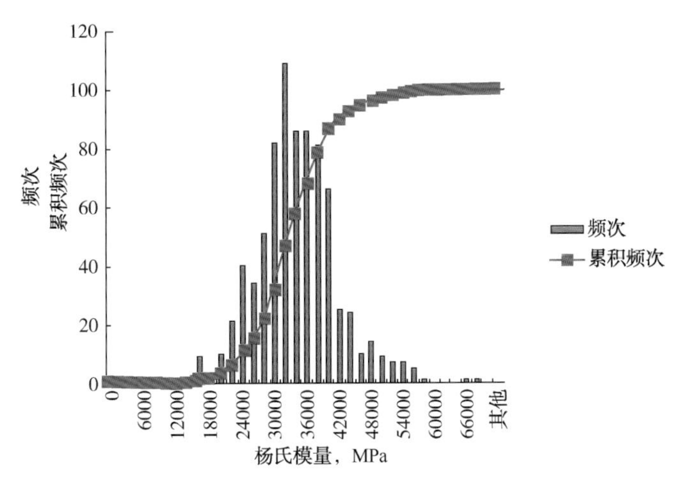

图 4-25 页岩杨氏模量分布图

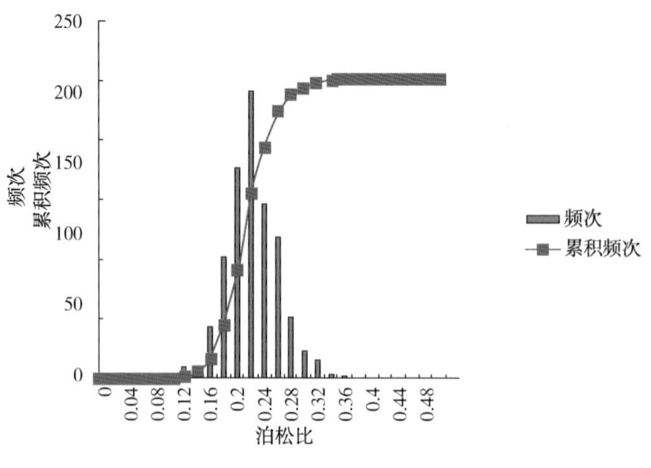

图 4-26 页岩泊松比分布图

二、实验设备

基于矿物成分的实验设备参考岩石矿物成分的相关实验设备，基于岩石力学评价方法的实验设备参考岩石力学的相关实验设备。

三、实验方法

基于矿物成分的实验方法参考岩石矿物成分的相关实验方法，基于岩石力学评价方法的实验方法参考岩石力学的相关实验方法。

四、应用实例

1. 页岩矿物组分脆性指数评价指标

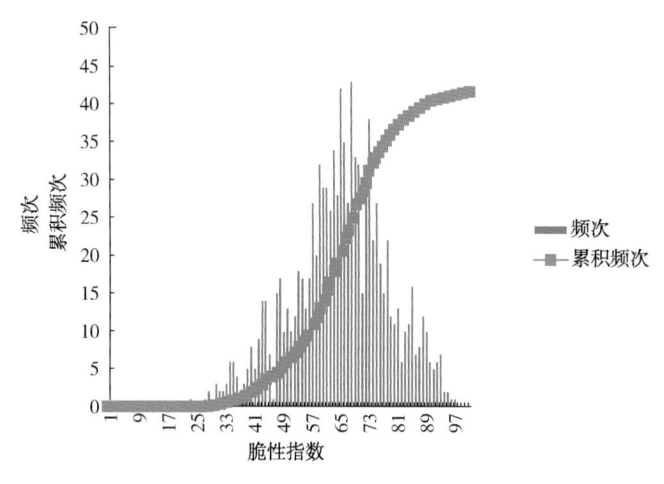

图 4-27 页岩矿物脆性指数(脆性矿物法)分布规律图

统计脆性矿物含量法计算的页岩矿物脆性指数数据 1015 份，数据源包括长宁、威远、涪陵、昭通等多个页岩气主力区块，涵盖了龙马溪组、五峰组、筇竹寺组等主要海相勘探开发层位，也包括延长直罗—下寺湾区的长 7、长 9 等陆相页岩层位。页岩矿物脆性指数(脆性矿物法)的分布规律接近正态分布，如图 4-27 所示。

计算样本平均值 μ，标准偏差 σ，求得正态分布函数 $N(64.42, 13.47)$。依据分布规

律将有利地层页岩脆性指数划分为好、较好、中三个等级，见表4-7，结合《页岩气地质评价方法》(GB/T 31483—2015)B.1小于40为差共分为4个等级。

表4-7 页岩脆性指数区间划分表

页岩矿物脆性指数	分布区间	评价等级
大 ↑ ↓ 小	70%以上	好
	30%~70%	较好
	30%以下	中

利用Excel函数NORM. INV分别计算得累计分布函数值为30%、70%对应的页岩矿物脆性指数分别为71.48、57.36，结合《页岩气地质评价方法》(GB/T 31483—2015)B.1规定有利区和有利层段的条件中脆性矿物大于40%，根据标准的规范性原则，将70、60、40作为等级划分界限，页岩矿物脆性指数大于70规定为好、60~70为较好，40~60为中，小于40为差，见表4-8。四川盆地页岩气矿物组成脆性指数对比，见表4-9。

表4-8 页岩脆性指数等级划分表

页岩矿物脆性指数	评价等级
$B_{M1} \geqslant 70$	好
$60 \leqslant B_{M1} < 70$	较好
$40 \leqslant B_{M1} < 60$	中
$B_{M1} < 40$	差

表4-9 四川盆地页岩气矿物组分脆性指数对比

地区		层位	矿物组成脆性指数
四川	威远	上奥陶统—下志留统	66.4
		五峰组—龙马溪组	
	长宁	上奥陶统—下志留统	69.5
		五峰组—龙马溪组	
	昭通	上奥陶统—下志留统	68.0
		五峰组—龙马溪组	
	焦石坝	上奥陶统—下志留统	67.0
		五峰组—龙马溪组	

2. 岩石力学法脆性指数评价指标

统计页岩岩石力学脆性指数786份，数据源包括长宁、威远、涪陵、昭通等多个页岩气主力区块。页岩岩石力学脆性指数的分布规律接近正态分布，如图4-28所示。

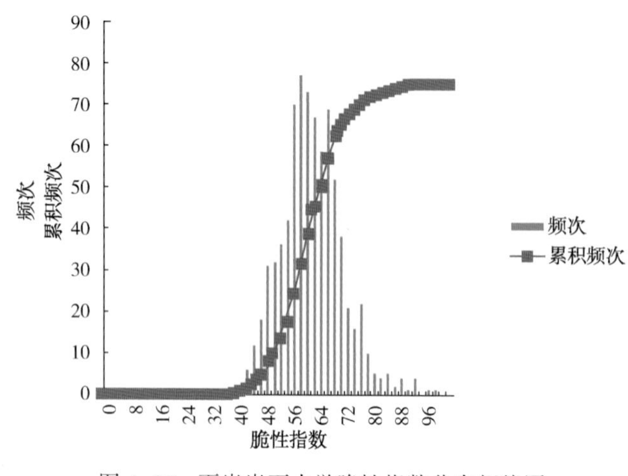

图4-28　页岩岩石力学脆性指数分布规律图

计算样本平均值μ，标准偏差σ，求得正态分布函数$N(60.10,9.43)$。同样依据表4-7分布规律将页岩矿物脆性指数划分为好、较好、中三个等级，分别计算累计分布函数值为30%、70%对应的页岩岩石力学脆性指数分别为65.04，55.15。根据标准的规范性及统一性原则，将页岩岩石力学脆性指数为65和55作为等级划分边界，这与Rickman研究结论大于50时可以形成网状缝，大于60时可压性很好是相吻合的。即大于65规定为好、55~65为较好、30~55为中，小于30为差，便可获得页岩岩石力学脆性指数评价等级结果，见表4-10。四川盆地页岩气岩石力学脆性指数对比，见表4-11。

表4-10　岩石力学脆性指数评价表

页岩岩石力学脆性指数	评价等级
$B_{YB}\geqslant 65$	好
$55\leqslant B_{YB}<65$	较好
$30\leqslant B_{YB}<55$	中
$B_{YB}<30$	差

表4-11　四川盆地页岩气岩石力学脆性指数对比

地区		层位	泊松比	杨氏模量 10^4MPa	岩石力学脆性指数
四川	威远	上奥陶统—下志留统	0.11~0.26	0.9~5.0	60~70
		五峰组—龙马溪组			
	长宁	上奥陶统—下志留统	0.11~0.33	1.0~5.5	65~75
		五峰组—龙马溪组			
	昭通	上奥陶统—下志留统	0.15~0.25	1.9~4.3	65~75
		五峰组—龙马溪组			
	焦石坝	上奥陶统—下志留统	0.2~0.30	2.5~4.0	65~75
		五峰组—龙马溪组			

第四节　断裂韧性

致密气藏加砂压裂过程中的水力裂缝的起裂和延伸受岩石自身的断裂韧性影响，当裂缝尖端应力强度因子达到或者超过岩石的断裂韧性值时，裂缝开始扩展。储层的水力裂缝起裂和延伸扩展涉及Ⅰ型(张开型)、Ⅱ型(划开型)及Ⅰ-Ⅱ复合型断裂，研究岩石断裂韧性对定量评价储层可压裂性有重要作用。

一、实验原理

1978 年，Awaji 和 Sato 首先提出使用圆盘形试件测试Ⅰ型断裂韧性，如图 4-29 所示，圆盘的半径为 R，初始裂缝的长度为 $2a$，裂缝与加载方向夹角为 β，厚度为 B。

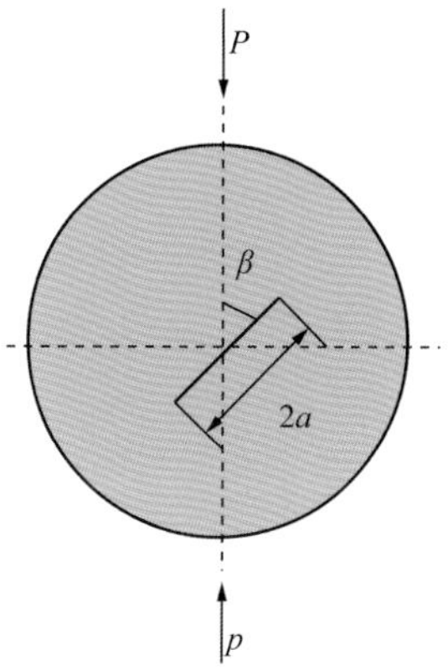

1982 年，Atkinson 得出圆盘形试件测试断裂韧性的计算公式，即

$$K_{\mathrm{I}}=\frac{P\sqrt{a}}{\sqrt{\pi}RB}N_{\mathrm{I}} \tag{4-63}$$

式中　K_{I}——Ⅰ型断裂韧性，$\mathrm{MPa\cdot m^{1/2}}$；

N_{I}——Ⅰ型无因次应力强度因子，无量纲；

a——初始裂缝的半长，m；

R——圆盘的半径，m；

B——圆盘的厚度，m；

P——施加的径向载荷，kN。

图 4-29　巴西圆盘断裂韧性实验示意图

Ⅰ型无因次应力强度因子的大小与无因次切口长度和预制裂缝与加载方向的夹角 θ 有关，对于满足 $a/R\leqslant 0.3$ 的微小裂缝，Atkinson 给出了下面两个近似多项式：

$$N_{\mathrm{I}}=1-4\sin^2\beta+4\sin^2\beta(1-4\cos^2\beta)\left(\frac{a}{R}\right)^2 \tag{4-64}$$

$$N_{\mathrm{II}}=\left[2+(8\cos^2\beta-5)\left(\frac{a}{R}\right)^2\right]\sin^2\beta \tag{4-65}$$

测试Ⅰ型断裂韧性时，调整预制裂缝与加载方向夹角为 0°；测试Ⅱ型断裂韧性时，保证夹角为 30°。所有参数都测量获得后，进而可以计算岩石断裂韧性。

二、实验设备

采用 GCTS 岩石力学仪和巴西劈裂实验装置进行直缝巴西圆盘实验。实验设备组成参考岩石力学的相关设备，巴西劈裂实验装置由 2 根承压柱和上、下承压板等构成，配合 GCTS 伺服增压器，加载速率可以随时改变，在微观上呈线性特征，可以完全实现线性加载。美国 GCTS 公司的 GCTS 岩石力学仪和巴西劈裂实验装置如图 4-30 与图 4-31 所示。巴西劈裂实验装置设备参数：岩心尺寸 ϕ25.4mm 或 ϕ50.8mm，厚度 15~20mm，最大轴向压力达 200kN，加载速率 0~5MPa/s。

图 4-30　GCTS 多功能岩石力学仪

图 4-31　GCTS 巴西劈裂实验架

三、实验方法

1. 试样制备

试样可分为层理面平行于圆柱面和垂直于圆柱面两种情况，如图 4-32 与图 4-33 所示。当层理面平行于圆柱面(a 类)时，预制裂缝始终与层理面垂直；而当层理面垂直于圆柱面时，分预制裂缝与层理面夹角为 0°(b 类)、45°(c 类)、90°(d 类)三种情况，如图 4-34所示。岩样直径 50. 8mm，内孔直径 5mm，单边预制缝长 5mm。

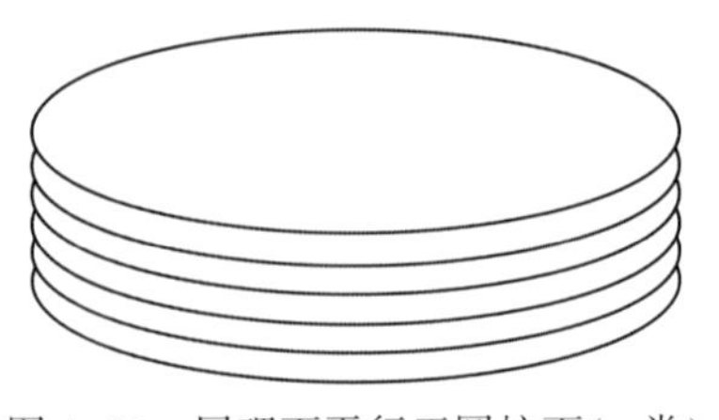

图 4-32　层理面平行于圆柱面(a 类)

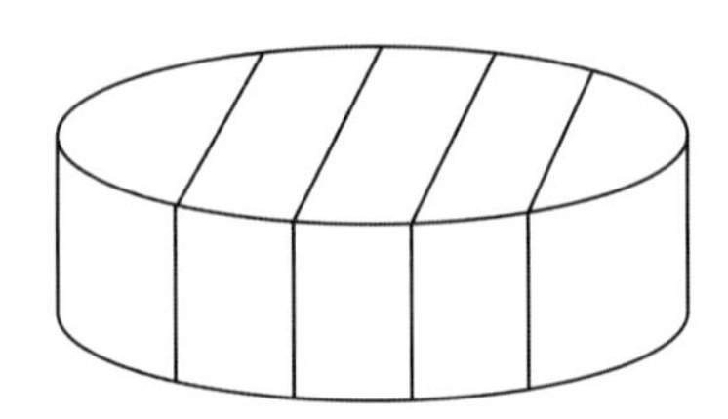

图 4-33　层理面垂直于圆柱面

由于从地层井下取得的岩心，直径基本上在 100mm 左右，首先使用岩心钻取机把钻出直径在 50. 8mm 的圆形岩心段，使用磨片机把切下的岩心段两个端面磨平，使圆柱端面比较平整。然后在圆盘正中心使用直径为 5mm 左右钻头钻取一个贯穿孔，最后通过中心的贯穿孔加工合适的预制初始裂缝，预制样品如图 4-35 所示。

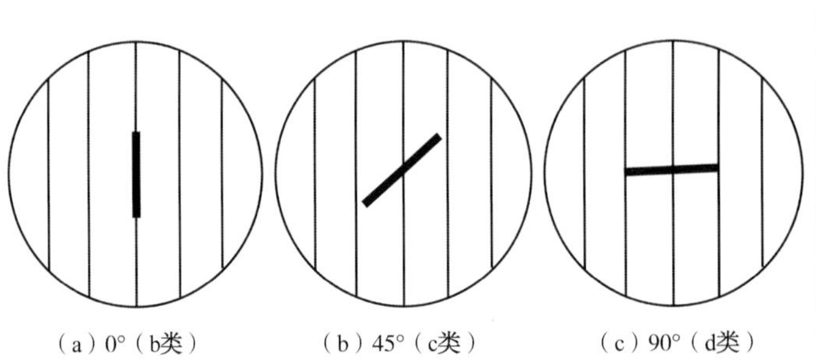

图 4-34　预制裂缝与层理面关系图

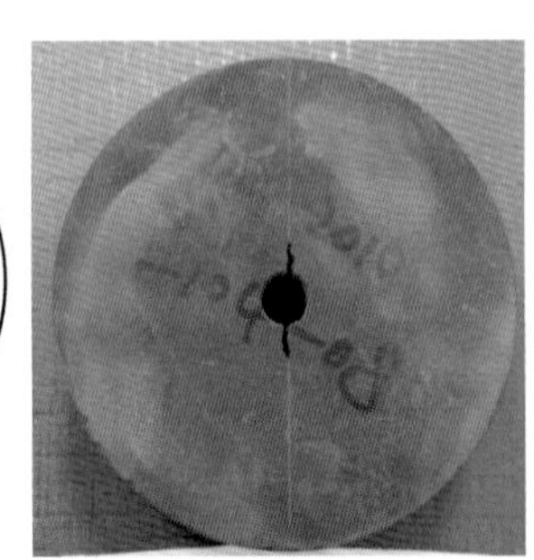

图 4-35　预制样品

2. 实验

把预制好的试件放入巴西劈裂实验架，通过压力伺服仪，施加一个较小的径向压力，把岩样固定，使初始裂缝与径向加载方向相同。实验开始时，通过压力伺服仪缓慢、匀速地提高压力，直到岩样破裂。通过计算机系统自动记录岩样破裂时的压力。

四、应用案例

利用 GCTS 力学仪和巴西劈裂实验装置，选取井下岩心开展断裂韧性测试实验，实验结果如下。

1. 纵向（a 类）

当层理面平行于圆柱面（a 类）时，从图 4-36 可以看到，样品沿预制裂缝向前扩展，所得断裂韧性实验结果见表 4-12，a 类情况下样品断裂韧性平均值为 1.07MPa · $m^{1/2}$。

（a）剖缝前

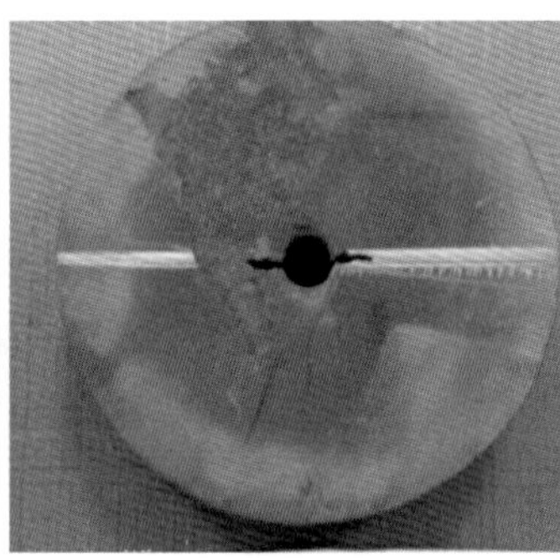
（b）剖缝后

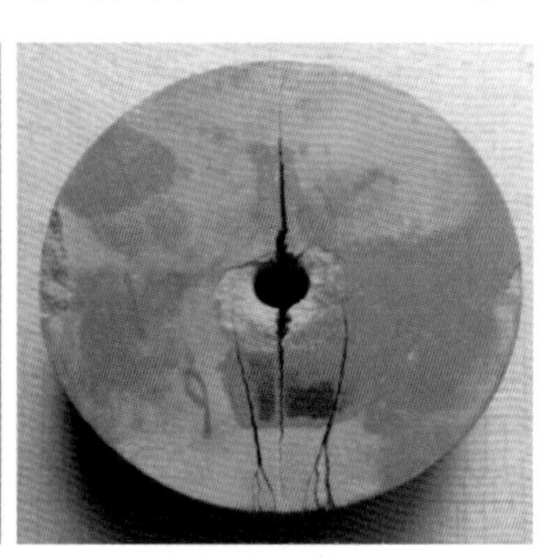
（c）实验后

图 4-36 样品编号 4 的实验图片

表 4-12 a 类岩样断裂韧性

样品编号	厚度，mm	断裂韧性，MPa · $m^{1/2}$
1	17.97	1.15
2	19.10	1.13
3	20.05	0.92
4	19.40	1.08
平均实验结果		1.07

2. 横向（b 类）

当层理面垂直于圆柱面且预制裂缝与层理面夹角为 0°（b 类）时，样品 5 受压后，预制裂缝和层理面均发生破裂并逐步向前扩展，如图 4-37 所示。由于受层理面影响，岩样在应力加载过程中均迅速破裂，所得断裂韧性实验结果见表 4-13，b 类情况下样品断裂韧性值为 0.49MPa · $m^{1/2}$。

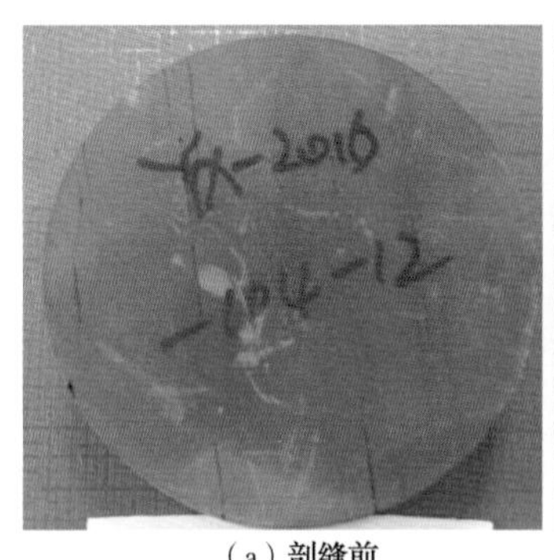
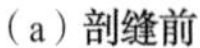

（a）剖缝前

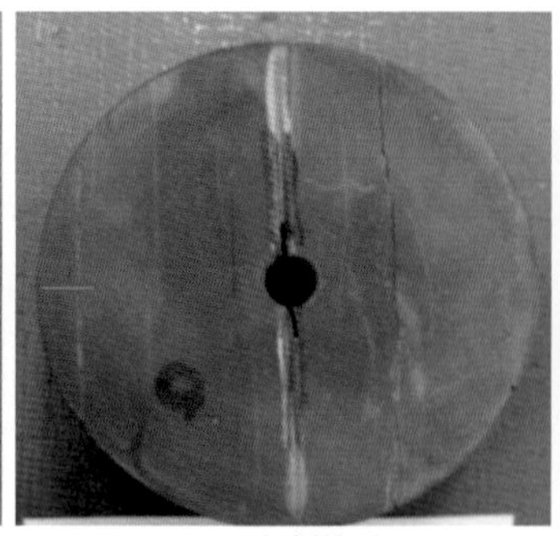

（b）剖缝后

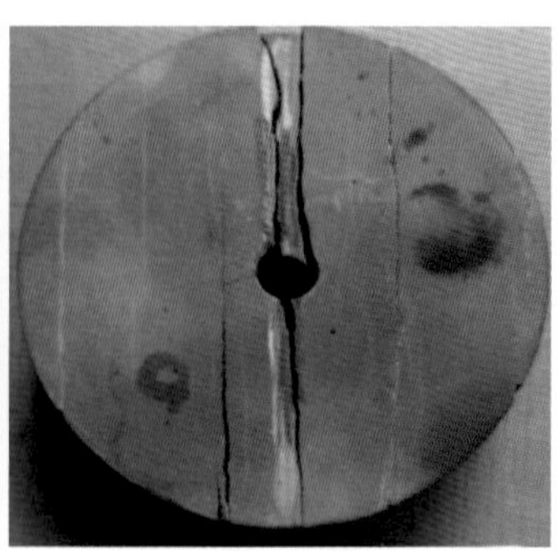

（c）实验后

图 4-37　样品编号 5 的实验图片

表 4-13　b 类岩样断裂韧性

样品编号	厚度，mm	断裂韧性，$MPa \cdot m^{1/2}$
5	19.51	0.49

3. 横向（c 类）

当层理面垂直于圆柱面且预制裂缝与层理面夹角为 45°（c 类）时，样品 6 受压后，预制裂缝破裂并向前扩展至层理面，后沿层理面发生剪切滑移至岩样破裂，如图 4-38 所示，所得断裂韧性实验结果见表 4-14，c 类情况下样品断裂韧性值为 0.33$MPa \cdot m^{1/2}$。

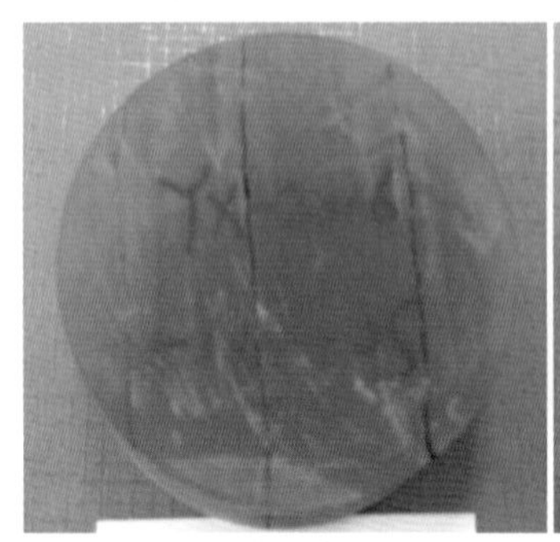

（a）剖缝前

（b）剖缝后

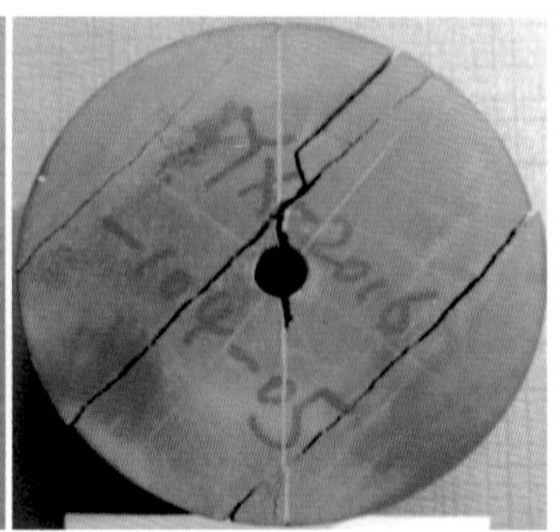

（c）实验后

图 4-38　样品编号 6 的实验图片

表 4-14　c 类岩样断裂韧性

样品编号	厚度，mm	断裂韧性，$MPa \cdot m^{1/2}$
6	21.40	0.33

4. 横向（d 类）

当层理面垂直于圆柱面且预制裂缝与层理面夹角为 90°（d 类）时，从图 4-39 中可以看到，样品 8 受层理面影响，在试件加工过程中产生破损，压后破碎程度较高；所得断裂韧

性实验结果见表 4-15，d 类情况下样品断裂韧性值为 0.775MPa · $m^{1/2}$。

(a) 剖缝前

(b) 剖缝后

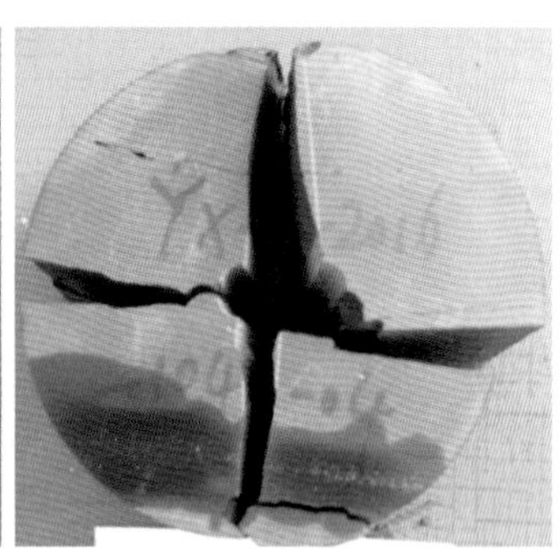

(c) 实验后

图 4-39　样品编号 7 的实验图片

表 4-15　d 类岩样断裂韧性

样品编号	厚度，mm	断裂韧性，MPa · $m^{1/2}$
7	19.20	0.82
8	20.93	0.73
平均实验结果		0.775

不同样品类型断裂韧性对比图如图 4-40 所示。当层理面与圆柱面平行时(a 类)，断裂韧性最大。当层理面垂直于圆柱面时，三种样品类型所得断裂韧性均小于 a 类样品。预制裂缝与层理面夹角为 45°时，断裂韧性最小，0°时次之，90°时最大，这是由于在 45°时样品易沿层理面发生剪切滑移，可见层理面对断裂韧性影响较大。

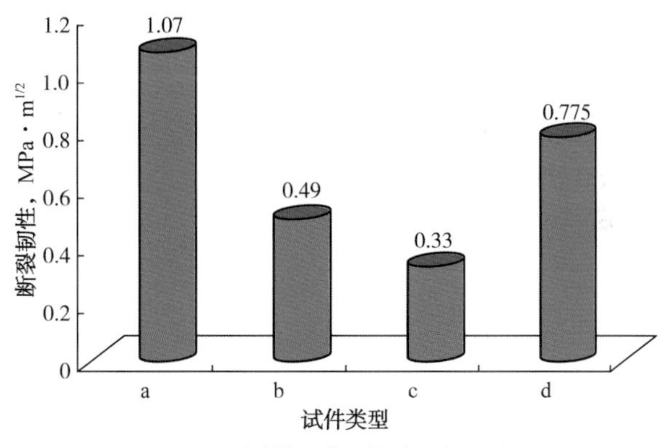

图 4-40　不同样品断裂韧性对比图

第五节　储层可压性评价

国内外致密气藏加砂压裂都面临选择储层中最优压裂层段这一问题，可压裂性好的层段压后裂缝扩展完全、产量高。储层可压性是储层具有能被有效压裂而增产的性质，不同可压性的致密气藏储层加砂压裂过程中形成不同的裂缝网络，是页岩气压裂大规模应用之后关注的焦点。储层可压性也是评价水力压裂是否能够达到预期压裂效果的关键参数(侯冰，2014)。K K Chong 等认为储层可压性是储层具有能够被有效压裂而增产的性质，不同储层可压性的储层在水力压裂过程中会形成不同的裂缝网络，可压性与可生产性、可持续性是气井评价的关键参数。J A Breyer 等认为储层的可压性与材料的脆性和韧性相关，可以通过杨氏模量及泊松比来表征；还有国外学者通过脆性矿物的含量来表述可压性，为储层可压性的定量评价提出了思路。

一、实验原理

1. 岩石脆性

岩石脆性越高则岩石受到外力的时候越不易发生明显的形变，可以说明岩石在被压破碎之前的形状变化过程中没有显著地吸取能量，也就是说没有塑性变形的特征。脆性页岩在进行水力压裂的时候较易破裂，从而产生了复杂的裂缝。而塑性页岩不同，它会发生塑性变形，因此不能很容易地产生裂缝，纵使产生了人工的裂缝，在其闭合的阶段时也容易出现支撑剂会嵌入其中的状况，从而导致裂缝导流的能力大大降低，增产效果非常低(赵金洲，2015)。因此页岩的脆性对水力压裂诱导裂缝的形态有着很显著的影响，如果脆性矿物的含量比较高，压裂时较易产生较为复杂的网络。因此，脆性对储层可压性有着重要的影响。

依据已有的页岩储层可压性评价的经验方法，采用脆性指数可以比脆性更好地描述储层可压性的情况(唐颖，2012；Enderlin M，2011；Mullen M，2012)。现在主流的页岩脆性指数法一般有两种：一种是矿物组成含量法，另一种是岩石力学参数法。矿物组成含量的评价方法是根据页岩中的脆性矿物含量百分比从而得到比脆性更准确的脆性指数。杨氏模量和泊松比这两个力学参数可以很好地表现页岩的脆性，杨氏模量表征页岩在破裂之后能够维持裂缝的能力，而泊松比表征页岩的破裂能力。因此页岩的杨氏模量越高、泊松比越低，那么它的脆性就会越强(唐颖，2012)。页岩脆性是评价储层可压性最重要的因素，岩石脆性指数越高，储层可压性程度越高。脆性指数的详细计算方法参考本章第三节。

2. 断裂韧性

断裂韧性是一项表征储层改造难易程度的重要因素，反映了压裂过程中，裂缝形成后维持裂缝向前延伸的能力。断裂韧性值越小，越有利于压裂施工的进行，裂缝易扩展延伸，既而形成复杂裂缝网络。在线弹性断裂力学中，根据其位移形态可将裂缝分为 3 类，Ⅰ型(张开型)、Ⅱ型(划开型)及Ⅰ－Ⅱ复合型断裂。任何一种裂缝状态均可由这 3 种基本形式叠加形成，所叠加形成的裂纹统称为复合型裂纹或混合型裂纹。

对于Ⅰ型裂缝，基于 Irwin 的断裂力学理论，当应力强度因子 K_{I} 达到某一临界值 K_{Ic} 时，裂缝发生扩展。K_{I} 反映了裂尖应力奇异性的强度，与岩石本身性质、裂缝尺寸及应力状态相关；而 K_{Ic} 即为Ⅰ型断裂韧性，是岩石阻止裂缝扩展的能力，属于岩石本身的性质(袁俊亮，2013)。

根据陈治喜等研究结果表明，在无围压条件下页岩的Ⅰ型断裂韧性 K_{Ic} 与单轴抗压强度 S_t 存在如下关系，即

$$K_{\mathrm{Ic}}=0.0059S_t^3+0.0923S_t^2+0.517S_t-0.3322 \tag{4-66}$$

式中 S_t——单轴抗拉强度，MPa；

$K_{\mathrm{I}c}$——Ⅰ型断裂韧性，MPa · $m^{1/2}$。

对于Ⅱ型裂缝，金衔等建立了Ⅱ型断裂韧性 $K_{\mathrm{II}c}$与围压 σ_n和单轴抗拉强度 S_t的经验关系，即

$$K_{\mathrm{II}c}=0.095\sigma_n+0.1383S_t-0.0820 \tag{4-67}$$

式中 σ_n——围压，MPa；

S_t——单轴抗拉强度，MPa；

$K_{\mathrm{II}c}$——Ⅱ型断裂韧性，MPa · $m^{1/2}$。

3. 地应力差异系数

致密气藏加砂压裂过程中，裂缝在地层中总朝着最大应力的方向延伸，对于砂岩或页岩储层来说，希望压裂时能产生较多的裂缝，并能在地层形成缝网，这样可以得到较好的改造效果，因为缝网能最大限度地沟通地层中的天然裂缝。然而如果地层中最大水平应力和最小水平应力的差值过大，那么地层中的水力裂缝会沿着几乎同一方向延伸，缝网难以形成(张广智等，2015)。

地层的水平主应力差越小，在裂缝推进过程中所受到的阻力也越小，这样形成复杂缝网的可能性也会越高，因此储层可压性会越好，如图 4-41 所示。

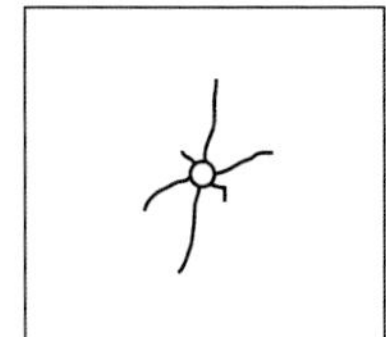

(a) 应力差异系数为0

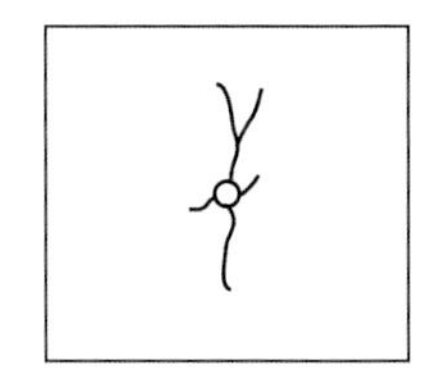

(b) 应力差异系数为0.13

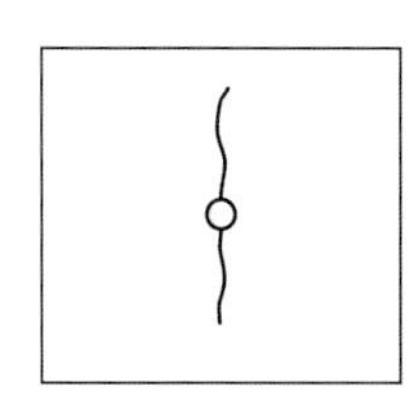

(c) 应力差异系数为0.25

(d) 应力差异系数为0.5

图 4-41 水平应力差异系数与裂缝形态关系图

4. 天然裂缝发育

天然裂缝是在地应力作用之下产生的。从广义方面来讲，天然裂缝就是岩石中丧失结合力的一个界面；而从狭义方面来说，天然裂缝就是岩石中的节理面。

在通常状态下，岩石会受到三个不相等的相互垂直的主应力的作用，分别为一个垂向的主应力和两个水平的主应力。当垂向主应力比水平主应力小的时候，较易产生水平的裂缝；当垂向主应力比其中一个水平主应力大的时候，较易产生垂直的裂缝。天然裂缝的产生是由于地应力不同，而存在天然裂缝较发育的地方一般都为地层应力较小的地方，天然裂缝岩石的抗张强度变小，并改变了井筒周围的地应力情况，对诱导裂缝有着很大的影响。所以储层的天然裂缝如果越发育，它的储层可压性就越高。

在压裂施工时，天然裂缝会和诱导裂缝相互作用影响，外来流体能够通过天然裂缝进入诱导缝，诱导缝接着又可以引发天然裂缝张开，使得流体能够更易流进天然裂缝，两种裂缝共同成为储层油气外流的通道。因此，裂缝为油气产出的关键因素，井筒附近的裂缝

越多，天然气的产出速度就会越快。砂岩或页岩的渗透性通常极低，所以压裂措施是必要的。气藏在进行开发生产的时候，它的自然地层压力会很缓慢地下降。所以裂缝会逐渐闭合，造成生产井压力下降，而并非可采资源枯竭。这说明油气田开发的关键因素是合理选择和适用的支撑剂，使裂缝持续展开(唐颖，2011)。页岩储层中的天然裂缝都较为发育，而且大部分都处于闭合状态。

2012 年，贾长贵等指出裂缝的扩展有两个阶段，分别是近井地区的多裂缝和远井地区的网络裂缝。从井筒四周延展出来的主裂缝会有部分穿透的能力，会突破近井多裂缝地区的约束，从而在远井带产生裂缝缝网，得到更大的储层改造体积，提高储层可压性。根据 GU 等发现压裂液滞后现象导致水力裂缝与天然裂缝相交有两种情况：(1)水力裂缝未能穿过天然裂缝，导致水力裂缝沿着天然裂缝延伸；(2)水力裂缝直接穿过闭合天然裂缝向前延伸，当压裂液进入天然裂缝且缝内压力超过壁面正应力时，天然裂缝会开启成为水力裂缝的分支，反之则天然裂缝保持闭合。根据 GU 及程万等建立的穿过准则知，水力裂缝延伸过程中能否穿过天然裂缝由天然裂缝的自身性质决定，与缝内压力无关；天然裂缝的开启则由缝内液体压力决定，与水力裂缝是否穿过天然裂缝并不相关(赵金洲，2015)。

综上所述，储层可压性评价方法可分为定性的实验方法和定量的系数评价方法两大类。定性的实验评价方法是通过开展室内岩心实验，将实验结果与国内外相关岩石参数进行对比，从而对目标区域储层岩心进行可压性评价。定量的系数评价法可细分为脆性系数法和可压性系数法，脆性系数法应用最广，用于表征可压性，所考虑的因素过于单一，忽略了页岩储层缝网改造除了要求形成复杂的裂缝网络外，还要获得足够大改造体积的实质，不能全面反映出页岩储层的可压性。可压性系数法则是将多种影响因素通过一定的数学方法进行整合，最终得出一个系数值评价储层的可压性，这种方法适合在现场应用，但是也存在因素考虑单一或简单的多因素叠加不足的问题。

基于国内外研究进展及页岩气勘探开发实践，分析储层可压性的评价要素，最终，综合脆性指数、水平地应力差异系数、断裂韧性，建立可以评价页岩的可压裂性方法。

(1)脆性指数公式，参考脆性指数式(4-60)，即

$$B_{M1}=(X_{quartz}+X_{dolomite}+X_{calcite}+X_{feldspar}+X_{pyrite})\times 100$$

(2)断裂韧性公式如下，参考脆性指数式(4-63)，即

$$K_{I}=\frac{p\sqrt{a}}{\sqrt{\pi}RB}N_{I}$$

(3)水平应力差异系数即：

$$K_{h}=\frac{\sigma_{H}-\sigma_{h}}{\sigma_{H}} \tag{4-68}$$

(4)可压性指数 F_{n} 即：

$$F_{n}=\frac{B_{M1}+K_{I}+K_{h}}{3} \tag{4-69}$$

同时结合国内外砂岩和页岩开发经验，给出分级评价指标，见表 4-16。

表 4-16 页岩储层可压性评价分级指标表

F_n	特征	裂缝形态
<0.1	不可压	单一裂缝
0.1~0.3	低	
0.3~0.5	中等	多缝
0.5~0.7	较好	多缝与缝网过渡
>0.7	高	缝网

二、实验设备

储层可压性实验设备参考矿物成分、岩石力学、地应力大小、断裂韧性等的相关实验设备。

三、实验方法

储层可压性的实验方法参考矿物成分、岩石力学、地应力大小、断裂韧性等的相关实验方法。

四、应用案例

基于上述评价模型，选取页 X 井储层段岩心，开展相关室内实验，结合测井资料，得出页 X 井储层段的脆性指数、断裂韧性及水平应力差系数随井深的变化规律，在此基础上对页 X 井储层可压性进行分析，如图 4-42 所示。

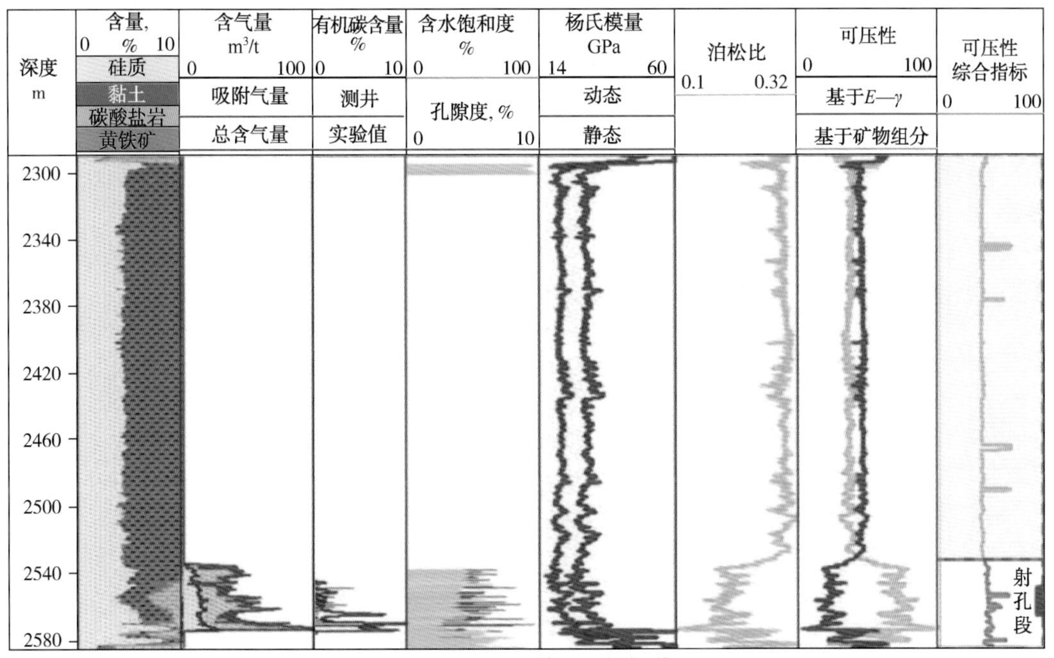

图 4-42 页 X 井可压性评价

第五章 储层敏感性实验评价技术

第一节 储层敏感性流动实验评价

油气储层与外来流体发生各种物理或化学作用而使得储层孔隙结构和渗透性发生变化的性质，称为储层的敏感性。通常意义上的储层敏感性，主要包括储层的速敏性、水敏性、盐敏性、酸敏性、碱敏性及应力敏感性，这些敏感性一起构成了在油气田勘探开发过程中造成储层伤害的几个主要伤害类型，见表5-1。储层中普遍存在着黏土、碳酸盐矿物及含铁矿物等，在油气勘探开发过程中的每个施工环节中，储层都会与外来液体及其固体微粒接触。由于这些液体与地层流体不配伍而产生沉淀，或造成储层中黏土矿物的膨胀，或产生微粒运移等，都会堵塞孔隙通道使得储层渗透率降低，影响油气渗流通道，降低增产效果，减小油气的最终采收率。因此，在油气田投入开发前，应该进行潜在的储层敏感性评价，确定油层可能的伤害类型及伤害程度，从而采取相应的预防对策。

表5-1 储层的五敏性

敏感性	含义	形成因素
酸敏性	酸液与地层酸敏矿物反应产生沉淀使渗透率下降	盐酸或氢氟酸与含铁高或含钙高的矿物反应生成沉淀而堵塞孔隙引起渗透率降低
碱敏性	碱液在地层中反应产生沉淀使渗透率下降	地层矿物与碱液发生离子交换形成水敏性矿物或直接生成沉淀物质堵塞孔隙
盐敏性	储层在盐液作用下渗透率下降造成地层伤害	盐液进入地层引起盐敏性黏土矿物的膨胀而堵塞孔隙和喉道
水敏性	与地层不配伍的流体使地层中黏土矿物变化引起地层伤害	流体使地层中蒙皂石等水敏性矿物发生膨胀、分散而导致孔隙和喉道的堵塞
速敏性	流速增加引起渗透率下降造成地层的伤害	黏结不牢固的速敏矿物在高流速下分散、运移而堵塞孔隙吼道

储层敏感性伤害主要是由储层内部潜在伤害因素和外部条件共同作用的结果，了解储层敏感性的形成机理研究，可以有针对性地对不同的储层采用不同的开采措施(吕佳蕾等，2019)。内部潜在伤害主要是指储层的岩性、物性、孔隙结构、敏感性及流体性质等储层固有的特征。外部条件主要是指施工作用过程中引起的储层孔隙结构及物性变化等使储层受到伤害的各种外部因素。内部潜在因素主要是通过外部条件变化而发生变化的。

一般而言，储层的敏感性是由储层岩石中含有的敏感性矿物所引起的。敏感性矿物是指

储层中与流体接触易发生物理、化学或物理化学反应，并导致渗透率大幅下降的一类矿物。在组成砂岩的碎屑颗粒、杂基和胶结物中都有敏感性矿物，它们一般粒径很小(<20μm)，比表面积很大，往往分布在孔隙表面和喉道处，处于与外来流体优先接触的位置。

常见的敏感性矿物可分为酸敏性矿物、碱敏性矿物、盐敏性矿物、水敏性矿物及速敏性矿物等。

敏感性矿物的类型决定着其引起油气层伤害的类型。通过岩石学和常规物性等分析，了解储层的敏感性矿物类型、含量及孔隙结构，预测其不同流体相遇时可能产生的伤害，见表 5-2。

表 5-2　储层矿物与敏感性(据姜德全等，1994，有修改)

敏感性矿物	潜在敏感性	敏感性程度	产生敏感性的条件	抑制敏感性的办法
蒙皂石	水敏性淡水系统	3	淡水系统	高盐度流体
	速敏性	2	较高流速	防膨剂酸处理
	酸敏性	2	酸化作业	酸敏抑制剂
伊利石	速敏性高流速	2	淡水系统	高盐度流体
	微孔隙堵塞	2	HF 酸化	防膨剂
	酸敏(K_2SiF_6)	1	低流速	酸敏抑制剂
高岭石	速敏性 酸敏 [$Al(OH)_3$↓]	3 2	高流速，高 pH 值 及高瞬变压力 酸化作业	微粒稳定剂 低流速、低瞬变压力 酸敏抑制剂
绿泥石	酸敏 [$Fe(OH)_3$↓]	3	富氧系统、酸 化后高 pH 值	除氧剂
	酸敏(MgF_2↓)	2	HF 酸化	酸敏抑制剂
混层黏土	水敏性 速敏性 酸敏性	2 2 1	淡水系统 高流速 酸化作业	高盐度流体、 防膨剂低流速 酸敏抑制剂
含铁矿物 (铁方解石、铁白云石、黄铁矿、菱铁矿)	酸敏 [$Fe(OH)_3$↓] 硫化物沉淀	2 1	高 pH 值，富氧系统； 流体含 Ca^{2+}、Sr^{2+}、 Ba^{2+}	酸敏抑制剂， 除氧剂 除垢剂
方解石(白云石)	酸敏(CaF_2↓)	2	HF 酸化	HCl 预冲洗 酸敏抑制剂
沸石类	酸敏(CaF_2↓)	1	HF 酸化	酸敏抑制剂
钙长石	酸敏	1	HF 酸化	酸敏抑制剂
非胶结的石英、 长石微粒	速敏	2	高的瞬变压力 高流速	低的瞬变压力 低流速

注：3—强，2—中，1—较弱。

通过对岩石学、岩石物性及流体进行分析，了解储层岩石的基本性质及流体性质，同时结合膨胀率、阳离子交换量、酸溶分析、浸泡实验分析，对储层可能的敏感性进行初步预测。

(1)岩石薄片鉴定。

岩石薄片鉴定可以提供岩石的最基本性质，了解敏感性矿物的存在与分布。鉴定的内容包括：碎屑颗粒、胶结物、自生矿物和重矿物、生物或生物碎屑、含油情况、孔隙、裂缝、微细层理构造。

(2)X 射线衍射分析。

X 射线衍射分析是鉴定微小的黏土矿物最重要的分析手段。它可以定量地测定蒙皂石、伊利石、高岭石、绿泥石、伊利石/蒙皂石混层、绿泥石/蒙皂石混层等黏土矿物的相对含量及绝对含量。

(3)扫描电镜分析。

扫描电镜分析的目的为观察并确定黏土矿物及其他胶结物的类型、形状、产状、分布，观察岩石孔隙结构特别是喉道的大小、形态及喉道壁特征，了解孔隙结构与各类胶结物、充填物及碎屑颗粒之间的空间联系。扫描电镜与电子探针相结合还可以了解岩样的化学成分、含铁矿物的含量及位置等，这对确定水敏、酸敏、速敏等有关储层问题均很重要。除进行以上常规观察外，扫描电镜还可以观察黏土矿物水化前后的膨胀特征。

(4)粒度分析。

细小颗粒运移是造成储层伤害的重要原因，因此，需要了解碎屑岩中的颗粒粒度大小和分布。但是并非所有的细小颗粒都会运移，主要是那些未被胶结或胶结不好的细粒才会被流速较大的外来液体所冲散和运移，因此，应用粒度分析数据评价储层伤害时，还必须结合岩石薄片鉴定的资料加以分析。

(5)常规物性分析包括测定岩石的孔隙度、渗透率和流体饱和度，选择低孔隙度低渗透率储层进行敏感性专项实验。

一、实验原理

储层敏感性评价包括两方面的内容：一是从岩相学分析的角度，评价储层的敏感性矿物特征，研究储层潜在的伤害因素；二是在岩相学分析的基础上，选择代表性的样品，进行敏感性实验，通过测定岩石与各种外来工作液接触前后渗透率的变化，来评价工作液对储层的伤害程度。

岩心流动实验是储层敏感性评价的重要组成部分。通过岩样与各种流体接触时发生的渗透率变化，评价储层敏感性的程度。通过评价实验，据酸敏性确定酸化用液，据盐敏的临界盐度数值提供合理的盐水浓度，据水敏性选择合理的水质，据流速敏感性为采气、采油、注水作业提供合理的临界流速，据系列流体评价为现场选择最佳的钻井液、完井液、修井液提供依据。

根据达西定律，在实验设定的条件下注入各种与地层伤害有关的液体，或改变渗流条件(净围压等)，测定岩样的渗透率及其变化，以判断临界参数及评价实验液体及渗流条件改变对岩样渗透率的伤害程度。

(1)最大流速计算。

根据卡佳霍夫的雷诺数 Re 计算服从达西定律的最大流速，即

$$v_c = \frac{3.5\mu \cdot \phi^{\frac{3}{2}}}{\rho \cdot \sqrt{K}} \tag{5-1}$$

式中 v_c——流体的最大渗流速度，cm/s；

K——岩样渗透率，D；

μ——测试条件下的流体黏度，mPa·s；

ϕ——岩样孔隙度，%；

ρ——流体在测定温度下的密度，g/cm^3。

(2)渗透率计算。

液体在岩样中流动时，依据达西定律计算岩样渗透率，即

$$Q = K\frac{A\Delta p}{\mu L} \times 10 \tag{5-2}$$

式中 Q——在压差 Δp 下，通过岩心的流量，cm^3/s；

A——岩样截面积，cm^2；

L——岩样长度，cm；

μ——通过岩心的流体黏度，mPa·s；

Δp——流体通过岩心前后的压力差，MPa；

K——岩样渗透率，D。

气体在岩样中流动时，依据达西定律计算岩样渗透率，即

$$K_a = -\frac{2Q_0 p_0 \mu L}{A(p_1^2 - p_2^2)} \times 10^{-1} \tag{5-3}$$

式中 K_a——气体渗透率，mD；

μ——气体黏度，mPa·s；

Q_0——气体流量，cm^3/s；

p_0——测试条件下的标准大气压，MPa；

L——岩样长度，cm；

A——岩样横切面积，cm^2；

p_1——岩样出口压力，MPa；

p_2——岩样进口压力，MPa。

1. 速敏性评价

在储层中，总是不同程度地存在着非常细小的微粒。这些微粒或被牢固地胶结，或呈半固结状，甚至松散状分布于孔壁和大颗粒之间。当外来流体或储层流体以一定流速流经储层时，这些微粒可在孔隙中迁移，堵塞孔隙喉道，从而造成渗透率下降。

储层中微粒的启动和堵塞孔喉是由于外来流体或储层流体的速度或压力波动引起的，储层因外来流体或储层流体的流动速度的变化引起储层微粒运移、堵塞孔隙喉道，造成渗透率下降的现象称为储层的速敏性。速敏性评价实验的目的在于了解储层渗透率变化与储层中流体流动速度的关系。

速敏矿物是储层内随流速增大而易于分散迁移的矿物，高岭石、毛发状伊利石及

固结不紧的石英、长石等均为速敏性矿物。在储层内部可迁移的微粒主要包括三种类型：(1)黏土矿物，包括速敏性矿物和水敏性矿物(蒙皂石、伊利石/蒙皂石混层)等，水敏性矿物在水化膨胀后，受高速流体冲击即会发生分散迁移；(2)胶结不紧固的碎屑微粒，如胶结不紧的石英、长石等，常以微粒运移状堵塞孔隙喉道；(3)油气层储层改造处理后被释放出来的碎屑微粒。而微粒运移后能否堵塞孔隙喉道，主要取决于微粒大小、含量及喉道的大小。当微粒尺寸小于喉道尺寸时，喉道堵塞不稳定；当微粒尺寸与喉道尺寸相当或大于喉道尺寸时，运移的微粒则容易堵塞孔喉或形成可渗透滤饼。微粒含量越多，堵塞程度越严重，微粒的形状对堵塞效果也有一定的影响。

如果储层具有速敏性，则需要找出其开始发生速敏时的临界流速，并评价速敏性的程度。通过速敏性评价实验，可为室内其他流动实验限定合理的流动速度。一般来说，由速敏实验求出临界流速以后，可将其他各类评价实验的实验流速确定为0.8倍临界流速，因此速敏性实验应是最先开展的岩心流动实验，也可为油气藏的采气、采油、注水开发提供合理的采出和注入速度。

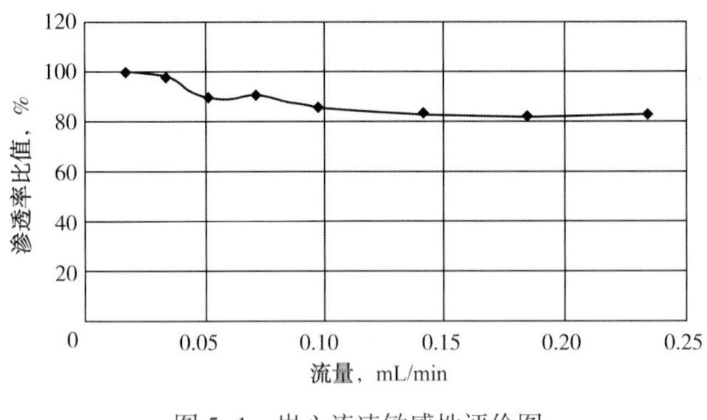

图5-1　岩心流速敏感性评价图

在实验中，采用一系列的恒定流速，测定地层水通过岩石的液体渗透率(也可气测渗透率)，确定出临界流速。标准要求在实验过程中流量在未达到6.0mL/min、而压差已超过2MPa/cm的条件下，还不能测出岩心渗透率随流量增加而大幅下降时，则视为不存在速敏。在各个注入速度下测定岩石的渗透率，编绘注入速度与渗透率的关系曲线，如图5-1所示，应用关系曲线判断岩石对流速的敏感性，并找出临界流速。与速敏性有关的实验参数主要为临界流速、渗透率伤害率及速敏指数。

2. 水敏性评价

在储层中，黏土矿物通过阳离子交换作用可与任何天然储层流体达到平衡。但是，在钻井、完井及增产改造过程中，外来液体会改变孔隙流体的性质并破坏平衡。当外来液体的矿化度低(如注淡水)时，可膨胀的黏土将发生水化、膨胀，并进一步分散、脱落并迁移，从而减小甚至堵塞孔隙喉道，使渗透率降低，造成储层伤害。

储层的水敏性是指当与地层不配伍的外来流体进入地层后，引起黏土矿物水化、膨胀、分散、迁移，从而导致渗透率不同程度地下降的现象。储层水敏程度主要取决于储层内黏土矿物的类型及含量。

大部分黏土矿物具有不同程度的膨胀性。在常见黏土矿物中，蒙皂石的膨胀能力最强，其次是伊利石/蒙皂石和绿泥石/蒙皂石混层矿物，而绿泥石膨胀力弱，伊利石很弱，高岭石则无膨胀性，见表5-3。

表 5-3 常见黏土矿物的主要性质

特征矿物	阳离子交换(当量) mg/100g	膨胀性	比表面 m^2/cm^3	相对溶解度	
				盐酸	氢氟酸
高岭石	3~15	无	8.8	轻微	轻微
伊利石	10~40	很弱	39.6	轻微	轻微至中等
蒙皂石	76~150	强	34.9	轻微	中等
绿泥石	0~40	弱	14	高	高
伊利石/蒙皂石混层		较强	39.6~34.9	变化	变化

黏土矿物的膨胀性主要与阳离子交换容量有关。水溶液中的阳离子类型和含量(即矿化度)不同，那么其阳离子交换容量及交换后引起的膨胀、分散、渗透率降低的程度也不同。在水中，钠蒙皂石膨胀的层间间距随水中钠离子的浓度而变化。如果水中钠离子减少，则阳离子交换容量增大，层面间距增大，钠蒙皂石从准晶质逐渐变为凝胶状态。总的来说，储层水敏性与黏土矿物的类型、含量和流体矿化度有关。储层中蒙皂石(尤其是钠蒙皂石)含量越多或水溶液矿化度越低，则水敏强度越大。

储层中的黏土矿物在接触低盐度流体时可能产生水化膨胀，从而降低储层的渗透率。水敏性流动实验的目的正是为了了解这一膨胀、分散、运移的过程，以及储层渗透率下降的程度。

水敏性评价实验方法是先用初始测试液体(地层水或模拟地层水)流过岩心，然后用中间测试液体(矿化度为地层水一半的盐水，即次地层水)流过岩心，最后用蒸馏水流过岩心，其注入速度应低于临界流速，并分别测定这三种不同盐度(初始盐度、盐度减半、盐度为零)的流体对岩心渗透率的定量影响，并由此分析岩心的水敏程度，如图 5-2 所示，其结果还可以为盐敏性评价实验选定盐度范围提供参考依据。水敏性和盐敏性实验主要是研究水敏矿物的水敏特性，故驱替速度必须低于临界流速，以保证没有“桥堵”发生，此时产生的渗透率变化，才可以认为是由于黏土矿物水化膨胀引起的。

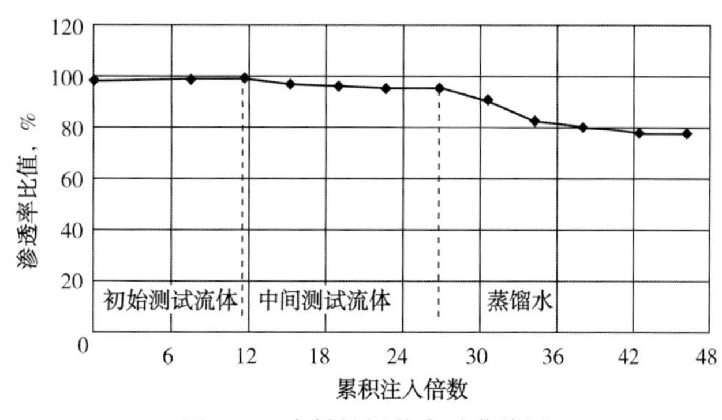

图 5-2 水敏性评价实验曲线图

3. 盐敏性评价

储层盐敏性是指储层在系列盐液中，由于黏土矿物的水化、膨胀而导致渗透率下降的现象。储层盐敏性实际是储层耐受低盐度流体的能力度量，度量指标为临界盐度。

当不同盐度的流体流经含黏土的储层时，在开始阶段，随着盐度的下降，岩样渗透率变化不大，但当盐度减小至某一临界值时，随着盐度的继续下降，渗透率将大幅度减小，此时的盐度称为临界盐度。

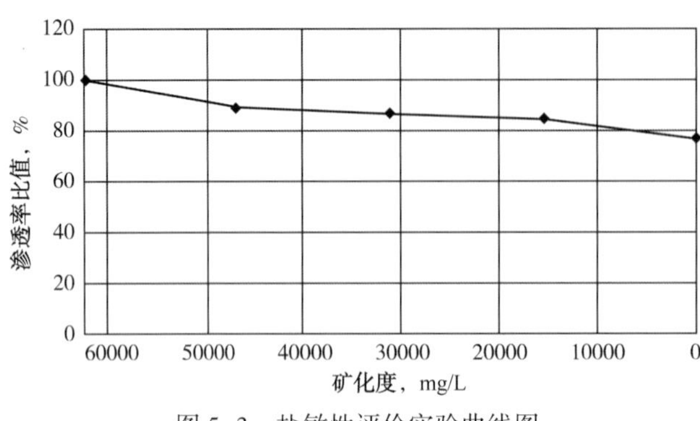

图 5-3　盐敏性评价实验曲线图

因此，通过盐敏性评价实验可以观察储层对所接触流体盐度变化的敏感程度。该实验通常在水敏实验的基础上进行，即根据水敏实验的结果，选择对渗透率影响最大的矿化度范围，在此范围内，配制不同矿化度的盐水，由高矿化度到低矿化度依顺序将其注入岩心(按照盐度减半的规划降低盐度)，并依次测定不同矿化度盐水通过岩样时的渗透率值，如图 5-3 所示。

当流体盐度递减至某一值时，岩样的渗透率下降幅度较大，这一盐度就是临界盐度。这一参数对注水开发中注入水的选择和调整有较大的意义。盐敏性是地层耐受低盐度流体的能力度量，而临界盐度 S_c 即为表征盐敏性强度的参数，单位为 mg/L。

4. 酸敏性评价

砂岩有复合土酸酸化工艺，页岩采用滑溜水体积压裂施工中，每一段施工前会泵注少量的盐酸用于降低破裂压力。但在岩石矿物质溶解时，可能产生大量的沉淀物质。如果酸处理岩石时，溶解量大于沉淀量，就会导致储层渗透率增加，达到增产的效果，反之则会造成酸敏伤害。酸敏性是指酸液进入储层后与储层的酸敏矿物及储层流体发生反应，产生沉淀或释放出微粒，使储层渗透率发生变化的现象。酸敏感性导致储层伤害的形式主要有两种：一是产生化学沉淀；二是破坏岩石原有结构，产生或加剧流速敏感性。

酸敏矿物是指储层中与酸液发生反应产生化学沉淀或释放出微粒引起渗透率下降的矿物。对于盐酸而言，酸敏性矿物主要为含铁高的一类矿物，包括绿泥石、绿泥石—蒙皂石混层矿物、铁白云石、黄铁矿等，盐酸与这些酸敏性矿物反应并无直接沉淀产生，但反应的产物将再次发生反应，产生难溶或不溶的二次沉淀，这些二次沉淀主要是硅酸盐、铝硅酸盐、氢氧化物或硫化物。同时，酸释放的微粒对孔喉堵塞有一定的影响。对于氢氟酸来说，酸敏性矿物主要为含钙高的矿物，如方解石、白云石、钙长石等，它们与氢氟酸反应会生产 CaF_2沉淀和 SiO_2凝胶体，从而堵塞喉道。土酸能溶解砂岩中的石英、长石等盐酸不溶或难溶的矿物，尤其是黏土矿物。砂岩矿物与酸碱反应能力比较见表 5-4。

表 5-4　砂岩矿物的酸碱反应能力比较

矿物名称	含量 %	溶蚀率,%		
		盐酸	土酸	碱
石英	98	微	6	1.3
钾长石	95	0.5	19	2.0

续表

矿物名称	含量 %	溶蚀率,%		
		盐酸	土酸	碱
钠长石	95	0.5	20	1.3
伊利石	96	0.7	22	5.3
高岭石	93	2.0	39	4.0
蒙皂石	90	10.7	40	7.3
铁矿石	/	16	39	/

酸敏性是储层敏感性中最为复杂的一类，其评价实验的目的在于了解准备用于储层的酸液是否会对地层产生损害及损害的程度，以便优选酸液配方，寻求更为有效的酸液类型和处理方法。

酸敏性的实验方法是评价15%的盐酸或12%+3%HF的土酸对岩心渗透率的伤害，如图5-4所示。

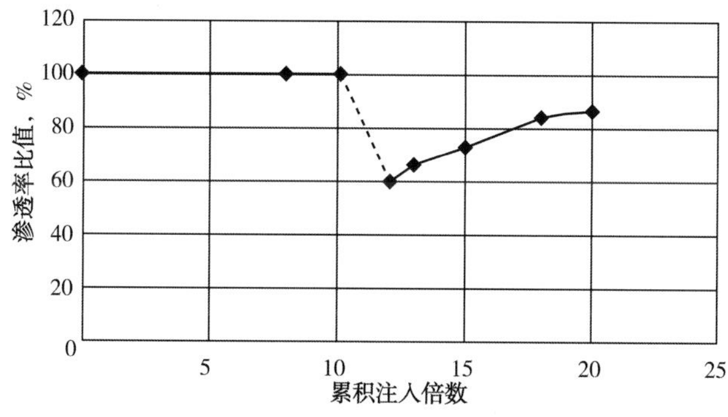

图5-4　酸敏性评价实验曲线图

5. 碱敏性评价

碱敏性是指具有碱性(pH值大于7)的工作液进入储层后，与储层岩石或储层流体接触面发生反应产生沉淀，并使储层渗流能力下降的现象。碱液与地层岩石反应程度比酸液反应程度弱得多，但由于接触时间长，碱液对储层渗流能力的影响仍是相当可观的。

碱敏性的实验方法是评价不同pH值条件下的液体对岩心渗透率的伤害，如图5-5所示。

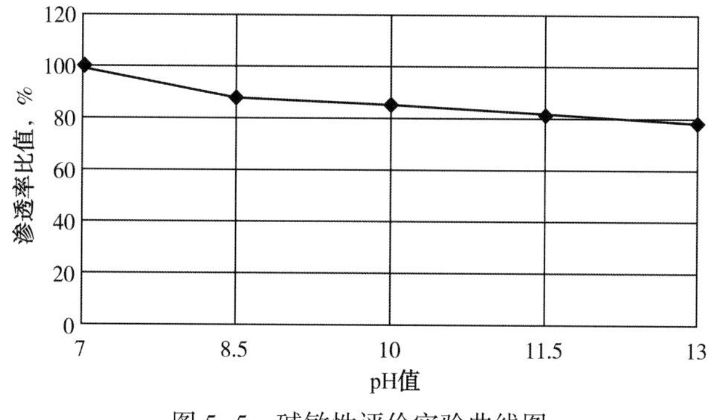

图5-5　碱敏性评价实验曲线图

6. 应力敏感性评价

在油气藏开采过程中，随着储层内部流体的产出，储层孔隙压力降低，储层岩石原有的受力平衡状态发生改变。根据岩石力学理论，从一个应力状态变到另一个应力状态必然要引起岩石的压缩或拉伸，即岩石发生弹性或塑性变形。同时，岩石的变形必然引起岩石孔隙结构和孔隙体积的变化，这种变化将大大影响到流体的渗流。因此，岩石所承受的净应力改变所导致的储层渗流能力的变化是岩石的变形与流体渗流相互作用和相互影响的结果。应力敏感评价实验的目的在于了解岩石所受净上覆压力改变时孔喉喉道变形、裂缝闭合或张开的过程，并导致岩石渗流能力变化的程度。

应力敏感性的影响因素较多，主要影响因素见表 5-5。

表 5-5　储层应力敏感性的影响因素

影响因素	作用效果
储层渗透率	初始渗透率越小，应力敏感性越强
储层岩石类型	岩石硬度越小，应力敏感性越强
胶结类型和程度	胶结程度越低，应力敏感性越强
流体饱和度	含流体饱和度越大，应力敏感性越强
泥质和杂质含量	泥质和杂质含量越大，应力敏感性越强

应力敏感性的实验方法是评价不同围压增加(减小)条件下的岩心渗透率的伤害，如图 5-6所示。

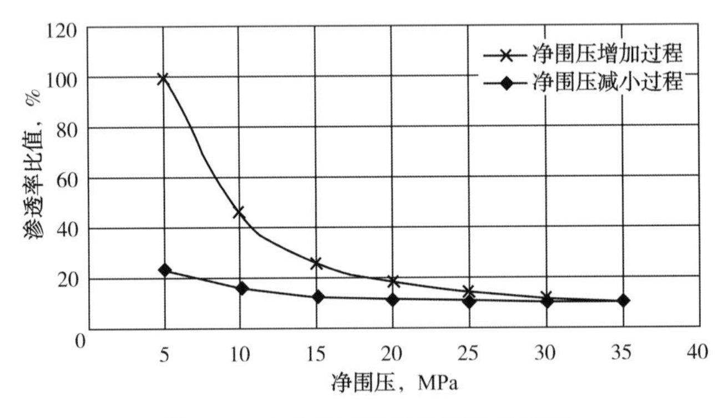

图 5-6　应力敏感性评价实验曲线图

7. 敏感性评价指标

评价速敏性、水敏性、酸敏性、碱敏性和应力敏感性共五种敏感性伤害程度的指标，见表 5-6 至表 5-10，分为强、中等偏强、中等偏弱、弱、无。对于水敏性评价，当水敏伤害率大于 90%的时候，还有“极强”的评价指标。

表 5-6　速敏伤害程度评价指标

速敏伤害率 D_v,%	伤害程度	速敏伤害率 D_v,%	伤害程度
$D_v \leqslant 5$	无	$50<D_v \leqslant 70$	中等偏强
$5<D_v \leqslant 30$	弱	$D_v>70$	强
$30<D_v \leqslant 50$	中等偏弱		

表 5-7　水敏伤害程度评价指标

水敏伤害率 D_w,%	伤害程度	水敏伤害率 D_w,%	伤害程度
$D_w \leqslant 5$	无	$50<D_w \leqslant 70$	中等偏强
$5<D_w \leqslant 30$	弱	$70<D_w \leqslant 90$	强
$30<D_w \leqslant 50$	中等偏弱	$D_w>90$	极强

表 5-8　酸敏伤害程度评价指标

酸敏伤害率 D_{sc},%	伤害程度	酸敏伤害率 D_{sc},%	伤害程度
$D_{sc} \leqslant 5$	无	$50<D_{sc} \leqslant 70$	中等偏强
$5<D_{sc} \leqslant 30$	弱	$D_{sc}>70$	强
$30<D_{sc} \leqslant 50$	中等偏弱		

表 5-9　碱敏伤害程度评价指标

碱敏伤害率 D_{al},%	伤害程度	碱敏伤害率 D_{al},%	伤害程度
$D_{al} \leqslant 5$	无	$50<D_{al} \leqslant 70$	中等偏强
$5<D_{al} \leqslant 30$	弱	$D_{al}>70$	强
$30<D_{al} \leqslant 50$	中等偏弱		

表 5-10　应力敏感性伤害程度评价指标

应力敏伤害率 D_{st},%	伤害程度	应力敏伤害率 D_{st},%	伤害程度
D_{st}(或 D_{st})$\leqslant 5$	无	$50<D_{st}$(或 D'_{st})$\leqslant 70$	中等偏强
$5<D_{st}$(或 D'_{st})$\leqslant 30$	弱	D_{st}(或 D'_{st})>70	强
$30<D_{st}$(或 D'_{st})$\leqslant 50$	中等偏弱		

二、实验设备

敏感性实验通常采用岩心流动实验仪，主要由计量泵、岩心夹持器、围压泵、天平、回压控制阀五大部分组成，实验流程如图 5-7 所示。江苏省海安县石油科研仪器有限公司的岩心伤害仪如图 5-8 所示，设备参数：装置最大实验压力 70MPa，最大实验温度 180℃，岩心规格 ϕ25mm×L(25~100)mm，液测渗透率范围 0.0001~1000mD，气测渗透率范围 0.0001~2000mD，恒速恒压泵流量 0.01~40mL/min，气体流量计 5sccm/50sccm/

1000sccm，涉酸容器材料为哈氏合金 HC276。

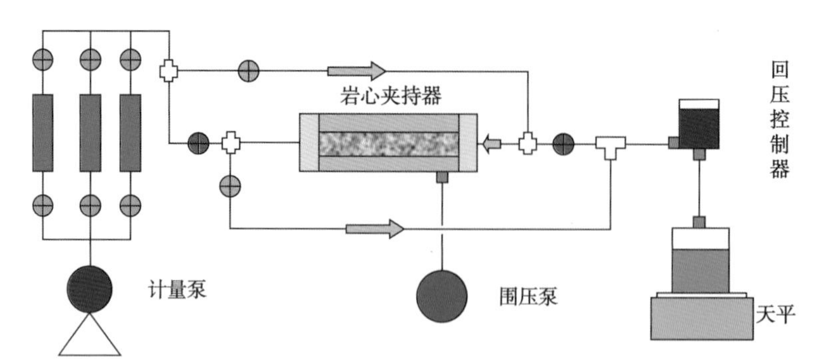

图 5-7　敏感性测试实验设备流程

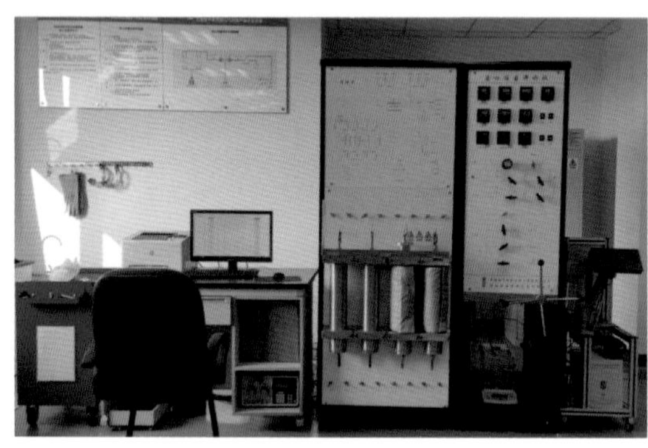

图 5-8　岩心伤害仪

三、实验方法

敏感性的实验方法按照标准《储层敏感性流动实验评价方法》(SY/T 5358—2010)执行，不同敏感性的实验步骤分布如下。

1. 速敏性

(1)岩心准备及流体配制。

①岩样钻取方向与储层流体流动方向一致，岩心直径 2.54cm，长度不小于直径的 1.5 倍，岩样端面和柱面均应平整，且端面应垂直于柱面，不应有缺角等缺陷。

②在进行敏感性实验之前，必须将岩样中原来存在的所有流体都全部清洗干净，按照《岩心分析方法》(SY/T 5336—2012)的规定将岩样烘干，称重。

③用气测方式获取岩样渗透率。

④根据岩样渗透率和胶结情况，采取不同的饱和压力，加压时间不低于 4h，保证岩样充分饱和。岩样在饱和液中至少饱和 40h，测定饱和液体后的岩样质量，计算有效孔隙体积和孔隙度。

⑤实验用水通常为地层水。没有现场实际地层水的情况下，根据评价区块地层水分析资料室内配制，也可采用与地层水矿化度相同的标准盐水或氯化钾溶液。如果地层水资料未知，采用矿化度为 8%(质量比 $NaCl:CaCl_2:MgCl_2\cdot 6H_2O=7:0.6:0.4$)的标准盐水。

实验用油为精制油等，配制原则是黏度与地层原油黏度接近。

(2)速敏性实验过程。

①实验流量依次为0.10mL/min、0.25mL/min、0.50mL/min、0.75mL/min、1.00mL/min、1.50mL/min、2.00mL/min、3.00mL/min、4.00mL/min、5.00mL/min及6.00mL/min。

②用标准盐水作实验流体，在每一种流量下，测定岩心的液体渗透率K_i。要求每隔10min测量一个点，直到连续三点的渗透率相对误差小于1%后再改换下一流量进行测定。

③确定临界流速：绘制渗透率—流速曲线，随流速增加，岩石渗透率变化率D_{vn}大于20%时所对应的前一个点的流速，即为临界流速。

实验流速与实际流速换算，即

$$v=\frac{14.4Q}{A\phi} \tag{5-4}$$

式中 v——流体渗流速度，m/d；

Q——流量，cm^3/min；

A——岩样横截面积，cm^2；

ϕ——岩样孔隙度,%。

(3)以流量(cm^3/min)或流速(m/d)为横坐标，以不同流速下岩样渗透率与初始渗透率的比值为纵坐标，绘制流速敏感性评价实验曲线图。

由流速敏感性引起的渗透率变化率计算，即

$$D_{vn}=\frac{|K_i-K_n|}{K_i}\times 100\% \tag{5-5}$$

式中 D_{vn}——不同流速下所对应的岩样渗透率损害率；

K_n——岩样渗透率(实验中不同流速下所对应的渗透率)，mD；

K_i——初始渗透率(实验中最小流速下所对应的渗透率)，mD。

(4)计算速敏引起的渗透率损害率，确定速敏损害程度，即

$$D_v=\max(D_{v2},\ D_{v3},\ \cdots,\ D_{vn}) \tag{5-6}$$

式中 D_v——速敏损害率；

D_{v2}，D_{v3}，D_{vn}——不同流速下所对应的渗透率损害率。

(5)注意事项。

对于疏松岩样，由于孔隙喉道较大，颗粒容易冲出岩样，应尽量选择较长样品，其长度不应低于直径的2倍。而用液体测定低渗透率岩心时需要较长时间才能达到稳定，可采用较短岩心或低压缩量的测定流体。

2. 水敏性

(1)岩心准备及流体配制。

参考速敏性相关实验内容。

(2)水敏性实验过程。

实验流体盐水浓度依次为100%、50%、蒸馏水。每一种盐水浓度下测试渗透率，测试完一种盐水后，需要用10~15倍孔隙体积的下一浓度盐水驱替，驱替速度为0.1~

0.2mL/min。驱替后停泵，在该测试盐水中浸泡 12h 以上，再测试其渗透率。如此反复，直到测试最后的蒸馏水渗透率。

(3)以系列盐水的类型或系列盐水的累积注入倍数为横坐标，以对应不同盐水下的岩样渗透率与初始渗透率的比值为纵坐标，绘制水敏感性评价实验曲线图。

由水敏感性引起的渗透率变化率计算，即

$$D_n = \frac{|K_i - K_n|}{K_i} \times 100\% \tag{5-7}$$

式中 D_n——不同类型盐水所对应的岩样渗透率变化率；

K_n——岩样渗透率(实验中不同类型盐水所对应的渗透率)，mD；

K_i——初始渗透率(水敏实验中初始测试流体所对应的岩样渗透率)，mD。

水敏损害程度确定，即

$$D_w = \frac{|K_i - K_w|}{K_i} \times 100\% \tag{5-8}$$

式中 D_w——水敏性损害率；

K_w——水敏实验中蒸馏水所对应的岩样渗透率，mD；

K_i——初始渗透率(水敏实验中初始测试流体所对应的岩样渗透率)，mD。

(4)注意事项。

高黏土矿物含量的岩样会产生初始渗透率偏低的现象，对最终水敏性实验结果的判断会造成一定的偏差。当岩样初始渗透率与岩心气体渗透率比值较小时，可认为该岩样为水敏性岩样；岩样变换中间流体驱替时，如果驱替中间流体 10~15 倍后，岩样渗透率保持稳定，可不用进行中间流体浸泡过程，直接进行蒸馏水驱替；岩样进行蒸馏水驱替时，在较短时间内其驱替压力迅速升高，通过渗透率计算判断该岩样水敏损害程度已达极强水敏时，可不用进行蒸馏水浸泡过程并结束实验。

3. 盐敏性

(1)岩心准备及流体配制。

岩心准备参考速敏性相关实验内容。

初始测试流体模拟地层水或相同矿化度的标准盐水。如果地层水资料未知，采用矿化度为 8%(质量比 $NaCl : CaCl_2 : MgCl_2 \cdot 6H_2O = 7 : 0.6 : 0.4$)的标准盐水。

中间测试流体为不同矿化度盐水，其获取可根据流体化学成分室内配制或用蒸馏水将现场地层水、模拟地层水或同矿化度下的标准盐水按一定比例稀释。

(2)盐敏性实验过程。

①盐度降低实验。

参考水敏性实验结果进行选择。如果水敏感性实验最终蒸馏水下岩样渗透率的伤害率不大于 20%，则无需进行盐度降低敏感性实验；如果水敏感性实验最终蒸馏水下岩样渗透率的伤害率大于 20%，则需进行盐度降低敏感性评价实验。

根据水敏性实验中间测试流体及蒸馏水所测得的岩样渗透率结果选择实验流体矿化度，相邻两种矿化度盐水伤害率大于 20%时加密盐度间隔。应选择不少于四种流体矿化度的盐水进行实验。

②盐度升高实验。

本项实验仅针对外来流体矿化度高于地层流体矿化度或有特殊要求的盐度敏感性评价实验时进行。

盐度升高敏感性实验流体矿化度选择：根据外来流体及地层流体矿化度的具体情况合理选择实验流体矿化度，矿化度差别较大可适当加密测试流体矿化度。应选择不少于三种流体矿化度的盐水进行实验。

(3)以系列盐水的矿化度为横坐标，以对应不同矿化度下的岩样渗透率与初始渗透率的比值为纵坐标，绘制盐度敏感性评价实验曲线图。对于盐度降低敏感性评价实验曲线横坐标应按盐水矿化度降低趋势绘制，盐度升高敏感性评价实验曲线横坐标应按盐水矿化度升高趋势绘制。

由盐度变化引起的岩样渗透率变化率计算，即

$$D_{sn}=\frac{|K_i-K_n|}{K_i}\times 100\% \tag{5-9}$$

式中 D_{sn}——不同矿化度盐水所对应的岩样渗透率损害率；

K_n——岩样渗透率(不同矿化度盐水所对应的渗透率)，mD；

K_i——初始渗透率(初始流体所对应的岩样渗透率)，mD。

(4)临界矿化度确定。

随流体矿化度的变化，岩石渗透率变化率 D_{sn} 大于20%时所对应的前一个点的流体矿化度即为临界矿化度。

(5)注意事项。

盐度降低敏感性初始流体的选择，原则上按照标准规定执行。但对于地层流体矿化度较低的油藏以及特定实验研究的需求，可适当提高初始流体的矿化度。临界矿化度的确定与盐度敏感性评价实验中间测试流体矿化度间隔的选择密切相关，不同流体矿化度间隔的盐度敏感性实验其临界矿化度的值会有所差别。若中间测试流体驱替时，如果驱替中间测试流体10~15倍后，岩样渗透率保持稳定，可不进行中间测试流体浸泡过程，直接进行其他中间测试流体驱替实验。

4. 酸敏性

(1)岩心准备及流体配制。

岩心准备参考速敏性相关实验内容。实验流体为地层水或相同矿化度的标准盐水，如果地层水资料未知，采用矿化度为8%(质量比 $NaCl:CaCl_2:MgCl_2\cdot 6H_2O=7:0.6:0.4$)的标准盐水。

页岩储层岩心的酸敏推荐使用15% HCl，砂岩储层岩心的酸敏推荐使用15% HCl或12% HCl+3% HF。

(2)酸敏性实验过程。

酸敏性评价以注酸前岩样的地层水渗透率为基础，注入1.0~1.5倍孔隙体积的15% HCl或12% HCl+3% HF，反应时间为1h。然后，再进行地层水驱替，排出残酸，通过注酸

前后岩样的地层水渗透率的变化来判断酸敏性影响的程度。

碳酸盐岩与酸液反应会生成大量的二氧化碳，为了减少逸出的二氧化碳造成贾敏效应引起实验误差，实验过程中需要加载回压。回压大小可以根据二氧化碳在不同压力和不同温度下的溶解情况进行选择。

(3)以酸液处理岩样前后过程或酸液处理岩样前后流体累积注入倍数为横坐标，以酸液处理前后的岩样液体渗透率与初始渗透率的比值为纵坐标，绘制酸敏感性评价实验曲线图。

酸敏损害率计算即

$$D_{sc}=\frac{K_i-K_{acd}}{K_i}\times 100\% \tag{5-10}$$

式中 D_{sc}——酸敏损害率；

K_{acd}——酸液处理后实验流体所对应的岩样渗透率，mD；

K_i——初始渗透率(酸液处理前实验流体所对应的岩样渗透率)，mD。

(4)注意事项。

进行土酸(12%HCl+3%HF)敏感性评价实验时，氯化钾溶液与氢氟酸及硅酸盐反应生成二次沉淀会对酸敏性实验结果产生一定影响。

5. 碱敏性

(1)岩心准备及流体配制。

岩心准备参考速敏性相关实验内容。不同碱液的配制：pH 值从 7.0 开始。调节 8% KCl 溶液的 pH 值，并按 1~1.5 个 pH 值单位的间隔提高碱液的 pH 值，一直到 pH 值为 13.0。

(2)碱敏性实验过程。

碱敏性评价操作方法及评价指标与水敏性评价类似。碱敏性实验与酸敏性实验基本相同。碱敏性流动实验的做法是，以一定浓度(通常为 8%)的 KCl 溶液作为实验流体，依次测定碱度递增的碱水(KCl/NaOH)的渗透率，最后为一定浓度(通常为 8%)的 NaOH 溶液，一个系列通常由五个以上的碱水组成。根据 NaOH 溶液的渗透率与初始 pH 值碱液渗透率的比值，评价其碱敏性。

(3)以 pH 值为横坐标，以不同 pH 值碱液对应的岩样液体渗透率与初始渗透率的比值为纵坐标，绘制碱敏感性评价实验曲线图。不同 pH 值碱液所对应的岩样渗透率变化率即：

$$D_{aln}=\frac{K_i-K_n}{K_i}\times 100\% \tag{5-11}$$

式中 D_{aln}——不同 pH 值碱液所对应的岩样渗透率变化率；

K_n——岩样渗透率(不同 pH 值碱液所对应的渗透率)，mD；

K_i——初始渗透率(初始 pH 值碱液所对应的岩样渗透率)，mD。

(4)临界 pH 值。

岩石渗透率随流体碱度变化而降低时，岩石渗透率变化率 D_{aln} 大于 20%时所对应的前

一个点的流体 pH 值即为临界 pH 值。

(5)碱敏损害程度确定，即：

$$D_{al}=\max(D_{al1},\ D_{al2},\ \cdots,\ D_{aln}) \tag{5-12}$$

式中 D_{al}——碱敏损害率；

D_{al1}，D_{al2}，D_{aln}——不同 pH 值碱液所对应的岩样渗透率变化率。

(6)注意事项。

临界 pH 值的确定与碱敏评价实验中的 pH 值间隔的选择密切相关，不同 pH 值间隔的碱敏性实验评价其临界矿化度的值会有所差别。岩样变换不同 pH 值碱液驱替时，驱替不同 pH 值碱液 10~15 倍后，岩样渗透率保持稳定，可不用进行不同 pH 值碱液浸泡过程，直接进行其他 pH 值碱液驱替实验。

6. 应力敏感性

(1)实验岩心及流体配制。

岩心准备见速敏性评价实验内容。

根据储层类型和所处的不同开发阶段分别选用气体、氯化钾溶液(质量分数为 8%)、中性煤油作为实验流体。气藏采用氮气或者空气作为流动介质。

(2)应力敏感性实验过程。

①最高实验围压按二分之一上覆岩压选取，以下分 4~8 个压力点。

②保持进口压力值不变，缓慢增加围压，使得净围压依次为 2.5MPa、3.5MPa、5.0MPa、7.0MPa、9.0MPa、11MPa、15MPa、20MPa，每个压力点持续 30min 后测定岩样气体渗透率。

③保持进口压力值不变，缓慢减小围压，使得净围压依次为 15MPa、11MPa、9.0MPa、7.0MPa、5.0MPa、3.5MPa、2.5MPa，每一压力点持续 1h 后测定岩样气体渗透率。

④应力敏感的伤害率计算。

(3)以净应力为横坐标，以不同净应力下岩样液体渗透率与初始渗透率的比值为纵坐标，绘制净应力增加和净应力减小过程的应力敏感性评价实验曲线图。

净应力增加过程中不同净应力下岩样渗透率变化率计算，即

$$D_{stn}=\frac{K_i-K_n}{K_i}\times100\% \tag{5-13}$$

式中 D_{stn}——净应力增加过程中不同净应力下的岩样渗透率变化率；

K_n——岩样渗透率(净应力增加过程中不同净应力下的岩样渗透率)，mD；

K_i——初始渗透率(实验中初始净应力下的岩样渗透率)，mD。

净应力降低过程中不同净应力下岩样渗透率变化率计算，即

$$D'_{stn}=\frac{K_i-K'_n}{K_i}\times100\% \tag{5-14}$$

式中 D'_{stn}——净应力降低过程中不同净应力下的岩样渗透率变化率；

K'_n——岩样渗透率(净应力降低过程中不同净应力下的岩样渗透率)，mD；

K_i——初始渗透率(实验中初始净应力下的岩样渗透率)，mD。

(4)临界应力确定。

随净应力增加，岩石渗透率变化率 D_{stn} 大于20%时所对应的前一个点的净应力值即为临界应力。

(5)应力敏感性损害程度确定，即

$$D_{st}=\max(D_{st1}, D_{st2}, \cdots, D_{stn}) \tag{5-15}$$

式中 D_{st}——应力敏感性损害率；

D_{st1}，D_{st2}，D_{stn}——净应力增加过程中不同净应力下的岩样渗透率变化率。

(6)不可逆渗透率损害率，即

$$D'_{st}=\frac{K_i-K'_t}{K_i}\times 100\% \tag{5-16}$$

式中 D'_{st}——不可逆应力敏感性损害率；

K'_t——恢复到初始净应力点时的岩心渗透率，mD；

K_i——初始渗透率(实验中初始净应力下的岩样渗透率)，mD。

(7)注意事项。

应力敏感性评价方法的注意事项及应用局限为：①对于低渗透率岩样，如果实验驱替压差较高，会造成岩样入口端与出口端所受净围压差别较大，对实验结果有一定影响，应尽量选择长度较短的低渗透率岩样进行实验，或选择较低的驱替压差；②建议采用恒压方式进行低渗透率岩样应力敏感性实验评价；③临界应力的确定与应力敏感性评价实验净应力间隔的选择有关，不同净应力间隔的应力敏感性实验其临界应力的值会有所差别；④温度与压力对气体的性质影响较大，因此测试气体渗透率时应按测试点下温度和压力的气体性质参数进行计算。

四、应用案例

速敏性实验评价结果主要用于：(1)确定其他几种敏感性实验(水敏性、盐敏性、酸敏性、碱敏性)的实验流速；(2)确定注水井不发生速敏伤害的临界注入流速，如果注入流速太小，不能满足配注要求，应考虑增注措施；(3)确定油气井不发生速敏伤害的临界采出流速，指导油气井配产。

水敏性实验评价结果主要用于：(1)如无水敏性，则进入地层的工作液矿化度只要小于地层水矿化度即可，不做严格要求；(2)如果有水敏，则需要控制工作液的矿化度；(3)如果水敏性较强，在工作液中要考虑使用黏土稳定剂。

盐敏性实验评价主要用于：(1)对于进入地层的各类工作液都必须控制在两个临界矿化度之间；(2)如果是注水开发的油田，当注入水小于临界矿化度时，为了避免水敏损害，一定要在注入水中加入合适的黏土稳定剂，或对注入水进行周期性的黏土稳定剂处理。

酸敏性实验结果主要应用于：(1)为砂岩基质酸化的酸液配方设计提供科学依据；(2)为砂岩和页岩确定合理的解堵方法和增产措施提供依据。

碱敏性实验评价主要用于：(1)对于进入地层的各类工作液都必须控制其pH值在临界pH值之下；(2)如果是强碱敏地层，由于无法控制水泥浆的pH值在临界pH值之下，

为了避免对油气藏储层的伤害，建议采用屏蔽式暂堵技术；(3)对于存在碱敏性的地层，要避免使用强碱敏工作液。

应力敏感性实验是采用改变围压的方式来模拟有效应力变化对岩心物性参数的影响。岩石应力敏感性研究的目的有如下几点：(1)准确地评价储层，通过模拟围压条件测定孔隙度，可以将常规孔隙度值转换成原地条件下的值，有助于储量评价；(2)求出岩心在原地条件下的渗透率，便于建立岩心渗透率 K_c 与测试渗透率 K_e 的关系，对认识 K_e 和地层电阻率也有帮助，为确定合理的生产压差服务。

下面以 Z204 井为例，开展敏感性的实验评价，结果如下。

1. 速敏性实验

流体采用8%标准盐水，实验温度为室温，围压保证测试过程中始终大于入口压力1.5~2MPa，实验结果见表5-11、如图5-9所示。从速敏性实验结果来看，随流速增加，岩样渗透率变化率 D_{vn} 大于20%的流速为2cm³/min，因此，临界流速1.5cm³/min，各小层速敏损害程度为弱—中等偏弱。

表5-11 Z204井储层速敏实验结果

层位	岩心深度，m	液体	流速，cm³/min	渗透率，mD	渗透率比值，%
五峰组	3405.05~3405.32	标准盐水	0.1	0.96	100.00
			0.25	0.92	95.83
			0.5	0.89	92.71
			0.75	0.85	88.54
			1	0.79	82.29
			1.5	0.77	80.21
			2	0.68	70.83
			3	0.66	68.75
			4	0.57	59.38
龙一$_1^1$	3400.62~3400.89	标准盐水	0.1	2.12	100.00
			0.25	2.02	95.28
			0.5	2.01	94.81
			0.75	1.79	84.43
			1	1.72	81.13
			1.5	1.7	80.19
			2	1.65	77.83
			3	1.42	66.98
			4	1.39	65.57

续表

层位	岩心深度，m	液体	流速，cm^3/min	渗透率，mD	渗透率比值,%
龙一$_1^2$	3398.96~3399.23	标准盐水	0.1	5.36	100.00
			0.25	5.26	98.13
			0.5	5.21	97.20
			0.75	5.13	95.71
			1	4.88	91.04
			1.5	4.26	79.48
			2	3.23	60.26
			3	2.98	55.60
			4	2.56	47.76
龙一$_1^3$	3395.89~3396.12	标准盐水	0.1	2.06	100.00
			0.25	1.96	95.15
			0.5	1.89	91.75
			0.75	1.79	86.89
			1	1.75	84.95
			1.5	1.63	79.13
			2	1.56	75.73
			3	1.49	72.33
			4	1.45	70.39
龙一$_1^4$	3393.25~3393.52	标准盐水	0.1	1.11	100.00
			0.25	1.08	97.30
			0.5	1.02	91.89
			0.75	0.96	86.49
			1	0.89	80.18
			1.5	0.76	68.47
			2	0.68	61.26
			3	0.66	59.46
			4	0.57	51.35

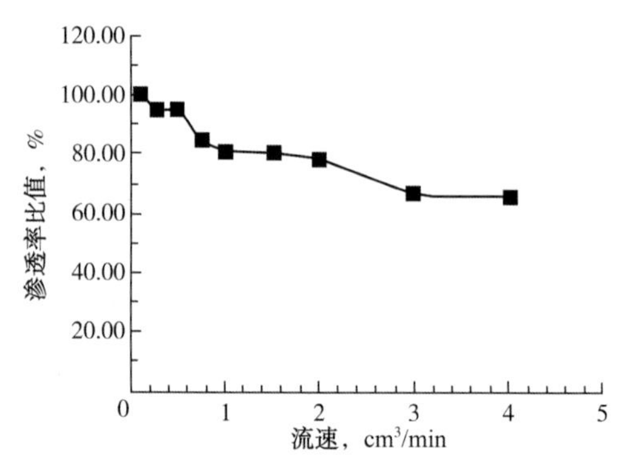

图 5-9　Z204 井龙一$_1^1$速敏伤害实验结果

2. 水敏性实验

采用地层水或8%标准盐水初始流体测量岩样初始渗透率，随后采用初始流体1/2矿化度的中间流体测量岩样渗透率，最后采用蒸馏水测量岩样渗透率，实验结果见表5-12。

表5-12 Z204井储层水敏实验结果

层位	岩心深度 m	流速 cm^3/min	标准盐水 渗透率，mD	1/2标准盐水 渗透率，mD	蒸馏水 渗透率，mD	蒸馏水与标准盐水 渗透率比值，%
五峰组	3405.05~3405.32	1.5	1.79	1.72	1.52	84.92
龙一$_1^1$	3400.62~3400.89	1.5	19.39	17.43	16.89	87.11
龙一$_1^2$	3398.96~3399.23	1.5	2.68	2.36	2.56	95.52
龙一$_1^3$	3395.89~3396.12	1.5	3.33	3.24	2.98	89.49
龙一$_1^4$	3393.25~3393.52	1.5	1.98	1.88	1.76	88.89

从表5-12可以看出，五峰组岩心蒸馏水与标准盐水渗透率比值为84.92%，水敏损害率为15.08%，损害程度为弱；龙一$_1^1$岩心蒸馏水与标准盐水渗透率比值为87.11%，水敏损害率为12.89%，损害程度为弱；龙一$_1^2$岩心蒸馏水与标准盐水渗透率比值为95.52%，水敏损害率为4.48%，损害程度为无；龙一$_1^3$岩心蒸馏水与标准盐水渗透率比值为89.49%，水敏损害率为10.51%，损害程度为弱；龙一$_1^4$岩心蒸馏水与标准盐水渗透率比值为88.89%，水敏损害率为11.01%，损害程度为弱。

3. 碱敏性实验

在室温下用NaOH将8%的KCl溶液调成不同pH值的碱液，分别注入岩样后停止驱替，使碱液充分与岩石矿物成分发生反应12h以上，再用碱液进行驱替测定岩样渗透率，实验结果见表5-13。

表5-13 Z204井储层碱敏实验结果

层位	岩心深度 m	流速 cm^3/min	pH值为7 渗透率，mD	pH值为9 渗透率，mD	pH值为11 渗透率，mD	pH值为13 渗透率，mD
五峰组	3405.05~3405.32	1.5	6.26	4.32	2.79	1.69
龙一$_1^1$	3400.62~3400.89	1.5	1.86	0.91	0.76	0.52
龙一$_1^3$	3395.89~3396.12	1.5	15.54	12.07	11.84	10.62
龙一$_1^4$	3393.25~3393.52	1.5	15.54	12.07	11.84	10.62

从表5-13可以看出，五峰组岩心随pH值增加，岩样渗透率逐渐减小。当pH值为9时，变化率D_{aln}大于20%，因此，临界pH值为7；当pH值为13时，渗透率比值为27.00%，损害率为73.00%，损害程度为强。

龙一$_1^1$岩心随pH值增加，岩样渗透率逐渐减小。当pH值为9时，变化率D_{aln}大于20%，因此，临界pH值为7；当pH值为13时，渗透率比值为27.96%，损害率为72.04%，损害程度为强。

龙一$_1^3$岩心随pH值增加，岩样渗透率逐渐减小。当pH值为9时，变化率D_{aln}大于20%，因此，临界pH值为7；当pH值为13时，渗透率比值为55.47%，损害率为44.53%，损害程度为中等偏强。

龙一$_1^4$岩心随pH值增加，岩样渗透率逐渐减小。当pH值为9时，变化率D_{aln}大于20%，因此，临界pH值为7；当pH值为13时，渗透率比值为60.12%，损害率为39.88%，损害程度为中等偏强。

4. 酸敏性实验

采用Z204井储层岩心，实验温度为室温，测试过程中围压始终大于入口压力1.5~2MPa。实验流速选择参考速敏性实验结果，采用8%标准盐水测量岩样初始渗透率，随后采用15%盐酸与岩样反应1h后，测量酸反应后岩样渗透率，实验结果见表5-14，酸敏损害率在11.98%~29.17%，损害程度为弱。

表5-14　Z204井储层酸敏实验结果

层位	流速 cm^3/min	酸化前标准盐水渗透率 mD	酸化后标准盐水渗透率 mD	酸化前后标准盐水渗透率比值,%
五峰组	1.5	1.79	1.72	84.92
龙一$_1^1$	1.5	19.39	17.43	87.11
龙一$_1^2$	1.5	8.68	7.06	81.34
龙一$_1^3$	1.5	5.26	4.63	88.02
龙一$_1^4$	1.5	0.96	0.68	70.83

5. 应力敏感实验

采用Z204井储层岩心，在室温下用氮气测定净围压从2.5MPa增加到20MPa过程中，每个净围压对应的渗透率值，然后再测定净围压从20MPa降到2.5MPa过程中的渗透率值来开展应力敏感研究，实验结果见表5-15、表5-16与图5-10、图5-11。

可以看出，龙一$_1^1$小层临界应力为2.5MPa，其余各小层临界应力为3.5MPa，当净围压增加到20MPa时，渗透率损害程度为中等偏强~强。

表5-15　Z204井龙一$_1^1$应力敏感伤害程度实验结果

围压(增大)，MPa	2.5	3.5	5	7	9	11	15	20
岩样渗透率，mD	0.250	0.110	0.070	0.040	0.020	0.018	0.012	0.009
渗透率比值,%	100.00	44.00	28.00	16.00	8.00	7.20	4.80	3.60

续表

围压(减小), MPa	15	11	9	7	5	3.5	2.5	
岩样渗透率, mD	0.008	0.012	0.014	0.025	0.043	0.056	0.079	
渗透率比值,%	3.36	4.80	5.60	10.00	17.20	22.40	31.60	

表 5-16 Z204 井五峰组应力敏感伤害程度实验结果

围压(增大), MPa	2.5	3.5	5	7	9	11	15	20
岩样渗透率, mD	6.531	5.257	4.286	3.352	2.351	2.012	1.328	0.968
渗透率比值,%	100.00	80.49	65.63	51.32	36.00	30.81	20.33	14.82
围压(减小), MPa	15	11	9	7	5	3.5	2.5	
岩样渗透率, mD	1.036	1.168	1.689	2.031	2.263	2.593	2.922	
渗透率比值,%	15.86	17.88	25.86	31.10	34.65	39.70	44.74	

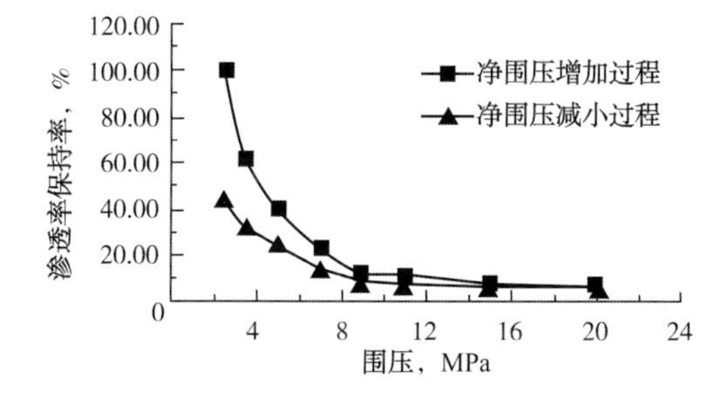

图 5-10 Z204 井龙一$_1^1$应力敏感伤害程度实验结果

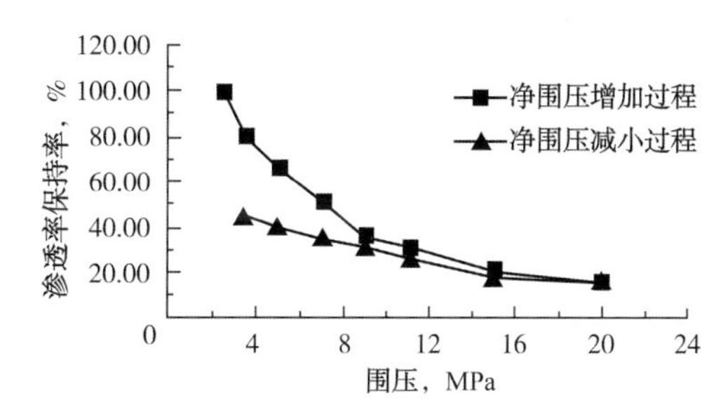

图 5-11 Z204 井五峰组应力敏感伤害程度实验结果

从实验结果来看，Z204 井储层存在碱敏、酸敏及应力敏感，水敏和酸敏损害程度较弱，见表 5-17。因此，对于进入地层的各类工作液应尽量避免过高的 pH 值，同时应尽快控制生产压差，降低应力敏感性。

表 5-17 Z204 井储层敏感性实验结果统计表

实验井	速敏性	水敏性	碱敏性	酸敏性	应力敏感性
Z204 井	临界流速 1.5cm^3/min，损害程度为弱~中等偏弱	损害程度为无~弱	临界 pH 值为 7，损害程度为中等偏强~强	渗透率损害率 11.98%~29.17%，损害程度为弱	临界应力为 2.5~3.5MPa，净围压 20MPa 时渗透率损害程度为中等偏强~强

第二节 储层敏感性非流动实验评价

页岩需要通过大规模体积压裂才能获得工业开采价值。体积压裂中需要上万立方米的滑溜水是页岩气压裂有别于常规压裂的特点之一。通过调研(任晓霞，2016；姜鹏，2018；罗顺社，2013)，与国外页岩气藏类似，在中国西南地区分布的四川盆地页岩储层通常具有较高的黏土矿物含量。如某井含气量最高的页岩层段，其黏土矿物含量范围在 34.1% ~ 45.9%，存在膨胀和分散的可能性。而页岩所特有的致密、渗透率极低等特点，往往认为外来液体几乎没有侵入页岩的可能。同时很难通过使用常规流动实验的方法(如渗透率的变化)来定量描述压裂液与页岩储层的配伍性，使得页岩气压裂设计、压后评估中很少考虑滑溜水与储层配伍性差异所产生的影响。

采用线性膨胀、毛细管自吸时间(CST，Capillary Suction Time)对滑溜水与页岩储层配伍性进行研究，为页岩气藏钻井过程中的井壁稳定性、压裂方案的优化设计、滑溜水的优选、压后产量评估等提供有力的技术支撑。

一、实验原理

1. 线性膨胀

页岩储层中黏土矿物吸水膨胀，影响井壁稳定性、压裂施工结束后生产。因此，开发前需要对储层中页岩的膨胀性、胶结物中黏土的膨胀性进行评价。

线性膨胀是通过对页岩进行粉碎制成 100 目细粉，再加压制成直径为 2.54cm、长度 3.00cm 的柱状岩心，采用现场用钻完井液体、滑溜水等，模拟储层温度测量其线性膨胀率。随着液体与黏土矿物接触时间的增加，黏土膨胀，高度增加，由传感器感应出的试样轴向的位移信号，通过计算机系统将膨胀量随时间的关系曲线记录下来。当黏土矿物的膨胀量基本稳定时，最大的膨胀量与黏土样品的初始高度之比为最大膨胀率。泥页岩膨胀率计算公式即

$$E=\frac{h_t-h_0}{h_0} \tag{5-17}$$

式中 E——膨胀率,%；

h_t——黏土样品在 t 时刻的高度，mm；

h_0——黏土样品的初始高度，mm。

判断页岩的敏感程度参照标准《页岩水敏法评价推荐做法》(NB/T 14022—2017)，页岩的敏感程度评价指标见表 5-18。

表 5-18 页岩线性膨胀水敏程度评价指标

页岩线性膨胀率 V_t,%	敏感程度
$V_t \leqslant 3.0$	弱
$3.0<V_t \leqslant 4.0$	中等偏弱
$4.0<V_t \leqslant 6.0$	中等偏强
$V_t>6.0$	强

2. 毛细管吸收时间

1970 年，毛细管吸收时间技术开始广泛应用于多个领域，如污水处理、油田化学处理

剂测试和研究等。在页岩气勘探开发过程中，CST 技术可突破常规敏感性实验难以开展的困境，研究页岩在不同试剂中的分散特征，判断不同配比钻井液、滑溜水对页岩的伤害程度，优选分散抑制性聚合物试剂、降阻剂等，针对性配制入井液，制定相应压裂排采方案，保证页岩气排采过程中孔道通畅，提高产气量。

毛细管吸收时间是指通过仪器测定各种试液或配浆渗过特制滤纸一定距离所需的时间，此值称为 CST 值，它的大小与液体的性质，胶体的分散性等因素有关，可用于判定泥页岩在水中的胶态分散程度。在页岩胶体分散性研究中，一般是指用不同试液与页岩颗粒配置成一定比例的配浆渗过特制滤纸 5mm 距离所需的时间。页岩分散质量测定实验可以测出页岩在各种液体的分散数量和分散速度。

根据累计剪切时间不同(一般为 20s，60s，120s)，可以测定一组 CST 值，得出该页岩样品的一次线性方程和 CST 分散性实验曲线。

$$Y=mX+b \tag{5-18}$$

式中 Y——浆液通过滤纸渗透 5mm 距离所需时间，即 CST，s；

m——斜率，表示页岩在溶液中的分散速度；

X——剪切时间，s；

b——截距，表示瞬时分散的胶体粒子量(初分散)，s。

一般认为，斜率表征浆液中页岩颗粒的分散速度，m 值越大，页岩颗粒在浆液中的水化分散速度越快；m 值越小，页岩颗粒在浆液中的水化分散速度越慢。截距表征浆液中瞬时分散的胶体粒子量，b 值越大，瞬时破裂的胶体颗粒越多。实验曲线中，截距越小，斜率越小，即 CST 越小，表征该浆液对页岩颗粒的分散性抑制效果越好，代表着更低的页岩水化效应、更小的胶体分散性、更低的页岩活性。

CST 比值作为敏感程度的评价指标，即

$$C=b_w/b_k \tag{5-19}$$

式中 C——CST 比值；

b_w——工作液的 b 值，s；

b_k——2%KCl 溶液的 b 值，s。

按标准《页岩水敏法评价推荐做法》(NB/T 14022—2017)，判断页岩的水敏感性程度评价指标，见表 5-19。

表 5-19 页岩 CST 水敏程度评价指标

C(CST 比值)	敏感程度
$C\leqslant0.5$	无
$0.5<C\leqslant1.0$	弱
$1.0<C\leqslant1.2$	中等偏弱
$1.2<C\leqslant1.5$	中等偏强
$C>1.5$	强

二、实验设备

线性膨胀实验通常采用高温高压页岩膨胀仪，主要由氮气瓶、注液杯、温度传感器、位移传感器、主测杯、温控系统和数据采集系统等组成，实验原理如图 5-12(a)所示。江苏省海安县石油科研仪器有限公司的高温高压页岩膨胀仪如图 5-12(b)所示，设备参数：最大实验压力 30MPa，最大实验温度 150℃，高温高压位移传感器精度 0.01mm，位移传感器量程 20cm，氮气加压，2 个测试釜。

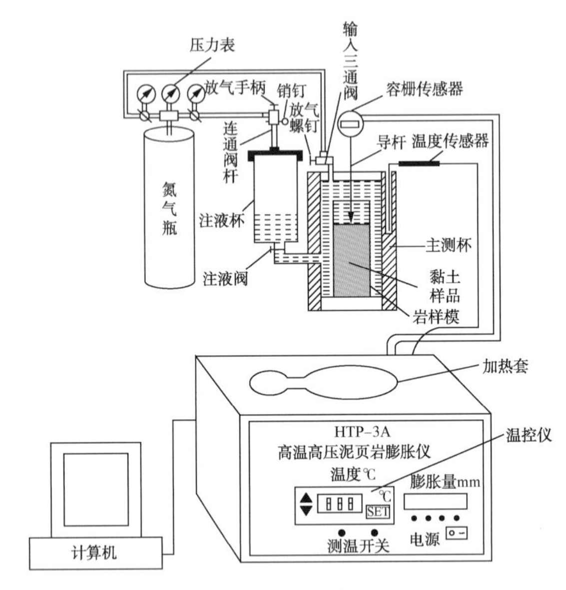

(a) 线性膨胀实验原理图

(b) 高温高压页岩膨胀仪

图 5-12　高温高压页岩膨胀仪原理图与实物图

毛细管吸收时间通常采用毛细管吸收时间测定仪，主要由计时器、不锈钢的圆筒、测试探头、搅拌器等组成，可以自动记录因分散而丧失的质量与时间的关系，并可估计可实验液体抑制页岩分散的能力。美国 OFITE 公司 294-50 型毛细管吸收时间测定仪如图 5-13 所示，设备参数：常压，最大测试时间 500s。

图 5-13　毛细管吸收时间测定仪

三、实验方法

1. 线性膨胀

参照标准《页岩水敏法评价推荐做法》(NB/T 14022—2017)，线性膨胀具体实验步骤如下。

(1)岩样制备，将线性膨胀测量筒装满岩粉放入制样筒，以匀速加压至 4MPa，稳压 5min，制得岩饼留于线性膨胀测量筒中备用。

(2)设备预热，接通电源，打开设备控制面板开关，开启控制计算机，预热 15min。

(3)工作液预热，向溶液储罐中加入 500mL 待测工作液，打开储罐加热开关，设定温度至实验温度。

(4)位移传感器安装，将制备好岩饼的测量筒放入测试室，装好位移传感器。

(5)将工作液加入测试室，启动控制软件，记录位移初始值；开启加温开关，升温至实验温度；接通加压氮气流程，以小于 0.1MPa/s 的速度增压至实验压力，应确保实验过程中温度、压力恒定。

(6)数据采集 16h 后，停止采集数据，导出实验数据，结束实验。

(7)数据处理按式(5-17)计算实验 16h 页岩线性膨胀率。

2. 毛细管吸收时间

参照标准《页岩水敏法评价推荐做法》(NB/T 14022—2017)，毛细管吸收时间具体实验步骤如下。

(1)岩粉测量，称取岩粉 15g±0.1g/份若干份。

(2)仪器准备，连接设备，接通电源，预热 15min。

(3)滤纸安装，在测试台底座上依次放上 CST 标准滤纸、带电极测试板、圆柱漏斗，确保电极、漏斗与滤纸接触充分。

(4)制备岩粉浆液，将岩粉倒入恒速搅拌仪，量取 100mL 待测工作液与之混合，在 5700r/min 速度下剪切 20s。

(5)测试浆液 CST 值，使用注射器吸取 3mL 浆液，注入圆柱漏斗中，记录 CST 值。

(6)测试不同剪切时间的 CST 值，将剩余浆液在 5700r/min 速度下，再剪切 60s 测定其 CST 值，而后再将剩余浆液在相同条件下继续剪切 120s 测试 CST 值。

(7)2%KCl 溶液对比实验，重复步骤(1)~(6)测试 2%KCl(质量分数)溶液与岩粉制成浆液的 CST 值。

(8)相同岩粉及工作液应至少进行三组实验，在相同剪切时间下各组实验测得的 CST 值偏差超过 10%时，应增加实验组数；待测工作液黏度应小于 5mPa·s，为预防异常数据点的出现，每个数据重复实验 4 次。

四、应用案例

1. 线性膨胀

选取 X01 井(1520.00~1520.31m)、X03 井(2380.77~2381.02m)两口井龙马溪组岩心

碎屑清洗烘干后经磨粉机制成过 100 目筛的粉末，在 4MPa 压力下压粉末制成圆柱试样(直径 2.54cm，长度 5.00cm)，首先测出样品初始高度；加入测试液体，同时位移计采集数据，加压到实验压力并且加热到实验温度；持续采集 16h 的位移变化，高度之差除以初始高度，即得出膨胀百分数，实验结果见表 5-20 与表 5-21。

表 5-20　X01 井膨胀性实验数据表

井号	实验液体	实验时间，h	温度，℃	压力，MPa	膨胀率，%
X01	滑溜水	2	72	5	3.34
		16	72	5	3.65
	防膨滑溜水	2	72	5	2.45
		16	72	5	2.73
	清水	2	72	5	3.60
		16	72	5	3.90
	2%KCl 液体	2	72	5	4.09
		16	72	5	5.38

页岩线性膨胀实验结果表明：X01 井、X03 井龙马溪组页岩膨胀率 2h 实验结果和 16h 后实验结果差距不大，说明在作用时间 2 小时后，该区块龙马溪组页岩膨胀率已经达到其最大膨胀率的百分之九十以上；两口井不含防膨剂滑溜水和清水实验结果接近，加入了防膨剂滑溜水的实验结果略小，说明防膨剂对膨胀有一定的抑制作用，但效果不明显。其中 X01 井中，2%KCl 溶液测试结果大于其他液体测试结果，说明其对抑制性不好。而 X03 井 2%KCl 溶液测试结果与清水和不含防膨剂实验结果一致，结合全岩矿物成分分析结果，X01 井黏土矿物含量明显大于 X03 井，从而可以反映出 2%KCl 溶液对黏土矿物的膨胀抑制性较其他液体差。

表 5-21　X03 井膨胀性实验数据表

井号	实验液体	实验时间，h	温度，℃	压力，MPa	膨胀率，%
X03	滑溜水	2	89	5	2.36
		16	89	5	2.57
	防膨滑溜水	2	89	5	1.87
		16	89	5	2.03
	清水	2	89	5	2.37
		16	89	5	2.58
	2%KCl 液体	2	89	5	2.37
		16	89	5	2.53

2. 毛细管吸收时间

实验选取 X01 井(1520.00~1520.31m)、X03 井(2380.77~2381.02m)两口井龙马溪组

岩心，通过选取清水、2%KCl、含防膨剂滑溜水、不含防膨剂滑溜水四种液体分别实验评价页岩的分散能力。X01 井、X03 井龙马溪组 CST 实验结果见表 5-22 与表 5-23。

表 5-22　X01 井 CST 分散性实验数据表

项目		CST 值			
		清水	2% KCl	1#滑溜水(含防膨剂)	2#滑溜水(不含防膨剂)
X, s	20	17.6	13.9	9.2	9.3
	60	20	15.3	10	9.7
	120	19.9	15.5	11.5	11.5
m		0.0211	0.0143	0.0228	0.0226
b, s		17.763	13.944	8.702	8.639

X01 井 CST 值变化规律为：两种滑溜水的 CST 值接近且都小于清水和 2%KCl 溶液的 CST 值，说明 X01 井岩样在两种滑溜水中的水化分散性最小，在清水中的水化分散性最强，对于 X01 井龙马溪组分析两种滑溜水对页岩水化分散的抑制性较一致。

X03 井 CST 值变化规律为：清水与 2%KCl 溶液的 CST 值接近，两种滑溜水 CST 值接近，且清水与 2%KCl 溶液的 CST 值明显大于两种滑溜水的 CST 值，可以看出岩样在清水和 2%KCl 溶液中的水化分散性大于两种滑溜水，1#(含防膨剂)水化分散速度(m 值)小于 2#(不含防膨剂)说明含防膨剂的滑溜水对页岩水化分散的抑制性略好于不含防膨剂的滑溜水，优势不明显。

表 5-23　X03 井 CST 分散性实验数据表

项目		CST 值			
		清水	2%KCl	1#滑溜水(含防膨剂)	2#滑溜水(不含防膨剂)
X, s	20	16	14.8	9.7	9.2
	60	15.2	15.1	10.6	10.1
	120	15.5	15.4	12.0	11.9
m		0.0037	0.0059	0.0227	0.0269
b, s		15.079	14.705	9.2632	8.5965

第六章 加砂压裂材料性能实验评价技术

第一节 压裂液类型及性能评价

压裂液是压裂改造油气层过程中必不可少的工作液，在压裂施工中起着重要作用，贯穿于整个压裂施工，素有压裂“血液”之称。压裂液是水力压裂中的工作液，具有传递压力、形成和延伸裂缝、携带支撑剂的作用。为了充分发挥这些作用，压裂液的黏度、流变、滤失、泵送过程中的摩阻、压后的破胶性能等液体参数都是在压裂施工前期必须掌握的，因此压裂液性能对压裂施工及施工后油气井增产效果起着至关重要的作用。

按照不同阶段所起作用，通常将压裂液分为预前置液、前置液、携砂液、顶替液。它们组成及用量不同，各自承担着的工作任务也不同，见表 6-1。

表 6-1 不同泵注阶段中压裂液的名称、组成、作用及用量

序号	名称	组成	作用	用量
1	预前置液	加有表面活性剂、黏土稳定剂和破乳剂等低黏度未交联的基液	降低高温储层近井地带的温度，进行预造缝	前置液量的三分之一
2	前置液	不含支撑剂的压裂液	压开地层，延伸拓展裂缝，使裂缝具有充分的填砂空间	占压裂液总量的 30%~55%
3	携砂液	根据储层特征和工艺要求，确定选用的压裂液体系	进一步扩展裂缝，向缝中输送和铺置支撑剂，形成有效裂缝	占压裂液总量的 45%~70%
4	顶替液	加有破胶剂、黏土稳定剂和助排剂的活性水或未交联的基液	将井筒中的携砂液全部顶替入地层裂缝	小于或等于井筒容积

根据配制材料和液体性状可以将压裂液分为水基压裂液、油基压裂液、乳化压裂液和泡沫压裂液等，不同类型压裂液优缺点及适用范围不同，见表 6-2。

表 6-2 不同类型压裂液的比较

压裂液类型	优点	缺点	适用范围	使用情况，%	
				国外	国内
水基压裂液	性能好，液体状态易于控制；液柱密度大，可降低泵压；廉价、安全、可操作性强	降低相对渗透率、伤害较高、不易返排、需要助排措施	除了强水敏储层外均可使用	60~70	≥90

续表

压裂液类型	优点	缺点	适用范围	使用情况，%	
				国外	国内
油基压裂液	配伍性好、密度低、易返排、伤害小	流变性能差，不易控制；密度低、摩阻高、泵压高；成本高，安全性差	强水敏、低压、加砂规模小，温度低于110℃的储层	≤5	≤2
泡沫压裂液	携砂能力强；液体效率高；密度低、易返排，伤害小	密度小、摩阻高、施工压力高，需要特殊设备	低压、水敏储层或者含气层	25~30	≤3
乳化压裂液	残渣少、滤失低、伤害小	摩阻较高，油水比例较难控制	低压、水敏储层，低中温井	≤5	≤2
*VES*压裂液	弹性好，携砂能力强；无残渣、低伤害；破胶容易控制	黏度低、滤失较大、成本高	低温井(≤100℃)高渗透油气储层	≤2	≤3

水基压裂液是目前应用最为广泛的压裂液，它以水作为分散介质，而水与储层流体(油、气、地层水)性质差别很大，所以需要加入其他添加剂才能适应不同储层的特征和满足不同压裂施工工艺的要求。根据储层特征和压裂施工工艺不同，添加剂的种类和数量一般也有较大区别，主要的添加剂有稠化剂、交联剂、破胶剂、助排剂、黏土稳定剂等。根据稠化剂用量及稠化方式的不同，又可分为冻胶、线性胶、滑溜水。

(1)冻胶。

冻胶压裂液由基液、交联剂和破胶剂三部分组成。在基液中加入交联剂后，形成空间网状结构，如图6-1所示，因此黏度高、流变性好、摩阻小、施工压力低等，较其他压裂液体系有更强的携砂能力，能够在压裂施工时提高混砂比，能把支撑剂带到更深的地层，获得更好的压裂效果，基于这些特点使得冻胶广泛应用于油气藏压裂中。但冻胶黏度大、用量少，形成的裂缝短而宽，在储层温度下冻胶若无法在限定时间内彻底破胶，会对储层造成较高的伤害，返排也很困难。

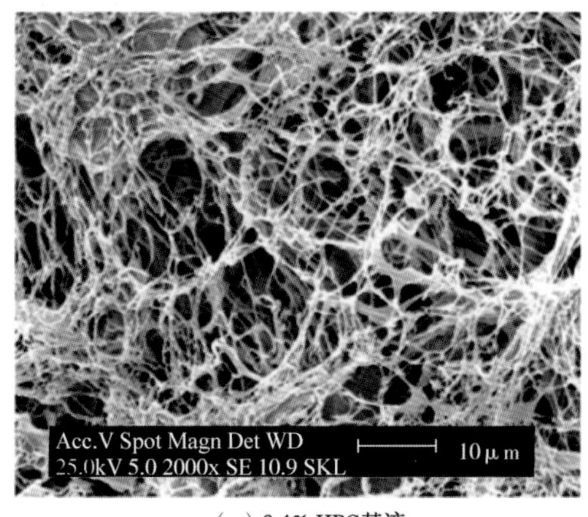

(a) 0.4% HPG基液

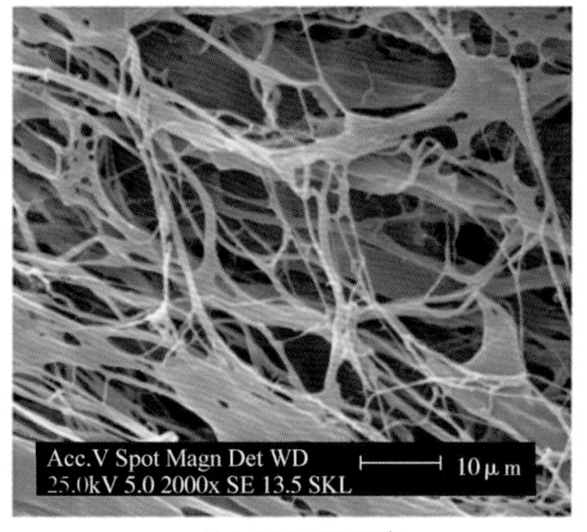

(b) 0.5% HPG基液

图6-1　冻胶压裂液的空间网状结构(何春明，2015)

(2)线性胶。

线性胶压裂液由水溶性聚合物与其他添加剂(黏土稳定剂、破胶剂、助排剂、破乳剂和杀菌剂)组成。线性胶压裂液体系的分子结构不同于冻胶压裂液体系，线性胶是一种线型结构，而冻胶为立体网状结构。该类型压裂液具有低伤害、低摩阻、易返排等优点，目前主要应用于低渗透页岩储层的压裂改造。

(3)滑溜水。

体积压裂是针对页岩油气储层基于滑溜水发展起来的新型压裂技术，是页岩气开发的关键技术之一。相对于传统的冻胶，滑溜水以其高效、低成本的特点在页岩气开发中广泛应用。

与常规压裂液相比，滑溜水可产生更加复杂的网络裂缝，易与地层天然裂缝串通，从而实现增产目的。但滑溜水黏度低、携砂能力弱、支撑剂运移距离较小。为了克服这些弊端，页岩气压裂改造一般采用大排量(现场排量为 $10\sim16m^3/min$)和大液量[即单口井耗液量 $(2\sim4)\times10^4m^3$]，其目的是提高储层导流能力以形成更多有效的复杂裂缝。但在大排量和大液量条件下，液体在套管中会产生湍流现象，且液体与管壁之间的摩擦阻力与流速的1.75~2.00次方成正比，说明通过高压泵注入不仅会造成能量损失，而且地面泵注设备负荷过大。为此，施工过程中常采取向体系中添加降阻剂的措施降低压裂液与管壁之间的摩擦阻力，以减小地面施工压力。因此降阻剂作为滑溜水压裂液体系的核心助剂，直接决定了滑溜水的性能与应用。

综上所述，不同类型的水基压裂液主要组成、特点及适用范围见表6-3。

表6-3　不同类型水基压裂液的比较

水基压裂液类型	主要组成	特点	适用范围
冻胶	利用交联剂，将溶于水的稠化剂分子联结为网状结构的冻胶	黏度大、可挑挂、易于控制、造缝性能好、携砂能力强、滤失系数低、液体效率高、应用范围广	尤其适用于超深井、高砂比、大砂量等高难度压裂作业
线性胶	以稠化剂和表面活性剂配制	黏度较低，具有一定的造缝能力，携砂性能一般	适用于低砂量、低砂比的压裂施工中
滑溜水	以少量降阻剂、表面活性剂配制	黏度低、滤失系数大，依靠排量携砂	适用于大排量、大液量的压裂施工

一、实验原理

为了发挥压裂液在施工过程中传递压力、形成和延伸裂缝的作用，压裂液应具备以下特点：较低的摩阻、较小的压缩系数、较高的液体效率、黏度稳定。同时为了携带支撑剂进入人工裂缝，完成支撑剂在裂缝中的输送和铺置任务，还应满足：较好的黏弹性，能携带高浓度的支撑剂，较好的耐温、耐剪切能力等。因此需要从压裂液的密度、pH值、表观黏度、交联时间、耐温耐剪切性、流变参数、黏弹性、防膨率、静态滤失、基质渗透率

损害率、破胶性能、配伍性、降阻率、静态携砂性能等14个方面全面地评价压裂液的性能，为方案设计、液体优选提供依据。

1. 基液的密度

压裂液中各类添加剂的总量之和一般不超过2%，对压裂液的密度影响不大，因此水基压裂液的密度通常为1.0g/cm^{3}左右。但如果利用海水、返排液配置压裂液，由于水中溶解了大量盐类物质，压裂液的密度将会改变，压裂施工过程中的净液柱将会改变。同时深层高温储层具有地层温度高、埋深大、破裂压力高的特点，实施压裂时井口施工压力高，容易超过设备施工限压。降低井口施工压力的主要方式有降低地层破裂压力、减小压裂液摩阻、增加压裂液静液柱压力。通过在压裂液中加入加重材料来增加压裂液的密度可以提高压裂液静液柱压力，从而在施工全过程都能大幅降低井口施工压力。例如，压裂液密度每提高0.1g/cm^3，6000m深井井口压力将降低6MPa。因此，掌握水基压裂液的密度，有助于计算正确的静液柱压力。

2. 基液的pH值

pH值影响着稠化剂、降阻剂等添加剂的溶解和溶胀，也影响着交联液的形成及其性能。研究表明，瓜尔胶在中性或弱酸性的水中能快速溶胀溶解成胶液，在碱性水中不易溶胀，瓜尔胶与有机硼形成冻胶的速度及冻胶的耐温耐剪切性能也受pH值影响。不同pH值范围的压裂液具有不同的延迟时间和耐温耐剪切性能。

目前，压裂施工过程中对pH值的调节主要侧重于冻胶压裂液体系的交联阶段，调节pH值以保证有最佳的交联效果。其中，pH值对稠化剂的溶胀、交联、携砂、破胶等不同阶段的影响不尽相同。在黏弹性表面活性剂压裂液中，pH值对阴离子表面活性剂压裂液的黏度、表面张力和页岩膨胀抑制性影响很大。

3. 基液的表观黏度

线性胶和冻胶压裂液中，均需要加入不同量的稠化剂，从而得到不同黏度的基液。基液的表观黏度的大小是保证压裂液具有良好耐温、抗剪切性能的基础。

在室温下，测量不同稠化剂浓度下基液的表观黏度，可以了解稠化剂浓度与表观黏度的关系，也为压裂液体系配方的确定提供基础。

通常稠化剂浓度越大，基液表观黏度越大。但并不是稠化剂浓度越大越好。稠化剂浓度增大交联后冻胶的强度增加，耐温抗剪切性能、携砂性能更好；但同时成本增加、压力泵吸液困难、泵压增加，裂缝几何尺寸也受到影响。因此稠化剂的加量有最优值，从性能和成本两方面考虑，实际应用中根据表观黏度并结合具体储层特征、施工排量及砂比要求等来确定稠化剂的合适加量范围。

4. 交联时间

交联剂能与聚合物分子链上的活性基团形成新的化学键，从而使聚合物分子形成三维网状结构，交联剂是决定压裂液表观黏度变化的主要因素之一。交联剂种类及用量对压裂液的交联时间、耐温抗剪性能，地层基质渗透率及支撑裂缝导流能力均有较大影响。交联剂的选用由聚合物上可交联的官能团和聚合物所处水溶液环境共同决定。

由于延迟剂的存在延迟了交联剂中交联离子的水解释放，从而达到延迟交联的效果，延迟释放的交联剂能更均匀分布在整个溶液中，形成更为均匀的冻胶，也可以适当降低交联剂的用量。延迟交联技术可以避免管道内高速剪切对压裂液黏度等性能的影响，可以满足深井及高温井的压裂施工要求。同一类型的交联剂，基液浓度的增加，成胶时间缩短、冻胶强度增加，这是由于基液浓度的增加，加快了稠化剂与交联剂反应速度，形成了更强的网状结构，适当降低了交联剂用量。当交联剂类型和基液浓度相同时，交联比的增大，成胶时间稍有缩短，对冻胶强度影响不大。

5. 耐温耐剪切性

耐温耐剪切性是压裂液的重要性能指标，直接影响压裂液的造缝和携砂能力。由于压裂液在进入地层过程中以及进入地层后，剪切作用引起的剪切降解以及温度升高引起的热降解将导致聚合物分子链发生断裂，使压裂液表观黏度降低。而表观黏度是影响压裂液能否压开地层、在地层中造缝能力以及携带支撑剂能力强弱的重要因素，所以需要对压裂液的耐温抗剪性能进行评价。

6. 流变参数

交联后的压裂液冻胶的流变性参数是压裂设计所需的重要参数，对裂缝几何形状的形成有着直接影响，因此流变参数的确定对压裂施工显得十分重要。

测量不同剪切速率下其相应的剪切应力，按幂律流体的数学模型进行回归，测得压裂液在该温度下的流动特征指数 n 和稠度系数 k。

$$\lg\mu_a = \lg k + (n-1)\lg\gamma \tag{6-1}$$

式中 μ_a——某一剪切速率对应的表观黏度值，mPa·s；

k——稠度系数，$Pa \cdot s^n$；

n——流动特征指数，无量纲；

γ——剪切速率，s^{-1}。

实验过程中，压裂液随着温度的升高，流动特征指数 n 和稠度系数 k 都逐渐减小。这是由于温度升高的过程中，聚合物分子热运动导致分子间作用力降低，热降解和剪切作用引起的剪切降解使聚合物分子所形成的网络结构被部分破坏，导致剪切稀释性变强，n 减小；增稠能力下降，稠度系数 k 减小，总体来看，若 n 和 k 变化较小，压裂液表现出较好的耐温性能。

7. 黏弹性

目前，压裂液的黏弹性已经逐渐引起人们的重视，并认为除了表观黏度之外，压裂液的黏弹性也是影响其携砂能力的重要参数之一，弹性越好，压裂液的携砂性能越好。通过测量不同振荡频率下的储能模量（G'）和损耗模量（G''），可以了解在不同振荡频率下液体的弹性结构和黏性结构，其中储能模量对应弹性结构，损耗模量对应黏性结构。

8. 防膨率

储层中一般都含有黏土矿物，砂岩储层的黏土矿物含量较高，水敏性强，遇水后水化膨胀和分散运移，会堵塞油气渗流通道，从而降低储层的渗透率，对于低渗透储层较小的伤害可能导致储层丧失渗流能力。因此，在水基压裂液中必须加入黏土稳定剂，防止储层中黏土矿物水化膨胀和分散运移对储层造成伤害。黏土稳定剂的作用原理是利用黏土表面化学离子交换的特点，改变黏土表面的结合离子，从而改变黏土的物理化学性质，通过破坏黏土的离子交换能力或者破坏双电层离子间的斥力，从而达到防止黏土水化膨胀或分散运移的效果。

目前国内外水基压裂液中使用的黏土稳定剂主要有两类：一类是无机盐类，来源广泛，不会对低渗透储层造成堵塞伤害，但容易被淡水稀释，所以有效时间较短；另一类是有机阳离子黏土稳定剂，其吸附黏土颗粒稳定，不易被其他离子取代，但分子量大，吸附在孔道壁上会减小或堵塞低渗透储层孔喉，降低储层渗透率。

防膨率是根据蒙脱土在相应溶液中的膨胀体积变化而计算出来的，即

$$B=\frac{V_2-V_1}{V_2-V_0}\times 100\% \tag{6-2}$$

式中 B——防膨率，无量纲；

V_1——蒙脱土在含有黏土稳定剂破胶液中的膨胀体积，mL；

V_2——蒙脱土在未加黏土稳定剂破胶液中的膨胀体积，mL；

V_0——蒙脱土在煤油中的膨胀体积，mL。

9. 静态滤失

压裂液向地层的滤失决定了压裂液效率和对储层基质的伤害。压裂液从裂缝壁面向地层的滤失经历了三个过程，首先是压裂液中的固相在裂缝壁面形成滤饼，压裂液经过滤饼向地层滤失，称为压裂液造壁性控制的滤失过程；然后是滤液侵入地层，称为压裂液黏度控制的滤失过程；最后是滤液对地层流体的压缩。

压裂液造壁性控制的滤失过程中，一般用滤失系数来衡量压裂液效率和在裂缝内的滤失量。滤失系数低，说明在施工过程中压裂液滤失量低，地面施工设备的泵压和排量可适当降低，进入地层的滤液少，对储层基质伤害小，但也容易在裂缝壁面形成固相堵塞；滤失系数过大，将会导致造缝达不到压裂设计的要求，并且对储层基质有一定伤害，甚至可能导致砂堵。

实验中对滤失系数的测量有静态滤失系数和动态滤失系数。静态滤失是用压裂液通过滤纸，动态滤失是用压裂液流动经过岩心壁面。动态滤失系数测定中所使用的动态滤失仪的实验条件与地层条件基本相似，但实验较为复杂，目前仍然大量采用静态滤失法评价压裂液的滤失性能。

以时间的平方根为横坐标、累计滤失量为纵坐标作图，可得到压裂液静态滤失曲线，压裂液受滤饼控制的滤失系数 C_3、滤失速度 v_c 及初滤失量 Q_{SP}，即

$$C_3=0.005\times\frac{m}{A} \tag{6-3}$$

$$v_c = \frac{C_3}{\sqrt{t}} \tag{6-4}$$

$$Q_{SP} = \frac{h}{A} \tag{6-5}$$

式中 C_3——受滤饼控制的滤失系数，m · min$^{1/2}$；

m——滤失曲线的斜率，mL · min$^{1/2}$；

A——滤失面积，cm^2；

v_c——滤失速度，m/min；

t——滤失时间，m/min；

Q_{SP}——初滤失量，m^3/m^2；

h——滤失曲线直线段与 Y 轴的截距，cm^2。

10. 基质渗透率损害率

压裂液对储层的伤害程度决定了压裂施工的效果，尤其对低压低渗透油气藏，最大限度地降低压裂液对储层造成的伤害显得更为重要。一般认为压裂液对储层的伤害包括压裂液滤液对岩心基质渗透率的伤害和破胶液对支撑裂缝导流能力的伤害。

基质渗透率伤害率按式(6-6)计算，即

$$\eta_d = \frac{K_1 - K_2}{K_1} \times 100\% \tag{6-6}$$

式中 η_d——渗透率伤害率；

K_1——岩心注滤液前用标准盐水测得的渗透率，mD；

K_2——岩心注滤液后用标准盐水测得的渗透率，mD。

11. 破胶性能

破胶性能包括破胶时间、破胶后的黏度、破胶液的表面张力和界面张力。

破胶剂是破坏交联所形成的三维网状结构，从而使压裂液冻胶达到破胶水化的效果。理想的破胶剂在压裂液携砂过程中应维持较高的黏度，泵送完后，压裂液应快速破胶水化。破胶返排性能也是评价压裂液体系性能好坏的重要指标，可以确定压裂施工中破胶剂的用量和压后关井所需要的时间、直接影响施工结束后破胶液的返排和压裂施工的增产效果。破胶后的黏度、残渣含量是衡量破胶性能好坏的标准，破胶液黏度和残渣含量越低，对地层基质渗透率和支撑裂缝导流能力的伤害越小。表(界)面张力是衡量返排性能好坏的标准，表(界)面张力低，易返排，可减少破胶液滞留在地层中造成伤害。大量的实践已经证明，压裂液破胶水化后的黏度越低，对地层伤害越小。

压裂液残渣含量按式(6-7)计算，即

$$\eta_3 = \frac{m_3}{V_0} \times 1000 \tag{6-7}$$

式中 η_3——压裂液残渣含量，mg/L；

m_3——残渣质量，mg；

V_0——压裂液用量，mL。

压裂液破胶后需要及时快速返排到地面，否则会对地层造成伤害。用助排剂降低破胶液的表(界)面张力，增加能量，促进其返排，减少对储层的伤害。助排剂一般分为增能剂和表面活性剂两种。由于用表面活性剂作为助排剂操作相对简单，室内评价可操作性更强。表面活性剂通过降低破胶液的表面张力、油水界面张力和增加润湿角来帮助破胶液返排出地层，从而提高压裂施工增产效果。

12. 配伍性

压裂液与储层流体配伍性能是选择压裂液的重要依据之一。在油井或者含大量地层水的气井压裂施工完成后，破胶液会在支撑裂缝处与原油和地层水接触。由于原油中有胶质、沥青质等天然乳化剂，油水接触流动具有一定搅拌作用，容易形成乳化液。油包水型的乳化液黏度较大，导致通过毛管、喉道时渗流阻力增加。因此，需要尽量降低破胶液与地层原油发生乳化对渗流造成的影响。如破胶液与地层水配伍性不好，会发生化学反应产生沉淀，导致地层渗透率下降。

评价压裂液与储层流体配伍性能主要是通过破胶液与原油乳化、破乳性能以及破胶液与地层水的配伍性能。

乳化率和破乳率按式(6-8)、式(6-9)计算，即

$$\eta_4=\frac{V_1}{V}\times100\% \tag{6-8}$$

$$\eta_5=\frac{V_2}{V_1}\times100\% \tag{6-9}$$

式中 η_4——原油与破胶液的乳化率，无量纲；

η_5——原油与破胶液乳化液的破乳率，无量纲；

V——用于乳化的混合液总体积，mL；

V_1——V 中被乳化的体积，mL；

V_2——V_1 中脱出破胶液的体积，mL。

13. 降阻率

压裂液从泵出口经地面管线、井筒管柱和射孔孔眼进入裂缝，在每个流动通道内都会因为摩阻而产生压力损失。计算这些压力损失并分析其影响因素，对准确地确定施工压力和成功压裂都是十分重要的。

压裂液在一定速率下流经一定长度和直径的管路时都会产生一定的压差，根据压裂液与清水压差的差值来计算滑溜水的降阻性能。

$$\mathrm{DR}=\frac{\Delta p_1-\Delta p_2}{\Delta p_1}\times100\% \tag{6-10}$$

式中 DR——室内压裂液对清水的降阻率，%；

Δp_1——压裂液流经管路时的稳定压差，Pa；

Δp_2——压裂液流经管路时的稳定压差，Pa。

14. 静态携砂性能

携砂性能是压裂液对支撑剂的悬浮能力，在压裂施工过程中，压裂液的携砂性能是压裂施工成败的关键因素之一。携砂性能好，可将支撑剂全部均匀地带入地层裂缝中，并可提高砂比和携带较大直径的支撑剂；携砂性能差，支撑剂在压裂液中沉降较快，则支撑剂不能全部进入地层裂缝而沉降于井筒中，造成砂堵，从而导致压裂施工失败。动态携砂模型的建立较为复杂，实验评价难度较大，因此压裂液的携砂性能目前多采用静态沉降速率表征。

一般认为压裂液的携砂性能主要取决于液体的黏度、比重及在管线或裂缝中的流速，液体黏度高、比重大、在管线或裂缝中流速大，则携砂能力强。通常采用支撑剂在压裂液中的静态自由沉降速率来量化评价压裂液的携砂性能。

记录支撑剂沉降时间与沉降距离关系，支撑剂在压裂液中的静态沉降速率=沉降距离/沉降时间。

二、实验设备

为满足压裂液各项性能评价要求，需要配备相应的实验评价设备，下面就相关实验设备进行介绍。

压裂液基液的pH值可用精密pH试纸或pH计进行测量，其中pH计主要由参比电极、指示电极、电流计三部分组成。美国梅特勒—托利多的pH计如图6-2所示，设备参数：pH值测量范围为1~14，分辨率为0.1pH，温度范围为室温~105℃。

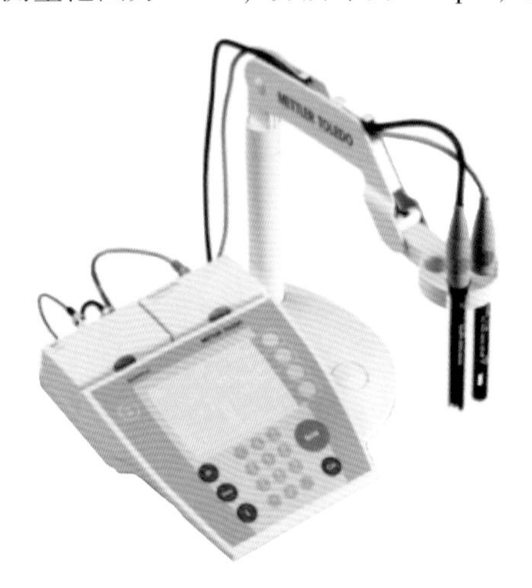

图6-2　pH计

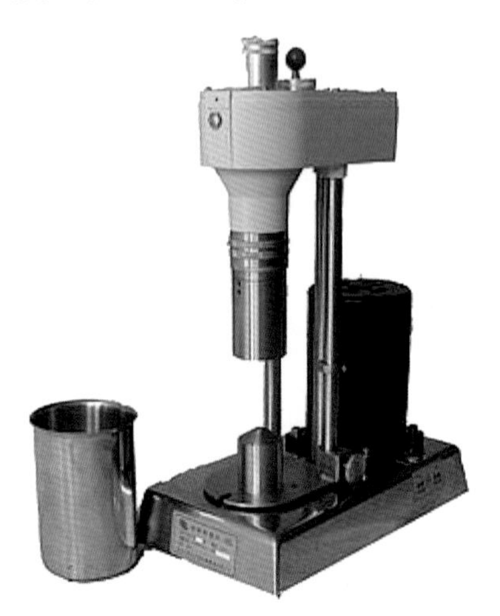

图6-3　六速旋转黏度计

基液的表观黏度通常用六速旋转黏度计测定，主要由动力部分、变速部分、样品杯、转筒、测量部分等组成。青岛森欣机电设备有限公司的六速旋转黏度计如图6-3所示，设备参数：剪切速率梯度为5/10/170/340/511/1022s^{-1}，测量范围为1~300mPa·s，测量精度为±4%。

耐温耐剪切、流变参数、黏弹性均可采用高温高压流变仪测定，主要由空气压缩机、温控系统、流变测量系统、软件系统四大部分组成。德国哈克公司的 RS6000 流变仪如图 6-4所示，设备参数：最小扭矩 0.005μN·m，最大扭矩 200mN·m，扭矩分辨率 0.5μN·m，最大升温速率 5℃/min，温度 0~200℃。

图 6-4 RS6000 流变仪

图 6-5 高温高压失水仪

静态滤失性通常采用高温高压失水仪，主要由耐腐蚀不锈钢质液杯、电加热套自动恒温控制、不锈钢外壳、外加热保温层等组成。江苏省海安县石油科研仪器有限公司的高温高压静态失水仪如图 6-5 所示，设备参数：温度最高 200℃，工作压力为 4.2 或 7.1MPa，滤失面积 22.6cm^2。

基质渗透率损害率实验通常采用钻井液/完井液损害储层室内评价装置，主要包括液体注入泵、用于存储标准盐水和滤液的中间容器、岩心夹持器、围压泵、流量计、数据采集及处理系统等六大部分组成。江苏省海安县石油科研仪器有限公司的岩心伤害仪如图 6-6所示，设备参数：最大注入压力 70MPa，岩心尺寸 ϕ25mm×L(40~80)mm，最大温度 150℃，液测渗透率范围 0.0001~1000mD，恒速恒压泵流量 0.01~40mL/min。

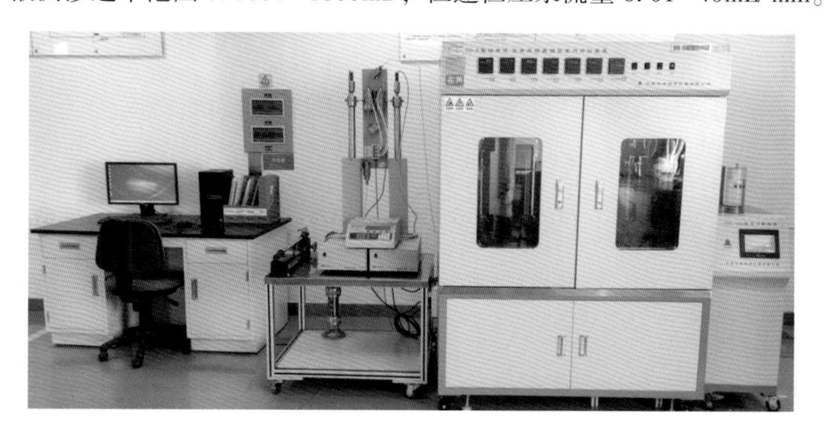

图 6-6 钻井液/完井液损害储层室内评价装置

破胶液的表面张力和界面张力采用表面张力仪，主要由扭力丝、铂金环、支架、杠杆架、蜗轮付等组成。美国科诺公司的表面张力仪如图 6-7 所示，设备参数：测量范围 0~200.0mN/m，分辨率 0.1mN/m。

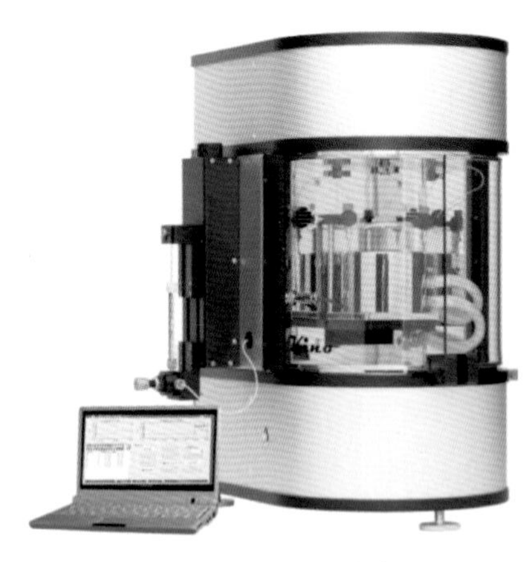

图 6-7　表面张力仪

图 6-8　开路摩阻仪

降阻率采用开路摩阻仪，主要由储液罐、动力泵、测试管线、压差传感器、流量计、数据采集及记录系统等组成。符合行业标准的开路摩阻仪如图 6-8 所示，设备参数：耐压 5.0MPa，液体黏度 1～100mPa·s，最大线速度 25m/s（10mm 管径中），管径 8mm/10mm/12mm，流量计量程 0～160kg/min，压差 0.5MPa/2.5MPa/5.0MPa。

除了以上设备之外，液体制备、运动黏度、交联时间、防膨率、配伍性、残渣含量、静态携砂性能等实验主要使用运动黏度计、天平、烧杯、量筒、秒表、烘箱等通用实验设备，本书在此不一一介绍。滑溜水的毛细管吸收时间、线性膨胀率等相关设备参考本书第五章相关内容。

三、实验方法

压裂液的实验方法，主要参考行业标准《水基压裂液性能评价方法》（SY/T 5107—2016）、《页岩气　压裂液　第 1 部分：滑溜水性能指标及评价方法》（NB/T 14003.1—2015）中关于水基压裂液和滑溜水相关实验方法，主要步骤如下。

1. 液体的制备

如果压裂液样品的制备和处理不恰当，将会影响液体的黏度和流变性能，制备过程中尽量减少空气进入液体的概率，并注意以下步骤：

（1）明确配置液体的类型，如蒸馏水、自来水、海水、返排液等；

（2）了解液体的添加剂种类及用量；

（3）了解添加剂添加的顺序及方法；

（4）搅拌容器的大小，搅拌速度和搅拌时间；

（5）添加剂溶解过程中是否升温。

在同一批次的压裂液性能评价过程中，应尽量保持上述步骤一致，避免人为因素导致压裂液性能评价结果出现不同。

2. 基液密度

基液密度的测试方法通常采用插入式的密度计，将待测的实验样品放入清洁、干燥的量筒内，不得有气泡。将量筒置于恒温水浴锅中，待温度恒定后，将清洁干燥的密度计缓缓地放入基液中，其下端应离量筒底 2cm，不能与量筒壁接触，密度计的上端露出在液面外的部分所沾液体不能超过(2~3)分度。待密度计在液体中稳定后，读出密度计弯月面下沿的刻度，即为该温度下的基液密度。

3. 表观黏度

测量时实验样品倒入六速旋转黏度计转子与外套筒之间的环形空间。根据剪切速率设置相应的转速，通过电动机驱动转子连接外套筒以一定的转速旋转，外套筒在样品中转动会对转子施加一定的扭力，通过扭力弹簧的反作用力转动表现在刻度盘上，通过公式计算得出实验样品的表观黏度数值。

4. 交联性能

压裂液的交联性能是基液与交联剂的交联时间以及交联后的成胶情况。测定交联时间的方法有旋涡封闭法和挑挂法。旋涡封闭法是用吴茵混调器测定交联冻胶形成旋涡完全封闭所需要的时间，即为交联时间。挑挂法成胶是配好的基液倒入烧杯后，在玻璃棒不断搅拌的情况下加入适量的交联剂，交联剂的加量由交联比确定。加入交联剂后按下秒表计时并继续按同一方向继续搅拌液体，直至形成能均匀挑挂的冻胶，如图 6-9 所示，同时记录成胶时间，目测交联后形成冻胶的强度、弹性、挂壁性能以及外观是否光滑等。

图 6-9 压裂液与携砂液的挑挂性

5. 耐温耐剪切性

称取适量的稠化剂配制成一定浓度的基液，按配方比例加入助排剂、黏土稳定剂，用玻璃棒搅拌均匀后，再按交联比加入交联剂。将配制好的压裂液装入流变仪的样品杯中，密闭后设置实验所需加热温度，升温速率通常为3℃/min，从室温开始实验，同时转子在剪切速率170s^{-1}条件下转动。温度达到测试的温度后，保持剪切速率和温度不变，耐温抗剪评价实验时间为2h。

通过实验过程中表观黏度随时间、温度的变化表征压裂液的耐温抗剪性能，如图6-10所示。

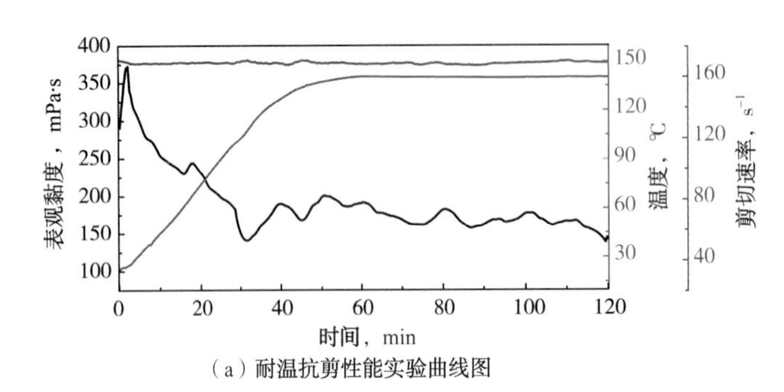

（a）耐温抗剪性能实验曲线图

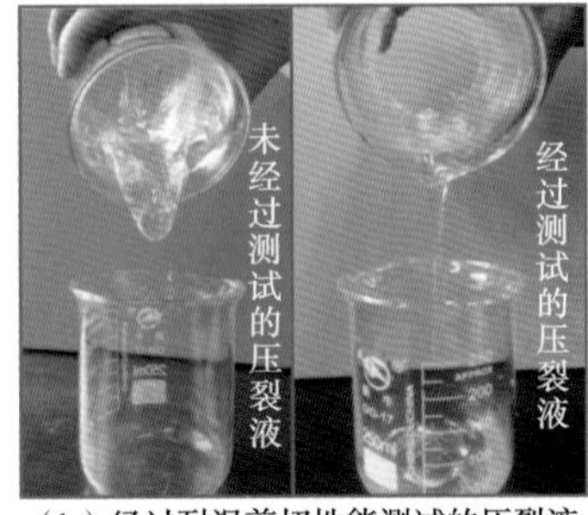

（b）经过耐温剪切性能测试的压裂液

图6-10 压裂液的耐温抗剪性能实验与经过耐温耐剪切性能测试的压裂液

6. 流变参数

称取适量的基液，按配方比例加入助排剂、黏土稳定剂，用玻璃棒搅拌均匀后，再按交联比加入交联剂，继续搅拌，直至形成可以挑挂的冻胶。将配好的压裂液按要求装入流变仪测试系统的样品杯中，加热到所需测定温度，同时转子在剪切速率170s^{-1}下转动，待温度达到测定温度后开始测量，剪切速率由高到低（170s^{-1}，150s^{-1}，125s^{-1}，100s^{-1}，75s^{-1}，50s^{-1}，25s^{-1}）。

以冻胶压裂液为例，在60℃、75℃、90℃下，流变参数的实验结果，如图6-11所示。将线性拟合得到的参数整理后便可得到压裂液在不同温度下的流变参数，见表6-4。

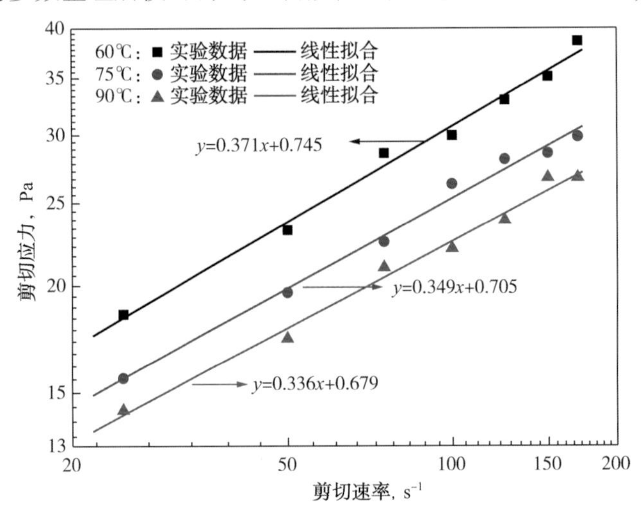

图6-11 压裂液流变参数实验及线性拟合结果

表 6-4　压裂液在不同温度下的流变参数

温度,℃	流变参数	
	流动特征指数 n	稠度系数 K，$Pa\cdot s^n$
60	0.371	5.56
75	0.349	5.07
90	0.336	4.78

7. 黏弹性

配制压裂液冻胶，利用流变仪测定压裂液黏弹性。设置振荡测量模式，放好样品，安好转子，调整零点，降下升降台，开始测量。测试程序设定为：第一步，在 0.1Hz 下进行应力扫描，确定线性黏弹区；第二步，在线性黏弹区内选定一应力值，在频率为 0.01～10Hz 范围内进行频率扫描，确定振荡频率与储能模量 G'、损耗模量 G''的关系，如图 6-12 所示。

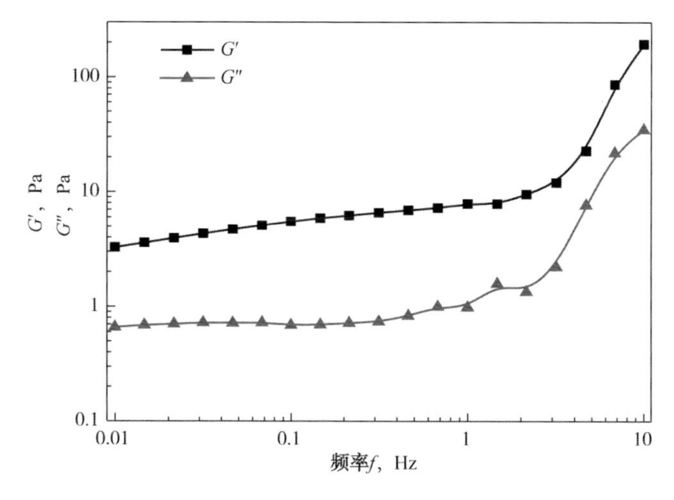

图 6-12　压裂液黏弹性评价

8. 防膨率

采用离心法测定防膨率，先称取 0.5g 蒙脱土，装入 10mL 试管中，加入 10mL 含有黏土稳定剂的破胶液，充分摇匀，在室温下存放 2h，待其充分膨胀后装入离心机，转速为 1500r/min 离心分离 15min，读出蒙脱土膨胀后的体积，记为 V_1。再测定蒙脱土在未加黏土稳定剂的破胶液以及煤油中膨胀后的体积，记为 V_2 和 V_0，如图 6-13 所示。

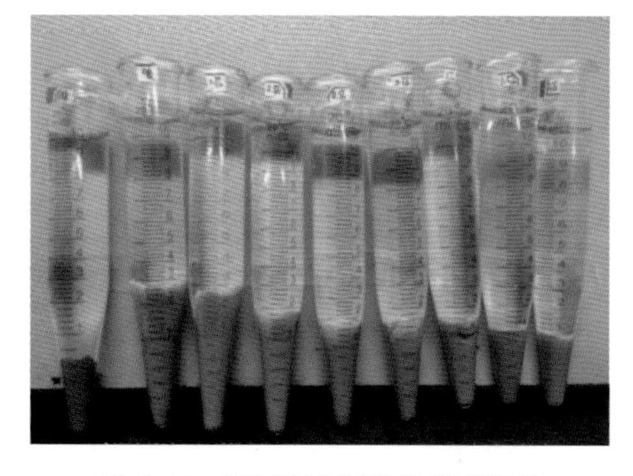

图 6-13　不同配方下的防膨率实验

9. 静态滤失

在高温高压失水仪滤筒底部放置 2 片圆形滤纸，将配好的压裂液冻胶装入滤筒中，设定滤筒温度，给滤筒施加初始压力和回压，待温度达到设定温度时，用氮气压力源将实验压差设为 3.5MPa 的回压，压裂液滤液开始通过滤纸流出，用量筒收集，同时记录时间，记录 1min、4min、9min、16min、25min、36min 时的滤失量。选择不同浓度稠化剂的压裂液分别用于不同温度的静态滤失性评价实验，实验结果如图 6-14 所示。将线性拟合得到的参数分别代入式(6-3)至式(6-5)，其中滤失速度取时间 $t=1$min 时所对应的滤失速度，可得到不同浓度稠化剂的压裂液在不同温度下的静态滤失参数，见表 6-5。

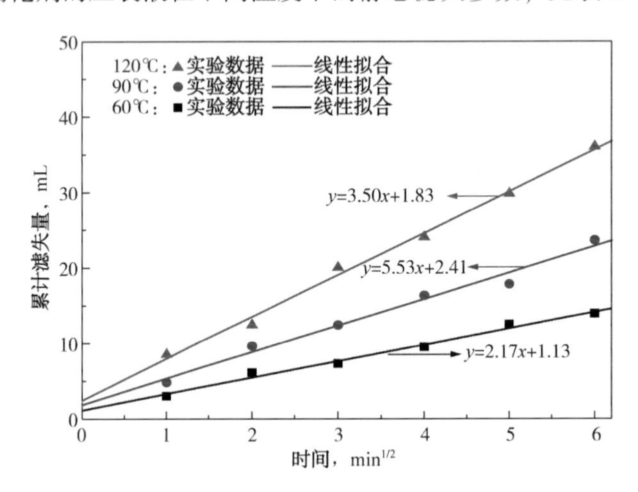

图 6-14　压裂液在不同温度下静态滤失曲线

表 6-5　压裂液在不同温度下静态滤失参数

稠化剂浓度,%	温度,℃	滤失系数 10^{-3}m/min$^{1/2}$	初滤失量 10^{-2}m^3/m^2	滤失速度 10^{-4}m/min
0.3	60	0.327	3.41	3.27
0.4	90	0.528	5.52	5.28
0.5	120	0.832	7.27	8.32

从表 6-5 中可以看出，随温度的升高，滤失系数 C_3 增大，这是由于温度升高，压裂液在裂缝壁面形成滤饼能力降低导致，压裂液形成的滤饼，如图 6-15 所示。

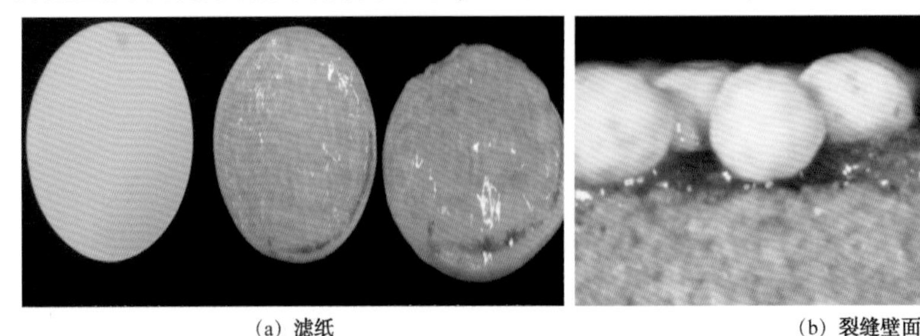

(a) 滤纸　　(b) 裂缝壁面

图 6-15　压裂液滤纸及裂缝壁面所形成的滤饼

10. 基质渗透率损害率

基质渗透率损害率实验的主要步骤如下。

(1)标准盐水的配制及岩心的选取与准备：实验中所用标准盐水的配方为2.0%KCl+5.5%NaCl+0.45%$MgCl_2$+0.55%$CaCl_2$。选取圆柱体人造岩心，两端面磨平，并与圆柱面相垂直。将岩心放入65℃烘箱中烘干后，测量并记录岩心的长度和直径，将烘干后的岩心放到装有标准盐水的真空干燥器中，真空泵抽气3~6h，使岩心被盐水饱和。取出岩心备用。

(2)压裂液滤液的收集：按静态滤失的实验方法，适当增加滤失时间，收集足够实验所用的滤液。

(3)实验仪器准备：将实验仪器按图6-16所示连接，检查所有实验管线密封性是否良好。

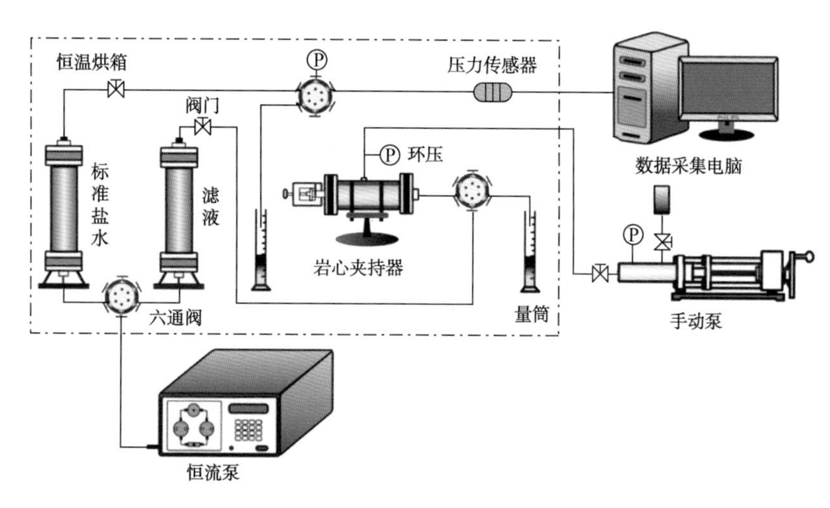

图6-16 基质渗透率损害率实验流程图

(4)伤害前岩心渗透率K_1的测定：将岩心放入岩心夹持器，正向注入标准盐水，直至流量及压差稳定后，记录流量与压差。

(5)伤害过程：将滤液反向注入岩心，按流量0.5mL/min注入36min，注完后，关闭岩心夹持器两端阀门，使滤液在岩心中停留2h。

(6)伤害后岩心渗透率K_2的测定：按照测试伤害前渗透率方法测试伤害后的渗透率。

(7)岩心渗透率按式(6-11)计算。

$$K=\frac{Q\mu L}{\Delta pA}\times 10^{-1} \tag{6-11}$$

式中 K——标准盐水测得的渗透率，mD；

Q——标准盐水通过岩心的体积流量，cm^3/s；

μ——标准盐水的黏度，mPa·s；

L——岩心轴向长度，cm；

A——岩心横截面积，cm^2；

Δp——岩心进出口的压差，MPa。

(8)根据伤害前和伤害后渗透率的值，计算基质渗透率损害率。

11. 破胶性能

(1)破胶时间、破胶液黏度。

首先配制相应稠化剂浓度的基液，取100mL基液加入适量的破胶剂。搅拌均匀后，根据交联比加入交联剂，继续搅拌直至形成可以挑挂的冻胶。然后将冻胶放入一定温度的恒温烘箱中，观察并记录破胶情况。当目测破胶液黏度较低时，用六速旋转黏度计测量其在 $170s^{-1}$ 条件下的表观黏度。

(2)表(界)面张力。

首先配制基液，取一定量基液加入适量的破胶剂和表面活性剂。搅拌均匀后，按相应的交联比加入交联剂。然后将液体放入恒温烘箱中，观察并记录加入表面活性剂后是否对压裂液成胶性能及破胶性能有明显的影响。待彻底破胶之后，用全自动表面张力仪测量破胶液的表面张力，利用界面张力仪测量破胶液与煤油的界面张力。

(3)残渣含量。

量取50mL压裂液，加热恒温破胶，恒温时间为压裂液彻底破胶时间，破胶液黏度低于5mPa·s时可视为彻底破胶。将破胶液全部倒入已烘干称重的离心管中，将离心管放入离心机内，在3000r/min±150r/min转速下离心30min，然后慢慢倾倒出上层清液。再用50mL水洗涤破胶容器后倒入离心管中，用玻璃棒搅拌洗涤残渣样品，再放入离心机中离心20min，倾倒上层清液，将离心管放入电热恒温烘箱中烘干，在105℃条件下烘干到恒重，不同压裂液残渣含量，如图6-17所示。

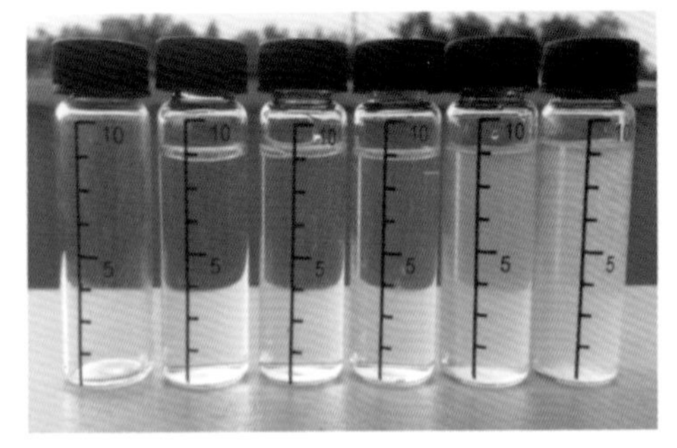

图6-17　不同压裂液残渣含量示意图

12. 配伍性

(1)乳化率及破乳率测定。

将原油与破胶液按3∶1，3∶2，1∶1的体积比混合，放入恒温水浴锅中加热。加热后的液体用涡流振荡器振荡3min，再将液体倒入试管中，记录实际乳化液的体积，再把装有乳化液的试管放入恒温水浴锅中静置恒温，分别记录时间为3min、5min、10min、30min、60min、2h、4h、10h、24h分离出来的破胶液体积。

(2)与地层水配伍性。

破胶液与地层水按1∶2，1∶1，2∶1的体积比混合，摇晃均匀后，静置半小时，观察是否有沉淀生成。

13. 降阻率

在循环储液罐中加入测试所需量的清水，缓慢调节动力泵的转速，使整个测试管路充满测试液体。打开温控加热系统，设定测试温度，调整动力泵转速达到设定线速度或雷诺

数。待液体流量计上的排量和温度检测器上的温度读数稳定后，从计算机读取该线速度或雷诺数下清水的压差。然后按照相同程序测试压裂液流经该管路的压差。

14. 静态携砂性能

取配好的基液倒入 250mL 的烧杯中，加入一定量的陶粒(砂比可为 10%、30%、50%，具体值根据储层类型、液体黏度等确定)，搅拌过程中加入交联剂，尽量使陶粒砂均匀分布在整个压裂液冻胶中，然后将冻胶转入到平底试管中，再把平底试管放入烘箱中，记录时间，并每隔 20 分钟用直尺量取支撑剂的沉降距离，如图 6-18 所示。

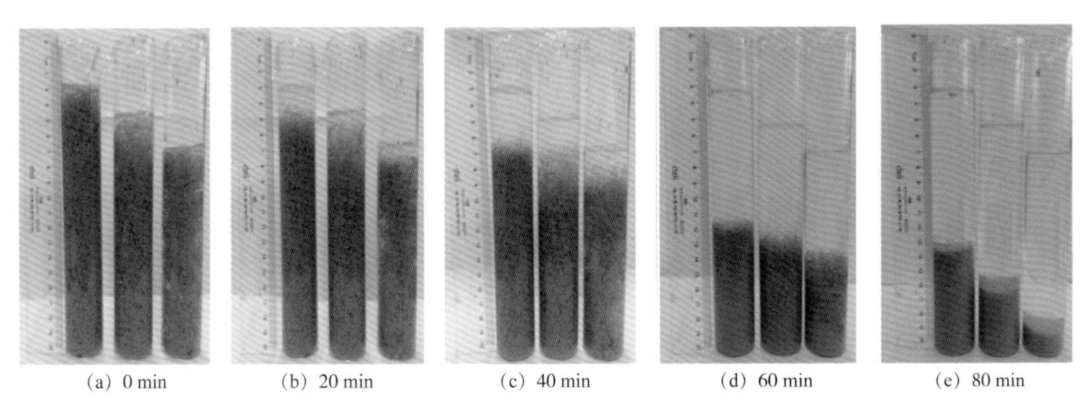

(a) 0 min (b) 20 min (c) 40 min (d) 60 min (e) 80 min

图 6-18 支撑剂在压裂液中的静态沉降过程(从左往右，砂比依次为 50%、30%、10%)

四、应用案例

典型冻胶性能参数见表 6-6。

表 6-6 典型冻胶性能参数

项目		技术要求	性能参数范围
基液表观黏度，mPa·s		10~100	30~60
交联时间，s		15~300	25~500
耐温抗剪切能力(表观黏度)，mPa·s		≥50	50~150
黏弹性	储能模量，Pa	≥1.5	2~5
	损耗模量，Pa	≥0.3	1~4
支撑剂静态沉降速率，cm/min			0.02~0.1
破胶性能	破胶时间，min	≤720	120-600
	破胶液表观黏度，mPa·s	≤5	1~5
	破胶液表面张力，mN/m	≤28	22~28
	破胶液与煤油界面张力，mN/m	≤2	0.4~1.5
静态滤失性	滤失系数，$10^{-3}m/min^{\frac{1}{2}}$	≤1	0.3~1.0
	初滤失量，$10^{-2}m^3/m^2$	≤5	2~5
	滤失速度，$10^{-4}m/min$	≤15	3~10

续表

项目	技术要求	性能参数范围
残渣含量，mg/L	≤600	50~400
岩心基质渗透率伤害率,%	≤30	10~25
破乳率,%	≥95	95~99
压裂液破胶液与地层水配伍性	无絮凝、无沉淀	无絮凝、无沉淀

典型线性胶性能参数见表 6-7 所示。

表 6-7　典型线性胶性能参数

项目		技术要求	性能参数范围
基液表观黏度，mPa·s		10~80	30~60
耐温抗剪切能力(表观黏度)，mPa·s		≥5	5~10
支撑剂静态沉降速率，cm/min			2~10
破胶性能	破胶时间，min	≤120	30~60
	破胶液表观黏度，mPa·s	≤5	1~3
	破胶液表面张力，mN/m	≤28	22~30
	破胶液与煤油界面张力，mN/m	≤2	0.4~1.5
残渣含量，mg/L		≤600	10~200
岩心基质渗透率伤害率,%		≤30	5~20
降阻率,%		≥50	50~60
破乳率,%		≥95	95~99
压裂液破胶液与地层水配伍性		无絮凝、无沉淀	无絮凝、无沉淀

典型滑溜水性能参数见表 6-8 所示。

表 6-8　典型的滑溜水性能参数

项目	技术要求	性能参数范围
pH 值	6~9	6~8
运动黏度，mm^2/s	≤5	1~3
表面张力，mN/m	<28	24~28
与煤油界面张力，mN/m	<2	0.4~1.5
CST 比值	<1.5	1.0~1.5
线性膨胀率,%	<3	1.5~3.0
降阻率,%	≥70	65~75
破乳率,%	≥95	95~99
防垢率	≥90	92~98
滑溜水添加剂的配伍性	室温和储层温度下均无絮状现象，无沉淀产生	室温和储层温度下均无絮状现象，无沉淀产生
与返排液配伍性	与返排液混合放置后无沉淀物，无絮凝物，无悬浮物	与返排液混合放置后无沉淀物，无絮凝物，无悬浮物

第二节　支撑剂类型及性能评价

在水力压裂的过程中，为防止压后的裂缝在地层闭合压力下重新闭合，常常需要往地层泵注特殊的材料用来支撑裂缝，这些材料被称为支撑剂。支撑剂是一种压裂专用的固体颗粒。支撑剂由压裂液带入地层并停留在压裂形成的裂缝中，压后能撑住压开裂缝的岩石壁面，使之不重新闭合，从而在地层中形成具有一定导流能力的人工裂缝。

水力压裂曾使用过多种支撑剂，如金属铝球、核桃壳、玻璃珠、塑料球等，由于强度、硬度和成本方面的原因，这些支撑剂基本都已不再使用。目前国外使用的支撑剂主要为石英砂、陶粒、树脂覆膜支撑剂，国内主要为石英砂和陶粒。

(1)石英砂。

石英砂是一种分布很广、硬度较大的天然矿物，在沙漠、河滩或沿海地带均有大量分布，其矿物组分主要为石英，石英含量的高低是衡量石英砂质量的重要指标。中国石英砂中石英的含量一般可达80%左右，国外优质的石英砂中石英含量可达98.5%以上。石英砂颗粒视密度一般在2.65g/cm^{3}左右，体积密度约1.6g/cm^3。石英砂中的石英又可分为单晶石英、多晶石英两种晶体结构。在石英砂中单晶石英所占的质量分数越高，则该种石英砂的抗压强度越大。

石英砂具有以下特点：

①石英砂可满足大部分地层的致密气藏加砂压裂的要求，且由于价格便宜而被广泛使用；

②天然裂缝发育的地层，70/140目粉砂可作为压裂液的固体降滤剂，充填与主裂缝沟通的天然裂缝，降低压裂液的滤失；

③石英砂的颗粒密度较低，便于施工泵送；

④石英砂中的石英热稳定性好，加热到1500℃开始软化，在1710~1756℃开始溶化，同时石英仅溶于氢氟酸而不溶于其他酸碱类；

⑤石英砂抗压强度低，国内的石英砂闭合压力超过20MPa后，破碎率通常就超过10%；

⑥石英砂质硬、性脆，一旦压碎即呈微粒和粉末状，进而降低裂缝的导流能力。

(2)陶粒。

由于石英砂在破碎率方面的局限性，支撑剂中引入了陶粒。相对而言，陶粒主要通过烧结制成，因此形状规整可控、强度高、耐酸碱性、耐热性、导流能力好。常用铝土矿烧结支撑剂颗粒大小为12~70目。大多数陶粒是以含铝量高的高岭土或铝矾土制成，其高强度来源于高温烧结后形成的金刚砂、红柱石和方晶石的晶体结构。

陶粒一般可分三种，高密度陶粒中氧化铝含量高达80%~85%，中密度含氧化铝70%~75%，低密度含氧化铝45%~50%，余下的主要成分是二氧化硅或其他氧化物成分。一般高密度陶粒强度更高，导流能力更好，可承受高于86MPa的闭合压力，但成本也更昂贵。

陶粒已被证实几乎在所有的油气井中都有较明显的增产效果。但是，陶粒因涉及煅烧、制粒等工艺流程，比石英砂成本高，且由于密度大，需高黏或高流速的液体作为携砂液，并且很难到达裂缝深处。

(3)树脂覆膜支撑剂。

为克服常规支撑剂的脆性破坏及支撑剂回流现象，支撑剂中引入了树脂覆膜支撑剂。树脂覆膜的作用主要有：

①使用预固化树脂包覆支撑剂可有效减少回流，保持裂缝宽度；

②树脂覆膜后支撑剂之间的联结可降低单点载荷，且接触边界压力分散使抗压碎能力增强；

③树脂覆膜起到胶囊作用，将破碎的支撑剂碎屑包覆，防止小颗粒运移阻塞孔隙和通道；

④包覆后表面更圆滑，减少砂粒棱角，具有更高的导流能力。

20 世纪 80 年代，树脂覆膜支撑剂开始广泛应用于水力压裂中，并认为使用树脂覆膜支撑剂解决支撑剂回流问题是一个历史性的突破。研究表明，尾注 10%~20%的树脂覆膜支撑剂，可减少回流损失量达 30%~50%。酚醛树脂、呋喃树脂、环氧树脂等是常用的树脂覆膜材料，虽然树脂覆膜支撑剂性能得到有效提高，但固化反应需要在一定的温度、密闭压力等条件下才能发生；树脂覆膜支撑剂与压裂液之间存在兼容性问题，具有活性化学基团的树脂覆膜材料容易与压裂液中的降阻剂、破胶剂等发生副反应；且覆膜易受压裂液 pH 值影响，从而降低裂缝导流能力。

总体来看，石英砂、陶粒、树脂覆膜支撑剂的性能见表 6-9 和如图 6-19 所示。

表 6-9　石英砂、陶粒和树脂覆膜砂性能比较

种类	特点
石英砂	优点：无须造粒，只需筛分和简单处理，廉价易得、密度较低，在裂缝中运移距离较长。 承压：一般低于 42MPa 闭合压力，适用于浅层、低闭合压力地层。 种类：单晶白砂，多晶棕砂等。 尺寸：其中河砂常用尺寸是 20 /40 目，几乎占总用量的 85%。 成分：主要成分是石英、云母等。 不足：形状不规整，圆球度、强度、耐热性、抗压性较差，不适于较为严苛或极端条件下的深井；破碎容易导致回流，损害设备，并造成裂缝闭合，降低产量
陶粒	优点：烧结制成，形状规整可控，强度较高、耐酸碱性、耐热性和导流能力好。 承压：高密度陶粒可承受高于 89MPa 的闭合压力。 种类：高密度约 3.55g/cm^3，氧化铝质量分数高达 80%~85%；中密度含氧化铝 70%~75%；低密度约 2.70g/cm^3，含氧化铝 45%~50%。 尺寸：常用铝土矿烧结颗粒大小为 12~70 目。 成分：大多数以含铝量高的高岭土或铝矾土制成，其高强度来源于高温烧结后形成的刚玉、莫来石等的晶型结构。其组成除氧化铝和二氧化硅外，或少量其他的氧化物成分。 不足：密度大、携砂难度大，难到达深度裂缝；以铝土矿为例，虽强度高，容易嵌入地层中
树脂覆膜支撑剂	优点：适用范围广，可降低回流、包埋、碎屑成岩、溶解等不利影响。 承压：满足 103MPa 闭合压力。 种类：酚醛树脂、呋喃树脂、环氧树脂等是常用的包覆材料。 尺寸：可控。 不足：覆膜对携砂液有兼容性要求，需要在特定的温度和压力下固化

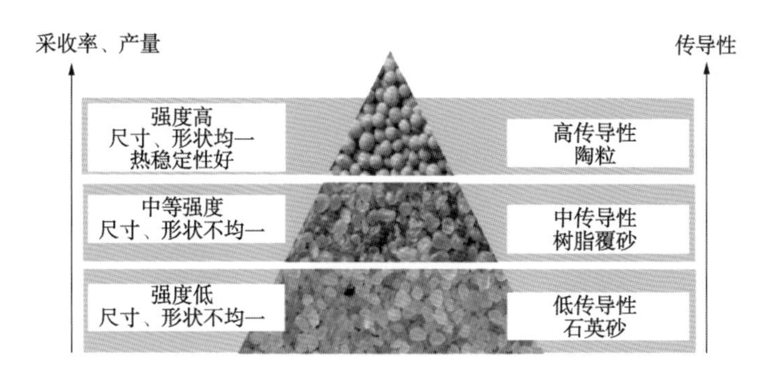

图 6-19 石英砂、陶粒和树脂覆膜支撑剂性能比较(牟绍艳，2017)

一、实验原理

在同一储层、同一裂缝几何尺寸的条件下，支撑剂的性能和裂缝的导流能力决定了加砂压裂的增产效果。压裂支撑剂性能的实验项目主要包括密度、圆球度、浊度、粒径分析和破碎率等指标。通过支撑剂的物理性能评价，可以为支撑剂的优选提供直接参考。一种理想支撑剂的物理性能如下：

(1)为获得最大的支撑裂缝宽度，支撑剂应具有足够的抗压强度，能够承受高的闭合压力；

(2)为便于泵送，支撑剂颗粒的密度越低越好；

(3)为获得较高的导流能力，支撑剂的颗粒应当尽量大一些，且颗粒均匀；

(4)为避免对裂缝造成伤害，支撑剂在地层温度下，与滑溜水和储层流体不产生化学作用；

(5)支撑剂的成本，应尽量低廉。

1. 密度

支撑剂的密度包括体积密度、视密度、绝对密度。

体积密度是描述充填一个单位体积的支撑剂质量，包括支撑剂体积和孔隙体积，体积密度可以用于确定充填裂缝或装满储罐所需的支撑剂质量。

对于40/70目陶粒来说，一般认为体积密度对支撑剂类型的分类可以分为三种，见表6-10。

表 6-10 体积密度对支撑剂类型的分类

类型	低密度支撑剂	中等密度支撑剂	高密度支撑剂
体积密度大小，g/cm^3	<1.65	1.65~1.80	>1.80

视密度是表征不包括支撑剂之间孔隙体积的一种密度，通常用低黏度液体来测量，液体润湿了颗粒表面，包括液体不可触及的孔隙体积。

一般认为视密度对支撑剂类型的分类可以分为三种，见表6-11。

表 6-11 视密度对支撑剂类型的分类

类型	低密度支撑剂	中等密度支撑剂	高密度支撑剂
视密度大小，g/cm^3	<2.70	2.70~3.40	>3.40

绝对密度不包括支撑剂中的孔隙和支撑剂之间的孔隙体积。

2. 圆球度

评估支撑剂常见颗粒形状的参数是圆度和球度，用于对支撑剂的特性描述。球度是支撑剂颗粒近似球状程度的一个量度，圆度是支撑剂颗粒角隅锐利程度或颗粒曲度的一个量度，这些参数必须分别确定。

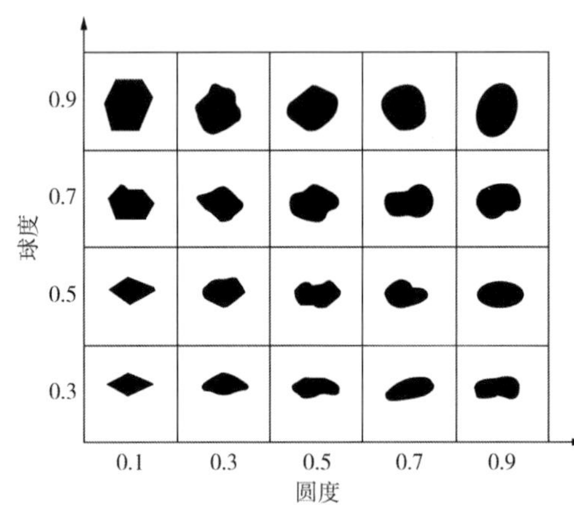

图 6-20 支撑剂圆球度模板

目前确定圆度和球度使用最广泛的方法是使用 Krumbien/Sloss 图版，如图 6-20 所示。也有采用照相计算或数字技术来确定支撑剂的圆球度。

根据《水力压裂和砾石充填作业用支撑剂性能测试方法》(SY/T 5108—2014)中的技术要求，陶粒支撑剂和树脂覆膜陶粒支撑剂的平均球度应该是 0.7 或者更大，平均圆度应该是 0.7 或更大。其他类型支撑剂，如石英砂等，平均球度应是 0.6 或更大，平均圆度应是 0.6 或更大，见表 6-12。

表 6-12 行业标准对支撑剂圆球度的技术要求

实验项目	技术要求	备注
圆球度	圆度≥0.7，球度≥0.7	陶粒支撑剂、树脂覆膜陶粒支撑剂
	圆度≥0.6，球度≥0.6	其他类型支撑剂

3. 浊度

浊度是为了确定支撑剂样品中悬浮颗粒的数量，或是否存在的其他细微分离的物质的标准。一般来说，浊度测试是测量悬浮物的光学性质，即液体中悬浮颗粒分散和吸收光线的性能。浊度值越高，悬浮颗粒越多，结果用 FTU 或 NTU 来表示，如图 6-21 所示。

图 6-21 不同浊度值的支撑剂浊度液(图中数值的单位为 FTU)

根据《水力压裂和砾石充填作业用支撑剂性能测试方法》(SY/T 5108—2014)中的技术要求，天然石英砂支撑剂的浊度不应超过 150FTU，陶粒支撑剂和树脂覆膜支撑剂的浊度不应超过 100FTU，见表 6-13。

表 6-13　行业标准对支撑剂浊度的技术要求

实验项目	技术要求	备注
浊度	浊度≤100TFU	陶粒支撑剂、树脂覆膜支撑剂
	浊度≤150FTU	石英砂支撑剂

4. 粒径

粒径实验的目的是评价支撑剂的粒径范围、粒径组成及其平均直径。

根据《水力压裂和砾石充填作业用支撑剂性能测试方法》(SY/T 5108—2014)中的技术要求，实验样品至少应有 90%能够通过筛网的顶筛，并留在规格下限的筛内，40/70 目支撑剂即为 425/212μm，70/140 目支撑剂即为 212/106μm。大于顶筛筛网孔径的样品不应该超过全部实验样品的 0.1%，以 70/140 目支撑剂为例，粒径实验结果应满足表 6-14。

表 6-14　行业标准对支撑剂粒径的技术要求(以 70/140 目支撑剂为例)

实验项目	技术要求
粒径	大于 300μm 的样品的质量分数≤0.1%
	留在 212~106μm 范围内的样品的质量分数≥90%
	留在 75μm 上的样品的质量分数≤1.0%

5. 酸溶解度

为评价支撑剂在遇酸时的适宜性，因此需要开展支撑剂酸溶解度实验。支撑剂酸溶解度实验首选用酸为 12%：3%的 HCl：HF 溶液，12%：3%的 HCl：HF 溶解的主要是支撑剂表面的碳酸盐、长石、铁等氧化物及黏土等杂质，同时也可以根据储层实际情况，选择盐酸、有机酸等开展酸溶解度实验。

支撑剂在酸液中，一定温度条件下，反应一定时间后，支撑剂质量的降低值即为酸溶解度。

根据《水力压裂和砾石充填作业用支撑剂性能测试方法》(SY/T 5108—2014)中的技术要求，树脂覆膜陶粒支撑剂、树脂覆膜石英砂的酸溶解度不应超过 5%，压裂天然石英砂、陶粒支撑剂的酸溶解度不应超过 7%，见表 6-15。

表 6-15　行业标准对支撑剂酸溶解度的技术要求

实验项目	技术要求	备注
酸溶解度	酸溶解度≤5%	树脂覆膜陶粒支撑剂、树脂覆膜石英砂
	酸溶解度≤7%	压裂天然石英砂、陶粒支撑剂

6. 破碎率

破碎率用于确定并比较支撑剂抗破碎的性能。支撑剂的破碎率是支撑剂的重要实验项目之一，也是衡量支撑剂产品质量的主要依据，并以破碎率的高低作为评价支撑剂优劣的重要指标。不同支撑剂的微观破碎形态，如图 6-22 所示。

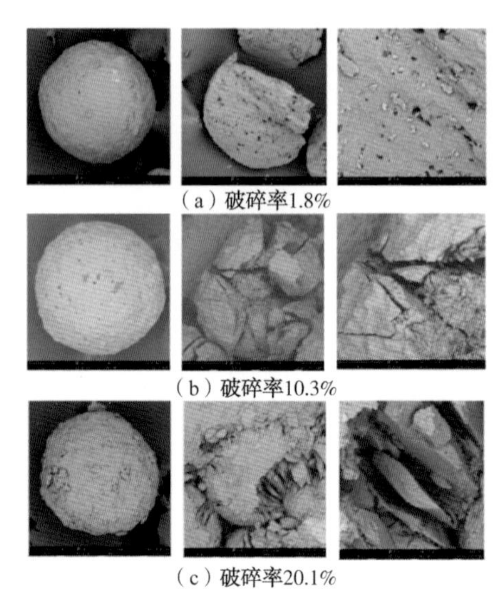

（a）破碎率1.8%

（b）破碎率10.3%

（c）破碎率20.1%

图 6-22　不同破碎率条件下支撑剂微观破碎形态

破碎率是指一定体积的支撑剂在额定压力下破碎质量的多少。支撑剂的破碎率，受支撑剂类型、化学与矿物组分、粒径范围和粒度组成、圆度与球度及密度等因素控制。即使同一类型、同一粒径范围与粒度组成的支撑剂，如果其他因素(如圆球度等)不同，破碎率仍然具有较大差异。

根据《水力压裂和砾石充填作业用支撑剂性能测试方法》(SY/T 5108—2014)中的技术要求，以支撑剂产生最大碎屑不超过 9%来确定其承受的最高应力值，并向下圆整至最近一级的递减值 6.9MPa，代表支撑剂样品能承受的最大应力值，即在该应力下的支撑剂破碎率不超过 9%。例如：在 35MPa 应力条件下支撑剂产生了超过 9%的微粒，向下圆整至 6.9MPa×4，支撑剂能够承受的最大应力而不产生超过 9%的破碎率的应力值是 28MPa。

7. 摩擦系数

施工过程中，在大排量的作用下，后期泵入的支撑剂在砂堤上向前滚动，与岩石裂缝壁面相互摩擦，最终砂堤上的支撑剂逐渐向前推进。支撑剂在裂缝中向远端运移时，如果支撑剂与岩石裂缝摩擦作用大，则支撑剂向前运动阻力越大，增加施工难度，导致大量支撑剂堆积在近井地带附近；如果支撑剂与岩石裂缝摩擦作用越小，越有利于支撑剂向裂缝远端运移，施工难度越小，从而对远端裂缝也能形成有效的支撑，最终能有效地在裂缝深部形成高导流能力的支撑裂缝。

通过实验测量页岩裂缝与支撑剂运动过程中的静摩擦力 F_j、动摩擦力 F_d、法向力 f，即可计算页岩裂缝与支撑剂的静摩擦系数 $\mu_j = F_j/f$、动摩擦系数 $\mu_d = F_j/f$，如图 6-23 所示。

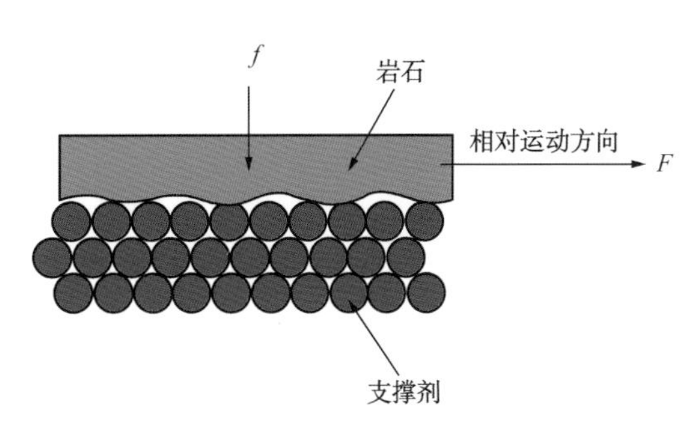

图 6-23 支撑剂摩擦系数原理示意图

摩擦系数可以评价页岩裂缝与支撑剂之间摩擦作用大小，比较不同裂缝表面与不同支撑剂类型的摩擦特性、不同类型支撑剂与同一裂缝的摩擦特性及同一支撑剂与不同裂缝的摩擦特性。静摩擦系数、动摩擦系数越小，则页岩裂缝与支撑剂相互摩擦影响越小，越有利于支撑剂向裂缝深部运移。

8. 堆积系数

施工过程中，由于滑溜水携砂性能差，支撑剂沉降速度快，导致前期泵入的支撑剂快速沉降在近井地带的裂缝底部，逐渐形成的砂堤，而后期泵入的支撑剂也会快速沉降，并堆积在前期形成的砂堤上，堆积作用大小不同，形成的砂堤形态不同，后续支撑剂的运移也受影响。

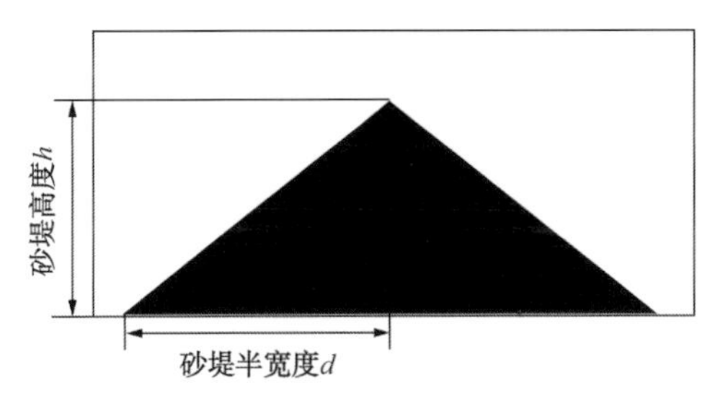

图 6-24 支撑剂堆积系数原理示意图

根据砂堤最终形态与裂缝底部位置关系，采用砂堤高度和砂堤半宽度的比值(即砂堤最终形态边缘与裂缝底部夹角的正切值)为支撑剂的堆积系数，如图 6-24 所示。

评价支撑剂堆积系数，比较不同类型或同一类型不同厂家的支撑剂产品的堆积系数，堆积系数越小，则支撑剂相互摩擦影响越小，越有利于支撑剂向裂缝深部运移。

9. 嵌入程度

由于闭合压力的作用会产生支撑剂嵌入裂缝壁面的现象，支撑剂嵌入导致支撑裂缝宽度减小，裂缝导流能力下降，缩短压裂有效期。因此，有必要掌握支撑剂的嵌入程度，为支撑剂的优选提供理论依据。支撑剂嵌入程度实验评价方法是将支撑剂嵌入在岩石表面后，利用扫描电镜观察凹槽直径，如图 6-25 所示。

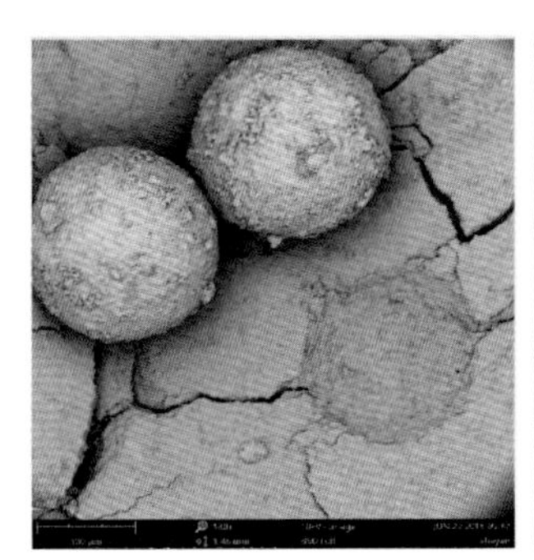

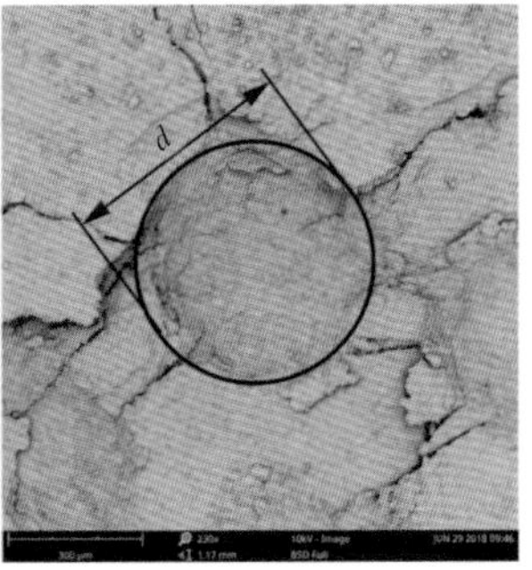

图 6-25 支撑剂嵌入形成的凹槽直径

进而计算支撑剂的嵌入深度，如图6-26所示，即

$$D^2=(d/2)^2+(D-H)^2 \tag{6-12}$$

式中 D——支撑剂样品的平均半径，μm；

d——支撑剂微观嵌入凹槽的直径，μm；

H——支撑剂的微观嵌入深度，μm。

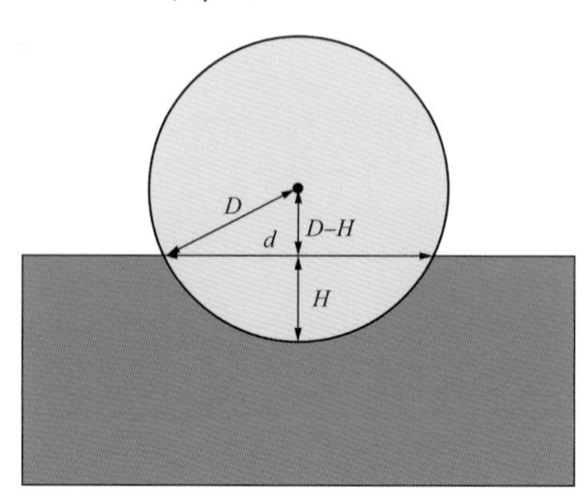

图6-26 支撑剂嵌入深度计算原理

利用支撑剂嵌入程度判断方法评价支撑剂的微观嵌入程度，见表6-16，通过支撑剂嵌入程度的微观定量评价方法，进而了解支撑剂与地层相互作用情况，为压裂施工设计过程中支撑剂的优选提供的实验参考。

表6-16 支撑剂的微观嵌入程度评价表

序号	支撑剂嵌入深度与支撑剂颗粒半径的比值	支撑剂的微观嵌入程度
1	0~0.25	轻微
2	0.25~0.5	较轻微
3	0.5~0.75	较明显
4	0.75~1	明显

二、实验设备

为满足支撑剂各项性能评价要求，需要配备相应的实验评价设备，下面就相关实验设备进行介绍。

测量体积密度采用体积密度仪，主要由漏斗架、截流阀、黄铜圆筒、托盘四部分组成。符合行业标准的体积密度仪如图6-27所示，设备参数：托盘尺寸304mm×304mm，截流阀为ϕ34.9mm的橡皮球，黄铜圆筒容量100cm^3。

测量绝对密度需要采用商业仪器，如Micrometeritics公司的微晶粒学AccuPyc1330自动气体密度瓶，如图6-28所示，设备参数：样品的体积为0.1~100mL，重复性为±0.01%，精度为±0.03%。

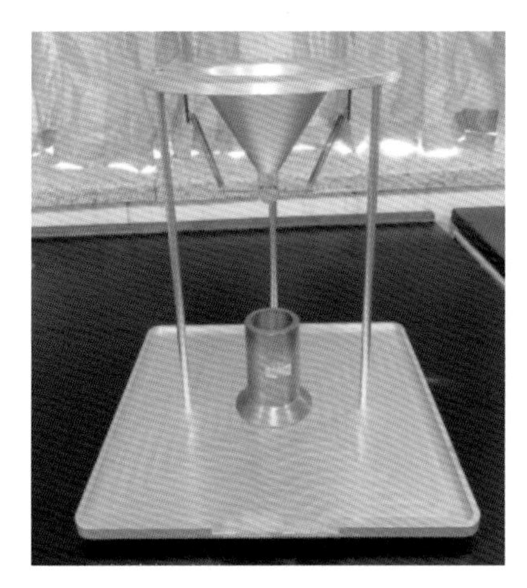

图 6-27 体积密度仪

图 6-28 AccuPyc1330 自动气体密度瓶

圆球度采用光学显微镜测量，主要由光学系统、照明装置、机械装置三部分组成。符合行业标准的光学显微镜如图 6-29 所示，设备参数：放大倍数为 10~100 倍。

图 6-29 光学显微镜

图 6-30 光电浊度仪

浊度通常采用散光式光电浊度仪测试，主要由钨丝灯、监测散射光的 90°检测器、透射光检测器三大部分组成。上海精密仪器仪表有限公司的光电浊度仪如图 6-30 所示，设备参数：量程 0~200FTU，精度 0.001FTU。

粒径检测采用筛网和拍击式振筛机，振筛机用于提供旋转和拍击，筛网用于筛分。其中筛网由工作筛组和主筛组组成，拍击式振筛机由机座、传动部分、套筛固定装置等部分组成，部分筛网和拍击式振筛机如图 6-31 所示。筛网性能要求：孔径为 75~4750μm，需要满足《试验筛 技术要求和检验 第 1 部分：金属丝编织网试验筛》(GB/T 6003.1—2012)标准的技术要求，直径为 200mm。振筛机设备参数：转速约 290r/min，拍击次数约 156taps/min，顶锤高度约 33.4mm，计数器的精确度为±5s。

(a) 筛网

(b) 拍击式振筛机

图 6-31　筛网和拍击式振筛机

破碎率实验采用破碎室和压力试验机，破碎室由活塞和破碎腔组成，其洛氏硬度为 43HRC 或更高。压力试验机由主机、伺服系统、载荷传感器、位移传感器、减速机、控制系统等组成，压力试验机至少需要能提供 200MPa 的压力。压力机配备压板，在给破碎室加压时能够保持平行。符合行业标准的破碎室和上海华龙测试仪器股份有限公司压力试验机，如图 6-32 所示。破碎室性能参数：活塞长度为 88.9mm，直径为 50.8mm，洛氏硬度为 45HRC。压力试验机设备参数：最大试验力 800kN，试验力示值准确度±1%，对破碎室最大压力 400MPa，位移测量范围为 100mm，位移分辨力为 0.001mm。

(a) 破碎室

(b) 压力试验机

图 6-32　破碎实验所用破碎室和压力试验机

酸溶解度测量采用塑料烧杯和抽滤机，抽滤机由真空泵和过滤器组成。符合行业标准的抽滤机如图 6-33 所示，设备参数：抽速 20L/min，真空度 120mbar，过滤器为聚四氟乙烯材质。

图 6-33　酸溶解度用抽滤机

摩擦系数测量采用支撑剂与岩样的摩擦系数测量仪，主要由底座、支撑剂存储、岩样、力传感器单元、直线导轨单元、滑块、位移传感器、同步电动机、数据采集等部分组成，设备原理如图 6-34 所示。支撑剂与岩样的摩擦系数测量仪如图 6-35 所示。设备参数：摩擦块质量 1～200g，最大行程 150mm，同步电动机扭力 1.5kg/cm，摩擦块前进速度为 0～200mm/min 连续可调，力传感器量程 0～200g，位移传感器量程 0～200mm，岩样尺寸直径 25.4mm、长度 50～60mm。

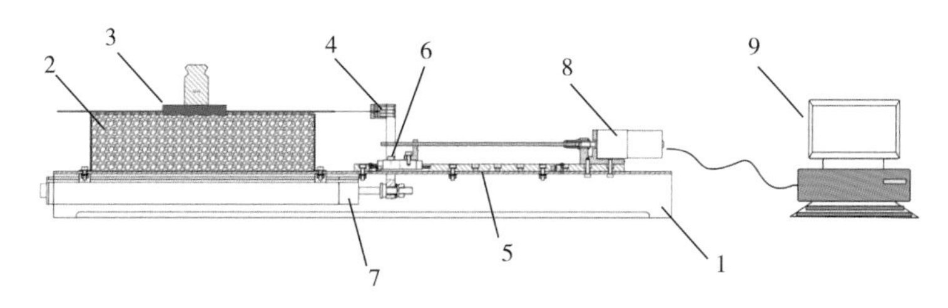

图 6-34　支撑剂与岩样的摩擦系数测量仪设备原理

1—底座；2—支撑剂存储；3—岩样；4—力传感器；5—直线导轨；6—滑块；
7—位移传感器；8—同步电动机；9—数据采集部分

图 6-35　支撑剂与岩样的摩擦系数测量仪

堆积系数测量采用支撑剂堆积系数实验装置，主要由支撑剂存储、可升降支架、可视化裂缝、数据采集及处理等部分组成，设备原理如图 6-36 所示，支撑剂堆积系数实验装置如图 6-37 所示。设备参数：可视化裂缝宽度为 0~10mm 可调，支撑剂最大可存储 500g，可升降支架升降高度为 20~150cm。

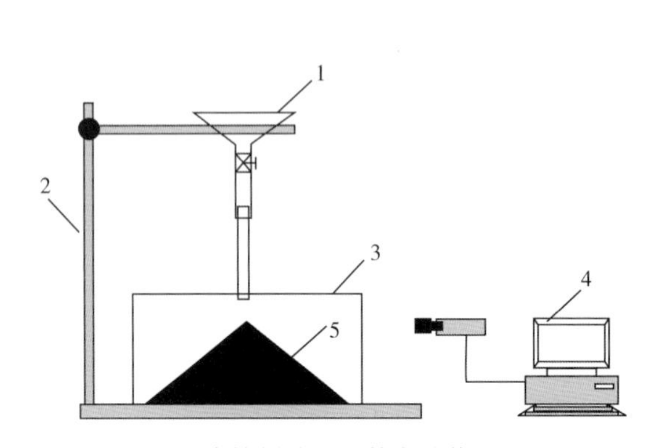

图 6-36　支撑剂堆积系数实验装置流程图

1—支撑剂存储；2—可升降支架；3—可视化裂缝；
4—数据采集及处理；5—支撑剂堆积形成的砂堤

图 6-37　支撑剂堆积系数实验装置实物图

嵌入程度采用压力试验机和扫描电镜，压力试验机与破碎率实验设备相同，扫描电镜主要由真空系统，电子束系统及成像系统三大部分组成。荷兰飞纳公司的高分辨率专业版 Phenom Pro 台式扫描电镜如图 6-38 所示，设备参数：光学显微镜放大 20~135 倍，电子显微镜最大放大 150000 倍，高灵敏度四分割背散射电子探测器，CeB6 灯丝，分辨率优于 8nm，加速电压 5~15kV 连续可调，抽真空时间小于 15s。

(a) 台式扫描电镜

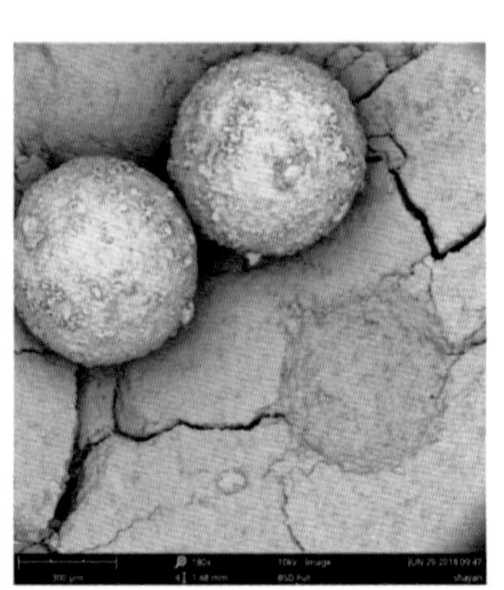

(b) 电镜扫描图

图 6-38　台式扫描电镜及扫描图

三、实验方法

支撑剂的实验方法，主要参考行业标准《水力压裂和砾石充填作业用支撑剂性能测试方法》(SY/T 5108—2014)中关于支撑剂的相关实验方法，主要步骤如下。

1. 支撑剂取样

支撑剂取样前，由于每项实验所需的支撑剂用量不同，应首先考虑将开展哪些实验，同时保证支撑剂样品的代表性是非常重要的。如果样品没有代表性，那在某一实验方法下得到的实验结果可能是不合理的，因此规定的取样程序有助于获得具有代表性的样品。

为了获得最具代表性的样品，宜采用连续取样后再进行的样品分减和样品分样。样品分减可以将 50kg 的混合样品或整袋样品，分减为原始种类的 1/16，即为 3kg，然后使用适当尺寸的样品分样器将样品分离为实验用料，通常为 1kg，才能开展相关实验。

在现场吨袋中取样时，通常采用插入式取样器，取样器上均匀分布 12 个直径 1cm 的小孔，插入吨袋后，支撑剂便会流入取样器中，如图 6-39 所示。吨袋取样中至少在 3 处进行取样，混合成 1 个样品后，再进行实验。

图 6-39　插入式取样器及使用方法

图 6-40　支撑剂体积密度实验过程

2. 密度

体积密度实验过程中，首先保证支撑剂样品充分混合，选择具有代表性的样品约 200g，倒入体积密度仪三脚架中的漏斗中，拉开橡皮球。待支撑剂样品落满黄铜圆筒后，如图 6-40 所示，用尺子沿黄铜圆筒顶部一次刮平。用天平称得黄铜圆筒内的支撑剂样品的质量。支撑剂样品的质量除以黄铜圆筒的体积，即为支撑剂体积密度。

视密度实验过程中，首先称量视密度瓶的质量，再称出瓶内装满水后的质量，再在瓶内加适量的支撑剂样品，最后在装有支撑剂样品的瓶内装满水，排除气泡，从而可以计算出支撑剂的视密度。

绝对密度实验过程中，如使用微晶粒学 AccuPyc1330 自动气体密度瓶，或与之相似的惰性气体的仪器，遵循厂家的用法说明。推荐测量 5 次，净化 10 次。

3. 圆球度

将样品平铺在一个合适的地方，层厚约为一个颗粒的厚度，然后用低倍放大镜观察这些样品，使用放大倍数应为 10~40 的显微镜或者与之相当的仪器。如果支撑剂微浅色，则选用深色的背景，反之则用浅色背景。随机选择至少 20 粒支撑剂，用于评估支撑剂颗粒的圆球度，如图 6-41 所示。

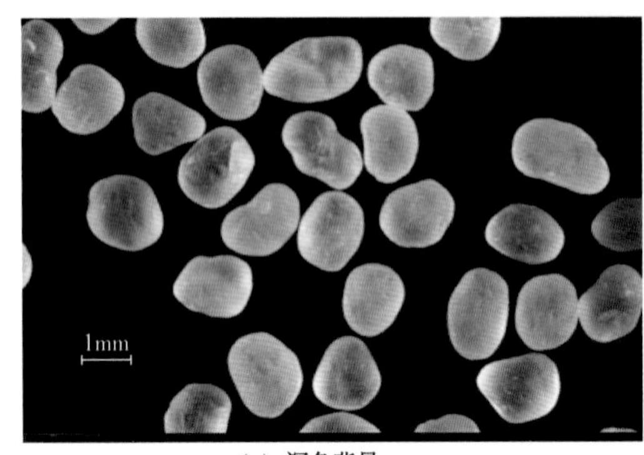

(a) 深色背景　　(b) 浅色背景

图 6-41　支撑剂圆球度实验照片

4. 浊度

首先在 250mL 广口瓶内放入天然石英砂支撑剂 30.0g 或陶粒支撑剂 40.0g，然后在广口瓶内倒入 100mL 蒸馏水，静止 30min。再用手水平往复摇动 0.5min，60 次，放置 5min，再取出制备好的液体样品，按浊度仪的要求进行测量，确定支撑剂的浊度。

5. 粒径

首先应根据支撑剂产品的粒径规格，选择相应的筛网组合。不同粒径规格的筛网组合见表 6-17。

表 6-17　不同支撑剂产品粒径规格所对应的筛网组合

支撑剂目数，目	6/12	8/16	12/18	12/20	16/20	16/30	20/40	30/50	40/60	40/70	70/140
筛网直径（粗体为规格上限），μm	4750	3350	2360	2360	1700	1700	1180	850	600	600	300
	3350	**2360**	**1700**	**1700**	**1180**	**1180**	**850**	**600**	**425**	**425**	**212**
	2360	2000	1400	1400	1000	1000	710	500	355	355	180
筛网直径（粗体为规格下限），μm	2000	1700	1180	1180	**850**	850	600	425	300	300	150
	1700	1400	**1000**	1000	710	710	500	355	**250**	250	125
	1400	**1180**	850	**850**	600	**600**	**425**	**300**	212	**212**	**106**
	1180	850	600	600	425	425	300	212	150	150	75
	底盘	底盘	底盘	底盘	底盘	底盘	底盘	底盘	底盘	底盘	底盘

确定筛网组合后，将每个筛子承重并记录筛重，将 80~100g 支撑剂样品撒到顶筛，然后给这组筛网加配底盘，放入振筛机中振筛 10min。最后从振筛机中取出筛网组合，称量每个筛子和底盘中保留的支撑剂样品，进而可以计算支撑剂的粒径分布和平均直径、中值直径。

6. 破碎率

首先确定支撑剂样品非压实的体积密度，不同体积密度的支撑剂样品用于破碎实验的质量也不同，实验所需样品质量为支撑剂体积密度数值的 24.7 倍。然后根据支撑剂产品的粒径规格，选择适用于支撑剂样品规格的顶筛和底筛的目数，对实验样品进行筛选，将遗留在顶筛和底盘内的样品全部倒掉，仅留下底筛内的样品用于破碎率实验。将称出的样品倒入破碎室内，破碎室内支撑剂铺置面应尽可能平，将破碎室活塞插入装有称出的支撑剂样品的破碎室里，如图 6-42 所示。

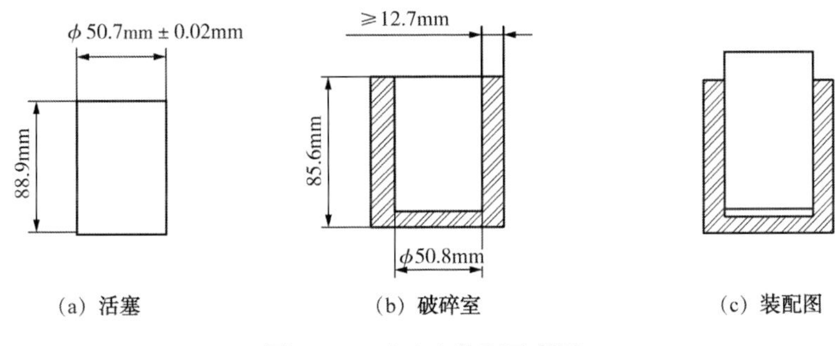

图 6-42 破碎室装配示意图

再将破碎室放入压力试验机内，令其正对压力机扶正盘之下，根据实验要求，设定相应的实验压力，破碎实验应力分级参照表 6-18。

表 6-18 行业标准对支撑剂破碎实验的破碎应力分级参照表

支撑剂类型	破碎应力级别，MPa	
	最小	最大
人造支撑剂(压裂)	35	103
天然支撑剂(压裂)	14	35

以平稳的速率给破碎室的活塞加压，加载时间为 1min，然后保持 2min。卸载压力后，将破碎室从压力试验机中取出，将破碎室底部的样品全部刮出来，确保倒出全部样品。

将样品倒入适用于支撑剂样品规格的顶筛和底筛的筛网中，放入振筛机内并振筛 10min，仔细地称出底盘中破碎材料的质量，底盘中破碎材料的质量除以破碎实验中支撑剂样品质量，即为破碎率。在同样的破碎应力下，进行 3 次实验，平均值作为实验结果。

国内支撑剂 9%破碎率等级分类表见表 6-19。

表 6-19　国内支撑剂 9%破碎率等级分类表

9%破碎率等级	应力，MPa	应力，psi
2K	14	2000
4K	28	4000
5K	35	5000
7. 5K	52	7500
10K	69	10000
12. 5K	86	12500
15K	103	15000

7. 酸溶解度

支撑剂酸溶解度的实验方法如下：

(1)按标准配制 12%HCl+3%HF 的溶液；

(2)将漏斗、定性滤纸、一定量的支撑剂在 105℃下烘干，在干燥器冷却 30min 后，称取 5. 000g 支撑剂，倒入聚乙烯烧杯中，漏斗和定性滤纸称重后备用；

(3)量取 100mL 配好的酸液，倒入聚乙烯杯中，将盛有酸液和支撑剂的聚乙烯烧杯置于 66℃的水浴锅内 30min，不要搅拌；

(4)将支撑剂和酸混合液从聚乙烯烧杯中移至过滤设备，并确保支撑剂颗粒全部转移；

(5)开启抽滤设备，用 20mL 的蒸馏水真空抽滤 3 次，至 pH 值为中性；

(6)将有支撑剂、漏斗、滤纸一起在 105℃条件下烘干一定时间后，放至干燥器内冷却，称量记录；

(7)计算酸溶解度。

8. 摩擦系数

岩样与支撑剂摩擦系数的实验方法如下：

(1)确定实验方案，支撑剂类型和岩样类型；

(2)在支撑剂存储单元，铺置足量的支撑剂样品，保证支撑剂样品与存储单元边缘齐平；

(3)将 ϕ25mm×L50mm 井下岩样人工劈裂，形成裂缝，然后选择其中一面样品，对其表面进行扫描，确定其裂缝表面的粗糙度；

(4)对井下岩样称重，记为 m_1，将井下岩样粗糙面向下放置在支撑剂表面，并根据井下岩样的重量，用砝码 m 进行配重，确保所有井下岩样样品在运动过程中 $m+m_1$ 为固定值，在支撑剂表面的作用力大小一致；

(5)开启数据采集单元，启动同步电动机，记录同步电动机带动滑块运动过程中的静摩擦力、动摩擦力、运动速度，如图 6-43 所示；

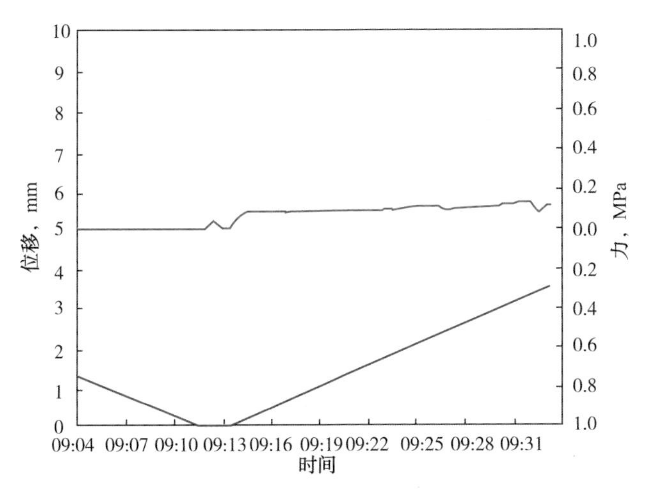

图 6-43　岩样与支撑剂摩擦系数实验记录

(6)通过岩样裂缝与支撑剂运动过程中的静摩擦力、动摩擦力、法向力，计算岩样与支撑剂的静摩擦系数、动摩擦系数。

9. 堆积系数

支撑剂堆积系数的实验评价方法如下：

(1)为保证支撑剂从支撑剂存储通过长颈漏斗进入裂缝中的速度相同，以测定不同支撑剂的视密度，从而确定支撑剂存储高低位置，具体高低位置为支撑剂视密度数值倒数的一定倍数；如支撑剂存储高低位置为支撑剂视密度数值倒数的 50 倍，若支撑剂视密度为 2.5g/cm^3，则支撑剂存储距离地面的位置为 20(即 50/2.5)cm；

(2)调节固定好支撑剂存储位置后，量取一定体积的支撑剂，不同支撑剂类型评价中，量取的支撑剂体积应保持一致；

(3)确认支撑剂存储的长颈漏斗下部阀门关闭后，将量取好的支撑剂倒入支撑剂存储中；

(4)调整支撑剂存储的长颈部分，确认支撑剂存储的长颈漏斗下部刚好伸入可视化裂缝后，开启数据采集及处理，准备开始实验；

(5)打开支撑剂存储单元的长颈漏斗下部阀门，支撑剂在重力作用下向下运动，进入可视化裂缝，并在可视化裂缝单元底部堆积形成砂堤，如图 6-44 所示；

(a) 形态一

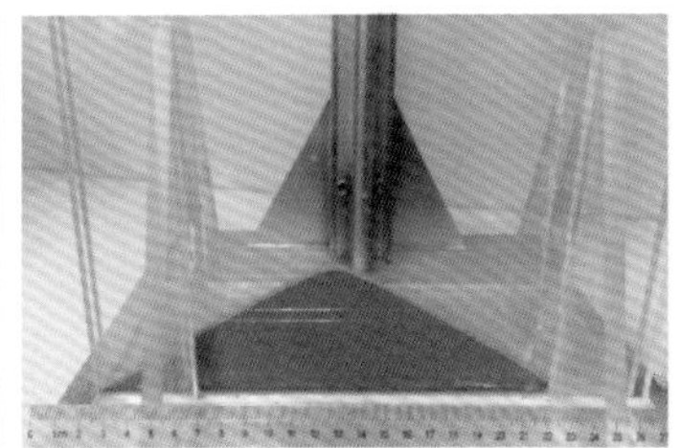

(b) 形态二

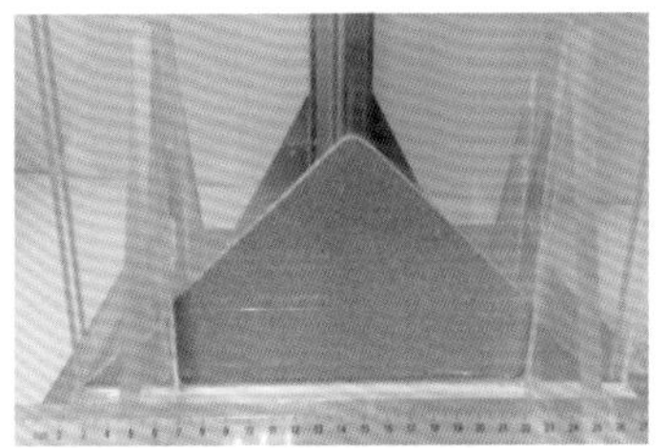

(c) 形态三

图 6-44　不同堆积形态示意图

(6)根据砂堤最终形态与可视化裂缝单元底部位置关系，采用砂堤高度和砂堤半宽度的比值(即砂堤最终形态边缘与可视化裂缝底部夹角的正切值)为支撑剂的堆积系数。

10. 嵌入程度

支撑剂嵌入深度实验评价方法如下：

(1)样品准备，确定要进行支撑剂嵌入程度实验评价的支撑剂样品的类型、目数与地层条件参数；

(2)加工岩心片，将岩心切割为光滑平整的表面；

(3)支撑剂样品细分，利用筛网，将支撑剂样品细分为不同粒径范围的样品；

(4)将岩心片和细分好的支撑剂样品，放入破碎室中，利用压力机加压，模拟支撑剂的嵌入过程；

(5)取出岩心片，放置于扫描电镜中，对支撑剂嵌入情况进行微观观察，如图6-45所示，观察支撑剂嵌入后在岩心表面形成的凹槽，记录凹槽的直径；

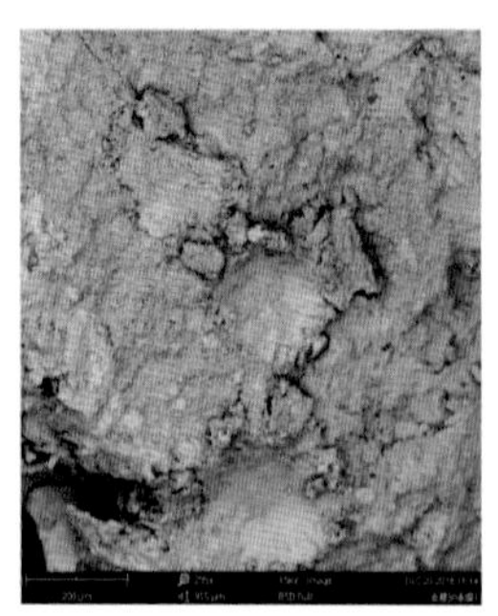
(a) 形态一

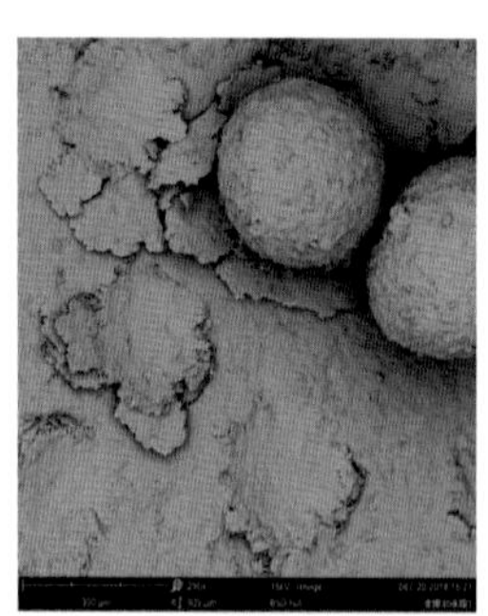
(b) 形态二

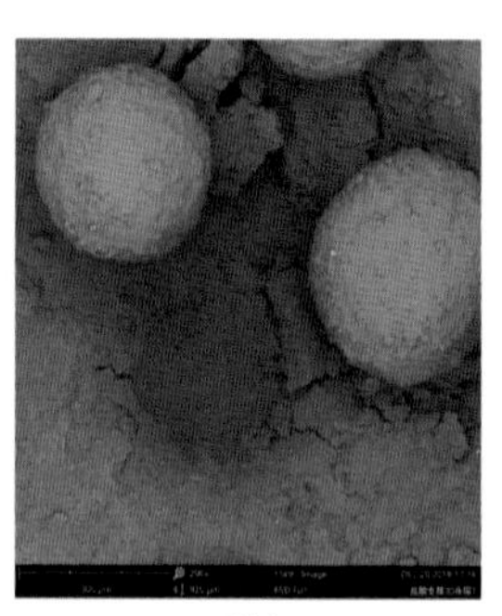
(c) 形态三

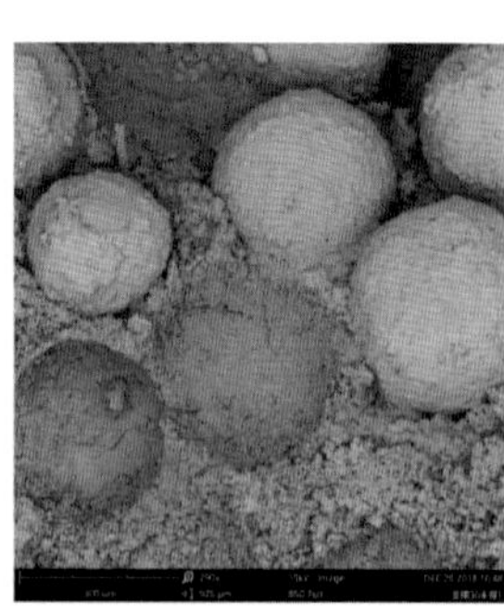
(d) 形态四

图6-45 不同嵌入程度示意图

(6)利用支撑剂嵌入深度计算公式，根据支撑剂嵌入凹槽的直径和支撑剂半径，即可计算出支撑剂的微观嵌入深度；

(7)利用支撑剂嵌入程度判断方法，评价支撑剂的微观嵌入程度。

四、典型案例

典型石英砂性能参数见表6-20。

表6-20 典型石英砂性能参数

实验项目	技术要求	性能参数范围
筛析,%	大于顶筛的样品的质量≤0.1%	0.02~1
	留在中间范围内的样品的质量≥90%	85~99
	留在底筛上的样品的质量≤1.0%	0~1.2
球度	≥0.6	0.6~0.7
圆度	≥0.6	0.6~0.7

续表

实验项目	技术要求		性能参数范围
酸溶解度,%	≤7.0		0.5~5.0
浊度，FTU	≤150		50~150
体积密度，g/cm³			1.40~1.50
视密度，g/cm³			2.60~2.65
破碎率,%	破碎应力，MPa	9%破碎等级	
	35	5K	7.2~11.6
摩擦系数			0.35~0.49
堆积系数			0.61~0.77
嵌入程度			0.11~0.23

典型陶粒性能参数见表6-21。

表6-21 典型陶粒性能参数

实验项目	技术要求		性能参数范围
筛析,%	大于顶筛的样品的质量≤0.1%		0~0.1
	留在中间范围内的样品的质量≥90%		89~98
	留在底筛上的样品的质数≤1.0%		0~1.0
球度	≥0.7		0.7~0.9
圆度	≥0.7		0.7~0.9
酸溶解度,%	≤7.0		2.5~8.0
浊度，FTU	≤100		20~50
体积密度，g/cm³			1.50~1.80
视密度，g/cm³			2.70~3.0
破碎率,%	破碎应力，MPa	9%破碎等级	
	69	10K	3.5~7.0
	86	12.5K	8.0~11.0
摩擦系数			0.33~0.47
堆积系数			0.41~0.60
嵌入程度			0.14~0.37

典型树脂覆膜支撑剂性能参数见表6-22。

表6-22 典型树脂覆膜支撑剂性能参数

实验项目	技术要求	性能参数范围
筛析,%	大于顶筛的样品的质量≤0.1%	0~0.1
	留在中间范围内的样品的质量≥90%	90~98
	留在底筛上的样品的质数≤1.0%	0~0.5

续表

实验项目	技术要求		性能参数范围
球度	≥0.7		0.8~0.9
圆度	≥0.7		0.8~0.9
酸溶解度,%	≤5.0		0.5~2.5
浊度，FTU	≤100		5~20
体积密度，g/cm^3			1.35~1.50
视密度，g/cm^3			2.30~2.60
破碎率,%	破碎应力，MPa	9%破碎等级	
	86	12.5K	0.5~2.0
	103	15K	2.0~5.0
摩擦系数			0.23~0.38
堆积系数			0.32~0.45
嵌入程度			0.08~0.19

第三节　暂堵转向材料类型及性能评价

暂堵转向材料在致密气藏加砂压裂中可改变裂缝延伸方向、构建新的裂缝系统、提高裂缝波及体积，已在中国多个油田有了研究和应用，如大庆油田、长庆油田、吐哈油田等。国内外对暂堵转向材料的研究已有几十年的历史。根据不同的分类标准，暂堵转向材料可分为不同的类别。按溶解特性可分为酸溶性、水溶性及油溶性暂堵剂，而按形态可分为颗粒类暂堵剂、纤维类暂堵剂、胶塞类暂堵剂和复合类暂堵剂，本节采用后一种分类标准。

(1)颗粒类暂堵剂。

颗粒类暂堵剂实现暂堵裂缝的作用机理主要体现在以下两个方面。

一是架桥作用。承压暂堵裂缝时，颗粒状暂堵材料主要发挥着卡喉架桥的作用，在井内压力的作用下暂堵颗粒随着暂堵压裂液流动逐渐进入裂缝内，在裂缝内凸凹不平的粗糙表面及裂缝开度变小的位置受到阻力增大而产生挂阻。大量的研究表明，宽广的暂堵颗粒粒径分布范围有利于在裂缝开度变化的情况下形成架桥，但是只有具有一定合理粒径分布的颗粒材料对形成稳定的桥堵起到决定性作用。根据裂缝开度与颗粒粒径 D_{90} 之间的关系将颗粒材料的暂堵机理分为三种情况：①当粒径 D_{90} 大于裂缝开度时，大粒径颗粒暂堵裂缝，小颗粒填充空隙形成致密滤饼；②当裂缝开度大于粒径 $2D_{90}$ 时，大颗粒架桥形成骨架，小颗粒充填空隙；③当裂缝开度大于粒径 $3D_{90}$ 时，暂堵材料在裂缝内脱水沉积形成暂堵，如图 6-46 所示。

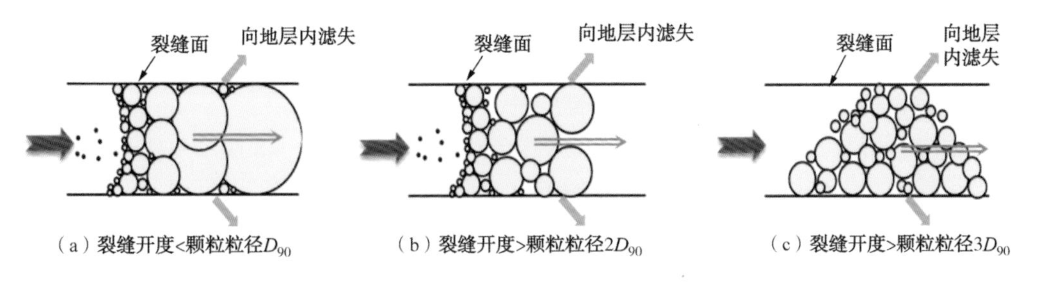

图 6-46　暂堵颗粒粒径对架桥影响示意图

二是堵塞作用。颗粒状暂堵材料在裂缝内形成的架桥仅仅形成了暂堵裂缝的基本骨架，颗粒之间还存在大量的空隙，裂缝的连通性还未完全消除。暂堵材料中的片状材料、细颗粒材料等发挥充填作用的材料在压差作用下逐渐嵌入、堵塞粗颗粒之间的空隙形成致密的桥堵段，并且在桥堵的外围形成一层滤饼提高暂堵区域致密性，降低压裂液的渗滤性，如图 6-47 所示。

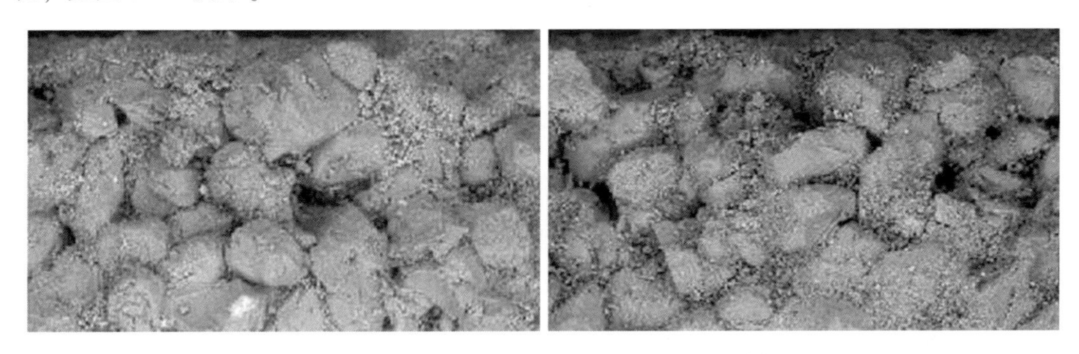

图 6-47　暂堵颗粒架桥填充形成暂堵区域的电镜扫描图

颗粒类暂堵剂具有以下的优势。

①封堵强度大。颗粒类暂堵剂一般由抗压强度较大的无机盐颗粒制得，破碎率低，封堵强度大。

②适用缝宽范围大。颗粒类暂堵剂粒径分布在毫米到厘米之间，适合于不同缝宽裂缝储层的暂堵作业。而且通过调整注入粒径的组合方式，可以显著提高暂堵层的稳定性，为转向压裂施工创造有利条件。

③使用温度窗口宽。颗粒类暂堵剂材料来源广泛，包括无机盐、可生物降解材料、高分子聚合物等，使用温度范围分布在 20~200℃，可用于不同井温的储层暂堵作业。

④溶解完全，易返排，对地层伤害低。暂堵剂材料在水（油或酸）中具有很好的溶解性，短时间内即可完全溶解，有利于施工结束后的返排，同时降低了暂堵剂对地层的伤害。

⑤材料廉价易得，制备工艺简单，施工成本较低，有利于在油田现场大规模推广应用。

(2)纤维类暂堵剂。

纤维具有柔韧可变形的特性，且由于其长度通常大于裂缝宽度，在进入裂缝后能快速搭桥并捕获后续纤维，形成致密的“滤网结构”，增加了压裂液的流动阻力。此外，纤维与地层流体及岩石的良好配伍性避免了对储层的二次伤害。

纤维类暂堵剂主要通过三个过程实现对裂缝的封堵，如图6-48所示。刚进入储层时，纤维被粗糙的裂缝壁面捕获，并通过架桥的方式形成网状结构，降低了压裂液的流速，使得后续纤维更易被网状纤维层捕获。随着纤维注入量不断增加，裂缝内外压差逐渐增大，纤维层因压实而失水，形成了一层致密暂堵层，迫使压裂液分流低渗透层，实现了储层转向压裂的目的。压裂结束后，纤维类暂堵剂可在水或残酸中完全溶解，很好地保护了储层不受伤害。

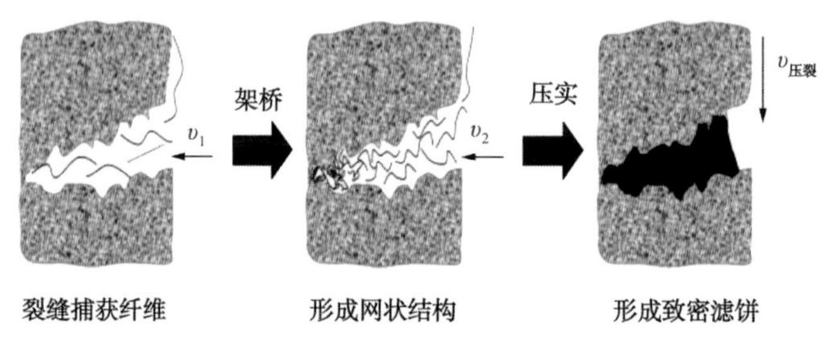

图6-48 纤维暂堵机理

纤维类暂堵剂具有以下优势：

①柔韧性好，防漏堵漏性能显著。纤维易弯曲变形，可进入裂缝的微孔道或填充在纤维层的小空隙中，提高暂堵层的致密程度，从而大大减少压裂液的漏失。

②可用于封堵大尺寸裂缝。纤维密度小，长径比大，进入地下后易被粗糙的裂缝壁面捕获形成暂堵层。相对于颗粒类暂堵剂，纤维形成的滤饼空隙更小，其稳定性和防漏性能更好。

③防止支撑剂回流。在压裂施工的排液阶段，纤维与支撑剂产生协同作用，形成稳定的复合网状结构，有效阻止了支撑剂的回流，避免了支撑剂掩埋射孔、堵塞油嘴等事故的发生。

④施工时可采取“暂堵阶段定排量、压裂阶段大排量”的工艺。前期定排量注入暂堵剂，使得纤维有足够的时间在缝内捕获堆积，提高暂堵层的填充效果。而且，压裂前采取定排量注入暂堵剂的方式，可有效防止因地层升压过快导致暂堵层未形成而原裂缝已重启的情况出现。

(3)胶塞类暂堵剂。

胶塞类暂堵剂主要是指可溶于水的聚合物冻胶类暂堵剂。聚合物线性大分子链上的极性基团很容易和某些有机基团或多价金属离子等发生交联反应，生成网状体型结构的胶状物，大大增强了暂堵剂的黏性和抗压强度。

胶塞类暂堵剂进入地层的方式有两种：一种方式是在地面制出成胶液，将其注入地下后，成胶液发生交联反应，形成暂堵层，封堵裂缝；另一种方式是在地面交联造粒，用压裂液将其携带入地层封堵处，暂堵颗粒在高温条件下再次交联，形成致密暂堵层。施工结

束后，人工注入或暂堵颗粒内置破胶剂与冻胶发生反应，使其降解为黏度较低的清液，随地层流体一同返排，不会对储层造成二次伤害。

胶塞类暂堵剂在裂缝中形成黏弹性的固体段塞，因此其作用机理与聚集状态相对分散的颗粒类暂堵剂和纤维类暂堵剂不同，具有如下特点。

①封堵效果好。胶塞类暂堵剂进入地层后，在高温环境下交联形成具有一定强度的暂堵层。该暂堵层由“果冻状”的胶体段塞组成，因此结构更致密稳定，暂堵转向效果更好。

②较好的选择封堵性。暂堵剂注入地下后，依据最小流动阻力原理，优先进入高渗层，随后高温下交联形成致密滤饼，迫使后续工作液转向压裂低渗透层，提高了储层均匀改造程度。而且，高低渗透层的渗透率级差越大，胶塞类暂堵剂的选择封堵效果越好。

③耐温耐盐能力差。常规聚合物冻胶主要成分大多为部分水解聚丙烯酰胺，该聚合物在高温高盐环境下易发生热降解或盐降解，导致成胶困难。若提高交联剂加量又会导致体系过度交联，稳定性较差。因此，耐温抗盐型冻胶体系的研制成为该领域研究热点。

④破胶可控性差。目前胶塞类暂堵剂破胶方式主要是在暂堵剂内置破胶剂，破胶过程发生在地下，破胶时间很难控制。

(4)复合类暂堵剂。

纤维暂堵剂应对大开度裂缝效果较差，可采用不同硬度、粒径的颗粒与纤维复合来提高暂堵强度。其中，坚硬的固体颗粒起架桥、支撑的作用，而软颗粒与纤维嵌入空隙中，纤维的串联牵扯作用使整体的封堵强度得到较大提高。纤维与颗粒的复合暂堵，如图6-49所示。

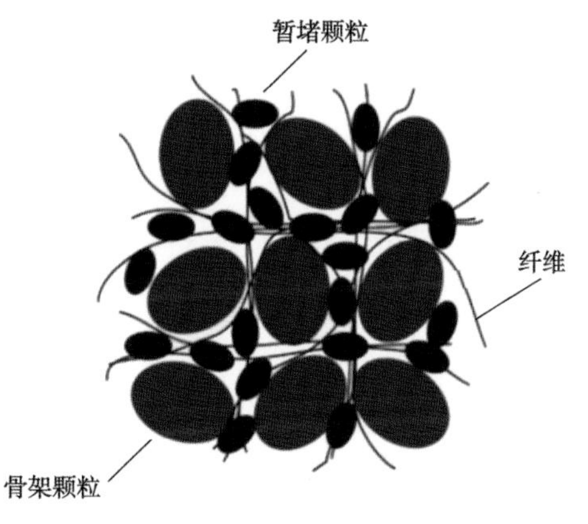

图6-49 纤维及暂堵颗粒复合暂堵示意图

一、实验原理

国内外已开发出大量不同特性的暂堵剂，但是暂堵剂能否用于转向压裂，关键看它是否有较强的暂堵转向强度，是否与地层的配伍性良好以及暂堵后能否被水(油)溶解而自行解堵。暂堵剂性能评价主要分为溶解性、配伍性、不溶物含量、分散稳定性、承压能力等(陈畅，2015)。

1. 溶解性能

溶解性能的好坏关系到暂堵剂能否有效封堵裂缝和渗流通道以及能否实现自行解堵。若暂堵剂的溶解性能太好，没有到达预定封堵区域就完全溶解而起不到封堵作用，或者有效封堵的时间不够长，不能满足转向压裂屏蔽暂堵的施工要求；若暂堵剂的溶解性能太差，封堵后将无法自行解堵或者解堵周期很长，不仅会对储层造成伤害，而且对油气产能的增加有一定的影响。因此需要一种暂堵剂在温度较低时的溶解性能较差，而在温度较高时溶解性能较好，即可实现在施工过程中有效地暂堵裂缝和渗流通道，待施工完毕后，近井地带温度上升，恢复到地层温度，此时暂堵剂迅速溶解，实现自行解堵。

2. 配伍性

暂堵剂与地层水配伍性在一定程度上反映了其对地层伤害程度。当配伍性较差时，易在地层中产生沉淀，伤害地层；当配伍性较好时，其对地层的伤害比较小，易于溶解、解堵。

3. 不溶物含量

水溶性暂堵剂中的有机酸类的溶解性能相对较差，测定暂堵剂的不溶物含量有助于预测暂堵剂的解堵性能以及暂堵剂对地层的伤害程度。

4. 分散稳定性

暂堵转向技术能成功在现场应用，须满足暂堵剂能被携带液有效携带，确保注入的可行性。同时暂堵剂还应满足在携带液中分散均匀，短时间内不会发生沉淀现象，才能被携带至目的层位，实现老裂缝和高渗透层的有效封堵。

5. 承压能力

转向压裂暂堵的主要目的是用暂堵剂封堵已有裂缝及高渗透率区域，减小压裂液向老裂缝和高渗透率区的滤失，改变最大地应力方向，使压裂液转向，在原裂缝的其他方向产生新的裂缝。为了试验暂堵转向材料的暂堵性能，实验时将岩心进行人工造缝，采用单岩心流动或双岩心流动的方式进行暂堵剂动态暂堵性能评价。

二、实验设备

为满足暂堵剂各项性能评价要求，需要配备相应的实验评价设备，下面就相关实验设备进行介绍。

溶解性能、配伍性能评价设备主要有恒温水浴锅、电子搅拌器、电子天平、量筒、胶头滴管、玻璃棒，属于常规通用仪器。

图 6-50　酸液滤失仪

不溶物含量、溶解分散性的实验设备及材料主要有恒温箱、真空泵、抽滤漏斗、定性滤纸等。

承压能力采用酸液滤失仪，主要由驱替泵、围压泵、中间容器、岩心夹持器、流量计、数据采集系统等部分组成。美国岩心公司的酸液滤失仪如图 6-50 所示，设备参数：最大注入压力 70MPa，岩心尺寸 ϕ25mm×L40~60mm，最大温度 177℃，恒速恒压泵流量 0.01~40mL/min。

三、实验方法

暂堵剂的实验方法，主要步骤如下。

1. 溶解性能评价

(1)用电子天平准确称取不同份数的暂堵剂；

(2)用量筒量取一定量的纯净水(地层水)置于烧杯中；

(3)将三个水浴锅的温度调节为不同温度并将装有纯净水(地层水)的烧杯置于恒温水浴锅中加热，待温度稳定后将暂堵剂加入烧杯中用电子搅拌器搅拌溶解；

(4)分别在0.5h、1h、3h、5h、8h、16h等不同时间，观察暂堵剂在纯净水(地层水)中的溶解情况、配伍性。

2. 不溶物含量

(1)准确量取5g暂堵剂、用于做不同温度时暂堵剂不溶物含量测定；

(2)按照暂堵剂溶解性评价步骤，分别测定在不同温度下1h、3h、5h、8h、16h等不同时间下的不溶物含量；

(3)将连接好了的抽滤装置(真空泵外接)放入实验温度下的恒温箱中，充分抽滤暂堵剂溶液，烘干过滤后的滤纸、残渣质量，计算各种暂堵剂在不同温度下的不溶物含量。

3. 分散稳定性

(1)准确量取5g暂堵剂；

(2)用清水配置浓度为0.5%稠化剂的压裂液基液、0.1%降阻剂的滑溜水置于烧杯中；

(3)水浴锅升温，分别将装有清水、压裂液基液、滑溜水的烧杯置于水浴锅中，并加热搅拌，待温度稳定后将暂堵剂加入烧杯中搅拌溶解；

(4)待烧杯中的暂堵剂都分散均匀，静置对比观察烧杯中是否有沉淀和分层现象；

(5)分别记录在0.5h、1h、3h、5h、8h等不同时间下的观察现象。

4. 承压能力

(1)将岩心切成直径2.5cm、长度7cm左右的柱状岩心，并对岩心进行人工造缝；

(2)将岩心烘干后称量干燥岩心的质量；

(3)将岩心放入装有地层水的抽滤瓶，抽滤8h，使岩心充分饱和水，用干净抹布擦干岩心表面地层水，称量岩心饱和水后的质量；

(4)根据饱和前后岩心的质量差除以地层水密度，得到岩心的有效孔隙体积；

(5)将岩心放入岩心夹持器，附加围压，升温，正向驱替地层水；

(6)以相同的流速注入暂堵剂溶液，采用逐级加压的方式测试暂堵剂承压压力，压力稳定时间为5~10min，当出口端有连续液体流出说明暂堵剂已经被突破，此时压力表显示的最高压力即暂堵剂的承压能力(最大封堵强度)。

四、典型案例

6种暂堵剂在60℃条件下不同时间中的溶解情况见表6-23。1号样品在60℃条件下，1h就能完全溶解，有效封堵时间不够长，因此不适合转向压裂暂堵剂；2号样品、3号样品在3h基本完全溶解，只有微量不溶物沉积在烧杯底部；4号样品仍呈大颗粒状，未溶解，并沉积在烧杯底部；5号样品在0.5h时黏度变大，暂堵剂开始成胶，在3h时其上部分成胶强度已较大，在5~8h时暂堵剂基本完全成胶；6号样品在8h时基本溶解，并有少许不溶物悬浮在液面上部。

表6-23　60℃时，六种暂堵剂在不同时间下的溶解情况

样品编号	不同时间下的溶解情况				
	0.5h	1h	3h	5h	8h
1	基本溶解	完全溶解	完全溶解	完全溶解	完全溶解
2	部分溶解	部分溶解	基本溶解	基本溶解	基本溶解
3	部分溶解	部分溶解	基本溶解	基本溶解	基本溶解
4	不溶	不溶	不溶	不溶	不溶
5	均一乳状	开始成胶	基本溶解	完全成胶	完全成胶
6	少量溶解	部分溶解	部分溶解	部分溶解	基本溶解

某样品暂堵剂的不溶物含量测定结果见表6-24，在温度为30~90℃时，暂堵剂在前5h溶解中，不溶物含量随着时间的增加而快速下降，在5~8h时，不溶物含量降低并基本趋于稳定。

表6-24　暂堵剂的不溶物含量测定结果

温度,℃	不同时间下的不溶物含量,%			
	1h	3h	5h	8h
30	7.13	5.81	4.79	4.62
60	6.78	5.09	4.65	4.53
90	6.45	4.77	4.66	4.38

暂堵剂溶解分散稳定性实验结果见表6-25。在自来水、0.1%降阻剂的滑溜水中，0.5h时大颗粒的暂堵剂就会发生明显的沉淀，而在0.5%瓜尔胶的压裂液基液中出现这一现象的时间为3h，0.5%的瓜尔胶溶液大大增强了暂堵剂颗粒的悬浮稳定性。鉴于清水、0.1%降阻剂的滑溜水中低于0.5h的悬浮时间不符合施工时间的要求，表面该暂堵剂在水中的分散稳定性不好；在0.5%瓜尔胶溶液中的稳定悬浮时间约为3h，分散稳定性较好。

表 6-25 暂堵剂的分散稳定性结果

溶液	不同时间条件下的分散稳定性			
	0.5h	1h	3h	5~8h
清水	大颗粒沉降	底部黑色沉淀	出现分层	部分溶解
0.5%瓜尔胶的压裂液基液	颗粒均匀悬浮	均匀悬浮	大颗粒沉降	部分溶解
0.1%降阻剂的滑溜水	大颗粒沉降	底部黑色沉淀	出现分层	部分溶解

承压能力测试利用酸液滤失仪，通过单岩心流动实验，可以获得暂堵压力随时间的变化情况。如图 6-51 所示，随着实验时间的增加，注入压力增加，表明该暂堵剂具有较好的封堵承压能力。

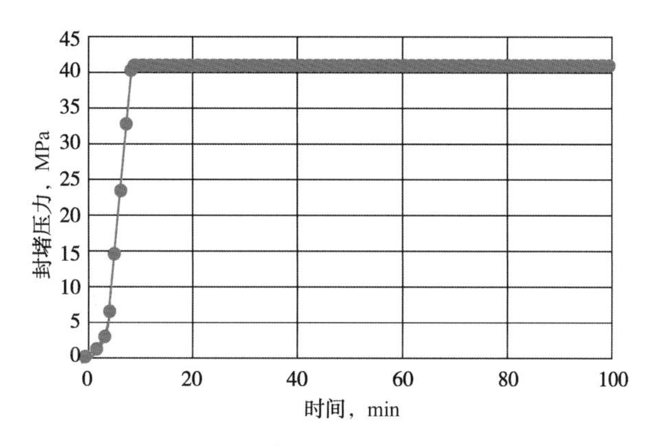

图 6-51 暂堵压力随时间的变化情况

第四节 返排液水质分析及重复利用实验评价

目前关于压裂后返排液的离子成分主要有以下观点。

一是矿场返排液分析表明，返排液矿化度随返排时间增大而增大，总矿化度可达 40000~80000mg/L。其中 Cl^- 是主要的阴离子，SO_4^{2-} 含量较低，主要来源于黄铁矿。阳离子主要为 Na^+、K^+、Ca^{2+}，同时 Ba^{2+} 也具有较高的含量，可以作为一种特征指示离子。Ba^{2+} 通常赋存于页岩的天然裂缝之中，压裂液返排液中 Ba^{2+} 的含量高低也可以作为评价水力裂缝复杂性的重要指标之一。

二是溶液自吸过程的接触面积(岩样比表面积)越大，所得到溶液矿化度越高，因此返排液中的离子主要来自页岩中的可溶盐溶解和离子交换。

由于页岩气“工厂化”压裂的用水量巨大，如美国 Barnett 一口页岩气水平井约需 9000m^3 滑溜水；Marcellus 页岩气约需 15000m^3 滑溜水；Haynesville 页岩气约需 11000m^3 滑溜水；四川长宁—威远国家级页岩示范区直井约需 2000m^3 滑溜水，水平井约需 20000~30000m^3 滑溜水。大规模的体积压裂作业需要大量的水源配制液体，由此会产生大量难处理的返排液。四川盆地非常规油气资源开发区块多处于丘陵地带，水资源短缺，难以全部满足大规模体积压裂所需的水源需求。同时，产生的大量返排液(返排率一般为20%~40%)中化学需氧量(COD，Chemical Oxygen Demand)值高、色度高、悬浮物含量高，使得无害化处理难度大、费用高。现场采用清水稀释法，降低返排液的矿化度后再补充添加剂使其达到重复利用性能要求。但现场稀释的控制精度要求较高，作业难度大；并且返排液中存在的絮状物若存留在地层中可能对人工裂缝造成堵塞，不利于高效释放的页岩气井产能。因此，对滑溜水在抗盐性、与地层配伍性等方面提出了更高的要求。将返排液回收再利用，不仅可以缓解体积压裂水资源短缺的问题，同时还可以减少废液排放，实现环保、节能开发，截至2018年底，长宁—威远示范区已回收再利用返排液超过$100\times10^4m^3$。

一、实验原理

1. 返排液水质分析

返排液重复利用首先要了解体积压裂返排液的水质以及残余添加剂浓度等。

(1)常规离子分析。

体积压裂返排液中含有Ca^{2+}、Mg^{2+}、Cl^-等。返排液水质分析中，离子色谱仪的工作原理：输液泵将流动相以稳定的流速(或压力)输送至分析体系，在色谱柱之前通过进样器将样品导入，流动相将样品带入色谱柱，在色谱柱中各组分被分离，并依次随流动相流至检测器；抑制型离子色谱则在电导检测器之前增加一个抑制系统，即用另一个高压输液泵将再生液输送到抑制器；在抑制器中，流动相的背景电导被降低，然后将流出物导入电导检测池，检测到的信号送至数据系统记录、处理或保存，从而分析出相应的离子浓度。

对于微量金属元素，采用原子吸收光谱仪进行测定。原子吸收是指呈气态的原子对由同类原子辐射出的特征谱线所具有的吸收现象。当辐射投射到原子蒸气上时，如果辐射波长相应的能量等于原子由基态跃迁到激发态所需要的能量时，则会引起原子对辐射的吸收，产生吸收光谱。基态原子吸收了能量，最外层的电子产生跃迁，从低能态跃迁到激发态。原子吸收光谱根据郎伯—比尔定律来确定样品中化合物的含量。已知所需样品元素的吸收光谱和摩尔吸光度，因为每种元素需要消耗一定的能量使其从基态变成激发态，所以每种元素都将优先吸收特定波长的光。检测过程中，基态原子吸收特征辐射，通过测定基态原子对特征辐射的吸收程度，从而测量待测元素含量。

(2)残余聚合物浓度。

滑溜水中的降阻剂多为高分子聚合物，具有柔性的大分子链，在溶剂中形成无规则线团。大分子链段间相互缠结和摩擦以及线团与溶剂分子间产生的摩擦阻力，会使其水溶液黏度增高。影响聚合物溶液黏度的因素很多，其中主要的影响因素如下。

①线团密度对特性黏度的影响。随着平均分子量的提高，导致黏度提高的原因在于线团无规则特征，平均分子量越高，线团就越稀松，黏度就越高；线团密度越低，一定量的高分子材料的体积越大。

②溶液对特性黏数的影响。高聚物的特性黏数会因选择的溶剂不同而值也有所差异。在优良的溶剂中，线团松解扩张，密度小，链段距离较大，内部形成缔结点可能性较小，黏度很大；在不良溶剂中，线团卷曲和紧缩，链段之间易于接近形成一些缔结点，线团密度增加，黏度降低。

2. 重复利用

重复利用实验评价包括返排液的结垢趋势、抗盐性、返排水配制滑溜水的降阻率等方面。

结垢趋势是指返排液与地层返排水混合后，静止观察是否成垢。抗盐性是比较 10% $CaCl_2$条件下配制的滑溜水黏度与清水配制的滑溜水黏度比值，用黏度变化评价其抗盐性。使用返排水直接配制滑溜水，比较返排水配制滑溜水的降阻率与清水配制滑溜水降阻率。

在重复利用工艺流程方面，返排液首先采用物理分离方法除去机械杂质、悬浮固体和油等。其次对返排液水质进行检测(pH 值、残余添加剂浓度等)，并根据检测结果进行水质调整(pH 值)。再对返排液水质进行检测，并根据 Ca^{2+}、Mg^{2+}、Cl^-、Fe^{3+}浓度来判断是否满足体积压裂用水水质要求。满足水质要求的返排液直接用作压裂用水；不能满足水质要求的返排液与清水混合，通过稀释降低返排液中离子浓度，使其满足体积压裂用水水质要求，流程如图 6-52 所示。

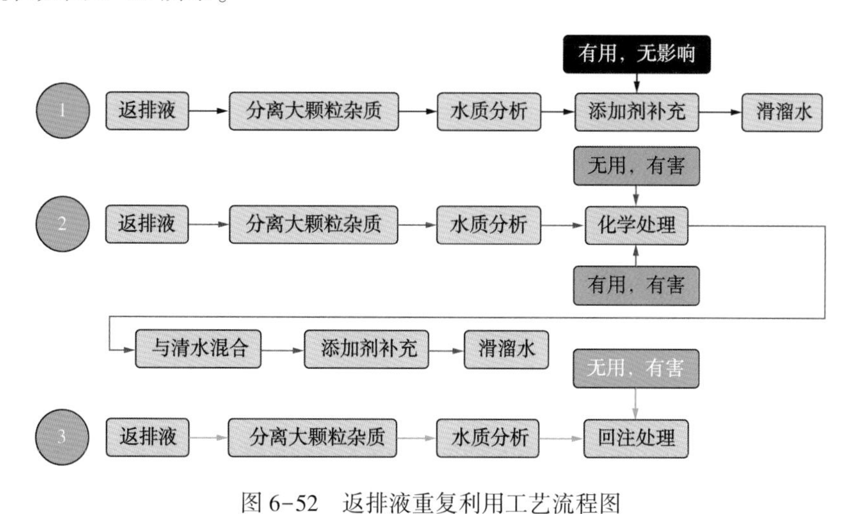

图 6-52 返排液重复利用工艺流程图

二、实验设备

水质分析实验采用的离子色谱仪，主要由流动相容器、高压输液泵、进样器、色谱柱、检测器和数据处理系统等组成。瑞士万通公司 Metrohm883 离子色谱仪如图 6-53 所示。设备参数：色谱泵最大运行压力 50MPa，色谱泵流速 0.001~20mL/min，色谱泵最小分度值 0.001mL/min，离子色谱仪洗脱液浓度范围 0~100%，有效进样体积 0.5~11mL，测量范围 0~15000μs/cm 无区段切换。

水质分析实验采用的原子吸收光谱仪，主要由光源、原子化系统、分光系统和检测系统组成。美国 PE 公司 PinAAcle900T 原子吸收光谱仪如图 6-54 所示。设备参数：波长 189~900nm 自动选择，实时双光束光路设计，8 个灯架，自动设定元素测定的波长/狭缝/灯电流/灯的最佳位置等条件，内置 8 个空心阴极灯和 4 个无极放电灯电源，检出限 Cu<0.9×10^{9}g，分辨率 0.2nm。

图 6-53 离子色谱仪

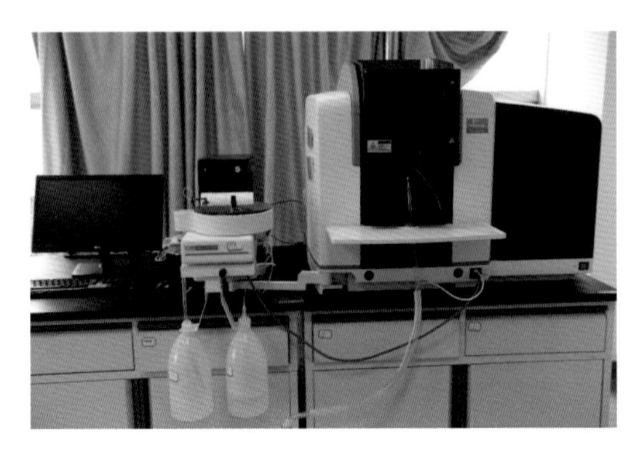

图 6-54 原子吸收光谱仪

残余聚合物浓度主要利用烧杯、烘箱、过滤等通用设备。

重复利用实验中的抗盐性、返排水配制滑溜水的降阻率所需实验设备采用滑溜水评价中相关降阻率实验设备，在此不重复介绍。

三、实验方法

返排液水质分析，主要参考行业标准《油田水分析方法》(SY/T 5523—2016)，主要步骤如下。

1. 样品准备

现场取样应具代表性、可靠性、真实性，现场取样前应将取样点积存的死水冲出，在高流速下畅流 3min 再取样。所取样品应代表相应地层，所采样品不应被混染。一般来说，500~1000mL 的样品就能满足大多数物理和化学分析的需要。在取样前，应在盛样器上贴好用防水墨水书写的标签，应包括样品信息(井号等)、取样人、取样日期和时间、取样点、分析要求、取样条件等。

对水质分析样品，需要进行过滤处理。为保证样品的稳定性，采样时或采样后应立即进行过滤处理，除去其中的悬浮物、沉淀、藻类及其他微生物。

2. 水质分析

离子色谱仪进行水质分析，实验方法如下。

(1)准备淋洗液、色谱柱，启动仪器预热。

(2)打开软件：调用方法为“阴/阳离子分析”，在软件点击“启动硬件”，预热 30~60min 直至纵坐标放在 1 范围内基线平衡。

(3)建立标准曲线：首先建立相应离子的标准曲线，随后开展样品的离子成分及含量测定。使用离子色谱仪进行检测，检测前对离子色谱仪测量精度进行检验校正。例如，配置1000g/mL的NaCl溶液测定Cl^-含量，同时配置50g/mL的Mg^{2+}溶液测定Mg^{2+}含量，实验结果见表6-26，可以看出，离子色谱仪离子含量测量误差小，能够满足实验要求。

表6-26 离子色谱仪测试精度验证

溶液类型	离子种类	理论值，mg/L	测量值，mg/L	误差,%
Cl^-溶液	Cl^-	393.16	399.57	1.63
Mg^{2+}溶液	Mg^{2+}	50	48.72	2.60

(4)准备样品：用0.45μm孔径的过滤膜过滤样品后放入进样架，未知浓度的样品还需先稀释100~1000倍后再进样，避免浓度太高污染系统。

(5)开始测定：点击工作平台中的“测量序列”，输入名称、样品类型、样品位、进样次数后，点击“开始”进行分析处理。

(6)数据分析：将分析实验的结果与标准曲线对比，从而确定溶液中相应离子的浓度。

原子吸收光谱仪进行水质分析，实验方法如下。

(1)开机：开乙炔气在0.09~0.1MPa，开空气压缩机0.45~0.5MPa，打开通风系统；打开主机和计算机；启动软件，进入工作界面；仪器进行联机、自检，仪器准备好后，仪器整体状态显示“空闲”。

(2)仪器设置：移开石墨炉自动进样器，安上石墨炉保护盖和火焰架，安装好燃烧头，关闭火焰防辐射门，进行自检；装入使用的元素灯，检查该元素灯的能量值是否显示正常。

(3)样品分析：新建分析方法，设置光谱仪、进样器，校准，输入所配制的标准溶液名称和浓度。

(4)输入样品信息。

(5)点火：检查安全连锁，点火成功后即可进行分析。

(6)分析：分析前点击“自动校零信号”，设定保存数据的路径和名称，选择要分析的标样浓度，依次“分析标样”“分析空白”“分析试样”，完成分析。

(7)打开校正曲线窗口和结果窗口查看数据，此窗口可以和分析样品窗口同时打开，在分析过程中就可以看到数据的结果。

(8)关机，清洗：关闭乙炔气瓶，熄灭火焰，释放管道内的剩余气体，关闭程序，关主机电源；关闭空压机的开关，将空压机内部的气体排完，排出空气过滤器中的水分。

3. 残余聚合物浓度

量取一定量的返排液置于磁力搅拌机上，缓缓向其中加入两倍体积的无水乙醇，搅拌30min后，关闭磁力搅拌机，将混合液静置4h后，观察压裂返排液中是否有残余的聚合物析出，如图6-55所示。

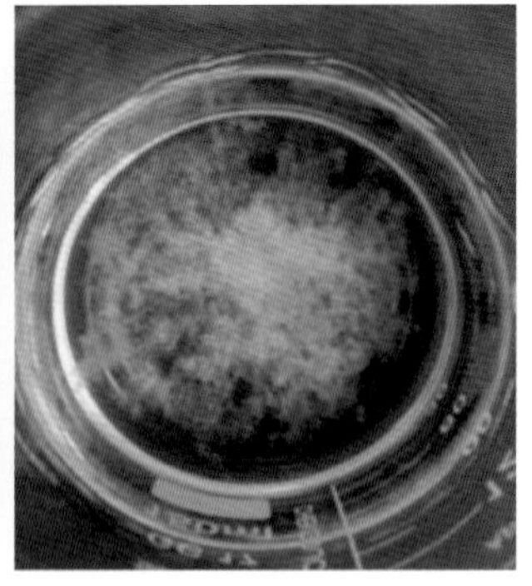

图 6-55　返排液加入乙醇后的现象

用滤纸过滤混合液(滤纸使用之前，在恒温箱里烘干直至恒重 m_0)，如此反复清洗(后续清洗可以适当减小乙醇体积)，直到返排液中不再有析出物。然后将析出物和滤纸一起置于恒温箱中烘干，直至恒重 m_1。烘干后得到残余聚合物薄片，将其轻轻刮至研钵中并将其研磨成粉末，以备后续实验应用，如图 6-56 所示。

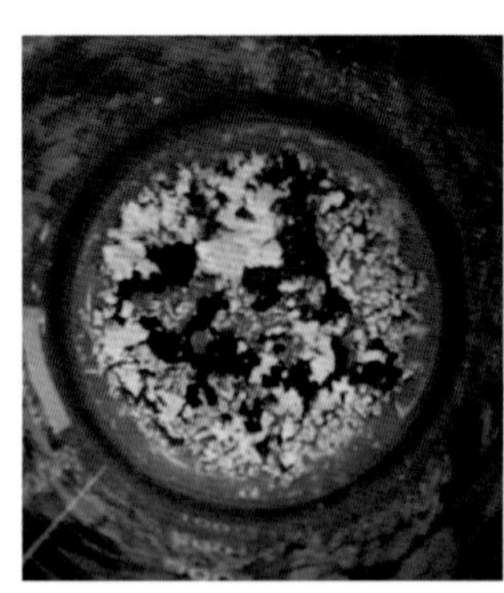

图 6-56　残余聚合物烘干研磨粉状图

压裂返排液中残余聚合物质量浓度根据式(6-13)计算：

$$c=\frac{m_1-m_0}{V} \tag{6-13}$$

式中　m_0——滤纸使用前的干重，g；

m_1——烘干后，滤纸和析出物的总干重，g；

V——返排液体积，L；

c——返排液中残余聚合物质量浓度，g/L。

4. 重复利用

重复利用中关于降阻率的实验评价参考滑溜水中关于降阻率、表面张力等相关实验评价方法。

四、典型案例

1. 返排液离子含量类型及含量变化

为研究返排过程中离子类型及含量变化，取自 CN 区块 H5-4 井和 H5-6 井滑溜水、返排液开展实验分析。H5-4 井和 H5-6 井不同返排时间点所取返排液外观如图 6-57 所示。

图 6-57 CN 区块 H5-4 井与 H5-6 井返排液

利用离子色谱仪分析返排液的特征阳离子和特征阴离子含量随返排时间的变化规律，结果表明返排液离子中主要有 Na^+、K^+、Ca^{2+}、Mg^{2+}、Cl^-、SO_4^{2-}，实验结果如图 6-58 与图 6-59 所示。对比同一平台两口井离子含量变化图，由于相似的地质工程条件，两井变化趋势一致。随着返排时间的增加，Na^+、K^+、Ca^{2+}、Mg^{2+} 的含量均有所增加，含量增加的离子类型主要为 Na^+ 和 Ca^{2+}。K^+ 在返排时间为 4～10d 范围内逐渐趋于稳定，而 Na^+、Ca^{2+}、Mg^{2+} 三种离子均在返排时间为 6～10d 范围内逐渐趋于稳定，一定程度上可以说明压裂液与页岩或支撑剂的相互作用在 10d 内趋于完成。

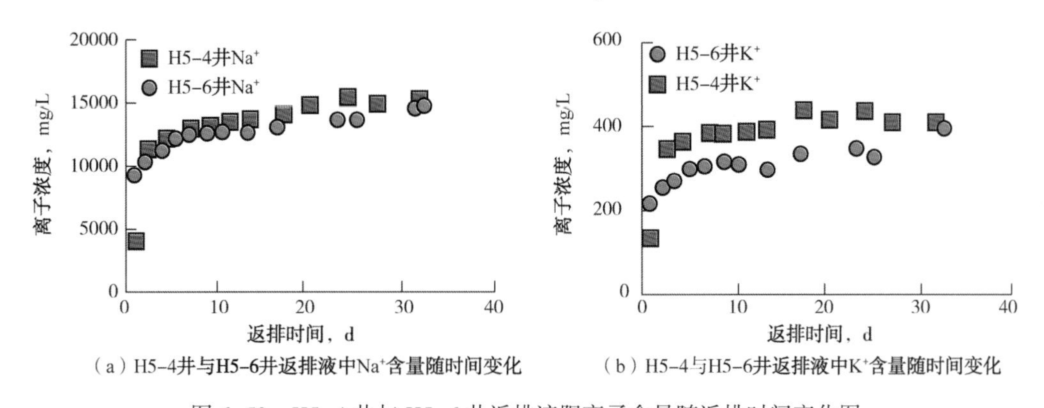

（a）H5-4井与H5-6井返排液中Na^+含量随时间变化　（b）H5-4与H5-6井返排液中K^+含量随时间变化

图 6-58 H5-4 井与 H5-6 井返排液阳离子含量随返排时间变化图

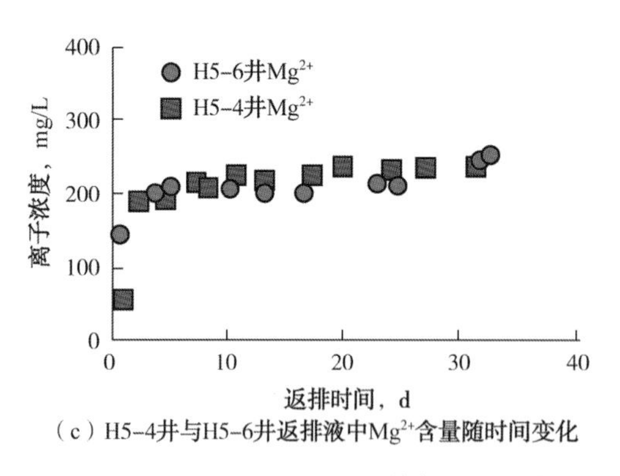

（c）H5-4井与H5-6井返排液中Mg^{2+}含量随时间变化

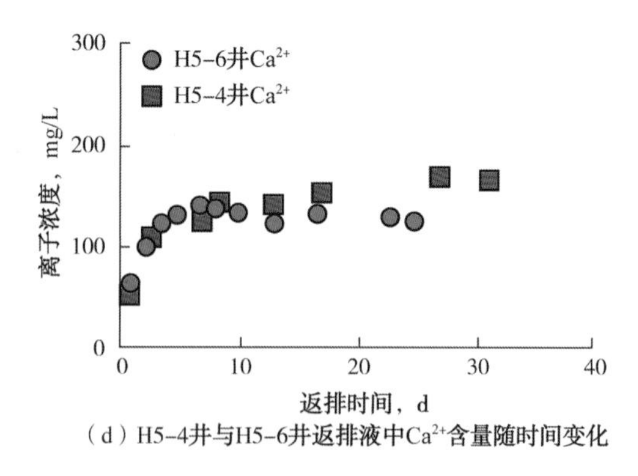

（d）H5-4井与H5-6井返排液中Ca^{2+}含量随时间变化

图 6-58 H5-4 井与 H5-6 井返排液阳离子含量随返排时间变化图(续)

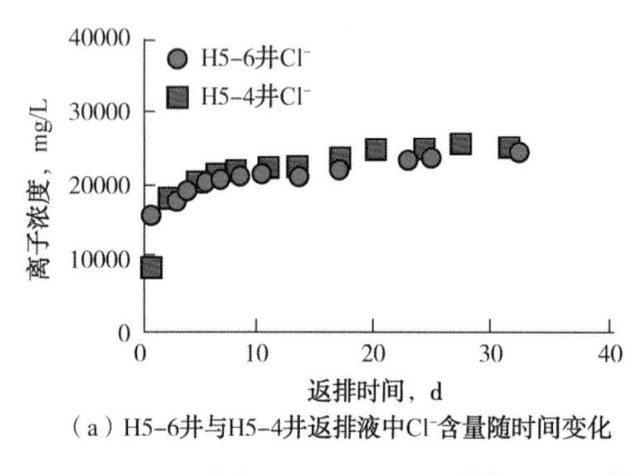

（a）H5-6井与H5-4井返排液中Cl^-含量随时间变化

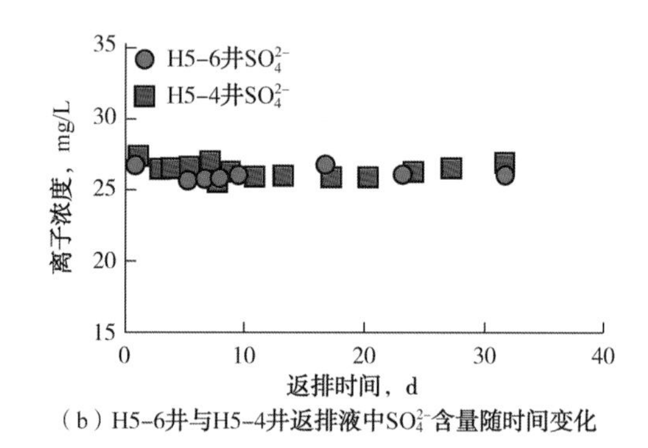

（b）H5-6井与H5-4井返排液中SO_4^{2-}含量随时间变化

图 6-59 CNH5-4 井与 H5-6 井返排液阴离子含量随返排时间变化图

将 CN 区块 H5-4 井入井滑溜水与 7.5d、13.5d 和 20.0d 返排液的离子组成及含量进行对比，见表 6-27 和如图 6-60 所示。随着返排时间的增加，各种阴离子、阳离子均增加，只有 SO_4^{2-} 基本没有变化，溶解后 Na^+ 和 Cl^- 更倾向于保留溶液形式。Na^+ 和 Cl^- 既不容易沉淀也不容易轻易被其他矿物吸附，溶液中钠可能归因于沸石、伊利石分散，SO_4^{2-} 在返排液中含量较少。

表 6-27 CN 区块 H5 平台压裂用滑溜水与返排液离子含量对比

液体	离子含量，mg/L					
	Na^+	K^+	Mg^{2+}	Ca^{2+}	Cl^-	SO_4^{2-}
滑溜水	11014.7	263.0	174.9	67.5	14299.9	18.4
7.5d 返排液	13078.5	376.8	207.6	127.3	21534.6	25.7
13.5d 返排液	13775.5	387.9	214.6	145.3	22900.3	25.7
20.0d 返排液	14904.6	413.8	235.2	180.4	24609.5	25.5

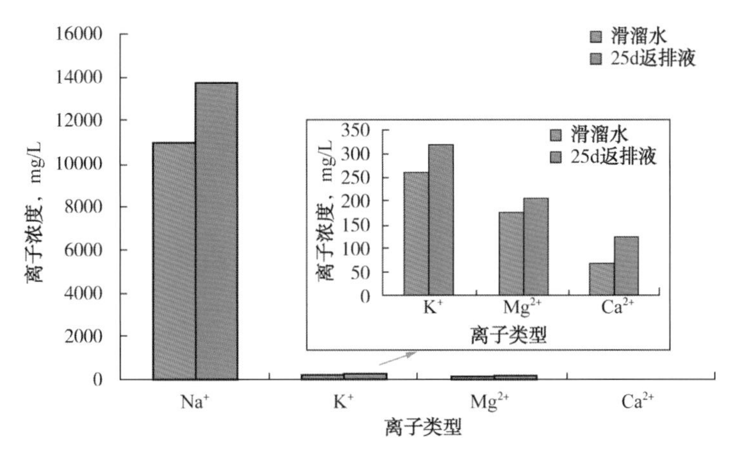

图 6-60 CN 区块 H5-4 井滑溜水与 20d 返排液的离子浓度对比

2. 残余聚合物浓度

利用残余聚合物分析，实验结果见表 6-28，表明体积压裂返排液中助排剂浓度和降阻剂浓度均较初始加入时有了显著降低。这主要是由于助排剂为表面活性剂，储层岩石对其有较强的吸附性。表面活性剂分子在岩石表面定向排列，增大了液体与岩石的接触角的同时，也使助排剂被储层吸附而损失。而降阻剂为高分子物质，由于剪切作用及储层环境中的温度降解作用，使得其逐渐降解。

表 6-28 返排液中助排剂浓度和降阻剂浓度情况

项目	助排剂浓度，%	降阻剂浓度，%
滑溜水中初始用量	0.2	0.1
返排液	0.03~0.04	0.01~0.02

3. 返排液重复利用实验结果

从返排液离子含量相关实验评价中可知，体积压裂返排液中含有 Ca^{2+}、Mg^{2+}、Cl^- 等。Ca^{2+}、Mg^{2+}等高价金属离子易降低降阻剂的降阻性能，甚至产生沉淀；Cl^-浓度较低时一般不会对体积压裂液的性能造成影响，但 Cl^- 浓度较高时仍然会降低降阻剂的降阻性能，并且对泵注设备、管线、井下管柱造成一定腐蚀。

体积压裂返排液的摩阻较高，接近清水摩阻，如图 6-61 所示，进一步验证了返排液中残余降阻剂的浓度很低，不能起到有效地降摩阻作用。

采用处理后的返排液重新配制体积压裂液，测定液体的摩阻，如图 6-62 所示。处理后的返排液，在流体线速度为 10m/s 时，其降阻性能与新配制的滑溜水降阻性能相当，降阻率达 70%，可以满足非常规储层体积压裂施工要求。

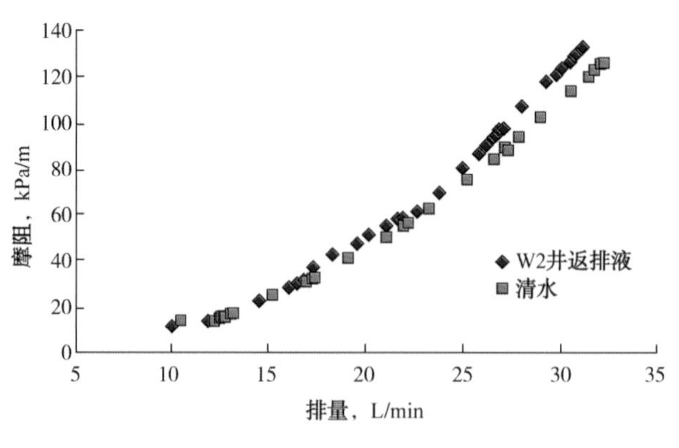

图 6-61　返排液摩阻

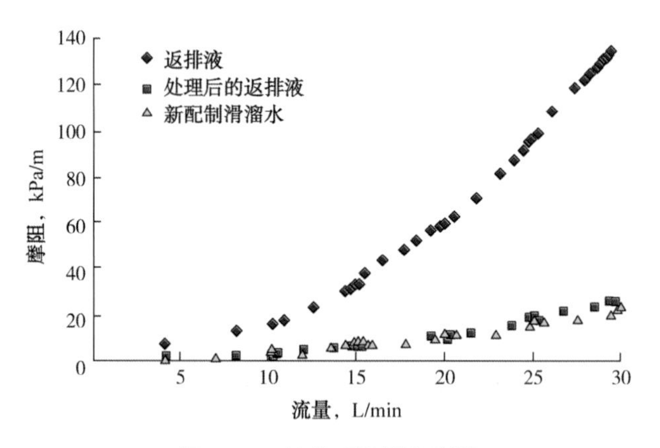

图 6-62　处理后返排液摩阻

同时，向处理后的返排液中补充一定量的助排剂后，表面张力显著降低，见表 6-29。

表 6-29　返排液中补充助排剂后对表面张力影响情况

配方	表面张力，mN/m
返排液	38.7
处理后返排液+0.1%助排剂	29.0
处理后返排液+0.2%助排剂	27.6
清水+0.2%助排剂	26.9

第七章 加砂压裂工艺模拟实验评价技术

第一节 大尺寸真三轴水力压裂裂缝起裂与扩展

目前加砂压裂的关键问题之一就是水力压裂裂缝起裂与扩展。由于对水力压裂裂缝的扩展模式和分布规律尚未有明确的认识，为此国内外的相关学者针对水力压裂的裂缝问题开展了许多研究。郭印同等使用真三轴岩土工程模型试验机并结合工业 CT 扫描技术，建立了一套页岩水力压裂物理模拟与压裂裂缝表征的方法，并通过竖直井模拟试验验证了该方法的可行性，但并未对裂缝扩展机制进行分析；衡帅等初步探讨了模拟竖直井条件下页岩水力压裂网状裂缝的形成机制以及裂缝扩展规律；陈勉等通过天然和人造岩样的水力压裂试验，实现了对裂缝扩展物理过程的监测并探讨了水力裂缝扩展的影响因素，但并未对裂缝进行剖切分析；赵益忠等对玄武岩、巨砾岩、泥灰岩岩心进行了水力压裂裂缝起裂及裂缝扩展模拟试验(赵益忠等，2007)，得到了压后裂缝几何形态和压裂过程中压力随时间的变化规律；姚飞等研究了裂缝性地层中天然裂缝网络对水力裂缝延伸的影响规律，得到了天然裂缝性地层中水力裂缝的延伸具有一定的随机性；Haimson 对应力和天然裂缝对水力压裂裂缝形态的影响进行了理论和试验研究；Blanton 通过含天然裂缝页岩的室内三轴水力压裂实验指出，只有在高应力差和大逼近角情形下水力裂缝才会穿过天然裂缝继续扩展，而多数情况下水力裂缝会在天然裂缝处止裂或转向，但其未考虑流体滤失的影响。

从相关研究可以看出，关于水力压裂裂缝起裂与扩展的研究多集中在理论分析、数值模拟、模型材料压裂等方面，水力压裂裂缝描述主要采用直接观测的方法，压裂过程中裂缝信息的监测方法尚不够完善，直接采用大尺寸页岩的实验并不多见。随着水平井分段压裂的兴起，有必要开展适用于储层特征的大尺寸、真三轴、水平井、水力压裂物理模拟实验(侯振坤，2016)。

一、实验原理

大尺寸真三轴模拟实验装置依相似准则而设计。相似准则是把个别现象(模型)的研究结果推广到相似现象(原型)上去的科学方法。相似理论从很大程度上是实验的理论，用于指导实验的根本布局问题，类似指导系列实验解微分方程或推倒经验公式。但从现在科技发展的形式来看，相似理论最主要的价值还是在指导模拟实验上。1992 年，De Pater 利用因次分析的方法基于二维模型的压裂控制模型导出了二维水力压裂模型的相似准则。中国石油大学(北京)的柳贡慧、庞飞针对三维模拟的控制方程进一步推导出了三维水力压裂模型的相似准则，并根据此相似准则进行了水力压裂模型实验，取得了较好的效果。根据在模型尺寸一定、模型井眼的大小一定、原地应力情况下进行试验得出的相似比。

在水力压裂模型试验中保持裂缝扩展的稳定性是极其重要的。所有的各种数值模型都以准静态观念处理裂缝扩展过程，在裂缝张开和流体流动方程中都忽略惯性项。而在现场压裂作业中，裂缝的延伸过程也近似于准静态情形，它是个复杂的反馈过程。

如果要研究裂缝的扩展规律，根据模拟实验的要求，保证裂缝的稳定扩展是相当重要的，注入压力到达峰值后陡然产生较大落差显示了起裂瞬间很强的能量释放。相对于较小的实验模型，这种裸眼段的突然起裂可能使裂缝很快地突破外表面，不利于研究裂缝的扩展规律，可采用提高围压的方法以遏制裂尖扩展的速度，或是通过预制裂缝来减弱起裂瞬间能量释放的力度。给天然岩样预制裂缝难度较大，其方法国外已有报道，对岩样加工的要求非常严格，成本较高。解决问题的方法是采用强度较低的试样或提高压裂液的黏度，以减小断裂韧性对裂缝扩展的影响，避免在压裂实验过程中出现裂缝的动态扩展情形。一定要使裂缝进行准静态扩展(稳态扩展)，从而将裂缝扩展过程控制在理想的时间范围内。

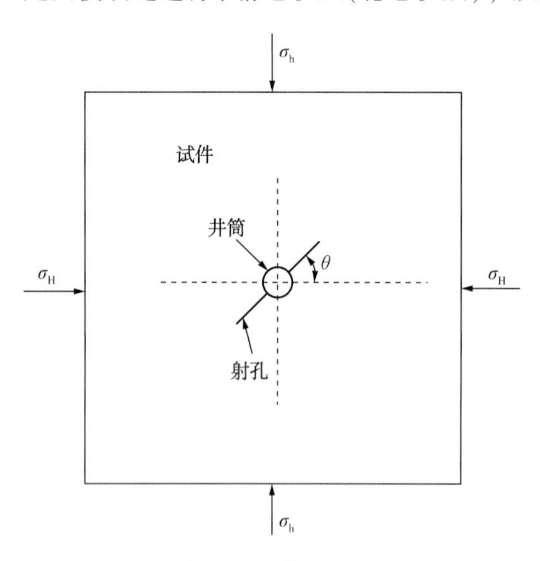

图 7-1　试件平面示意图

由经典压裂理论可知，水力裂缝沿阻力最小的路径起裂与扩展。在大多数情况下，垂直方向的应力最大或居中，因此最佳裂缝面是垂直的，其方向沿着最大水平主应力方向，即水力裂缝在远场沿着垂直于最小水平主地应力的方向扩展。但是由于井眼和射孔导致的应力集中，近井地带的应力场与远场地应力是存在差异的，导致了水力裂缝在近井地带的形态特殊。实验中对实际情况做了必要的简化，人造试件平面示意图如图 7-1 所示。其中 θ 为定向射孔方位角，即射孔孔眼轴线与最大水平主应力方向的夹角；σ_H，σ_h分别为水平最大主应力和水平最小主应力。

水力裂缝在沟通层理时会形成“T”字形或“十”字形的复杂裂缝形态(郭建春，2014)，即水力裂缝在岩石中延伸时，主要是垂直层理和沿层理方向扩展，但是水力裂缝在层理处的扩展行为与层理的胶结强度密切相关。层理的断裂韧性越小，阻止裂缝扩展的能力较弱。在垂直层理方向，断裂韧性较大，阻止裂缝扩展的能力较强。

在岩样水力压裂过程中，当水压裂缝垂直层理扩展时，容易在弱层理处发生转向，且在继续延伸的过程中会进一步沟通天然裂缝或层理形成复杂的裂缝网络，达到体积压裂的效果。结构面的抗拉强度、断裂韧性都远小于基质体的抗拉强度与断裂韧性，水力压裂在扩展的过程中会优先开启弱结构面而发生分叉，进而引起压裂液的大量滤失并需泵入更多的压裂液，促使水力裂缝沟通更远区域的天然裂缝或层理，直至形成复杂裂缝通道，达到体积压裂效果，如图 7-2 所示。

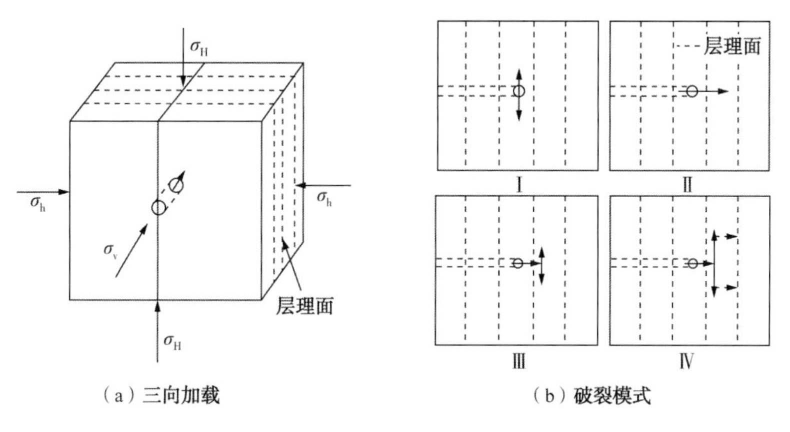

图 7-2　页岩压裂三向加载示意图及破裂模式

二、实验装置

中国石油大学(北京)、重庆大学、中国石油勘探开发研究院、中国石油西南油气田分公司工程技术研究院等多家单位均配备了大尺寸真三轴模拟实验系统，现就部分典型设备进行介绍。

1. 中国石油大学（北京）大尺寸真三轴模拟实验系统

真三轴模拟压裂实验系统由大尺寸真三轴试验架、MTS 伺服增压器、数据采集系统，稳压源、油水分离器及其他辅助装置组成，如图 7-3 所示。

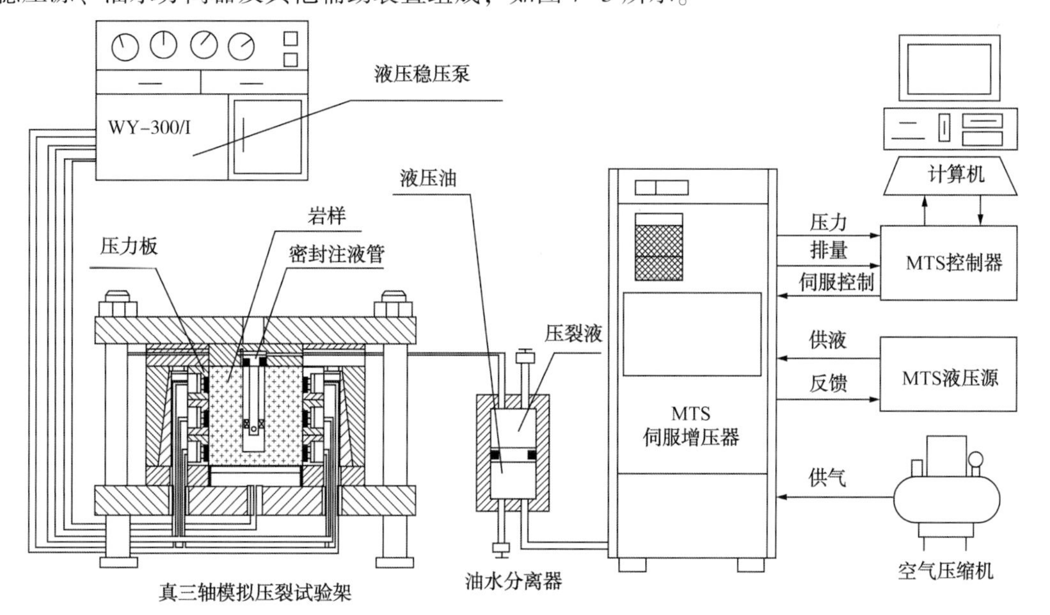

图 7-3 水力压裂模拟实验流程图(陈勉，2000)

试验架采用扁千斤向试样的侧面施加刚性载荷，根据水力压裂特点，在其中的一个水平方向上采用三对扁千斤分别模拟产层和上、下隔层的地应力，在其他两个方向各放置一对扁千斤以模拟垂向地应力和最大水平地应力。由多通道稳压源向扁千斤提供液压，各通道的压力大小可分别控制。每个通道的最大供液压力可达 60MPa。

在模拟压裂实验系统中采用 MTS 伺服增压器和油水分隔器向模拟井眼泵注高压液体。MTS 伺服增压器具有程序控制器，既可以以恒定的排量泵注液体，也可以按预先设定的泵注程序进行。实验过程中利用 MTS 数据采集系统记录液体压力、排量等参数。MTS 增压泵的工作介质是液压油，因此当使用水或其他介质作为压裂液时，在管路上设置一个油水分离器，将 MTS 工作介质与压裂液分隔开。

2. 重庆大学大型真三轴物理模拟试验机

大型真三轴物理模型试验机，如图 7-4 所示，可模拟地层三向应力环境，X，Y，Z 三个方向均可独立加压，最大尺寸可达 800mm×800mm×800mm，3 个方向最大载荷可达到 3000kN。在加载板端制有 12 个 ϕ25mm 的声发射探头放置孔，如图 7-5 所示，可根据实际三维定位调整声发射探头位置(侯振坤，2016)。

图 7-4　大型真三轴物理模拟试验机

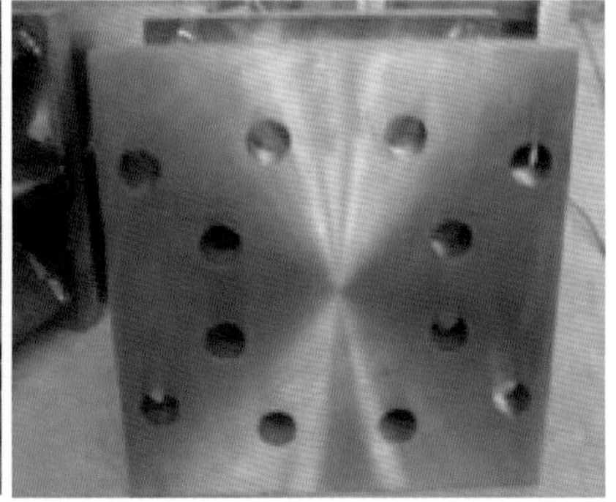

图 7-5　试验机加载板

水力压裂伺服泵压系统可精确控制水力压裂液泵入排量，增压活塞最大输出压力100MPa，分辨率为0.05MPa；配备了位移传感器，分辨率为0.04mm；增压器有效容积为800mL。DISP声发射测试系统在进行声发射测试时会在模拟水平地应力的4个端面各非对称放置2只声发射探头并配备相应的前置放大器，采用耦合剂将探头与试样粘结，设备流程如图7-6所示。

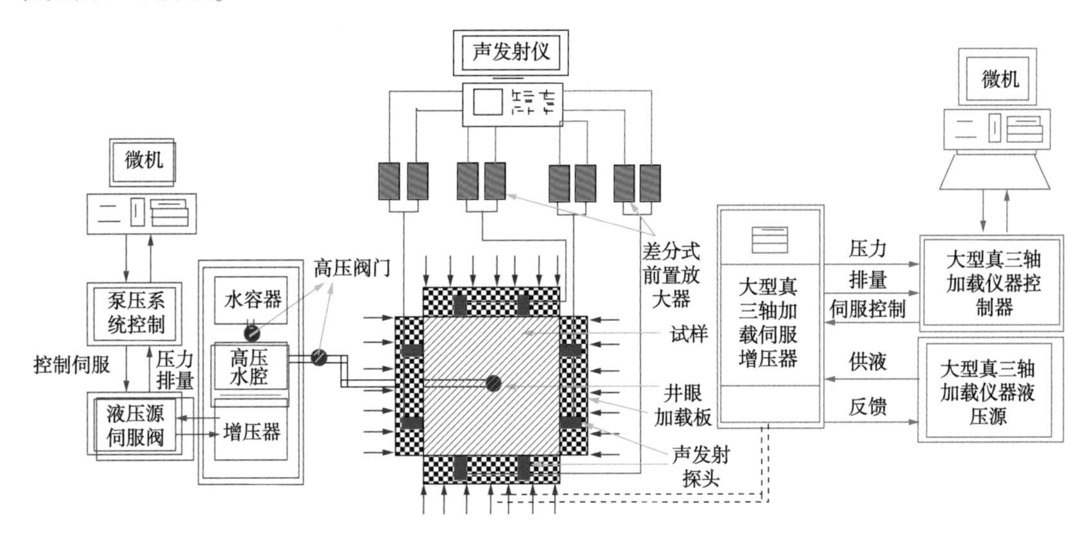

图7-6 室内真三轴水力压裂试验路线图(侯振坤，2016)

3. 中国石油西南油气田分公司工程技术研究院大型水力压裂物理模拟装置

实验装置包括三轴立方体岩心夹持器、压力装置、计量装置和自动控制和数据采集系统，如图7-7所示。

图7-7 大尺寸真三轴模拟实验装置

(1)三轴立方体岩心夹持器。

三轴立方体岩心夹持器适用于500mm×500mm×500mm立方体的岩心(同时可满足400mm×400mm×400mm岩心，又可用于300mm×300mm×300mm的岩心)，由夹持器底座、承压外壳、加载垫板、短行程加载活塞、中心孔注入卡口、吊装支架等组成(部件尺寸与整个岩心尺寸配套)。

(2)压力装置。

压力装置为系统提供三向应力加载、中心孔压力注入、流动驱替泵送等功能，主要由液压伺服系统、增压器、驱替泵、中间容器、互联管路等组成。

液压伺服系统用于三向应力加载，为真三轴应力条件下井壁稳定性试验、压裂模拟试验、流动驱替试验提供支持；加载系统配套三台应力加载装置，采用液压伺服系统自动加载，具备恒压控制模式，也可实现三个轴向单独加载。

中心孔压力注入与流动驱替试验使用相同的泵送装置实现；采用驱替泵泵送，通过吸取洁净的液体，再泵送至带活塞的中间容器内，推动需要进行驱替的工作液注入岩心中心孔或岩心端面。该泵具备恒压及恒流控制模式。

压力加载系统管线、接头等采用316不锈钢材质。系统具备传感器超限防护功能。

(3)计量装置。

计量装置由压力传感器、位移传感器、应变测量装置等组成。

压力传感器记录各方向的压力数据并可在采集面板实时显示，精度≤±0.1%。

(4)自动控制和数据采集系统。

整套装置全部采用计算机进行控制与采集，可实现监测和控制，对系统仪表参数实时采集与数据处理，其组件包括计算机、采集系统、打印机等。其具体功能如下：动态采集X、Y、Z三个加载方向的压力，具备动态显示三个加载方向的压力和时间关系曲线、位移和时间关系曲线、应力和应变关系曲线等功能；动态采集中心孔压力注入系统压力、注入液体量等数据，具备动态显示中心孔泵注压力与时间、流量等参数关系曲线，泵注液体量与时间等参数关系曲线功能。在模拟水力压裂过程中，通过分析不同压裂参数下的裂缝延伸规律即可获得影响复杂裂缝形成的主次因素。在进行室内水力压裂模拟实验时，采用红色的示踪剂追踪裂缝的扩展信息，就可通过红色示踪剂的波及范围表征裂缝的延伸形态。

三、实验方法

以中国石油西南油气田分公司工程技术研究院大型水力压裂物理模拟装置为例，介绍大尺寸真三轴水力压裂裂缝起裂与扩展实验方法，步骤如下。

(1)岩样制备。

由于取自现场的岩心一般形状不规则，不能直接用于实验。实验前需要对现场岩心进行加工。室内加工岩心过程：先将岩心加工成300mm×300mm×300mm(400mm×400mm×400mm或500mm×500mm×500mm)的立方体岩块，再用金刚石取心钻头在现场岩心上钻取一个ϕ18mm，深度为16cm(400mm试样为21cm、500mm试样为26cm)的圆孔用于模拟井眼，然后在井眼中填入填充物，注入AB胶，最后将井筒放入井眼内。以此模拟裸眼完井，如图7-8(a)所示。

(2)试样安装。

将试样放入大尺寸真三轴试验夹持器，然后安装压力板及夹持器上盖，用于轴向应力加载，如图7-8(b)所示为大尺寸真三轴试验夹持器。

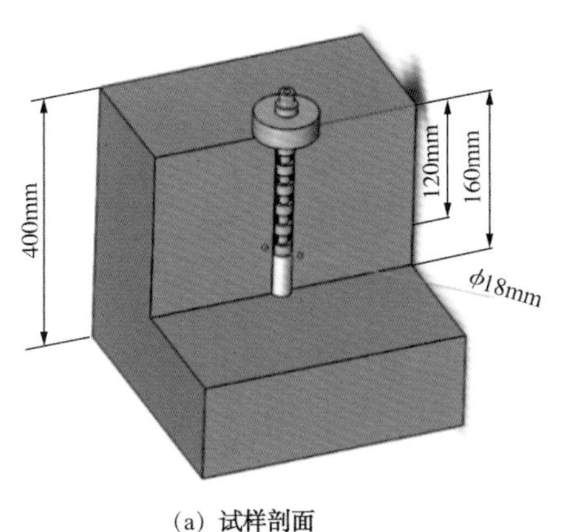

(a) 试样剖面

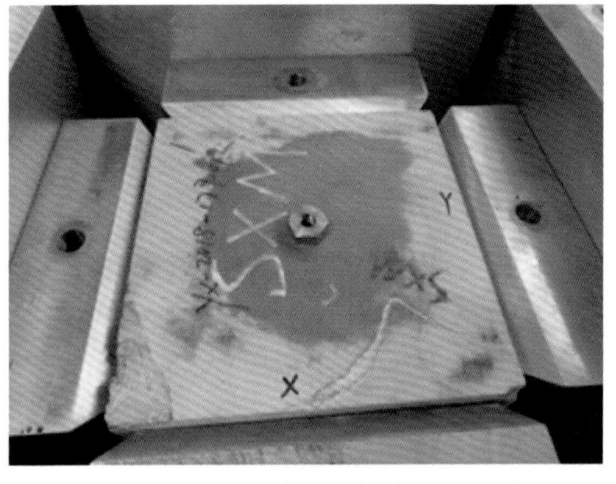

(b) 大尺寸真三轴水力压裂夹持器

图 7-8 试样剖面展示及大尺寸真三轴水力压裂夹持器

(3)应力加载。

根据水力压裂特点，由 3 个油泵在 X、Y、Z 三个方向通过液压施加不同的应力，用于模拟垂向地应力、最大水平地应力和最小水平地应力。各方向上的压力大小可分别控制，使试验试件尽可能地接近实际地层的受力状况。

(4)压裂。

待三向伺服控制系统的压力稳定后，启动驱替泵伺服控制系统，驱替泵控制压裂液排量。压裂液可选瓜尔胶或滑溜水，设定泵压排量为控制模式向试样内注入压裂液，控制软件实时采集水力压裂过程中的泵注压力情况。

(5)泄压。

待试样形成稳定的裂缝通道后，先关闭驱替泵，待泵压逐渐降低至稳定值后，停止数据采集，并将三向液压卸载至零。

(6)拆卸试样。

对压裂后试样的六个端面用相机拍照记录，识别试样表面的红色示踪剂痕迹，初步识别水力裂缝信息和各端面的裂缝形态。

(7)观察裂缝规律。

根据压裂后形成的水力裂缝通道对试样进行剖切，追踪红色示踪剂，进一步分析水力裂缝的延伸规律。综合分析水力压裂泵压—时间曲线及示踪剂分布信息，对水力裂缝的起裂和扩展规律及空间展布形态进行综合分析，研究岩样水力压裂裂缝的形成机理。

四、典型案例

岩样压裂试样内部的裂缝形态能够直观反映水力裂缝的延伸状态，是评价压裂效果的重要方式。选取天然砂岩露头，加工成 300mm×300mm×300mm，开展水力压裂模拟实验。

1. 实验参数

实验参数见表 7-1，岩心照片如图 7-9 所示，发育部分天然裂缝。

表 7-1　水力压裂模拟实验参数

三向地应力，MPa			完井方式	排量，mL/min	黏度，mPa·s
σ_x	σ_y	σ_z	裸眼完井	8	5(滑溜水)
20	0	15			

图 7-9　水力压裂模拟岩心照片(实验前)

2. 压裂曲线

实验过程中的压裂曲线如图 7-10 所示。

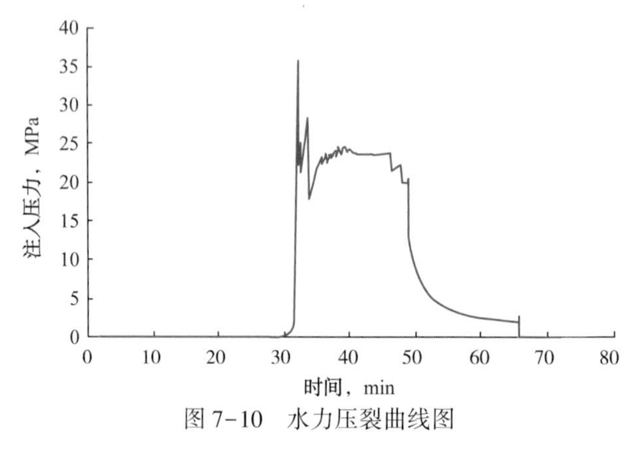

图 7-10　水力压裂曲线图

岩样有明显的破裂现象，岩样破裂压力为 36MPa，岩样破裂后持续注液，压力呈现波动形式。压力陡然下降说明水力裂缝张开，当压裂液进入裂缝中充满压裂液后，压力回升，随后再下降，表明裂缝延伸。

3. 压裂结果及分析

压裂后岩心照片如图 7-11 所示，实验后在岩样内部形成了多条裂缝。

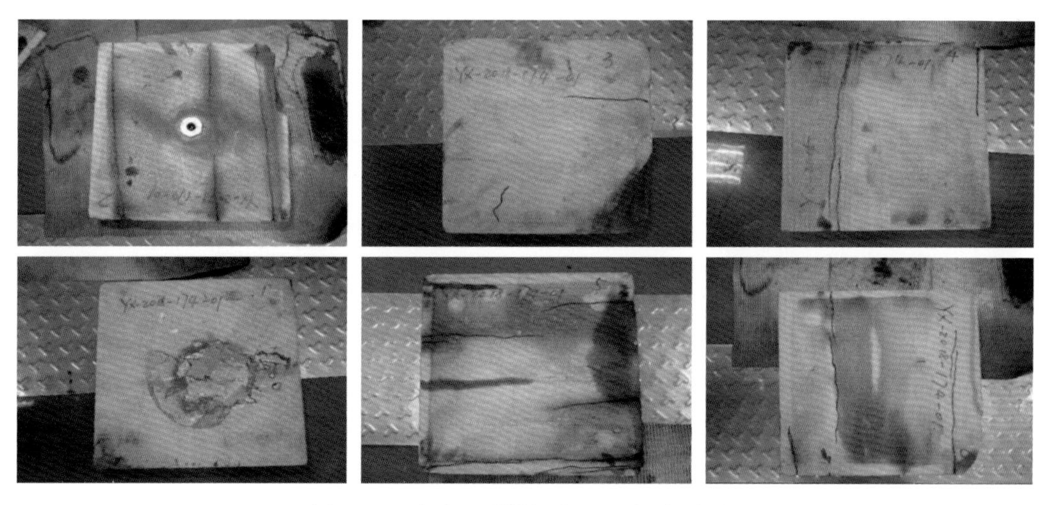

图 7-11 水力压裂模拟岩心照片(实验后)

水力压裂模拟岩样裂缝分析及起裂模型如图 7-12 所示，图中蓝色部分表示发育的 3 条天然裂缝，水力裂缝沿垂直最小水平地应力方向起裂，形成一条主裂缝，主裂缝的右翼穿过天然裂缝 2 继续沿垂直于水平最小应力方向扩展到天然裂缝 3，未贯穿，有沟通天然裂缝的趋势；主缝的左翼继续扩展到天然裂缝 1，未贯穿，而是向井筒方向扩展至岩样端面。

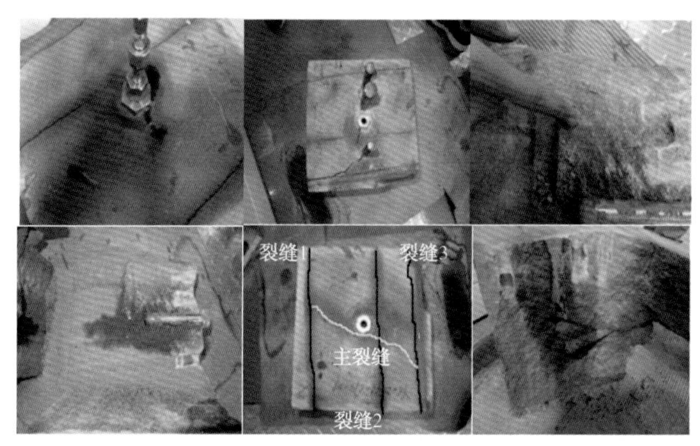

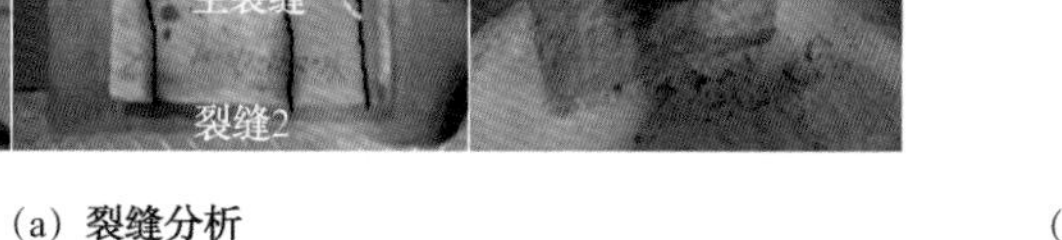

(a) 裂缝分析 (b) 裂缝起裂及延伸模型

图 7-12 水力压裂模拟岩样的裂缝分析与裂缝起裂及延伸模型

第二节 支撑剂缝内铺置特征实验评价

随着油气藏勘探开发的深入，加砂压裂成为低渗透、特低渗透油气藏获产以及增产的必要手段之一，发挥着十分重要的作用。由于支撑剂在裂缝中的运移沉降规律是影响支撑剂在裂缝中铺置形态的关键，也直接决定了压裂改造的最终效果。因此，研究支撑剂在裂缝中的运移沉降和铺置形态的规律具有重要意义。由于压裂液黏度及地层条件等的限制，支撑剂在裂缝中会有一定的沉降。如在滑溜水用于页岩气压裂中，由于滑溜水黏度低，携砂能力差，支撑剂输送困难，在施工过程中过高的支撑剂浓度容易造成砂堵，支撑剂浓度过低会使缝内铺砂浓度降低，影响压裂后的改造效果。并且如果地层微裂缝发育，压裂时会造成滑溜水的大量滤失，进一步加剧了支撑剂输送的困难，导致在压裂施工中，常出现支撑剂沉降在裂缝底部，在裂缝上部及远离井筒端没有支撑剂铺置的情况，影响压裂增产措施的效果。因此，水力压裂中支撑剂的铺置对压裂施工效果和成果至关重要，对支撑剂铺置的预测也是设计和评价水力压裂的关键。

一、实验原理

国内对压裂过程中支撑剂的运移和铺置规律的研究多是在理论方面，现场施工经常凭经验或者软件模拟，很少有实验方面的研究。由于液体的流变性、流速、支撑剂浓度和密度等因素都会影响支撑剂的输送规律，通常借助支撑剂缝内流动可视化模拟装置开展支撑剂的铺置规律实验研究。支撑剂缝内流动状态可视化模拟装置采用可视化裂缝模型模拟实际地层裂缝，使用螺杆泵将携砂压裂液以不同速度注入裂缝，通过透明玻璃即可观察压裂液或携砂液在裂缝里的流动状态、流体对支撑剂的冲刷携带性能及支撑剂运移和铺置状况。通过改变排量、压裂液黏度、支撑剂类型等参数，掌握裂缝内支撑剂沉降和运移规律，了解加砂过程中支撑剂的铺置、卷起、砂堤分布等规律，从而对压裂液参数、支撑剂参数进行比选，并优化压裂施工参数，确保形成有利的支撑剂铺置，提高裂缝导流能力。目前用于研究支撑剂铺置相关实验装置及方法大致分为两种：一种是在单一裂缝中铺置特征，另一种是在复杂裂缝中的铺置特征。

1. 支撑剂在单一裂缝中的铺置特征

支撑剂在单缝中的铺置特征是指利用实验设备模拟加砂压裂中一段人工裂缝，利用数据采集与控制系统中高分辨率录像机进行实验过程的拍摄，记录不同实验条件下整个实验过程中的支撑剂在单一裂缝中的铺置。研究支撑剂在其中的铺置特征规律，实验流程如图 7-13所示。

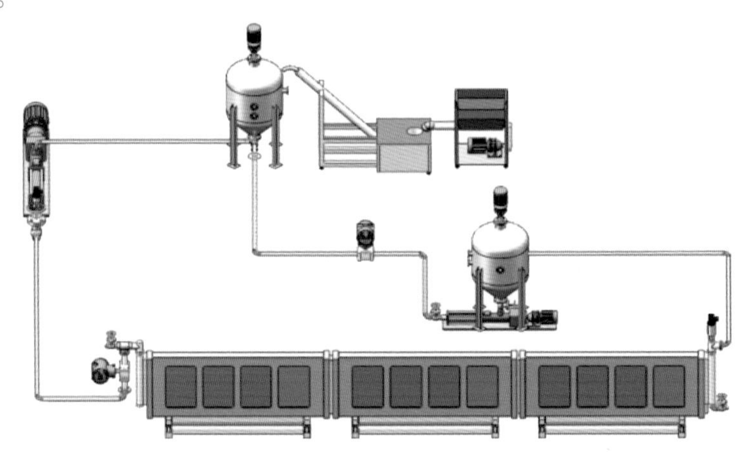

图 7-13　支撑剂在单一裂缝中的铺置特征实验流程图

(1)实验排量。

实验根据相似性原理，选取某一压裂施工现场实践，根据现场施工作业的泵入排量、压开后裂缝的实际尺寸等信息，规定实验室平行板内流速与现场裂缝内流速相等，再根据现有的裂缝模型装置尺寸，换算出实验泵入排量。

为保证现场人工裂缝与实验平板中具有相同的流体动力学特征，根据雷诺相似原则将现场排量转换为实验排量，即

$$v_e = \frac{v_f}{h_f \times w_f \times 2} \times (h_e \times w_e) \tag{7-1}$$

式中 v_e——室内实验排量，m^3/min；

v_f——现场排量，m^3/min；

h_f——人工裂缝高度，m；

w_f——人工裂缝宽度，mm；

h_e——平板装置的高度，m；

w_e——平板间的宽度，mm。

例如，体积压裂施工排量为10~14m^3/min，此处假定施工排量为12m^3/min，分两簇射孔，并假设体积裂缝高30m，缝宽6mm，根据式(7-1)计算得到实验排量为60L/min，观察此时的砂堤形态，对比分析排量对支撑剂砂堤铺置形态的影响。

(2)压裂液黏度。

首先利用流变仪测试地层温度下滑溜水或压裂液的黏度，再根据实验所需的压裂液黏度，计算所需添加剂的质量，并配置相应黏度的压裂液。最后用流变仪对配好的滑溜水或压裂液进行检测，达到实验所用液体黏度和地层温度下液体黏度基本一致。

(3)支撑剂浓度。

通常情况下的加砂方式是将计算好量的砂直接加入混砂罐搅拌。由于滑溜水携砂性能较差、固液之间的密度差和搅拌作用，会产生罐内下部砂比大于上部砂比的现象。为了减小实验误差，使整个压裂模拟施工过程中的砂比保持恒定，采用实时加砂的方法，以保证整个实验过程中的支撑剂浓度不变。

(4)支撑剂密度。

选择不同密度的支撑剂，在相同的排量、液体黏度、支撑剂浓度下开展实验，用以评价不同支撑剂密度对支撑剂在裂缝中铺置情况的影响。

2. 支撑剂在复杂缝中的铺置特征

在单一裂缝中支撑剂铺置特征研究的基础上，考虑复杂裂缝与常规单一裂缝的区别，设计复杂裂缝实验装置，建立相应的实验评价方法，研究支撑剂在复杂裂缝中的沉降规律，为复杂裂缝条件下体积压裂改造设计提供理论支持和参考依据。

支撑剂在复杂裂缝中的铺置特征的实验设计中，主缝中的实验排量、支撑剂密度、支撑剂浓度、压裂液黏度等参数，参考支撑剂在单一裂缝中的铺置特征实验方法，最大的区别是裂缝的设计。

体积压裂容易产生分支裂缝，最终形成复杂裂缝。为了研究复杂裂缝中支撑剂的沉降

运移、铺置规律，对于构成复杂裂缝的不同形式裂缝进行多种变化的正交组合，以不同因素为目标，进行控制变量实验，构建不同形式的复杂裂缝。水力裂缝与天然裂缝相交并按照一定方式的组合，形成不同结构的裂缝，最终将无序的复杂裂缝离散化得到正交立体的复杂裂缝物理模型，如图 7-14 所示。

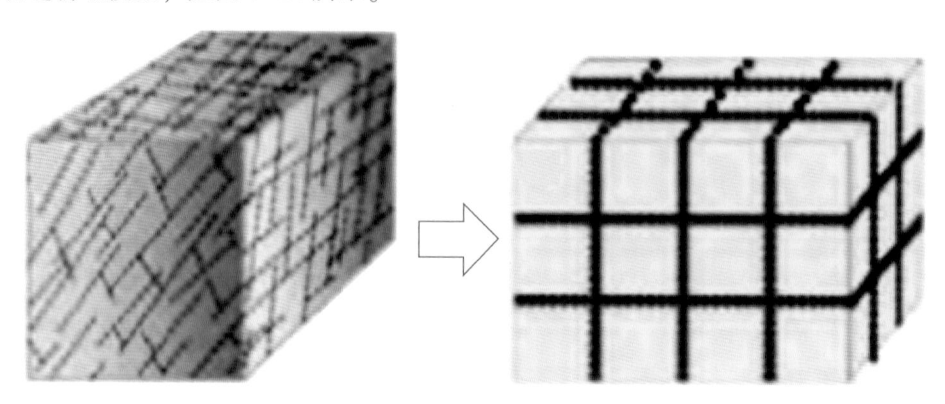

图 7-14　离散化复杂裂缝模型示意图

依据正交立体的复杂裂缝物理模型，同时为便于观察支撑剂在裂缝中的沉降运移、铺置规律，采用 4×4×4 块有机玻璃，即可形成 3×3×3 纵横垂直交叉的复杂裂缝，如图 7-15 所示。

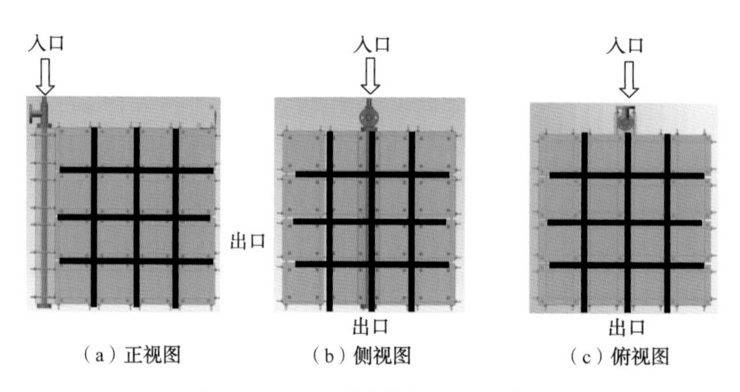

图 7-15　复杂裂缝装置设计示意图

在裂缝设计实验中，采用节点分析方法。以裂缝节点为基础，将装置的水平方向的 3×3结构分为 6 种基本裂缝结构，这 6 种基本结构通过任意组合可以得到各种类型的复杂裂缝网络结构。研究支撑剂在这 6 种结构中的运移规律可以预测整个复杂裂缝的砂堤形态，指导压裂施工方案设计。6 种基础裂缝结构如图 7-16 所示。

从图 7-16 中可以看出，“1+E”形裂缝形态是指初期只有一条主裂缝，裂缝延展过程中成为“E”形分支缝，是储层复杂裂缝中较为常见的一种情况，可以作为对比研究其他复杂裂缝的重要依据，研究“1+E”形裂缝中的支撑剂的铺置特征有非常重要的意义；“T”形裂缝形态是指一条主裂缝和在主裂缝中靠近井筒的位置含有一条二级裂缝；“十”形裂缝形态是指一条主裂缝和在主裂缝中靠近井筒的相同位置对称分布两条二级裂缝；双“T”形裂缝形态是指一条主裂缝和在主裂缝中的两侧距离井筒不同的位置分布两条二级裂缝；

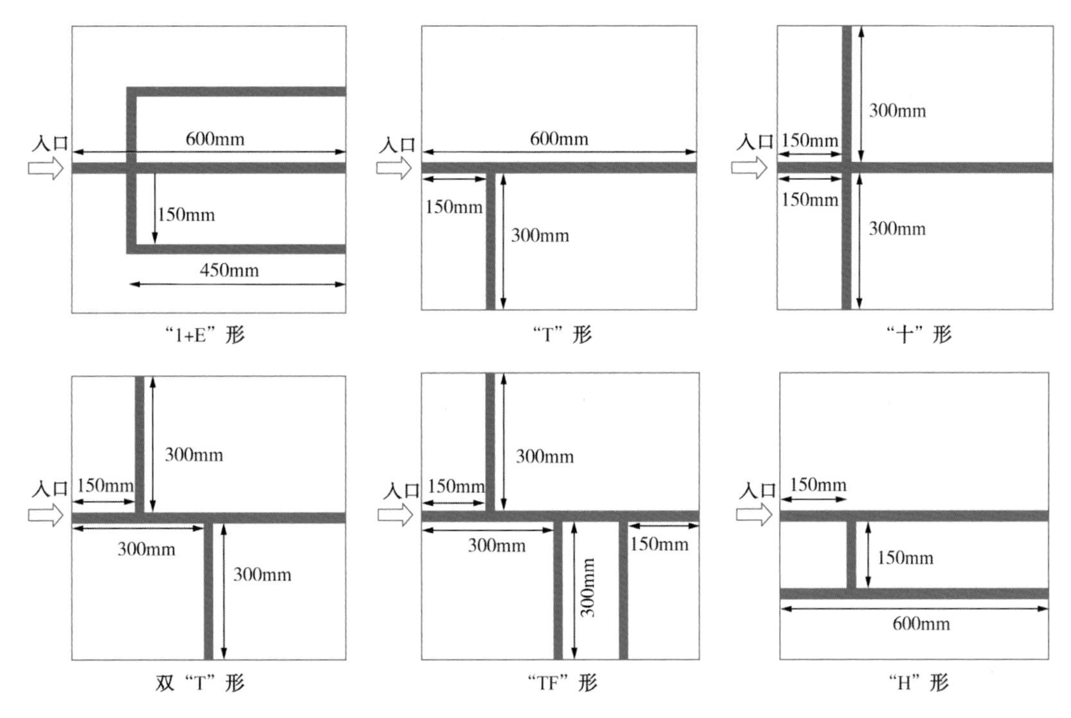

图 7-16 6 种基础裂缝结构

"TF"形裂缝形态是指一条主裂缝和在主裂缝中靠近井筒的位置、中间位置、主裂缝尾部分别含有一条二级裂缝，主要研究在主裂缝中二级裂缝中的砂堤形态和二级裂缝距离井筒远近之间的关系；"H"形裂缝形态是指一条主裂缝和在主裂缝中靠近井筒的位置含有一条二级裂缝以及在二级裂缝的尾部又含有一条三级裂缝，主要研究不同的裂缝对支撑剂铺置特征的影响。

3. 支撑剂铺置特征的记录

实验时，便于数据的记录，采用高速摄像机记录不同时刻下某个或某几个支撑剂在平行板中的位置，以求取支撑剂颗粒的沉降速度及水平运移速度。实验过程中时刻记录砂堤的几何形态，以便后期对砂堤规律进行分析。实验采用如下的数据记录方法。

(1)颗粒运移速度记录方法。为便于精确跟踪砂粒的运移，保证实验数据的准确性，选择部分与实验所用的颜色不同的支撑剂，并均匀混合。实验室采用高速摄像机对颗粒的运移过程进行录像。跟踪支撑剂颗粒的运移轨迹，通过记录其运移距离及时间，求得沉降速度与水平方向运移速度。

(2)砂堤高度记录方法。可采用人工记录和软件采集两种方法：人工记录法是通过平板上的刻度线，间隔一定距离读取砂堤高度数据；软件采集法是根据所拍摄的砂堤铺置状态图片，采用软件提取砂堤高度数值。相比于人工记录的数据，软件采集数据法准确程度更高。

4. 支撑剂铺置特征表征参数

支撑剂铺置表征参数通常可以分为平衡高度、砂堤前缘距缝口距离、砂堤前缘坡度。

(1)平衡高度。

支撑剂颗粒进入裂缝后，随着时间的推移，砂堤会逐渐堆积，直到砂堤不再增高时，此时形成的砂堤高度即为“平衡高度”。从压裂液泵入裂缝开始计时，砂堤达到平衡高度所需的时间即是“平衡时间”。

携砂液进入裂缝后，携砂液中的支撑剂颗粒受到浮力、重力和流体的携带力的综合作用。当压裂液黏度较低时，支撑剂颗粒受到的浮力小于重力，支撑剂颗粒开始沉降，在裂缝底部形成砂堤。随着支撑剂的不断沉降，砂堤的高度不断增加，流过砂堤顶部的面积减少，所以流速增大，使部分支撑剂颗粒处于悬浮状态，停止沉降，此时裂缝中的流速被称为平衡流速。平衡流速是携带支撑剂的最小流速，即

$$u_{eq}=\frac{Q}{wh_{eq}} \tag{7-2}$$

式中 Q——施工排量，m^3/min；

u_{eq}——平衡流速，m/s；

w——裂缝宽度，mm；

h_{eq}——平衡时流动横截面的高度，m。

推导后得到平衡高度的表达式为

$$h_{eq}=h_0-\frac{16.67Q}{wu_{eq}} \tag{7-3}$$

式中 h_0——砂堤高度，m；

h_{eq}——砂堤的平衡高度，m。

平衡流速是携带支撑剂的最低流速，所以裂缝中的实际的流动速度和平衡速度之间的差值必然会影响砂堤的堆起速度。缝内流速达到平衡流速时，砂堤达到平衡高度，此时砂堤不再增高。

$$\frac{dH}{dt}=K(u_{eq}-u_h) \tag{7-4}$$

其中

$$K=0.126C^{0.12}\left(\frac{\rho}{\rho_s-\rho}\right)^{0.45}\left(\frac{h_{eq}}{H_{eq}}\right)^{0.19}\left(\frac{u_h}{u_{eq}}\right)^{0.86} \tag{7-5}$$

式中 C——砂比,%；

K——比例系数，无量纲；

ρ——实验用压裂液(滑溜水)密度，g/cm^3；

ρ_s——实验用支撑剂的密度，g/cm^3；

u_h——与 h 对应时刻的缝内流速，m/s；

H_{eq}——任意时刻砂堤的高度，m。

假定砂堤的高度接近平衡高度的 0.95 时砂堤就达到了平衡高度，所以平衡时间为

$$t_{eq}=\frac{0.95+3\dfrac{h_{eq}}{H_{eq}}}{\dfrac{KQ}{wh_{eq}H_{eq}}} \tag{7-6}$$

式中 t_{eq}——平衡时间，min。

(2)砂堤前缘距缝口距离。

当携砂液进缝速度达到一定值后，由于裂缝进口速度大，会存在入口冲刷，因此砂堤并不全是从裂缝进口就开始堆积，靠近裂缝入口的地方是存在无砂区的，而且不同泵入条件下的砂堤前缘距缝口距离会不同。L_{eq}即是指砂堤前缘距离裂缝入口的长度，该参数决定了砂堤斜坡前的无砂区距离，如图 7-17 所示。

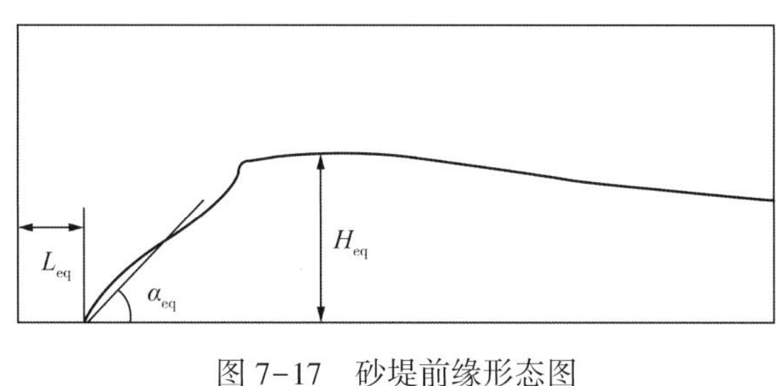

图 7-17 砂堤前缘形态图

α_{eq}——砂堤前缘坡度

合理控制 L_{eq}能避免在井底周围裂缝产生缩颈现象。在压裂现场实际施工中，如果裂缝入口处支撑剂没有进行有效铺置，当压裂液返排后，裂缝内压力降低，有可能导致裂缝入口完全闭合，即便是支撑剂在裂缝中后部进行了有效铺置，也会大大降低压裂施工的效果。所以，应该尽量减小该参数值，保证压裂施工的良好效果。

(3)砂堤前缘坡度。

用 α_{eq}来表示平衡状态时砂堤前缘的坡度值，该参数用来描述平衡状态时，井底附近支撑剂颗粒的填砂程度，如图 7-17 所示。该参数值越大越好，坡度越大，则井底附近铺砂程度越好，可以大大提高裂缝的导流能力。

二、实验设备

支撑剂在单一裂缝中的铺置特征采用支撑剂单缝内铺置可视化实验装置，主要由供液和泵送系统、混砂系统、可视化的单一裂缝系统、液体回收系统、数据采集与控制系统 5 部分组成。支撑剂单缝内铺置可视化实验装置如图 7-18 所示，设备参数：单一缝板长度为 2m，裂缝宽度 0.1~1cm(可调)，裂缝高度 60cm，最大排量200L/min，液体最高黏度 100mPa·s；储液罐容积 300L，最高温度 90℃，最大耐压 1.2MPa；适用的支撑剂类型为 20~140 目的各种支撑剂颗粒。本装置最大特点为可利用1~3 块缝板，组合得到 2/4/6m 共计 3 种裂缝长度，裂缝最长达 6m，有助于完成远距离的支撑剂铺置规律的工程模拟实验。

图 7-18　支撑剂单缝内铺置可视化实验装置

支撑剂在复杂裂缝中的铺置特征采用支撑剂复杂裂缝内铺置可视化实验装置，主要由储液罐、螺杆泵、加砂装置、储砂罐、流量计、液体循环泵、复杂裂缝装置等 7 部分组成。支撑剂复杂裂缝内铺置可视化实验装置如图 7-19 所示，设备参数：复杂裂缝模型尺寸长宽高为 60cm×60cm×60cm，1 条垂直主裂缝长度为 60cm，3 条二、三级裂缝长度为 60cm，3 条水平裂缝长度为 60cm，裂缝宽度 0.1～1cm（可调），裂缝高度 15～30cm（可调），最大排量 200L/min，液体最高黏度 100mPa·s；储液罐容积 300L，最高温度 90℃，最大耐压 1.2MPa；适用的支撑剂类型为 20～140 目的各种支撑剂颗粒。本装置最大特点为裂缝节点 27 个，可根据实验研究需要，在不同节点处改变裂缝的方向及宽度，从而组合得到不同形态、宽度的复杂裂缝的物理模型，有助于完成不同储层复杂裂缝中支撑剂铺置规律的工程模拟实验。

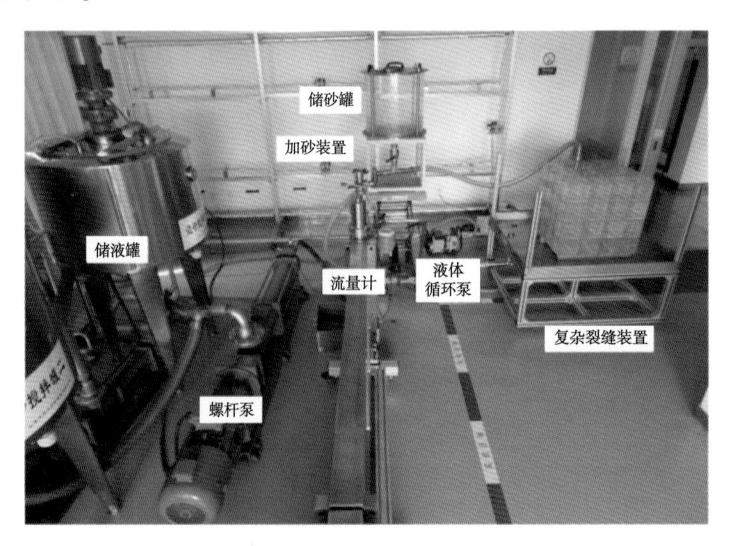

图 7-19　支撑剂复杂裂缝内铺置可视化实验装置

三、实验方法

支撑剂在单一裂缝中的铺置特征实验采用支撑剂单缝内铺置可视化实验装置，主要实验方法如下。

(1)连接实验仪器，确保实验装置的密封性，打开控制柜，启动软件，检查各项仪表指数是否正常，将数据清除归零。

(2)关闭混砂罐出口阀门，注入实验所需用量(稍过量)的压裂液。如需提高压裂液的黏度，计算并称量好所需添加剂的用量。打开混砂罐搅拌器，加入所需添加剂，此时无须加入支撑剂颗粒。

(3)打开混砂罐出口阀门，启动螺杆泵，向模拟裂缝内注入压裂液。待压裂液充满整个裂缝后，此时裂缝中的压裂液相当于实际压裂施工中的前置液。

(4)计算并称量实验所需支撑剂颗粒用量，加入输砂装置。为保证整个实验过程中保持稳定的砂浓度，调节输砂装置的输送速度，保证其和混砂罐内压裂液混合达到动态平衡。调节实验所需的泵频率，开启螺杆泵，在电脑客户端开启数据采集软件系统，实验开始。

(5)从支撑剂颗粒开始进入裂缝的时刻计时，直到所配制的混砂液全部泵送完毕，关停搅拌器、螺杆泵及输砂器，关闭电脑客户端的数据采集系统，实验结束。整个实验过程中，用高清摄像机全程记录砂堤的形态和相关参数。

(6)用清水大排量冲洗裂缝装置内部。在液体回收系统中，砂子和压裂液分离后，将支撑剂颗粒收集晾晒以便重复利用，压裂液则统一集中处理。

支撑剂在复杂裂缝中的铺置特征实验采用支撑剂复杂裂缝内铺置可视化实验装置，主要实验方法如下。

(1)根据实验设计的裂缝形态，进行复杂裂缝模型组装。复杂裂缝装置共4层，每层4×4=16块立方块，每个立方块的6个面各有4个孔立方块。通过拉杆和螺栓固定，确保密封良好。复杂裂缝装置组装流程如图7-20所示。

(a)复杂裂缝装置第1层

(b)复杂裂缝装置第2层

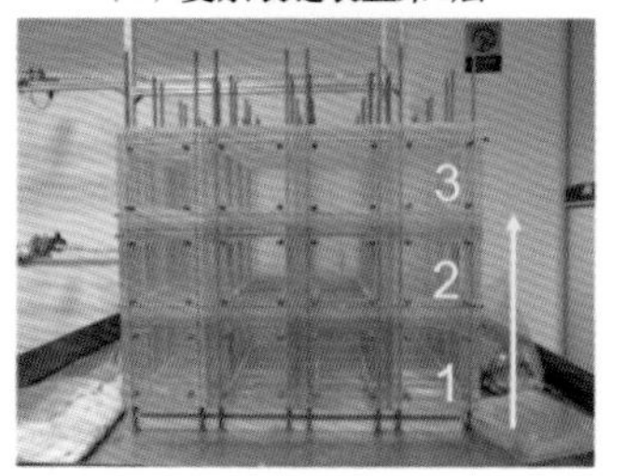

(c)复杂裂缝装置第3层

(d)复杂裂缝装置第4层

图7-20 复杂裂缝装置组装步骤

复杂裂缝装置组装好后，外观如图 7-21 所示。

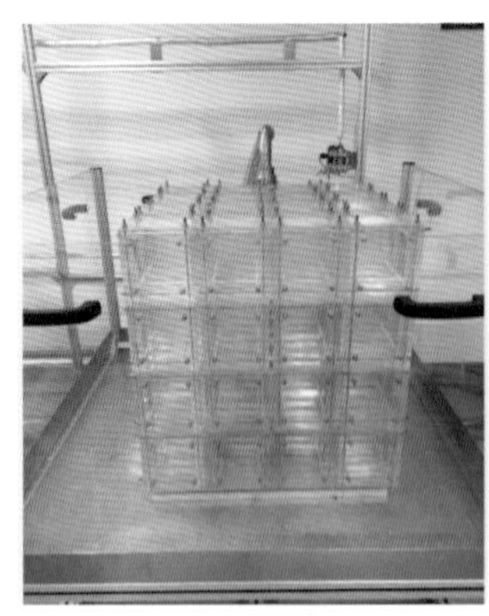

(a) 正视图

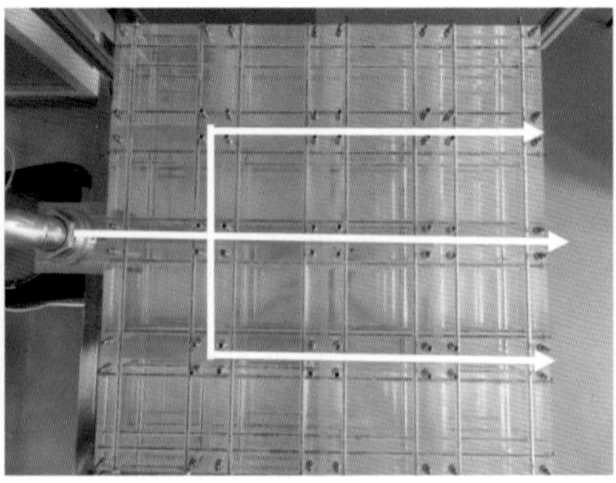

(b) 俯视图

图 7-21　复杂裂缝装置外观图

(2)打开控制柜，启动软件，检查各项仪表指数是否正常，将数据清除归零。

(3)配液。根据实验要求，配置所需滑溜水，辅以搅拌。

(4)混砂。向储砂罐中加入支撑剂。

(5)放置好摄像机，准备摄像与拍照，如图 7-22 所示。

(6)检查流程。确认流程中各阀门均处在正确的开关位置。

(7)铺置实验。调整排量至设计值，打开加砂装置阀门，进行铺置实验，如图 7-23 所示。

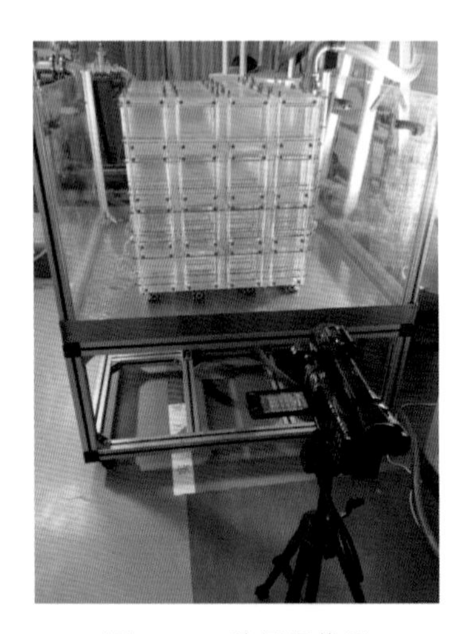

图 7-22　放置摄像机

图 7-23　支撑剂在复杂裂缝中的铺置实验

(8)清洗。实验完成后，将装置清洗干净，如图 7-24 所示。在液体回收系统中，支撑剂和滑溜水分离后，将支撑剂颗粒收集晾晒以便重复利用，滑溜水则统一集中处理。

图 7-24 清洗复杂裂缝实验装置

四、典型案例

1. 支撑剂在单一裂缝中的铺置特征

当排量为 80L/min 时，砂浓度为 150kg/m³，从单一裂缝中出现支撑剂开始计时，记录用时 6min，砂堤形成过程如图 7-25 所示。

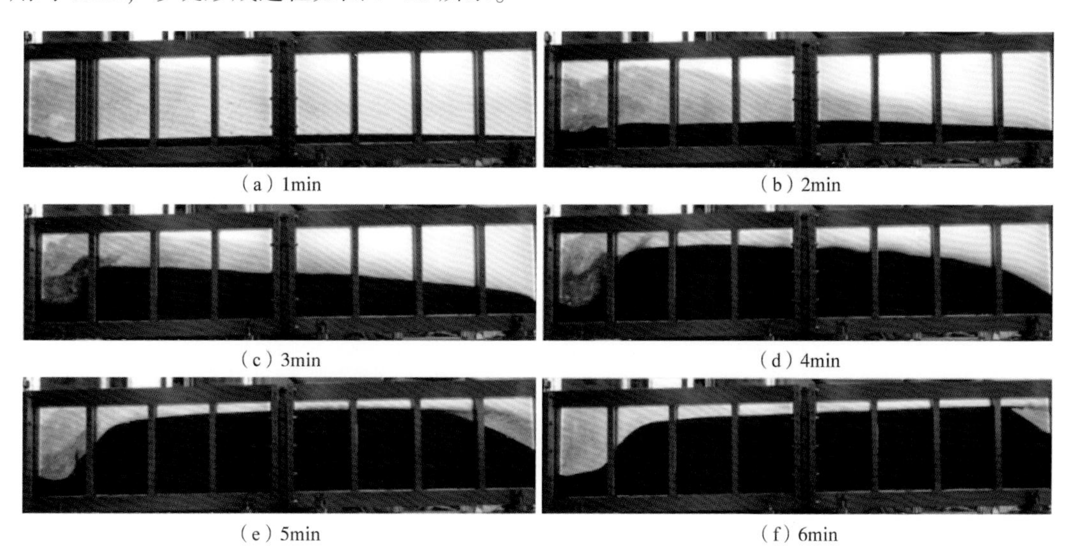

(a) 1min (b) 2min (c) 3min (d) 4min (e) 5min (f) 6min

图 7-25 排量为 80L/min 砂堤的形成过程

通过比较不同排量下的支撑剂铺置规律可以看出，支撑剂沉降在裂缝底部形成砂堤，砂堤高度逐渐增加，砂堤达到平衡高度后，堤峰逐渐向裂缝深部推进。可以将整个支撑剂铺置分为砂堤形成、砂堤平衡、砂堤推进三个阶段。

实验初期，携砂液从孔眼高速流出，支撑剂在重力作用下沉降至裂缝底部形成砂堤，随着携砂液的不断泵入，在离入口较近处砂堤逐渐达到平衡高度。达到平衡高度后，此时顶部的支撑剂颗粒卷起和沉降达到动态平衡，砂堤高度不变。砂堤形成过程如图 7-26 所示。

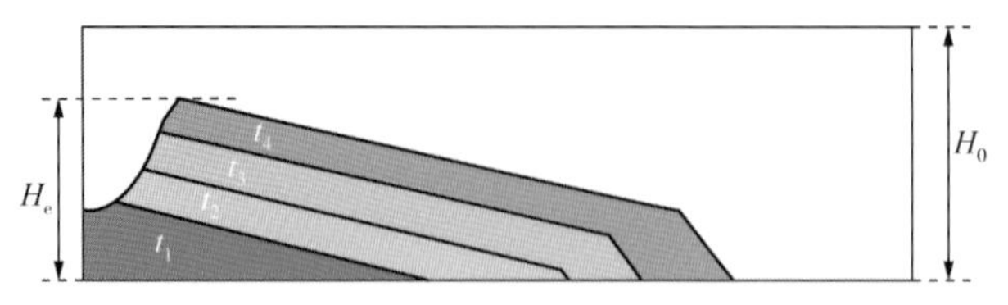

图 7-26　支撑剂在单一裂缝中砂堤形成阶段示意图

H_e—平衡时流动横截面的高度，m；H_0—裂缝横截面的高度，m

实验中期，近井筒附近砂堤达到平衡高度后，砂堤的顶部和裂缝顶部之间的间隙减小到最小值，支撑剂颗粒的沉降数目和被冲走的数目动态平衡，支撑剂被冲刷到砂堤达到平衡高度的远处发生沉降。携砂液在平衡高度的砂堤上方流过，在流动方向上还未到达平衡高度的地方沉降，所以最终平衡高度朝着流动方向不断向流动前方移动。砂堤平衡过程如图 7-27 所示。

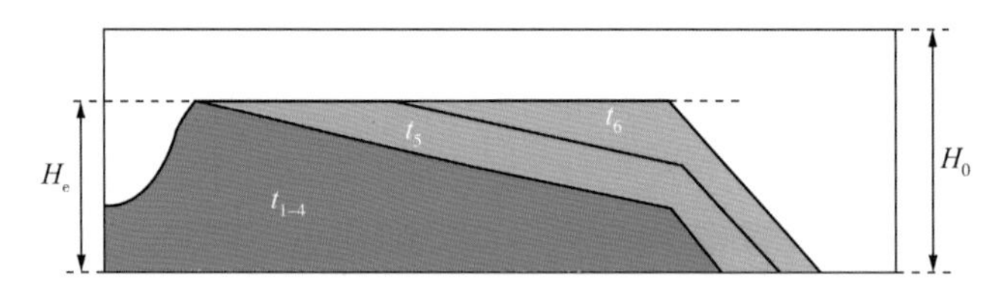

图 7-27　支撑剂在单一裂缝中砂堤平衡阶段示意图

实验后期，该阶段随着携砂液的注入，砂堤只在长度方向上增长，高度始终保持平衡高度，砂堤始终以平衡高度向前增长。砂堤推进过程如图 7-28 所示。

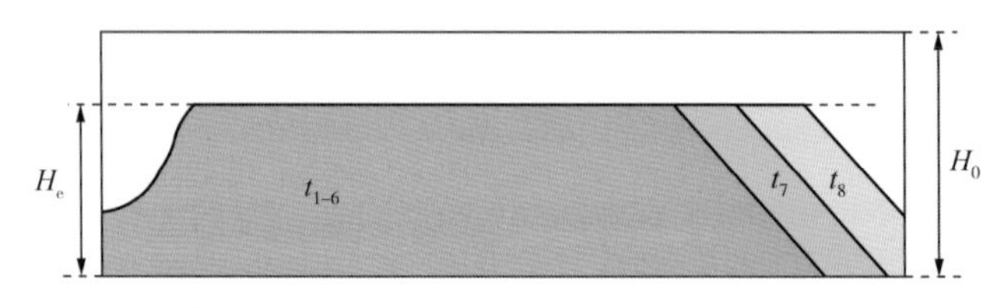

图 7-28　支撑剂在单一裂缝中砂堤推进阶段示意图

2. 支撑剂在复杂裂缝中的铺置特征

为研究不同裂缝形态对铺置特征的影响，在总支撑剂量及排量相同的情况下，设置不同“1+E”形、“T”形、双“T”形、“TF”形的裂缝形态，开展不同裂缝形态对铺置特征的影响实验研究，实验方案见表 7-2。

表 7-2 不同裂缝形态对铺置特征的影响

裂缝形态	支撑剂粒径	支撑剂类型	实验排量，L/min	支撑剂泵注程序
“1+E”形	40/70 目	陶粒	15	全程均匀加砂
“T”形				
双“T”形				
“TF”形				

(1)在主缝中的铺置特征。

“TF”形裂缝形态条件下，支撑剂主裂缝中的铺置特征如图 7-29 所示。

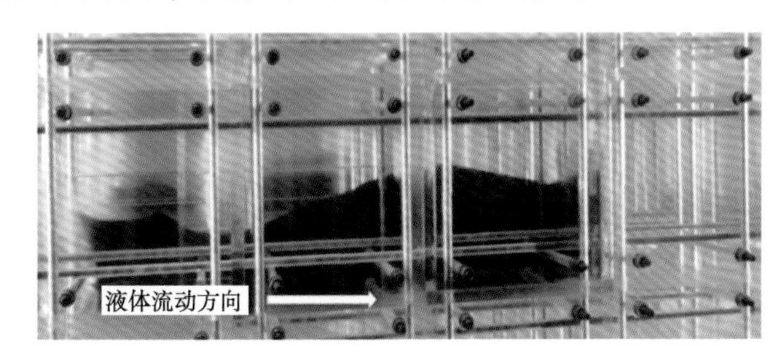

图 7-29 “TF”形裂缝形态支撑剂在主缝中的沉降铺置情况

不同裂缝形态下，支撑剂在主缝中的铺置特征，如图 7-30 所示。

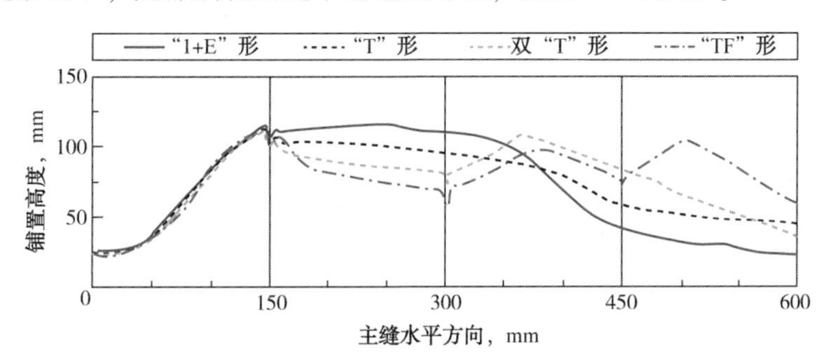

图 7-30 不同裂缝形态下支撑剂在主缝中的铺置特征

从图 7-30 中可以看出，同一种支撑剂在同一排量下在主裂缝入口处呈现的规律较为一致。但由于不同裂缝形态对主缝中液体流量分流作用的差异，在主缝中不同位置出现了不同的平衡高度。

“1+E”形和“T”形裂缝在水平方向 150mm 形成分支缝，后续为单缝，“1+E”形裂缝分支裂缝相对较多，主缝中流量相对低于“T”形缝，因此“1+E”形主缝中的砂堤高度高于“T”形主缝，“1+E”形和“T”形裂缝的平衡高度分别为 116mm、102mm。

双“T”形裂缝在水平方向 150mm、300mm 形成分支缝，由于存在 2 次不同位置的分流，分流节点越靠后，液体流量越小，缝内流速越低，对支撑剂的携带及冲刷能力越弱，因此双“T”形在主缝中出现了 2 个堤峰，并且离缝口越远，砂堤平衡高度越高。双“T”形的第一平衡高度和第二平衡高度分别为 89mm、109mm。

“TF”形裂缝在水平方向150mm、300mm、450mm形成分支缝后，与双“T”形裂缝对液体的分流减速类似。由于存在3次不同位置的分流，逐级分流后，分流节点越靠后，流体流量越小，缝内流速更低，对支撑剂的携带和冲刷作用更弱，因此“TF”型在主缝中出现了3个堤峰，并且离缝口越远，砂堤平衡高度越高。“TF”形的第一平衡高度、第二平衡高度、第三平衡高度分别为77mm、97mm、104mm。

(2)在分支缝(三级缝)中的铺置特征。

双“T”形裂缝形态条件下，支撑剂在分支缝中的铺置特征如图7-31所示。

图7-31 “双T”形裂缝形态时支撑剂分支缝中的铺置特征

不同裂缝形态下，支撑剂在分支缝中的铺置特征如图7-32所示。

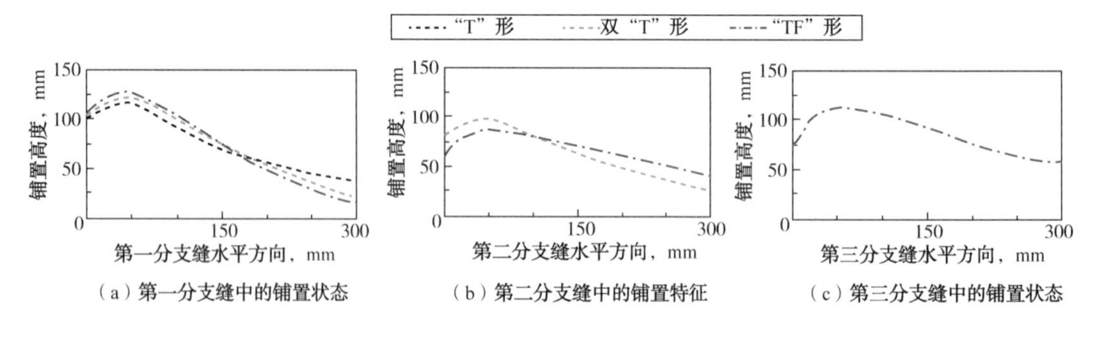

(a)第一分支缝中的铺置状态 (b)第二分支缝中的铺置特征 (c)第三分支缝中的铺置状态

图7-32 不同裂缝形态在分支缝中的铺置特征

“T”形、双“T”形、“TF”形裂缝在水平方向150mm处形成第一分支缝后，在第一分支缝的砂堤高度中，“T”形裂缝中砂堤高度最高，“T”形、双“T”形、“TF”形裂缝在第一分支缝中的砂堤高度分别为116mm、122mm、126mm，表明裂缝越复杂，在最初的分支裂缝中的砂堤高度越高。

双“T”形、“TF”形裂缝在水平方向300mm处形成第二分支缝后，在第二分支缝的砂堤高度中，“T”形裂缝中砂堤高度最高，双“T”形、“TF”形裂缝在第二分支缝中的砂堤高度分别为98mm、87mm，与第一分支缝规律类似，裂缝越复杂，在第二分支缝中的砂堤高度越高。

“TF”形裂缝在水平方向450mm处形成第三分支缝后，由于存在2次不同位置的分流，分流节点越靠后，液体流量越小，在第三分支裂缝中的砂堤高度为113mm。

总结对比不同裂缝形态的支撑剂在主缝和分支缝中的铺置规律可以发现，对于“T”

形、双“T”形、“TF”形裂缝，随着裂缝复杂程度逐渐增加，裂缝中的流体多次逐级分流后，分流节点越靠后，流体流量越小，缝内流速更低，对支撑剂的携带和冲刷作用更弱，因此离缝口越远，砂堤的平衡高度越高。

在现场施工过程中，泵送支撑剂阶段，同一支撑剂在同一排量下，随着施工时间的推进，裂缝形态复杂程度增加，进入地层的流体被逐级分流，在分支裂缝中的流速逐渐降低，对支撑剂的携带能力和对砂堤的冲刷作用越弱，因此裂缝越复杂，越不利于支撑剂的运移铺置。在施工中期，应保证高排量的注入，弥补复杂裂缝的分流作用对携砂能力的降低的影响，尽量在分支裂缝水平方向铺置足够的支撑剂。

第三节　裂缝导流能力实验评价

在同一储层、同一几何尺寸裂缝的条件下，裂缝导流能力决定了压裂的增产效果。一般认为，支撑剂的类型及其物理性质、支撑剂在裂缝中的铺置特征与裂缝的闭合压力是影响裂缝导流能力的主要因素。

一、实验原理

压裂施工过程中将大量的液体和支撑剂泵入地层，能够形成大规模的储层改造。但由于压裂液的携砂性能有限，支撑剂沉降速度快，导致施工结束后大量支撑剂沉降在裂缝底部，如图 7-33 所示。

图 7-33　支撑剂在滑溜水中的沉降示意图

支撑剂铺置在裂缝底部后，上部裂缝会在闭合压力作用下逐渐闭合，闭合过程中由于存在岩屑、裂缝剪切滑移，从而在上部裂缝会形成自支撑区域，如图 7-34 中 1 所示；在上部裂缝闭合和裂缝底部张开过渡带，是储层岩石相互作用形成的斜支撑区域，如图 7-34中 2 所示；裂缝底部会在支撑剂作用下保持裂缝张开，具有一定的导流能力，如图 7-34 中 3 所示。根据室内研究侧重点不同，支撑剂充填层导流能力又可分为短期导流能力和长期导流能力。因此，储层裂缝导流能力和自支撑导流能力、支撑剂充填层导流能力、斜支撑区域导流能力密切相关。

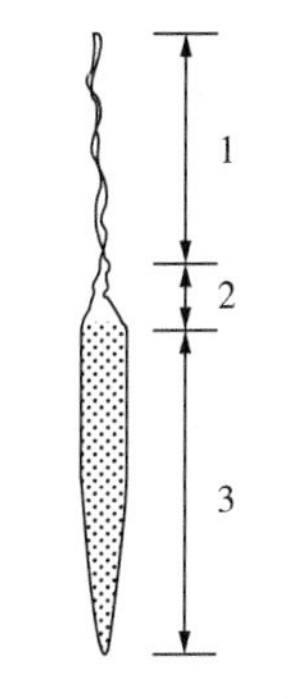

图 7-34　不同区域裂缝导流能力示意图

1. 支撑剂充填层短期导流能力

压裂施工过程中将大量的支撑剂泵入地层，使得裂缝在储层闭合应力的作用下仍能保持张开状态并提供较高的导流能力。支撑剂的有效使用影响着裂缝导流能力的高低，进而决定了压裂效果的好坏，支撑剂的种类、粒径、闭合压力对支撑裂缝短期导流能力影响较大。

支撑剂充填层短期导流能力实验是通过将一定量的支撑剂铺置在导流室中，如图7-35所示，再将导流室接入支撑裂缝导流仪流程中，评价不同流量下流体通过支撑剂充填层两端的压差，从而确定导流能力的大小。支撑剂充填层短期导流能力的优点在于时效性强，能有效指导支撑剂的优选和评价。

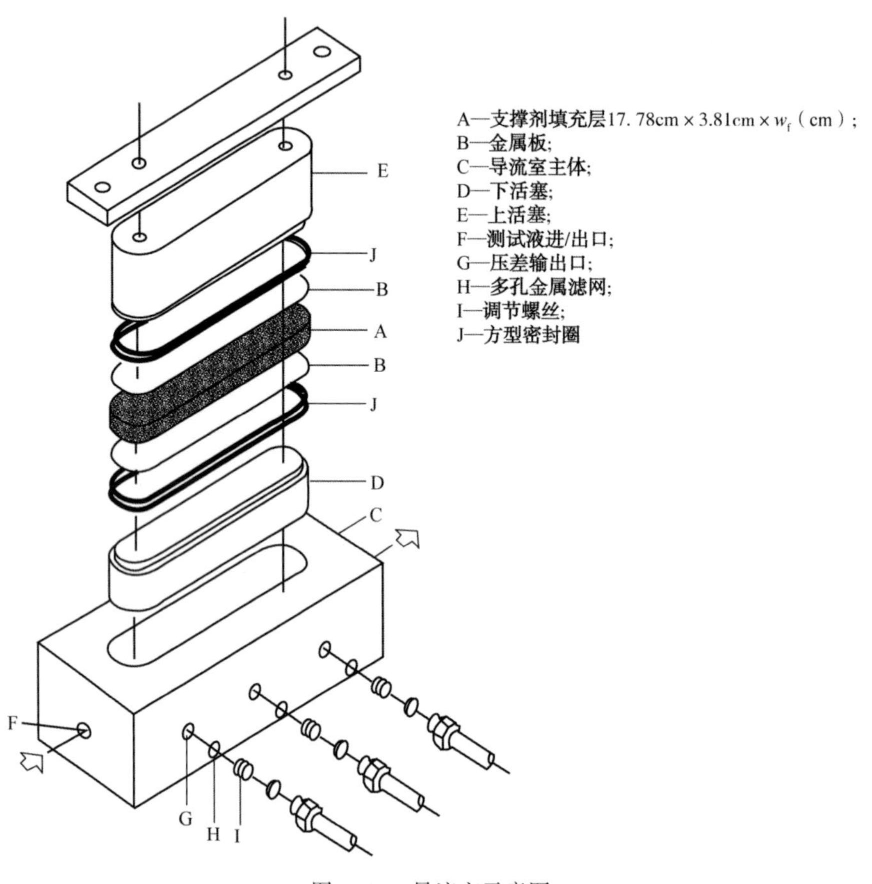

图 7-35　导流室示意图

实验过程中，用天平部分来测量流过裂缝的流量 Q，用压力传感器来测量流体流过时支撑剂充填层两端的压差 Δp，用位移计来测量不同闭合压力下的裂缝宽度 w_f，取测量点 1 与测量 2 各自的位移变化量 ΔS_1、ΔS_2的平均值。首先根据达西公式测出支撑剂充填层的渗透率，即

$$K=\frac{Q\mu L}{A\Delta p} \tag{7-7}$$

式中 K——支撑裂缝渗透率，D；

Q——裂缝内流量，cm^3/s；

μ——流体黏度，mPa·s；

L——支撑剂充填层测试段长度，cm；

A——流通面积，cm^2。

支撑剂充填层的渗透率 K 和裂缝宽度 w_f 的乘积，即为不同闭合压力下支撑剂充填层短期导流能力。

2. 支撑剂充填层长期导流能力

支撑剂充填层长期导流能力是影响压后产能的重要因素，能否形成较高的支撑剂充填层长期导流能力是水力压裂作业的关键，导流能力越大，水力压裂的效果越好、有效期越长。研究表明：地层条件下，支撑剂充填层导流能力会受到支撑剂破碎、地层微粒运移、压裂液伤害、垢沉淀、支撑剂溶解和运移等因素综合影响而逐渐降低。短期导流能力可以评价和优选支撑剂，而长期导流能力测试方法更利于优化压裂施工设计以延长压裂井有效期，增加水力压裂的经济效益，但缺点在于困难、费时、昂贵。针对导流能力伤害机理，考虑支撑剂铺置方式、支撑剂压缩变形、支撑剂蠕变嵌入和流体流动条件下压力溶蚀成岩作用的长期导流能力，研究支撑剂充填层长期导流能力随时间的变化情况，评价各因素对长期导流能力的影响，不仅能为正确评价和选择支撑剂提供可靠的依据参考，同时也能指导油气井的合理开发。

长期导流能力实验原理与短期导流能力实验相同。长期导流能力实验过程中根据目标层位温度，设定实验温度，待温度达到设定温度并稳定后(变化±1℃)，将压力增加至实验目标压力；设定注入速度为2~4mL/min，并开始记录实验数据，测试至少维持50h±2h。

支撑剂充填层长期导流能力实验中，由于实验周期长，实验液体流经砂岩岩心、石英砂支撑剂表面使硅质发生溶解，导致支撑剂颗粒尺寸减小，或在闭合应力作用下增加了嵌入深度，同时为了模拟地层流体，因此测试液应该达到硅饱和，以防止支撑剂或岩心受损从而影响导流能力的计算。

3. 自支撑裂缝导流能力

体积压裂在页岩气开发中得到广泛应用，能够形成大规模的储层改造体积。但是滑溜水携砂能力有限，支撑剂并不能在大规模裂缝网络中均匀分布，主要以砂堤、断续的支柱或局部单层等形式分布。支撑剂浓度并随着缝网复杂性增加而显著降低，平均支撑剂浓度常远小于0.5kg/m^2或支撑面积远远小于10%，大部分裂缝中没有支撑剂。裂缝壁面发生剪切滑动可促使粗糙裂缝的凸起起到支撑裂缝的作用，缺少支撑剂的裂缝闭合后仍能形成残余缝隙，这种“自支撑”效应对储层增产改造效果有重要影响。而粗糙裂缝的导流能力主要取决于裂缝错位程度、凸起大小和分布及岩石力学性质等。

传统的水力压裂理论中大多探讨的是裂缝张性破坏机制，甚少提及剪切破坏。而体积压裂，特别是在节理性地层中，剪切裂缝是非常重要的组成部分。理论和实验都表明，剪切破坏的发生需要两个介质条件：(1)具有一定尺度微裂缝的存在；(2)具有一定的脆性。

页岩储层可以满足这两个条件。微裂缝发育则更加广泛，对剪切裂缝形成较为有利。而天然裂缝的分布对次生裂缝的数量和形态以及连通性有着重要的影响。

图 7-36 中，σ_{max}、σ_{min} 为地层最大、最小主应力，ϕ 为内摩擦角。随着压裂的进行，液体不断地向地层渗滤，造成地层孔隙压力不断增加，有效正应力不断减小，应力圆开始向左移动。当与莫尔包络线相切时开始发生剪切破裂，继续向左移动表示缝面开始滑移，出现剪切滑移现象。当形成的两个裂缝面具有一定粗糙度时，裂缝壁面不能很好地相互啮合，如图 7-37 所示，产生自支撑现象，并在一定闭合压力下保持残余缝宽。

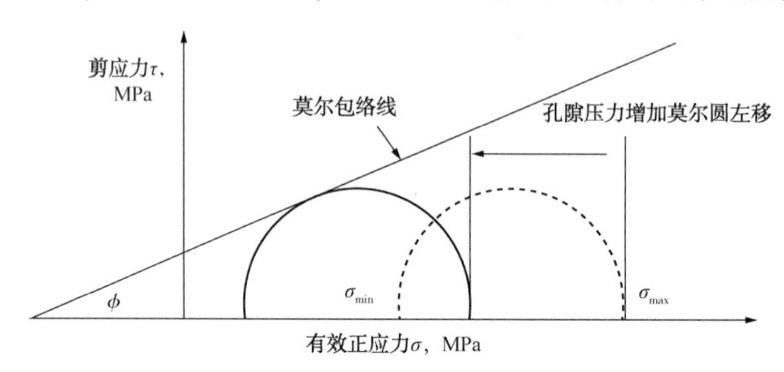

图 7-36　Mohr-Coulomb 准则

图 7-37　自支撑示意图

开启的天然构造缝或微裂缝一般都具有粗糙的裂缝面，在发生不同的滑移量时产生不同支撑缝宽，则其导流能力也不相同。从理论上分析，随着滑移的进行粗糙的缝面逐渐被磨平，是摩擦阻力下降的重要原因，但最终会平稳。滑移开始后，两裂缝面间的缝宽会随着滑移的增加而增大，所以其自支撑导流能力也会增大，之后随着裂缝面粗糙程度不同而变化。利用式(7-8)计算达西流条件下自支撑裂缝的渗透率：

$$K_a=\frac{2Qp\mu L}{A(p_1^2-p_2^2)} \tag{7-8}$$

式中　K_a——自支撑裂缝的渗透率，D；

Q——流体流速，cm^3/s；

p——大气压力，MPa；

μ——测试温度条件下流体黏度，mPa·s；

L——压力端口间长度，cm；

A——自支撑裂缝截面积，cm^2；

p_1，p_2——入口和出口端面上的绝对压力，kPa。

截面积 A 由式(7-9)计算：

$$A=ww_f \tag{7-9}$$

式中　w——岩板宽度，cm；

w_f——自支撑裂缝垂直方向平均缝宽，cm。

利用式(7-10)计算自支撑裂缝的导流能力：

$$F_{cd}=K_a w_f \tag{7-10}$$

式中 F_{cd}——自支撑裂缝导流能力，D·cm；

K_a——自支撑裂缝的渗透率，D；

w_f——自支撑裂缝垂直方向平均缝宽，cm。

4. 斜支撑裂缝导流能力

由于支撑剂铺置在裂缝下部，裂缝上部会在闭合压力作用下逐渐闭合。在裂缝上部闭合和裂缝下部张开过渡带，是储层岩石相互作用形成的斜支撑区域。斜支撑裂缝导流能力对储层改造的效果也具有重要影响。

首先制备用于模拟储层裂缝岩板，将岩板劈裂后，获得岩板裂缝壁面组合，将制备好的岩板放入导流室中，根据支撑剂缝内铺置规律的实验结果，将支撑剂在裂缝中的铺置高度在导流室中铺置等比例高度的支撑剂，开展储层裂缝导流能力实验评价。随后开展自支撑区域导流能力、支撑剂充填区域导流能力实验评价，从而可以计算出储层斜支撑区域导流能力，实验流程如图7-38所示。

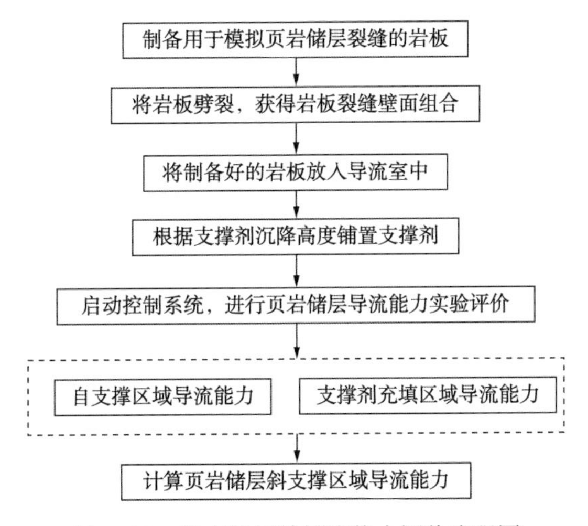

图7-38 斜支撑区域导流能力评价流程图

评价储层斜支撑区域裂缝导流能力，根据不同渗透率区域并联时的关系，导流室两端压差一致，储层自支撑区域、支撑剂充填区域、斜支撑区域的压差均一致，流量为三者之和，从而可以计算出斜支撑区域裂缝渗透率及导流能力值。斜支撑区域渗透率记为$K_{斜支撑}$，导流能力记为$FC_{斜支撑}$。

$$K_{斜支撑}=\frac{K_{总}\times(h_1+h_2+h_3)-K_{自支撑}\times h_1-K_{支撑剂充填}\times h_3}{h_2} \tag{7-11}$$

$$FC_{斜支撑}=K_{斜支撑}\times W=\frac{K_{总}\times(h_1+h_2+h_3)-K_{自支撑}\times h_1-K_{支撑剂充填}\times h_3}{h_2}\times W \tag{7-12}$$

导流能力为渗透率和裂缝宽度的乘积，从而可以计算出储层支撑区域裂缝导流能力值。

二、实验设备

支撑剂充填层短期导流能力、支撑剂充填层长期导流能力、自支撑导流能力、斜支撑导流能力都需要利用支撑裂缝导流仪，主要由液压机、平流泵、中间容器、流量计、压差传感器、真空泵、回压阀、电子天平、导流室、位移传感器、加热棒等组成，实验流程如图 7-39 所示。支撑裂缝导流仪如图 7-40 所示，设备参数：最大闭合压力 100MPa，温度为常温至 90℃，排量为 0~10mL/min，导流室面积 64.5cm^2，压差传感器 0~10kPa。

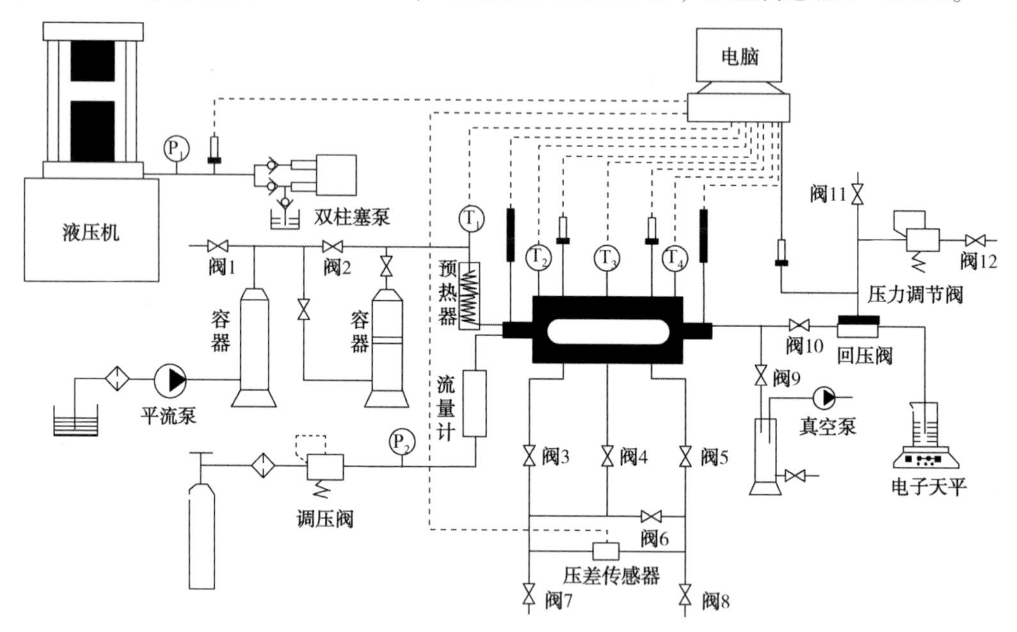

图 7-39 支撑裂缝导流仪实验流程图

图 7-40 支撑裂缝导流仪

支撑剂充填层长期导流能力需要增加硅饱和系统。将硅饱和室连接在导流室前，安装套式加热器，分别收集三处的实验流体进行硅饱和度的监测：进入硅饱和柱之前、进入导流室前、流出导流室后。通过调节实验流体的温度、pH 值和排量使流体中二氧化硅的浓

度维持在实验要求的范围内，浓度可长时间保持稳定，无须连续监测。收集样品后，通过原子吸收光谱或化学分析方法，确定实验流体中二氧化硅浓度，单位为mg/L。在二氧化硅饱和室和导流室出口的实验流体二氧化硅浓度增加应不大于2mg/L。

自支撑裂缝导流能力中需要利用岩板劈裂装置制得剪切错位裂缝的岩板，主要由上下盖板、上下刀头、岩板夹持器、硅胶垫片组成。岩板劈裂装置如图7-41所示，设备参数：刀头材料为4Cr13材质，垫片采用橡胶或硅质材料，厚度3mm。

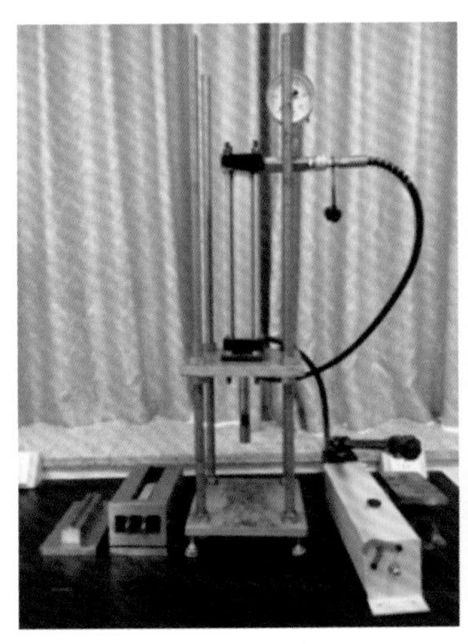
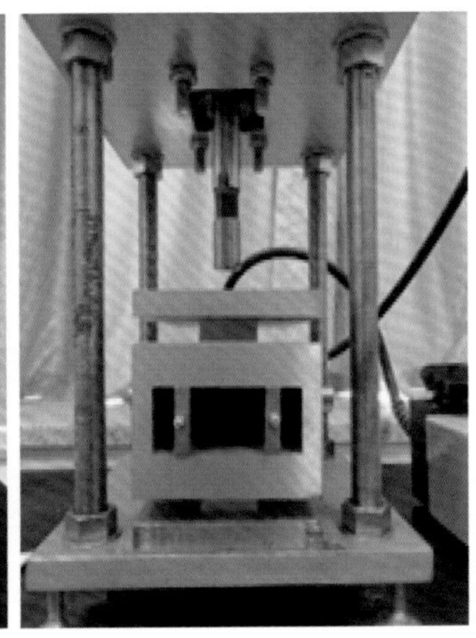

图7-41 岩板劈裂装置

三、实验方法

1. 支撑剂充填层短期导流能力

支撑剂充填层短期导流能力主要参考行业标准《压裂支撑剂导流能力测试方法》(SY/T 6302—2019)，实验步骤如下。

(1)导流室的组装。导流室按顺序进行组装，调整活塞到合适位置，拧紧螺丝固定导流室的位置。安装密封圈，并确认无破损，并在导流室进、出口及每一个测压孔放入一个不锈钢的滤网。

(2)样品准备。根据实验所需铺置浓度和导流室的面积，对所测试的压裂支撑剂应先按相应的规格进行筛析，并准确称量。

(3)将准备好的实验样品均匀、平整铺入导流室内。

(4)将安装好的导流室放在液压加载系统的两个平板之间，启动液压泵，提升液压机下平板加载液压，直到闭合压力达到启动压力(陶粒6.9MPa，石英砂3.5MPa)，加载速度为3.5MPa/min。

(5)安装位移传感器，要求测杆水平与轴向均应垂直于导流室。

(6)连接试验流程中的液体进、出口，各个测压孔，温度探头及相关管线。

(7)装入实验液体，并获得实验温度条件下的实验液体的黏度和密度，如有其他工作液，应预先装入相应的活塞容器内，并连接好管路。

(8)将实验液体泵注进导流室，启动真空泵，对导流室进行抽空，对支撑剂进行液体饱和，液量到真空泵容器装满为止。

(9)调整各测压孔之间的压差，使高、低端压差在流动停止时为零。

(10)开启预热器加热、导流室加热，设置预热器温度、导流室温度，进行预加热。

(11)进入实验程序，输入实验参数。根据实验设计要求设置闭合压力、液体流量阶梯，承压时间、数据采集间隔及判定标准，启动运行程序，并进行实时监测。

(12)实验结束，泄压，清洗导流室，最后关闭所有电源及空气源，结束实验。

2. 支撑剂充填层长期导流能力

支撑剂充填层长期导流能力主要参考行业标准《页岩支撑剂充填层长期导流能力测定推荐方法》(NB/T 14023—2017)，其中导流室的组装、样品准备、支撑剂铺置、导流室放置、安装位移传感器、管线连接、液体准备、抽真空等实验步骤与短期导流能力一致。主要区别在导流能力测试期间，注入速度为2~4mL/min，设定回压在2.07~3.45MPa，待温度达到设定值后，将压力按照加载速率的计算方法，将闭合压力增加至实验目标压力，并开始记录实验数据，测试维持50h±2h。

3. 自支撑裂缝导流能力

自支撑裂缝导流能力主要参考行业标准《页岩气自支撑裂缝导流能力测定推荐方法》(NB/T 10120—2018)，主要步骤如下。

(1)岩样的制备。为提高制样时的成功率，实验将垂直于页岩岩样层理的方向作为制样时岩心方向。使用自动岩石割机将外形不规则的页岩岩板切割为长177.5mm、宽35mm、厚50mm的岩板。然后再使用剖缝器对岩样进行劈裂造缝。造缝后，将岩板沿劈裂缝面进行错位，错位量为2.5mm，并用研磨机打磨掉错位后两端多余的岩样，并用灌封模具进行封装。

(2)导流室的安装、导流室放置、安装位移传感器、管线连接参考长期(短期)导流能力实验方法。

(3)实验测量期间，氮气注入的流速范围设定在50~300mL/min。流速达到设定值后，每隔5s测量流量值，连续4次测试结果相差±1%，说明系统流量达到稳定状态，开始记录数据。

(4)实验结束后，泄压，清洗导流室，最后关闭所有电源及空气源，结束实验。

4. 斜支撑裂缝导流能力

斜支撑裂缝导流能力的实验方法，主要步骤如下。

(1)评价裂缝导流能力。制备用于模拟储层裂缝的岩板，岩板尺寸厚度大于2cm，在岩板侧面预制划痕，并将岩板劈裂，然后将壁面错动1~2mm，获得岩板裂缝壁面组合。利用支撑裂缝导流仪，开展裂缝导流能力测试。把制备好的岩板裂缝壁面组合放入导流室，根据支撑剂缝内铺置规律的实验结果，仅在裂缝底部一定高度处铺置支撑剂。连接支撑裂缝导流仪实验流程，启动闭合应力加载系统，模拟地层应力条件，每个压力点测试不同流量下(2.5mL/min、5.0mL/min、10.0mL/min)的渗透率，从而计算并得到储层裂缝渗透率和导流能力，渗透率记为$K_{总}$，导流能力记为$FC_{总}$。

(2)评价自支撑区域导流能力。制备用于模拟自支撑的岩板，岩板尺寸厚度大于2cm，在岩板侧面预制划痕，并将岩板劈裂，然后将壁面错动1~2mm，获得自支撑下裂缝壁面

组合。利用支撑裂缝导流仪，开展自支撑下裂缝导流能力测试。把制备好的自支撑裂缝壁面组合放入导流室，连接支撑导流仪实验流程，启动闭合应力加载系统，模拟地层应力条件，测试不同流量下(2.5mL/min、5.0mL/min、10.0mL/min)的渗透率，从而计算并得到自支撑区域裂缝渗透率及导流能力，渗透率记为$K_{自支撑}$，导流能力记为$FC_{自支撑}$。

(3)评价支撑剂充填层裂缝导流能力。制备用于模拟支撑剂铺置的岩板，岩板厚度大于2cm。利用支撑裂缝导流仪，开展支撑剂充填层导流能力测试，把制备好的岩板放入导流室，按一定铺砂浓度均匀($0.5\sim5.0kg/m^2$)铺置相应支撑剂。连接支撑剂导流仪实验流程，启动闭合应力加载系统，模拟地层应力条件，测试不同流量下(2.5mL/min、5.0mL/min、10.0mL/min)的渗透率，从而计算并得到支撑剂充填区域裂缝渗透率和导流能力，渗透率记为$K_{支撑剂充填}$，导流能力记为$FC_{支撑剂充填}$。

(4)根据斜支撑裂缝导流能力计算公式，计算斜支撑裂缝导流能力大小。

四、典型案例

1. 支撑剂充填层短期导流能力

进行不同粒径支撑剂的导流能力实验时，铺砂浓度通常采用$0.5kg/m^2$、$2.5kg/m^2$或$5.0kg/m^2$，闭合压力从6.9MPa开始，每个压力点测试1h，流体流量2~5mL/min。

在$5.0kg/m^2$铺砂浓度条件下，3种粒径陶粒在不同闭合压力下的短期导流能力测试结果如图7-42所示。

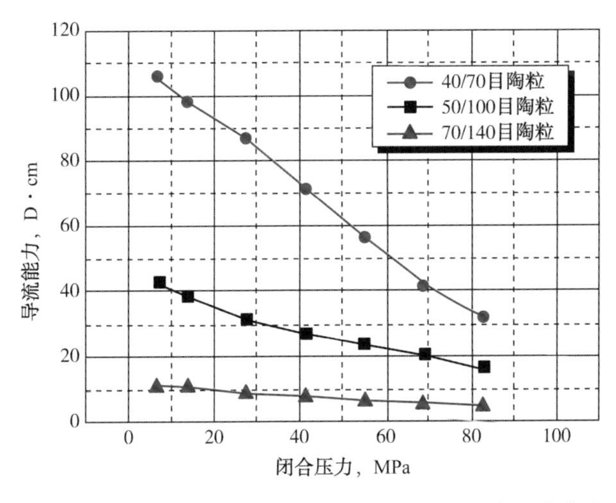

图7-42 不同粒径陶粒在不同闭合压力下的短期导流能力

由图7-42可以看出，随着闭合压力升高，40/70目陶粒导流能力下降显著，平均每14.5MPa下降15D·cm；50/100目陶粒平均每14.5MPa下降5D·cm；70/140目陶粒平均每14.5MPa仅下降1D·cm。说明70/140目陶粒导流能力受闭合压力增大的影响最低，变化平缓，粒径越低，导流能力绝对值越低，受闭合应力的影响也低。

2. 支撑剂充填层长期导流能力

选用3种不同厂家的40/70目陶粒支撑剂，铺砂浓度采用$2.5kg/m^2$，闭合压力为

52MPa，实验时间为50h，流体流量2~4mL/min，支撑剂充填层长期导流能力如图7-43所示。

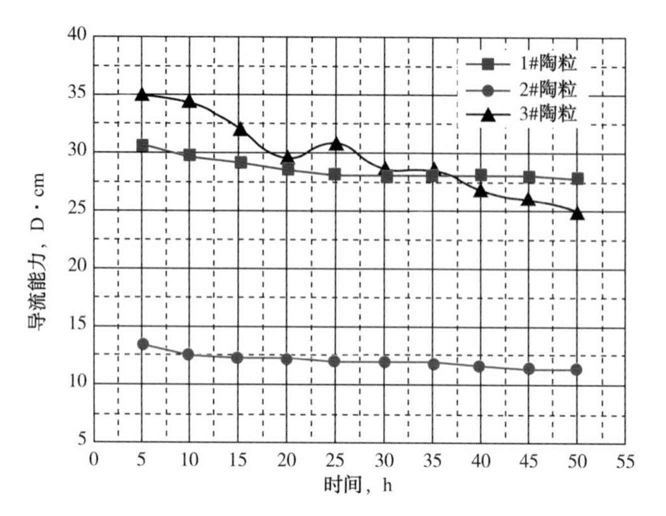

图7-43　不同陶粒在同一闭合压力下的长期导流能力

由图7-43可以看出，当闭合压力为52MPa，铺砂浓度为2.5kg/m²时，在实验初期1#和3#陶粒均表现出较高的导流能力；前30h内，导流能力下降速度较快；30h以后，3种支撑剂的导流能力下降幅度变小。分析认为，支撑裂缝长期导流能力随着时间增加，支撑裂缝导流能力缓慢降低；实验50h后，陶粒导流能力为初始值的70%~90%。整个支撑剂充填层长期导流能力下降表现出“前快、中慢、后稳”的规律。

3. 自支撑裂缝导流能力

整合裂缝(无错位)、自支撑裂缝(有错位)导流能力的实验结果如图7-44所示。

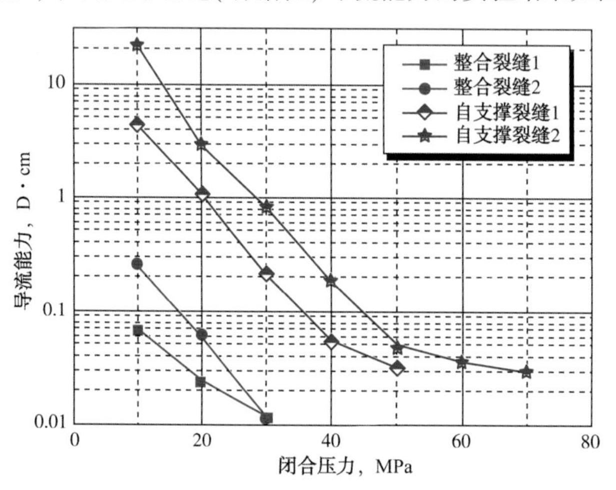

图7-44　整合裂缝、自支撑裂缝在不同闭合压力下的导流能力

由图7-44可以看出，整合裂缝在10MPa的闭合压力下，导流能力为0.07~0.11D·cm；而当闭合压力超过20MPa后，导流能力降至极低，表明整合裂缝的对应力非

常敏感。实际地层应力一般超过 20MPa，因此整合裂缝并不能提供稳定、足够的导流能力。当裂缝发生错位后，形成自支撑裂缝，相对于整合裂缝，导流能力有了显著提高，可达 1~2 个数量级，在 10MPa 的闭合压力下，导流能力为 4.41~22.15D·cm，部分裂缝在 70MPa 闭合压力下仍有 0.03D·cm 的导流能力。导流能力的变化范围主要受到裂缝表面凸起大小及其分布或粗糙程度的影响。

4. 斜支撑裂缝导流能力

根据可视化平板仪在不同排量下的支撑剂铺置规律，利用支撑裂缝导流仪，评价在不同铺置规律下的裂缝导流能力，如图 7-45 所示。

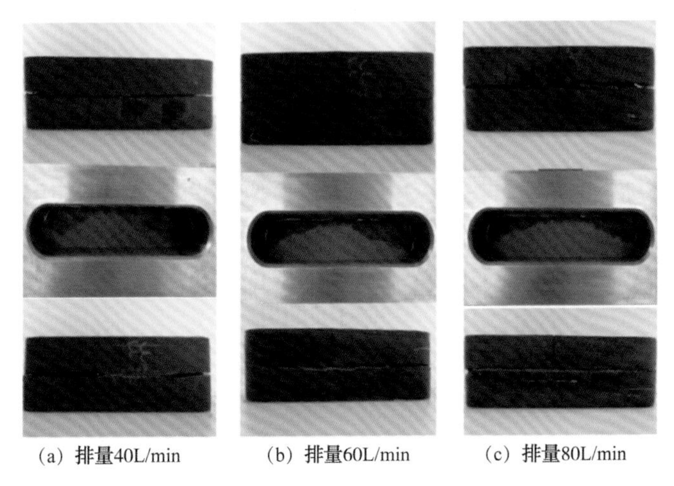

(a) 排量40L/min　(b) 排量60L/min　(c) 排量80L/min

图 7-45　导流室中不同排量时的铺置规律

不同排量铺置规律下的导流能力如图 7-46 所示，根据支撑剂缝内流动实验得到支撑剂铺置规律的导流能力大于纯支撑剂充填层的导流能力；支撑剂缝内流动实验排量为 60L/min 时，支撑剂铺置规律得到的裂缝导流能力最大。裂缝导流能力的大小受支撑剂充填区域、自支撑区域、斜支撑区域三个共同影响。

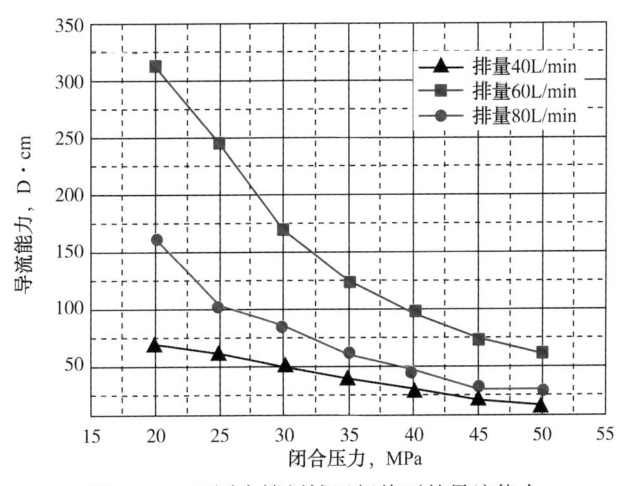

图 7-46　不同支撑剂铺置规律下的导流能力

第八章 致密气藏加砂压裂技术现场应用

第一节 砂岩加砂压裂现场应用

一、川中区块须六气藏储层特征

广安构造位于川中区块古隆中斜平缓构造带东部，地面广安构造东端紧邻华蓥山构造带，北与鲜渡河背斜以月山向斜所隔，西北与南充构造斜鞍接触，西与北东向的文昌寨构造以岳门铺向斜相间，南翼向西南方向凸起的泰山场鼻凸与官溪构造和罗渡溪构造连接，如图 8-1 所示。

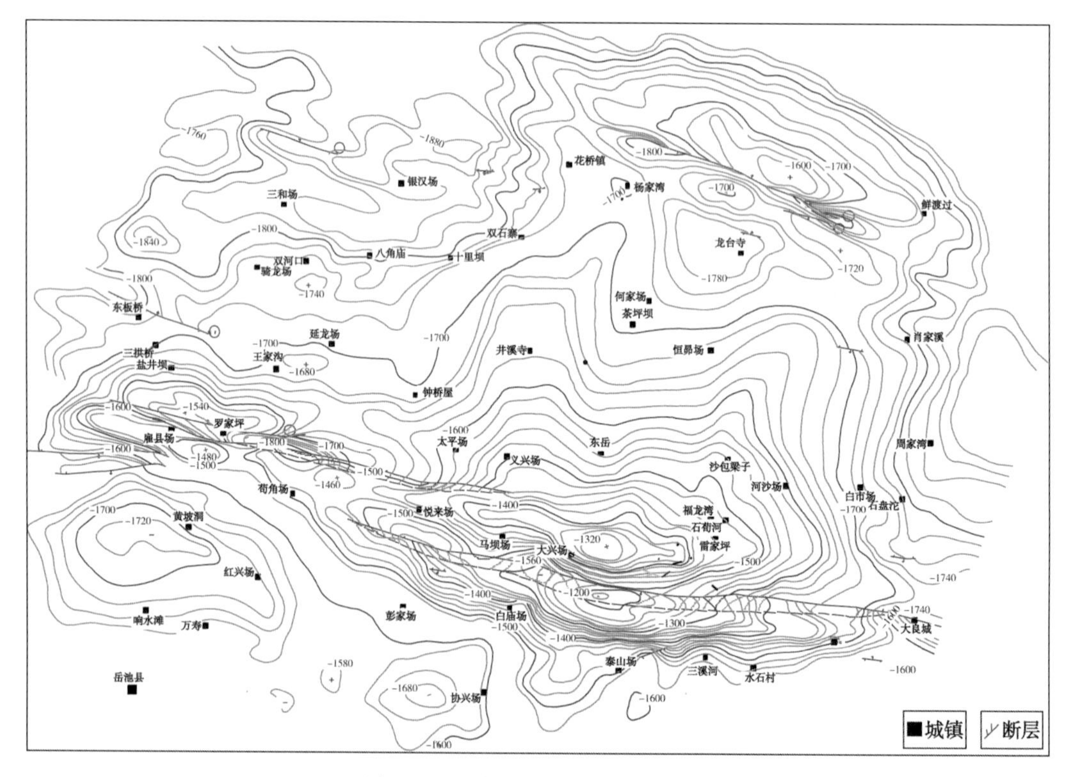

图 8-1 川中区块区域构造位置图

1. 岩性特征

川中区块须六段储层以长石岩屑砂岩为主，次为岩屑砂岩，如图 8-2 所示。

（a）GA101井岩心

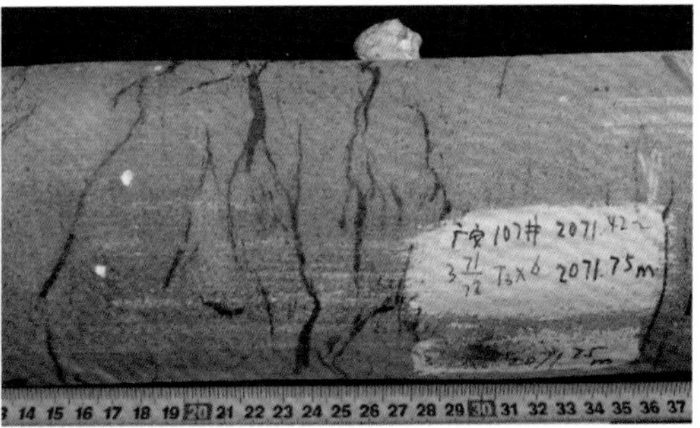

（b）GA107井岩心

图 8-2 川中区块须六段砂岩岩心

通过岩心观察和薄片鉴定分析，表明储层以中砂岩为主，颗粒粒径 0.25~0.8mm，分选中等，磨圆度以次棱状~次圆状为主，碎屑成分主要由石英、岩屑、长石、燧石、云母等组成，如图 8-3 与图 8-4 所示。

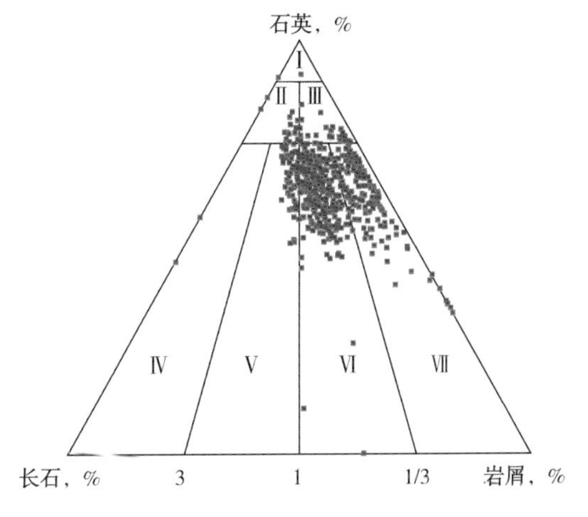

图 8-3 川中区块须六段砂岩分类三角图

图 8-4 川中区块须六段长石岩屑砂岩铸体薄片

2. 物性特征

川中区块须六储层段岩心孔隙度最小值 6%，最大值 15.55%，平均值 8.97%，孔隙度分布主要在 6%~12%，属中~低孔隙度储层，如图 8-5 所示。储层渗透率主要分布在 0.01~5.0mD，平均 0.238mD，大于 0.02mD 的占 82%，属低~特低渗透储层，如图 8-6 所示。

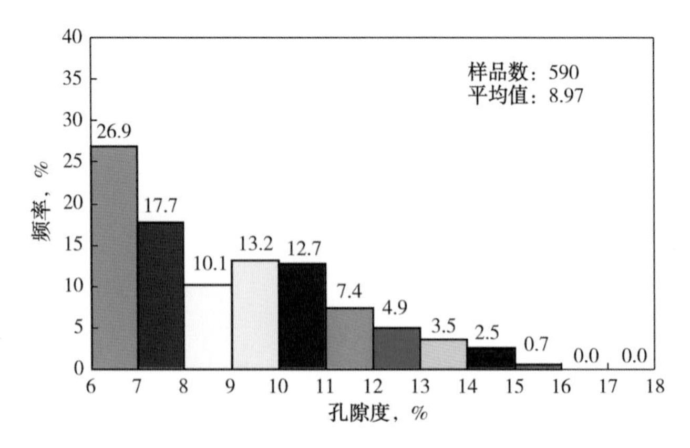

图 8-5 川中区块须六段储层孔隙度分布直方图

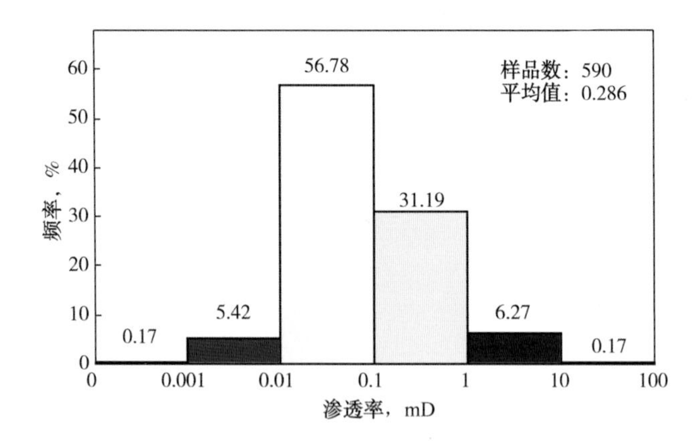

图 8-6 川中区块须六段储层渗透率分布直方图

须六段储层含水饱和度主要分布在 30%~80%，平均 54.99%，含水饱和度较高，如图 8-7 所示。岩心样品孔隙度和渗透率总体上存在正相关关系。在孔隙度小于 6%的非储层区间关系较为紊乱，反映低渗透致密段有少量微裂缝发育；孔隙度大于 6%的储层的孔隙度和渗透率正相关关系明显，反映了孔隙型储层特征，如图 8-8 所示。

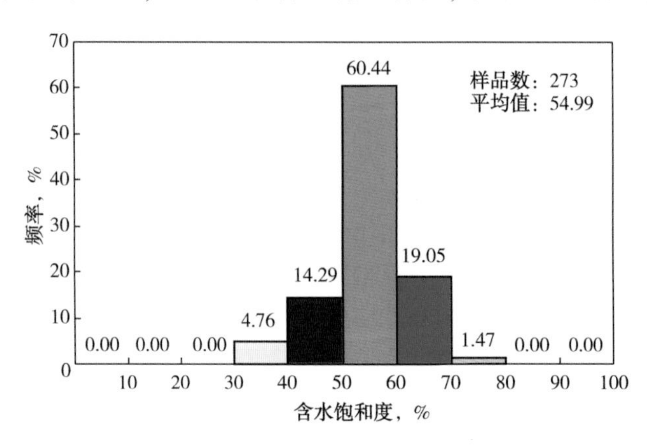

图 8-7 川中区块须六段含水饱和度分布直方图

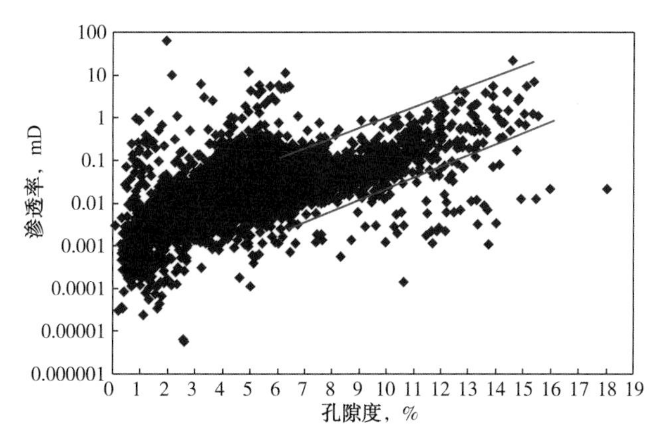

图 8-8 川中区块须六段孔隙度、渗透率关系图

3. 孔喉特征

须六段砂岩孔隙类型以粒间溶孔、残余原生粒间孔及粒内溶孔为主，如图 8-9 所示；喉道类型以收缩喉道为主，如图 8-10 所示。孔隙形态多为不规则状，储层门槛压力平均 0.73MPa，中值压力平均 7.1MPa。孔喉最大连通半径平均为 4.21μm，中值半径平均为 0.21μm。

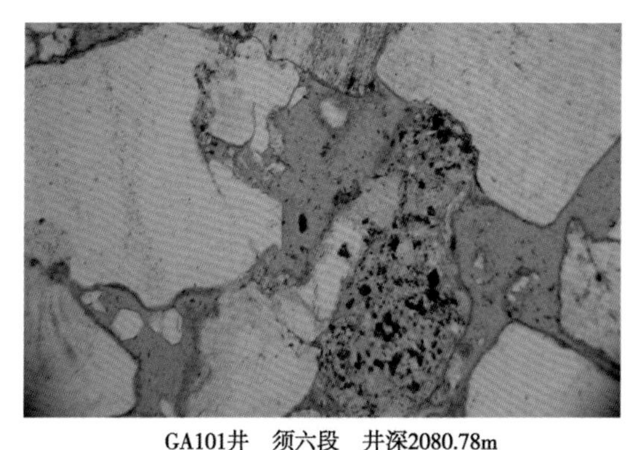

GA101井 须六段 井深2080.78m
岩心铸体薄片 ×100
粒间溶孔

图 8-9 储层孔隙类型—粒间溶孔

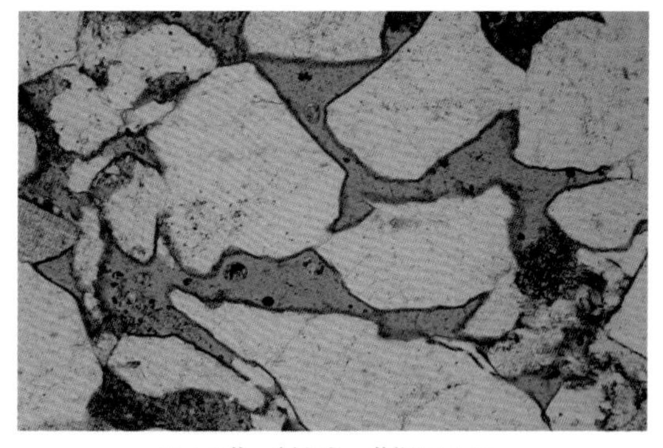

GA109井 须六段 井深2033.34m
岩心铸体薄片 ×100
孔隙发育，收缩喉道，呈网状

图 8-10 储层孔隙喉道类型—收缩喉道

4. 储层类型

储层裂缝不发育，孔隙是须六段气藏主要的储集空间和渗流通道。川中区块须六段砂岩储渗类型以孔隙型为主，局部裂缝发育层段为裂缝—孔隙型储层。

5. 岩石力学及地应力特征

对 GA109 井、GA110 井进行取心，并开展三轴应力条件下的岩石力学实验。实验结果表明：三轴抗压强度分布范围为 144~217MPa，平均值为 179MPa；弹性模量分布范围为$(2.121\sim2.965)\times10^4$MPa，平均值为 2.50×10^4MPa；泊松比分布范围为 0.166~0.213，平均值为 0.186；岩心具有相似的变形特征，表明岩心具有较好的均质性，见表 8-1、如图 8-11 与图 8-12 所示。

表 8-1 川中区块须六气藏岩石力学实验结果

井号	深度 m	密度 g/cm^3	实验条件				实验结果		
			上覆压力 MPa	围压 MPa	孔隙压力 MPa	温度 ℃	抗压强度 MPa	弹性模量 10^4MPa	泊松比
GA 109 井	2052. 57～ 2052. 96	2. 33	47	38	21	67	154	2. 121	0. 196
		2. 27	47	38	21	67	144	2. 231	0. 203
		2. 28	47	38	21	67	145	2. 261	0. 213
GA 110 井	2023. 67～ 2023. 88	2. 46	50	40	22	66	217	2. 819	0. 166
		2. 46	50	40	22	66	204	2. 965	0. 170
		2. 46	50	40	22	66	210	2. 610	0. 168

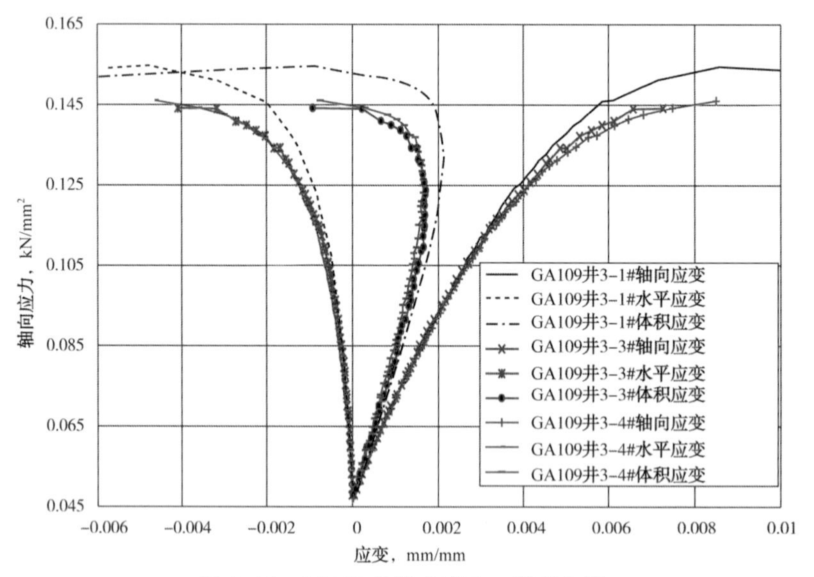

图 8-11 GA109 井岩心应力—应变曲线

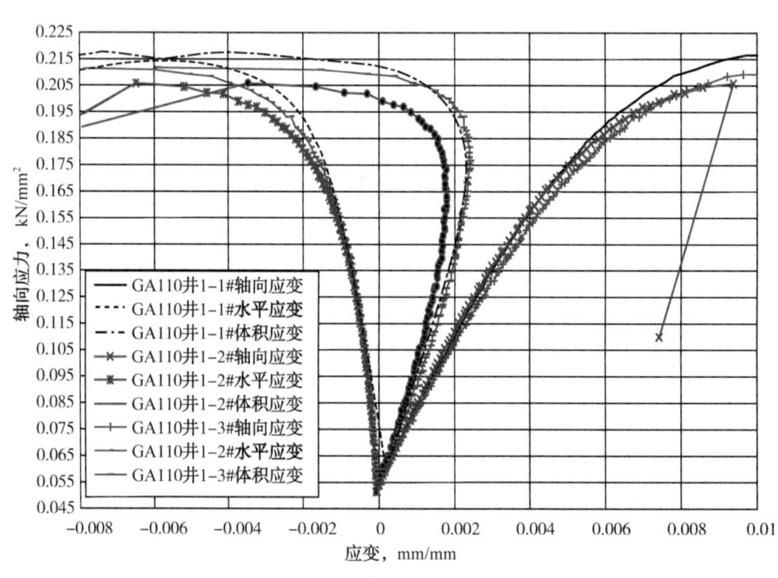

图 8-12 GA110 井岩心应力—应变曲线

采用岩心差应变测试获取地应力大小，实验结果表明：三向应力分布规律为 $\sigma_v > \sigma_H > \sigma_h$；最大水平主应力值分布范围 39.16～44.85MPa，平均 41.96MPa，应力梯度分布范围 0.0191～0.0221MPa/m，平均 0.0206MPa/m；最小水平主应力值分布范围 33.34～36.12MPa，平均 34.37MPa，应力梯度分布范围 0.0164～0.0178MPa/m，平均 0.0167MPa/m，见表 8-2。

表 8-2 川中区块须六气藏地应力大小实验结果

岩心编号	深度 m	最大水平主应力 σ_H		最小水平主应力 σ_h		垂直应力 σ_v	
		应力 MPa	应力梯度 MPa/m	应力 MPa	应力梯度 MPa/m	应力 MPa	应力梯度 MPa/m
109#-3-32/71	2032.13～2032.40	39.20	0.0193	33.34	0.0164	45.07	0.0222
109#-4-15/71	2045.47～2045.77	39.16	0.0191	34.43	0.0168	45.34	0.0222
109#-4-34/71	2051.06～2051.36	39.78	0.0194	33.55	0.0164	45.58	0.0222
109#-4-41/71	2052.96～2053.31	39.57	0.0193	33.62	0.0164	44.75	0.0218
109#-4-63/71	2058.49～2058.76	40.22	0.0195	34.08	0.0166	45.97	0.0223
110#-2-46/92	2009.80～2009.98	43.52	0.0217	34.99	0.0174	44.98	0.0224
110#-4-24/88	2025.38～2025.58	44.75	0.0221	34.39	0.017	45.72	0.0226
110#-4-54/88	2030.03～2030.26	43.8	0.0216	34.55	0.017	45.76	0.0225
110#-4-64/88	2032.10～2032.33	44.85	0.0221	36.12	0.0178	45.65	0.0225
110#-5-35/66	2041.45～2041.63	44.79	0.0219	34.66	0.017	45.59	0.0223

采用岩心波速各向异性、差应变及黏滞剩磁实验获取地应力方向，实验结果表明：川中区块须六气藏最大水平主应力方位角在 N270.20°E～N287.10°E，平均方位角为 N278.26°E；倾角为-2.10～9.30°，平均值为 4.73°，见表 8-3。

表 8-3 川中区块须六气藏地应力方向实验结果

岩心编号	采样深度 m	最大水平主应力	
		NE 方位，(°)	倾角，(°)
109#-3-32/71	2032.13～2032.40	278.10	7.10
109#-4-15/71	2045.47～2045.77	270.20	6.40
109#-4-34/71	2051.06～2051.36	275.30	6.80
109#-4-41/71	2052.96～2053.31	272.40	8.20
109#-4-63/71	2058.49～2058.76	276.30	9.30
110#-2-46/92	2009.80～2009.98	283.80	1.20
110#-4-24/88	2025.38～2025.58	287.10	1.20
110#-4-54/88	2030.03～2030.26	280.10	5.50
110#-4-64/88	2032.10～2032.33	277.40	3.70
110#-5-35/66	2041.45～2041.63	281.90	-2.10

6. 储层敏感性特征

储层岩心敏感性主要表现为气体中等速敏、极强盐敏、水敏中等偏强、应力敏感在地层条件下相对较弱、水锁伤害中等，见表8-4，部分敏感性实验如图8-13至图8-16所示。

表8-4　川中区块须六气藏岩心敏感特征统计表

敏感性类型		敏感性结果	敏感性类型		敏感性结果
速敏性	液体	无速敏	酸敏性	常规酸	中等偏弱
	气体	中等速敏		土酸	中等偏弱
水敏性		中等偏强	碱敏性		无
盐敏性		极强盐敏	应力敏感性		地层条件下弱
水锁实验		中等			

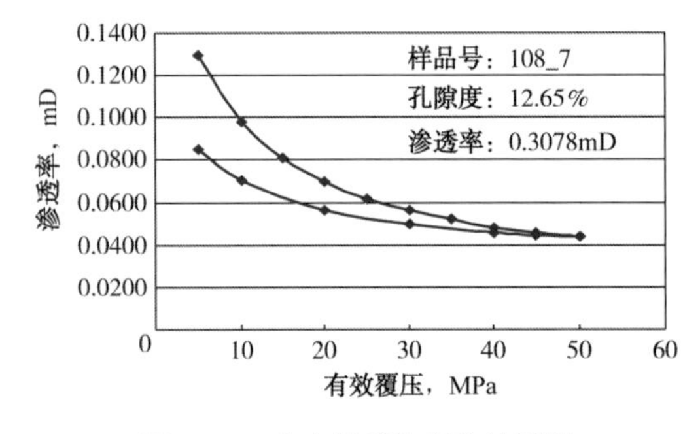

图8-13　应力敏感性实验结果图

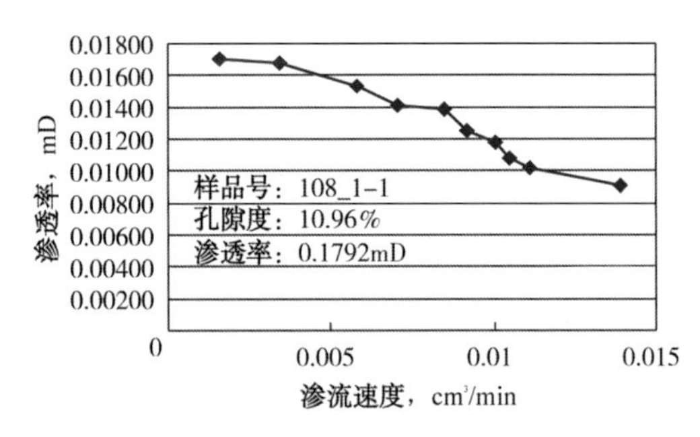

图8-14　速敏感性实验结果图

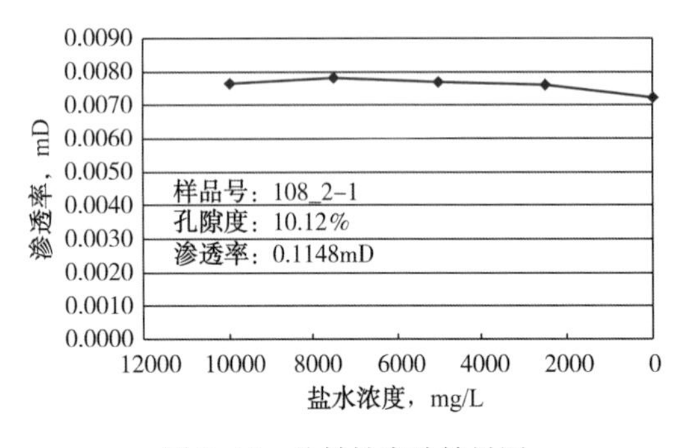

图8-15　盐敏性实验结果图

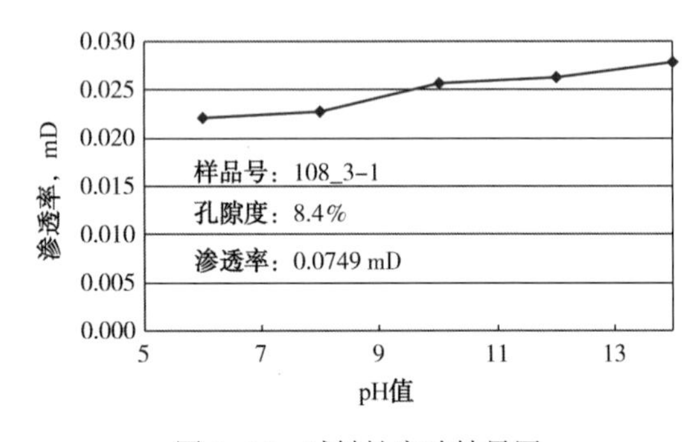

图8-16　碱敏性实验结果图

二、川中区块须六气藏加砂压裂应用

川中区块须六气藏属于厚层孔隙性储层，储层厚度20~30m，如图8-17所示。

以GA002-38井为例，该井射孔井段为1770.0~1776.0m、1778.0~1782.0m，测井曲线上显示试油段上、下部有明显的岩性遮挡，如图8-18所示。该井在3.5~3.8m³/min的排量下泵注70m³陶粒，压后经同位素测试发现压裂缝高为20.7m，说明在川中区块须六气藏实施加砂压裂裂缝高度可控，不会出现压窜的风险，如图8-19所示。

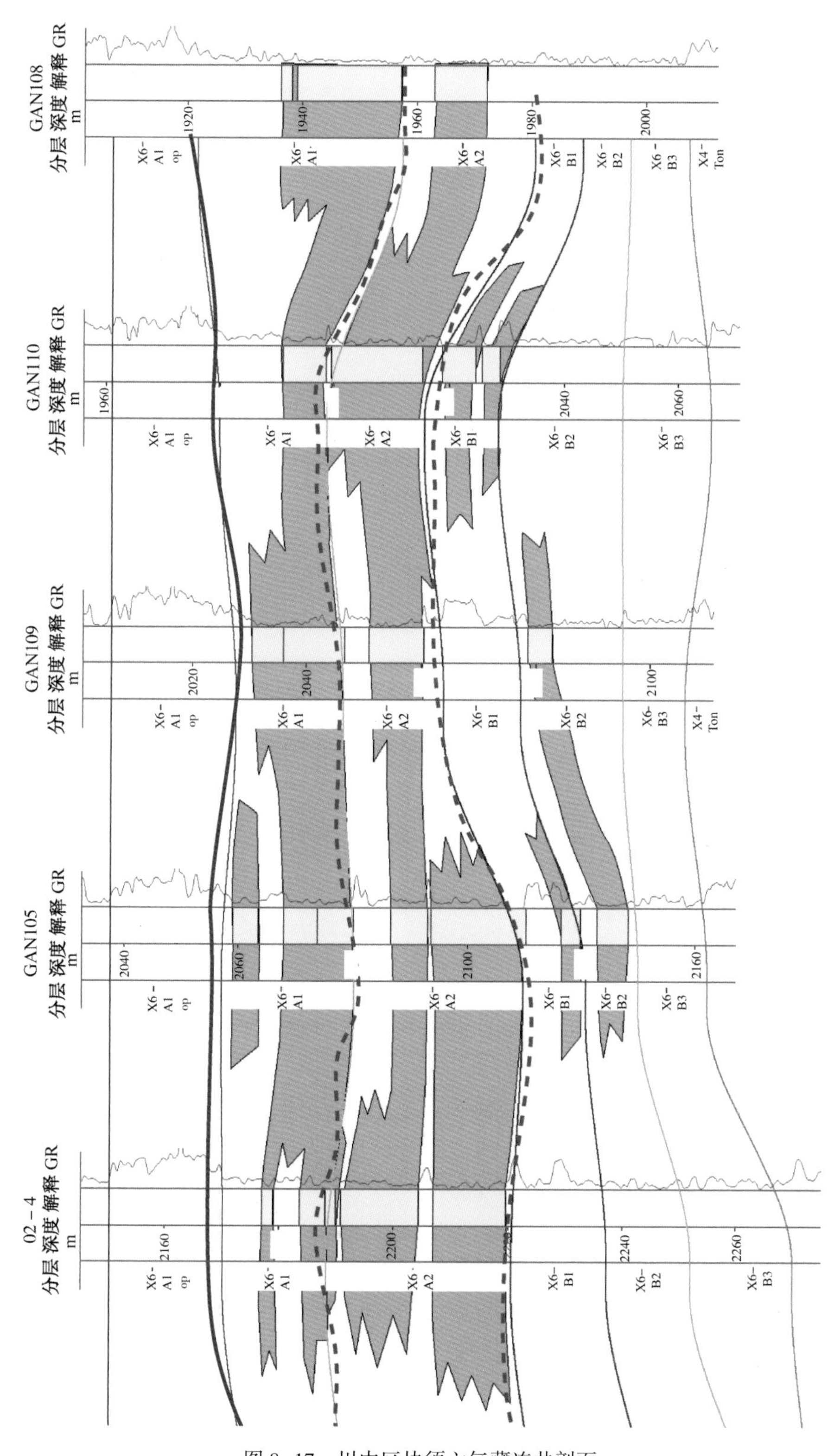

图 8-17　川中区块须六气藏连井剖面

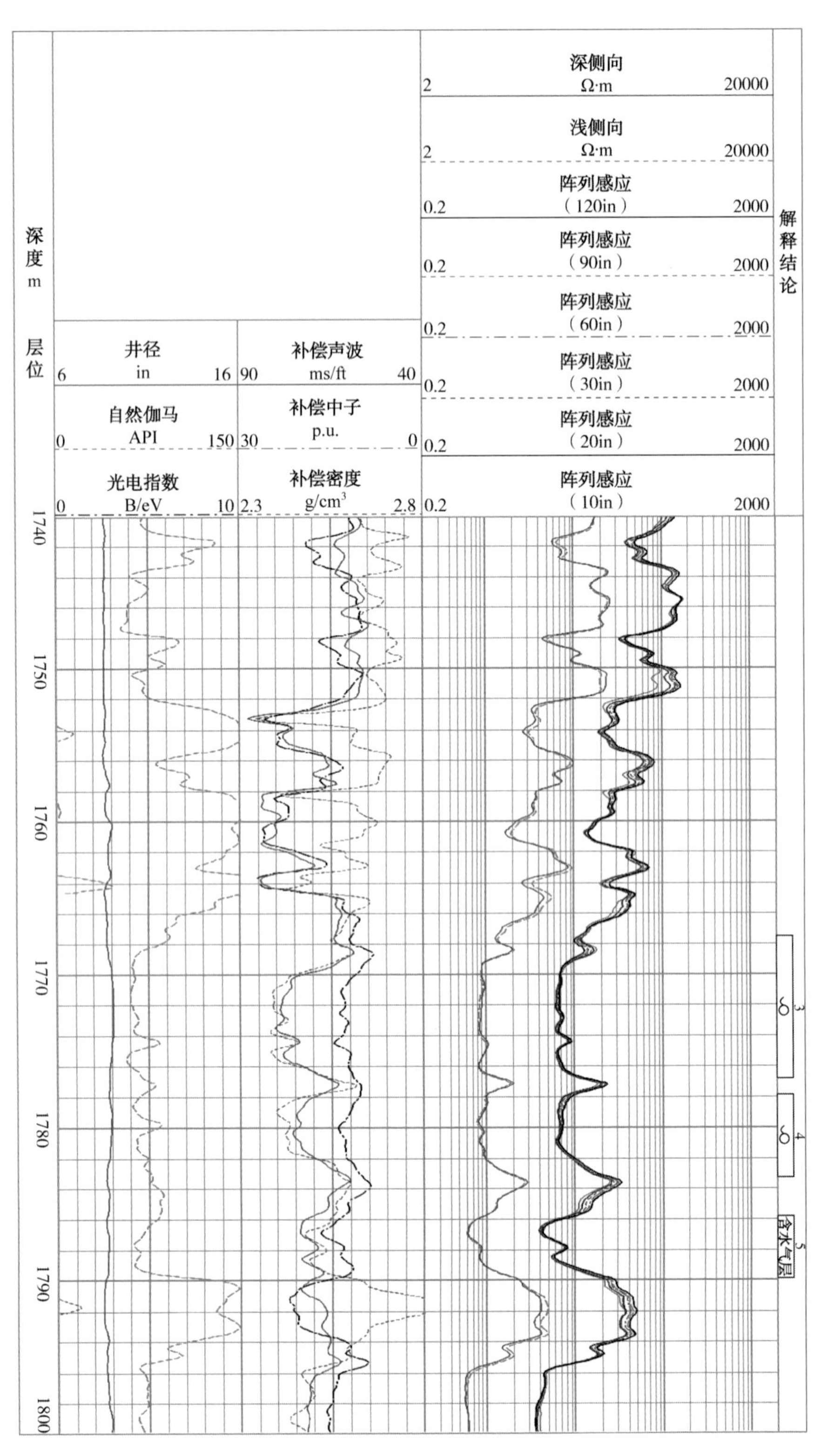

图 8-18　GA002-38 井综合测井图

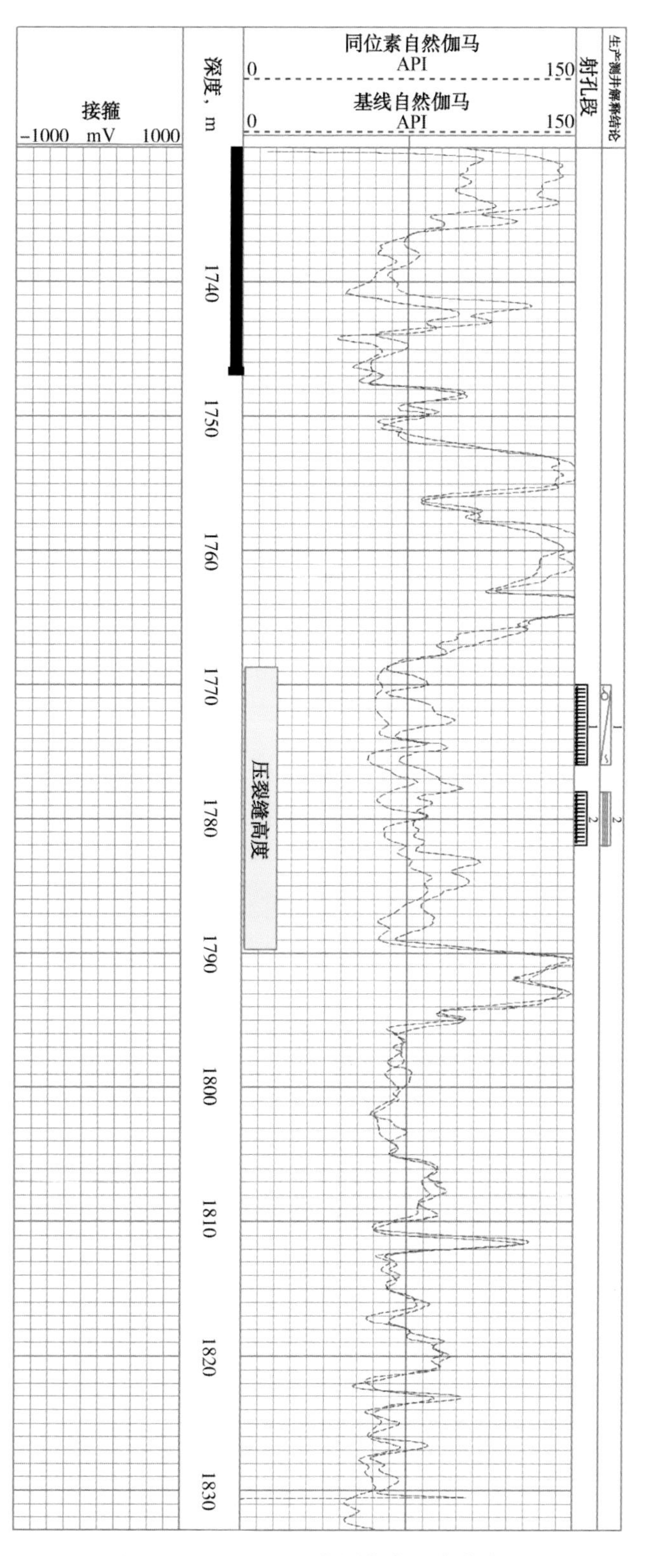

图 8-19 GA002-38 井同位素测井曲线图

1. 液体优选

川中区块须六段的储层敏感性中，水敏、盐敏、应力敏感性强，速敏、碱敏中等，HF 敏感较弱。在加砂压裂措施中，水锁是储层伤害的主要因素。储层中低温(60~70℃)，要求压裂液具有足够的黏度以确保施工造缝和携砂，同时要求解决压裂液彻底破胶问题。川中区块须家河组气藏属常压气藏，要求改善压裂液助排性能，降低水锁，提高返排率，减少压裂液在储层的滞留时间。

针对川中区块须六段的储层特征，结合压裂液的行业标准，提出压裂液的性能指标，见表 8-5，压裂液外观形态如图 8-20 所示。

表 8-5　川中区块须六段压裂液性能指标

项目	参数
耐温耐剪切性能	$170s^{-1}$，地层温度，剪切时间满足施工时间，黏度大于 100mPa·s
破胶时间	1~10h(施工结束 1h 后即可开井排液)
基质伤害率	<25%
压裂液残渣	<0.02%
交联时间	20~50s
表面张力	<28mN/m

图 8-20　川中区块须六段压裂液外观形态

2. 支撑剂优选

川中区块须六段储层平均杨氏模量 2.5×10^4MPa，压裂施工中易获得较宽的缝口宽度，具备大粒径支撑剂加入的条件。储层水平最小主应力 33~36MPa。从图 8-21 可以看出，石英砂及陶粒等类型支撑剂均满足强度要求。为提高裂缝导流能力，特别是长期导流能力，避免气井投产后气量、压力下降快的情况，宜选择陶粒作为支撑剂，如图 8-22 所示。

因此，在川中区块须六段储层支撑剂选用20/40目陶粒。

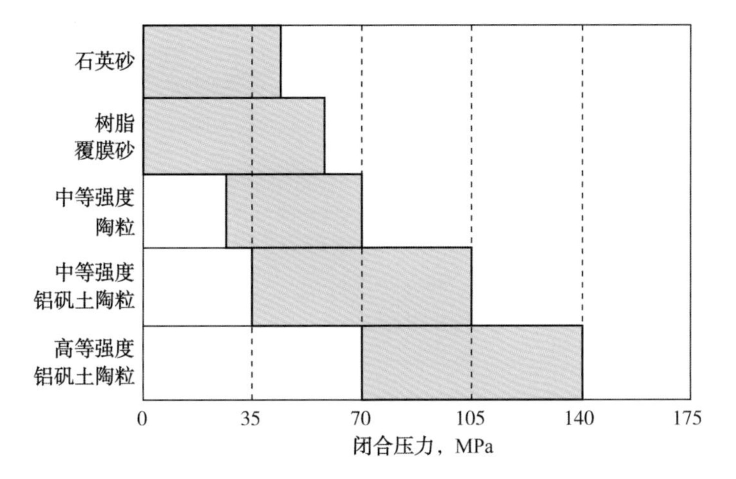

图8-21 支撑剂选择与闭合应力关系

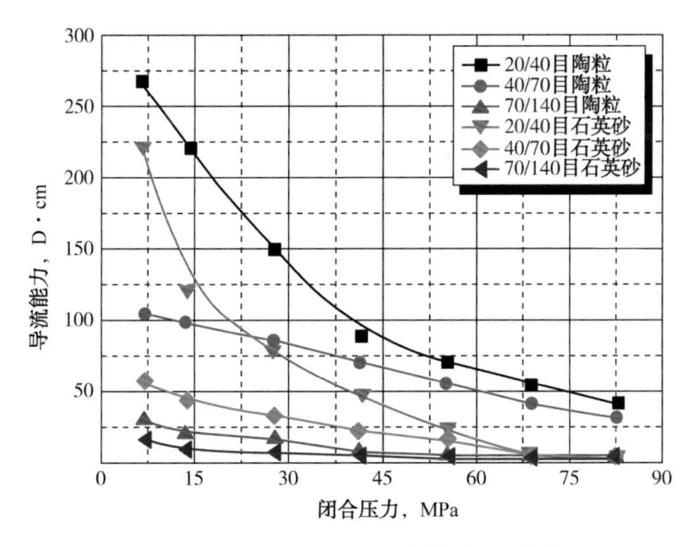

图8-22 不同类型、粒径支撑剂导流能力

采用岩板条件下的导流能力实验结果开展导流能力设计优化。从图8-23可以看出，在50MPa的闭合压力下，长期导流能力由50D·cm下降到30D·cm，降低约40%。从导流能力的情况分析，该区支撑剂的嵌入情况不大。该区压裂无因次导流能力大于25，导流能力对压后产量影响较低。对比不同铺置浓度的导流能力，认为该区采用较低的支撑剂铺置浓度(5.0kg/m^2)时，无因次导流能力为90。考虑到长期导流能力的影响，5.0kg/m^2支撑剂铺置浓度无因次导流能力也会达到45左右，因此认为铺置浓度在4.0~5.0kg/m^2，即可满足要求。

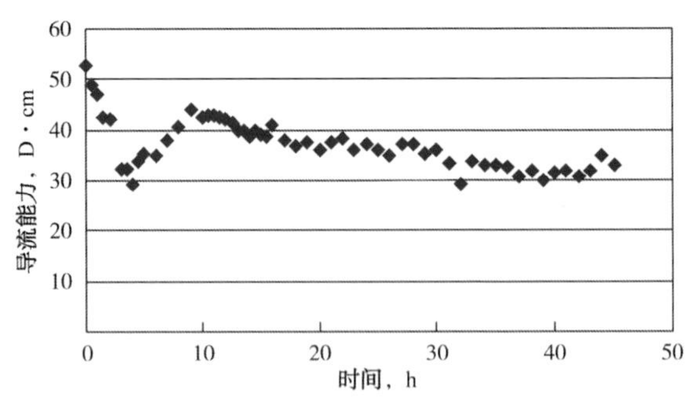

图 8-23　5.0kg/m² 长期导流能力

3. 施工排量

根据川中区块须六段储层裂缝延伸压力梯度、油管参数、液体摩阻及井口装置参数，按照 70MPa 压力控制，川中区块须六段储层预测施工排量能达到 5.0m³/min，见表 8-6。为保证施工顺利进行，加砂过程中预留 15~20MPa 的安全压力空间，因此设计施工排量 3.0~4.0m³/min。

表 8-6　川中区块须六段压裂施工泵压预测(73mm 油管、垂深 1800m)

施工排量 m³/min	液柱压力 MPa	摩阻 MPa	不同裂缝延伸压力梯度下的泵压，MPa			
			0.014 MPa/m	0.016 MPa/m	0.018 MPa/m	0.02 MPa/m
2.0	17.64	10.64	18.20	21.80	25.40	29.00
2.5	17.64	12.94	20.50	24.10	27.70	31.30
3.0	17.64	15.14	22.70	26.30	29.90	33.50
3.5	17.64	17.34	24.90	28.50	32.10	35.70
4.0	17.64	28.24	35.80	39.40	43.00	46.60
4.5	17.64	37.28	44.84	48.44	52.04	55.64
5.0	17.64	49.82	57.38	60.98	64.58	68.18
5.5	17.64	64.82	72.38	75.98	79.58	83.18

4. 泵注程序

川中区块须六段储层施工中，采用 80~100kg/m³ 的段塞进行打磨，降低孔眼摩阻和裂缝弯曲摩阻，控制微裂缝的液体滤失。采用 60kg/m³ 的小台阶式逐级提升砂浓度，实现近线性加砂，确保支撑剂在裂缝中的浓度能够平稳增加。设计最高砂浓度 700~740kg/m³，平均砂浓度 400~500kg/m³，提升了裂缝的导流能力。同时，施工前期中混注液氮，加强地层返排能量，见表 8-7。

表 8-7　川中区块须六段典型泵注程序

序号	步骤		净液量 m^3	排量 m^3/min	砂浓度 kg/m^3	泵压 MPa	累积砂量 t	备注
1	低替基液		6.0	1.5				
2	高挤前置液		90.0	3.6		35~45	0.0	混注液氮，排量 $90m^3/min$
3	高挤段塞 1		20.0	3.6	100	35~45	2.0	
4	高挤前置液		300.0	3.6		35~45	2.0	
5	高挤携砂液	高挤携砂液 1	20.0	3.6	120	35~45	4.4	
6		高挤携砂液 2	10.0	3.6	180	35~45	6.2	
7		高挤携砂液 3	10.0	3.6	240	35~45	8.6	
8		高挤携砂液 4	10.0	3.6	300	35~45	11.6	
9		高挤携砂液 5	20.0	3.8	360	35~45	18.8	
10		高挤携砂液 6	30.0	3.8	420	35~45	31.4	
11		高挤携砂液 7	50.0	3.8	480	35~45	55.4	
12		高挤携砂液 8	100.0	3.8	540	35~45	109.4	
13		高挤携砂液 9	340.0	3.8	600	35~45	313.4	
14		高挤携砂液 10	200.0	3.8	650	35~45	443.4	
15		高挤携砂液 11	19.0	3.8	700	35~45	456.7	
16		高挤携砂液 12	6.0	3.8	740	35~45	461.2	
17	高挤顶替液		5.7	3.8		35~45		
18	停泵，记压降 10min							

5. 施工规模优化

川中区块须六段储层，计算参数选择无因次导流能力为 50、井口压力为 1.0 MPa、缝长为 80m 和 160m 条件下的产量。计算结果表明泄流面积对产量的影响是有限的，泄流半径增加到一定范围后，对产量的影响较小，但在同样泄流半径条件下，缝长越长，产量越高，并且差值比较大，如图 8-24 与图 8-25 所示。

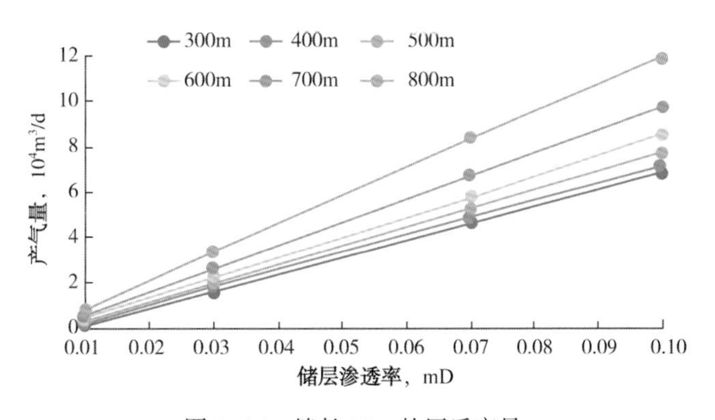

图 8-24　缝长 80m 的压后产量

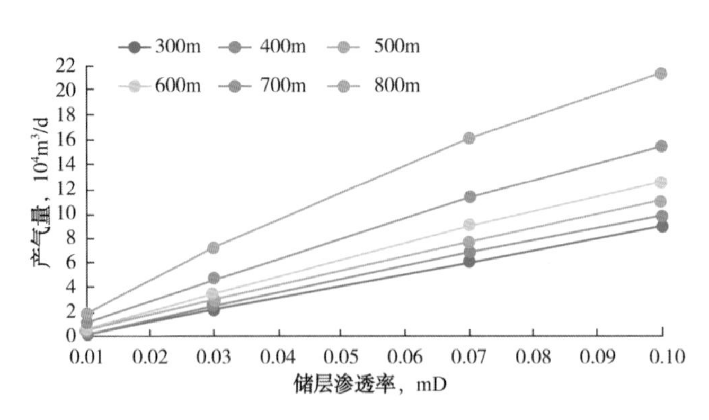

图 8-25　缝长 160m 的压后产量

结合单井改造的裂缝参数、流动系数和改造后的产能情况，制作适合该区域的不同裂缝长度和流动系数情况下的无阻流量预测图版，如图 8-26 所示，从而为压裂设计提供参考，避免盲目进行大型压裂造成施工失败。

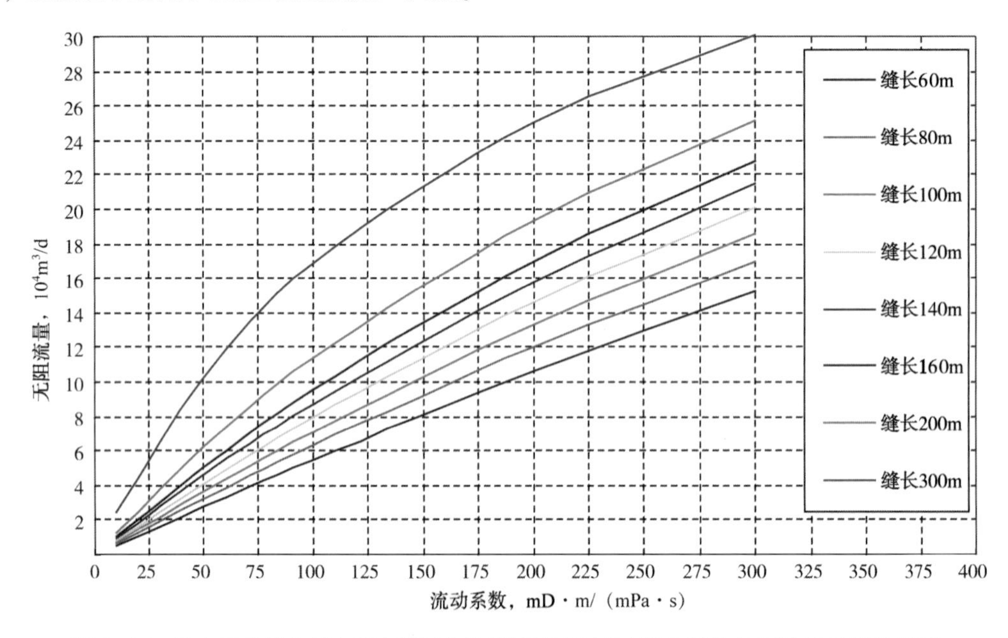

图 8-26　川中区块须六段加砂压裂不同裂缝长度和储层流动系数与无阻流量理论图版

以 GA002-X36 井为例，该井射孔井段为 1802.4～1830.4m，射孔井段解释储层厚度 24.6m。主压裂施工前进行微型注入测试。微型注入测试解释地层流动系数达到 383mD · m/(mPa · s)，渗透率达到 0.33mD，如图 8-27 所示。根据流动系数与无阻流量理论图版进行预测，在流动系数达到 383mD · m/(mPa · s)条件下，若压裂裂缝达到 300m 左右，则压后无阻流量可达到$(40\sim50)\times10^4m^3/d$。基于对储层准确的评估分析，确定压裂设计目标缝长为 250～300m。并且通过对井间干扰分析认为，该井压后产生 250～300m 长的裂缝，压后对周围井生产影响不大。按照 250～300m 的目标缝长进行设计，确定 $252m^3$ 支撑剂的设计压裂规模如图 8-28 所示。

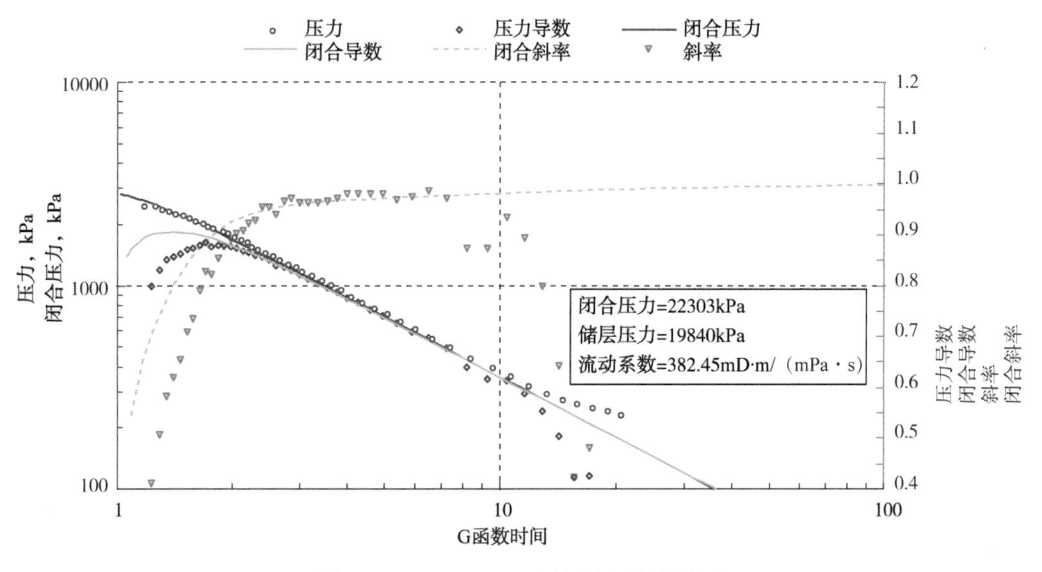

图 8-27 GA002-X36 井微注数据拟合图

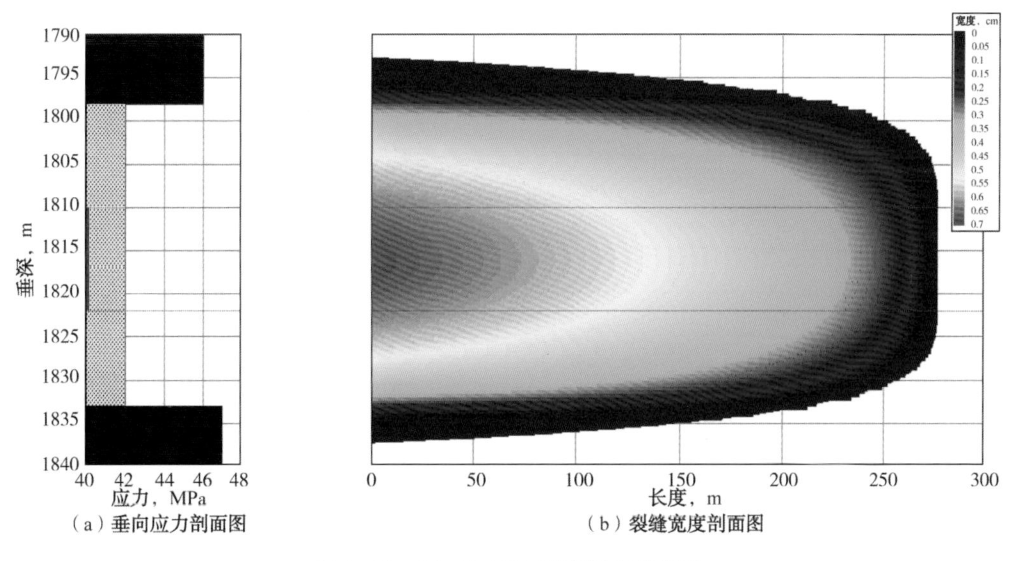

图 8-28 GA002-X36 裂缝剖面模拟图

该井加入 20/40 目陶粒 258.2m^3（472.5t），挤入压裂液 1229.3m^3，施工排量 3.8m^3/min，施工泵压 33～38MPa，套压 10～12MPa，最高砂浓度 722kg/m^3，平均 581kg/m^3，如图 8-29 所示。压裂施工净压力表明，压裂缝长为 305m，压后测试产量达到 39.3×$10^4 m^3$/d，无阻流量达到 73.31×$10^4 m^3$/d，为川中区块须家河组单井最高产量。该井于 2007 年 9 月底正式投产，初期产量 20.0×$10^4 m^3$/d，投产后生产情况较为稳定，如图 8-30 所示。

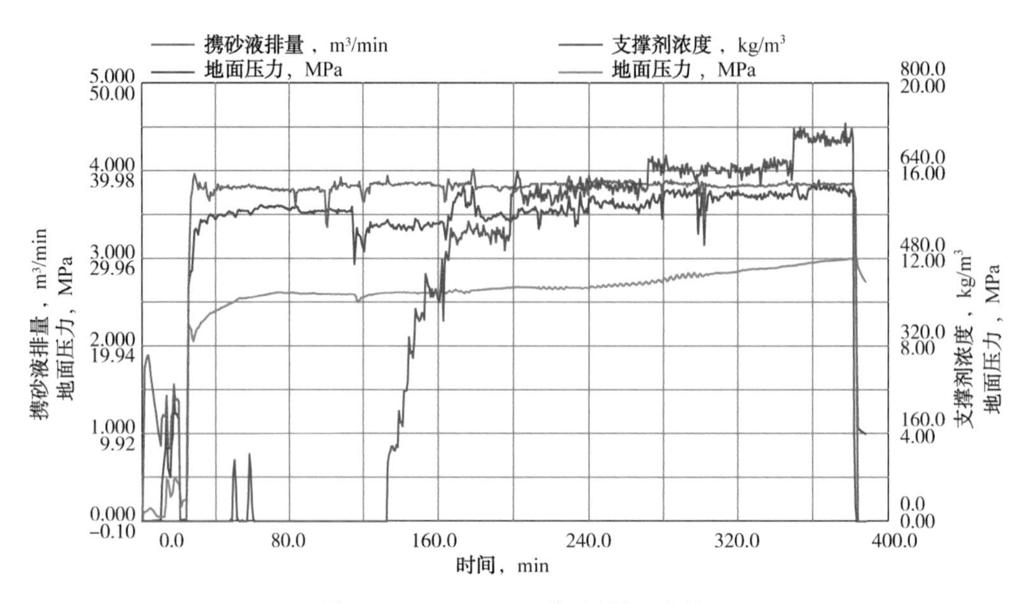

图 8-29　GA002-X36 井压裂施工曲线

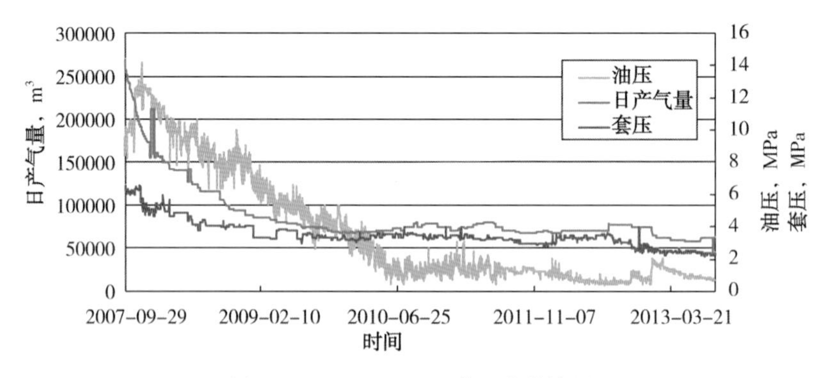

图 8-30　GA002-X36 井生产曲线图

6. 应用效果

川中Ⅰ号区块 A 区须六储层开发井累计进行大型压裂 49 口井，单井最大加砂量 258.2m^3(472.5t)，平均每口井加砂 101.2m^3(182.2t)；累计加入净液量 11199.77m^3，平均每口井注入净液量 509.1m^3。川中区块须六气藏累计增加测试产量 $368.1\times10^4m^3/d$，平均单井增加测试产量 $7.51\times10^4m^3/d$；累计增加无阻流量 $532.19\times10^4m^3/d$，平均单井增加无阻流量 $24.19\times10^4m^3/d$。通过加砂压裂施工，使日产量从不足 $20\times10^4m^3/d$ 增加到 $245\times10^4m^3/d$ 左右，气藏产量增加 11 倍以上，如图 8-31 所示。

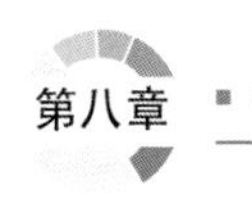

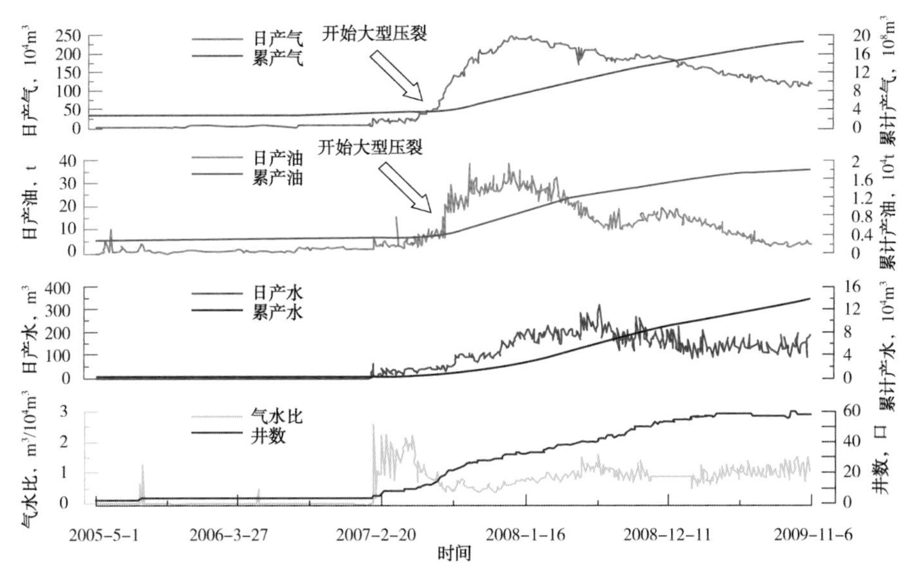

图 8-31 川中区块须六某气田实施加砂压裂工艺后天然气产量增长曲线

第二节 页岩加砂压裂现场应用

一、长宁区块龙马溪组页岩气藏储层特征

长宁区块区域构造位置位于四川盆地与云贵高原结合部，川南古坳中隆低陡构造区与娄山褶皱带之间，北受川东褶皱冲断带西延影响，南受娄山褶皱带演化控制，其构造特征为集二者于一体的构造复合体。工区北邻莲花寺老翁场构造，南接柏杨林-大寨背斜构造，西为贾村溪构造，东隔凤凰山向斜与高木顶构造相望，如图 8-32 所示。长宁背斜核部出露寒武系、志留系地层，两翼为二叠—三叠系地层。

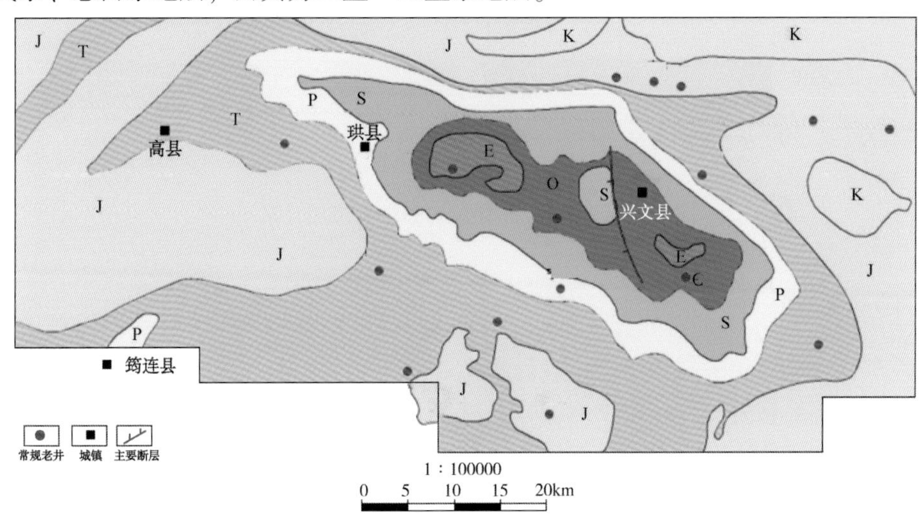

图 8-32 长宁区块地质图

1. 岩性特征

长宁区块五峰组—龙一$_1$亚段岩石类型主要以黑色碳质页岩、硅质页岩、黑色页岩、黑色泥页岩为主，夹粉砂质泥岩，如图 8-33 所示。长宁地区龙一$_1^{1-2}$小层主要为硅质页岩，龙一$_1^{3-4}$小层由硅质页岩转变为黏土质页岩。

（a）黑色炭质页岩，水平层理

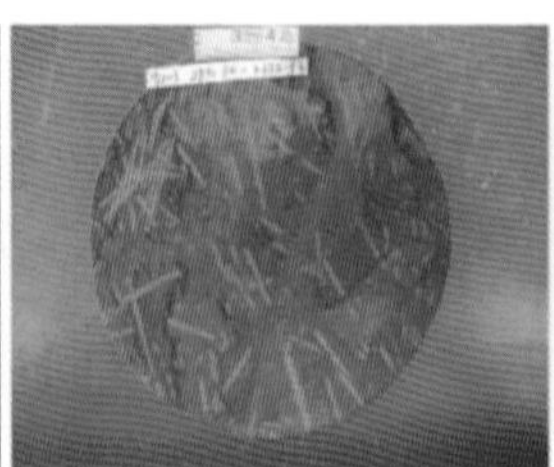
（b）黑色页岩，笔石发育

（c）黑色粉砂质泥岩

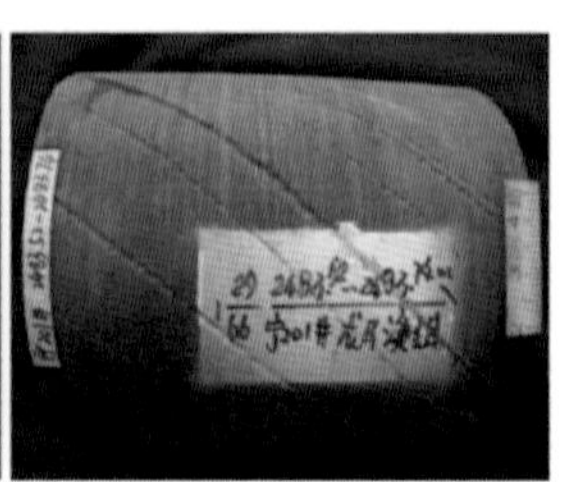
（d）灰黑色粉砂质泥岩，块状层理

图 8-33　长宁区块井下页岩岩心照片

岩心 X 射线衍射分析数据表明，岩心主要矿物为石英、长石、方解石、白云石、黏土和黄铁矿等，如图 8-34 所示，其中黏土矿物包括伊利石、伊/蒙混层和绿泥石等。

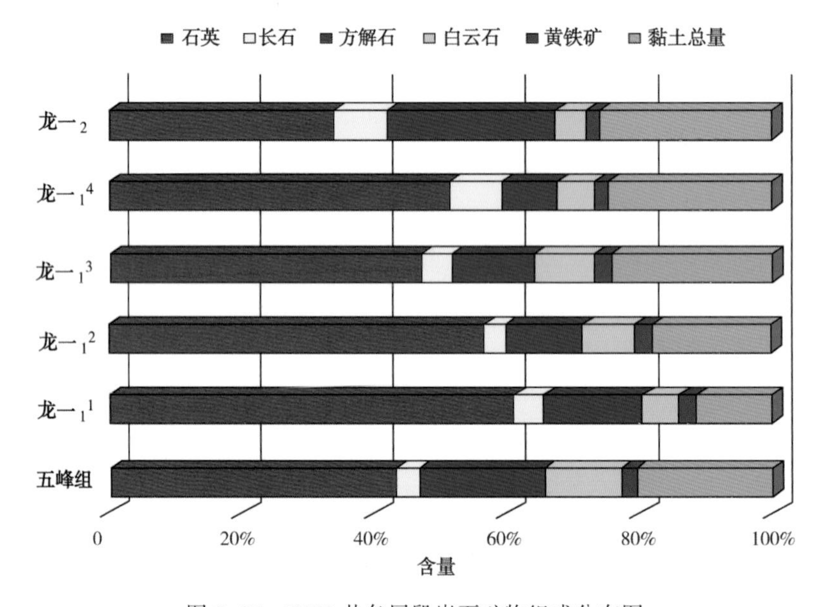

图 8-34　N203 井各层段岩石矿物组成分布图

2. 脆性矿物

脆性矿物含量直接关系到页岩压裂后水力裂缝的发育情况，脆性矿物含量越高，页岩脆性越强，越容易在外力作用下形成裂缝，见表 8-8。

表 8-8 长宁区块五峰组—龙一段岩石脆性矿物含量

井名	小层	井深，m	脆性矿物含量,%
N201	龙一$_1^4$	2495.75~2503.24	67.73
	龙一$_1^3$	2504.68~2511.71	75.48
	龙一$_1^2$	2512.69~2519.38	92.32
	龙一$_1^1$	2520.09~2521.30	80.50
	五峰组	2521.27~2523.44	74.00
N203	龙一$_1^4$	2366.00~2376.02	71.73
	龙一$_1^3$	2377.02~2380.41	72.48
	龙一$_1^2$	2381.32~2391.15	81.32
	龙一$_1^1$	2392.09~2394.03	85.50
	五峰组	2395.35~2396.29	77.00
N209	龙一$_1^4$	3137.00~3158.02	70.7
	龙一$_1^3$	3159.02~3163.41	69.83
	龙一$_1^2$	3164.32~3167.15	65.74
	龙一$_1^1$	3168.09~3169.03	75.30
	五峰组	3170.35~3071.29	68.21
N210	龙一$_1^4$	2197.00~2217.02	80.5
	龙一$_1^3$	2218.02~2221.41	80.8
	龙一$_1^2$	2222.32~2233.15	81.8
	龙一$_1^1$	2233.09~2234.03	82.30
	五峰组	2235.35~2238.29	86.21
N211	龙一$_1^4$	2326.00~2332.02	70.5
	龙一$_1^3$	2333.02~2338.41	82.2
	龙一$_1^2$	2339.32~2345.15	84.8
	龙一$_1^1$	2346.09~2348.03	85.90
	五峰组	2349.35~2357.29	76.41

3. 物性特征

根据实验岩心数据，长宁区块五峰组—龙马溪组纵向上孔隙度分布特征基本一致，五峰组—龙一$_1$亚段实测孔隙度2.0%~6.8%，平均值5.53%，见表8-9。

表8-9　长宁区块五峰组—龙一段孔隙度统计表

井名	小层	井深，m	孔隙度,%
N201	龙一$_1^4$	2495.75~2503.24	6.45
	龙一$_1^3$	2504.68~2511.71	8.17
	龙一$_1^2$	2512.69~2519.38	5.87
	龙一$_1^1$	2520.09~2521.30	6.87
	五峰组	2521.27~2523.44	5.89
N203	龙一$_1^4$	2366.00~2376.02	5.43
	龙一$_1^3$	2377.02~2380.41	6.53
	龙一$_1^2$	2381.32~2391.15	4.74
	龙一$_1^1$	2392.09~2394.03	5.00
	五峰组	2395.35~2396.29	5.21
N209	龙一$_1^4$	3137.00~3158.02	5.7
	龙一$_1^3$	3159.02~3163.41	6.83
	龙一$_1^2$	3164.32~3167.15	6.74
	龙一$_1^1$	3168.09~3169.03	7.30
	五峰组	3170.35~3071.29	6.21
N210	龙一$_1^4$	2197.00~2217.02	4.5
	龙一$_1^3$	2218.02~2221.41	5.8
	龙一$_1^2$	2222.32~2233.15	4.8
	龙一$_1^1$	2233.09~2234.03	7.30
	五峰组	2235.35~2238.29	4.21
N211	龙一$_1^4$	2326.00~2332.02	6.5
	龙一$_1^3$	2333.02~2338.41	7.2
	龙一$_1^2$	2339.32~2345.15	4.8
	龙一$_1^1$	2346.09~2348.03	5.90
	五峰组	2349.35~2357.29	4.41

由于页岩岩性致密，渗透率极低，从而使气体产出缓慢。页岩气开发主要靠压裂来提高储层渗透率，同时一些天然存在的裂缝、孔隙也可提高渗透率。以N203井龙一$_1^1$小层

岩心样品为例，对有机质进行聚焦离子束双束扫描电镜切片，分析表明样品有机碳含量为 7.32%，经过三维重构后有机质内孔隙十分发育，有机质内孔隙度为 33.8%，且有机孔的孔隙具很好的连通性，如图 8-35 所示。

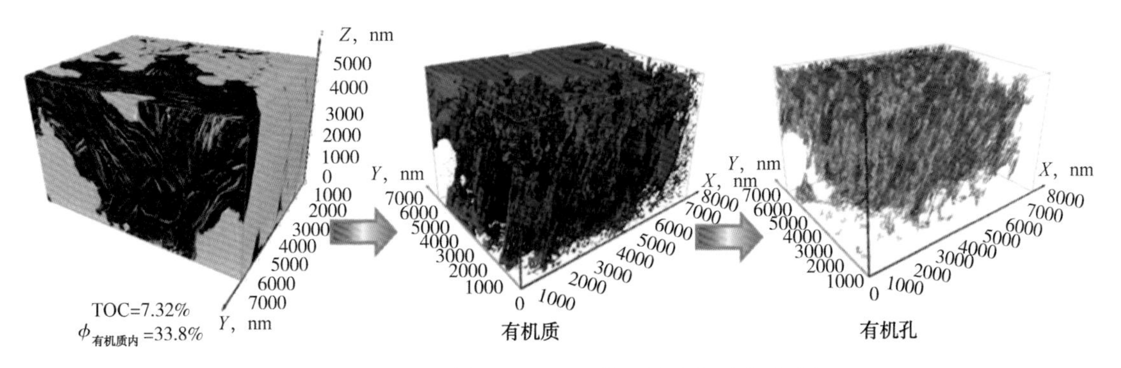

图 8-35 N203 井龙一$_1{}^1$小层三维重构有机质内孔隙图

长宁区块五峰组—龙一$_1$亚段实测岩心基质渗透率为 $2.36\times10^{-6}\sim7.15\times10^{-4}$ mD，平均 1.02×10^{-4} mD，见表 8-10。实验结果表明页岩的层理缝和微裂隙是影响页岩渗透率的重要因素。

表 8-10 长宁区块五峰组—龙一段渗透率统计表

区块	井号	渗透率范围，mD	平均渗透率，mD
长宁	N201	$3.18\times10^{-5}\sim2.42\times10^{-4}$	1.48×10^{-4}
	N203	$1.09\times10^{-5}\sim4.50\times10^{-4}$	1.07×10^{-4}
	N208	$5.21\times10^{-6}\sim7.15\times10^{-4}$	7.14×10^{-5}
	N209	$2.36\times10^{-6}\sim1.25\times10^{-3}$	1.06×10^{-5}
	N210	$2.13\times10^{-5}\sim1.48\times10^{-4}$	9.74×10^{-5}
	N211	$9.50\times10^{-5}\sim6.02\times10^{-4}$	8.35×10^{-5}
	N212	$5.30\times10^{-5}\sim2.96\times10^{-4}$	1.03×10^{-4}
	平均		1.02×10^{-4}

4. 孔喉特征

孔隙是页岩气的重要储集空间之一，平均 50%左右的页岩气储集在页岩基质孔隙中，因此，基质孔隙发育程度直接关系到页岩气的资源评价及勘探开发价值。长宁区块五峰组—龙马溪组页岩孔隙可分为粒间孔、粒内溶孔、晶内溶孔、晶间孔、生物孔、有机质孔等，见表 8-11，六种孔隙特征分别如图 8-36 至图 8-41 所示。

表 8-11　长宁区块五峰组—龙一$_1$亚段页岩储集空间类型划分表

储集空间类型			特征简述	影响因素
孔隙	矿物基质孔	粒间孔	沉积时颗粒支撑，多为不规则状、串珠状或分散状，多为黏土矿物颗粒间的微孔或石英、方解石等堆积体之间的孔隙	与沉积作用有关，矿物颗粒分散分布，不易形成颗粒支撑
		粒内溶孔	不稳定矿物长石、黏土矿物等易溶部分溶蚀形成的粒内孤立孔隙，呈港湾状、蜂窝状或分散状	随有机酸的产生而增多
		晶内溶孔	方解石晶体或者晶粒内部被选择性溶蚀所形成的孔隙	与有机质成熟过程中产生的酸性水或者有机酸有关
		晶间孔	黄铁矿晶间微孔隙，分散状分布	与黄铁矿的沉淀有关
	有机孔	有机质孔	有机质大量生烃后有机质体积缩小及气体排出，呈蜂窝状、线状、串珠状等	有机质含量、热演化程度
		生物孔	生物遗体中的空腔或与生物活动有关的产物	与生物体数量和活动有关

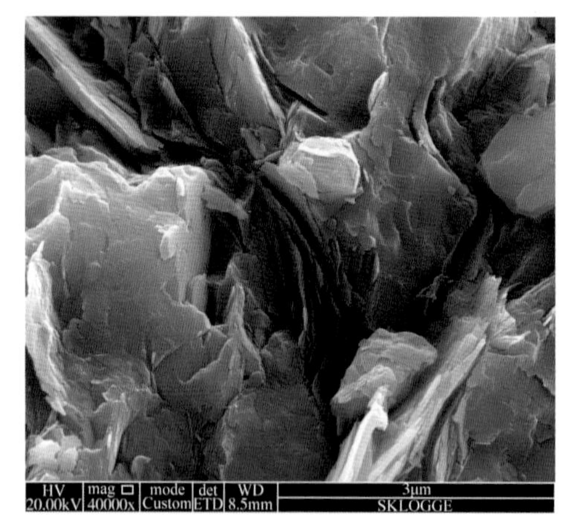

图 8-36　黏土矿物间孔隙
（龙马溪组，N203 井）

图 8-37　粒内溶孔
（龙马溪组，N203 井）

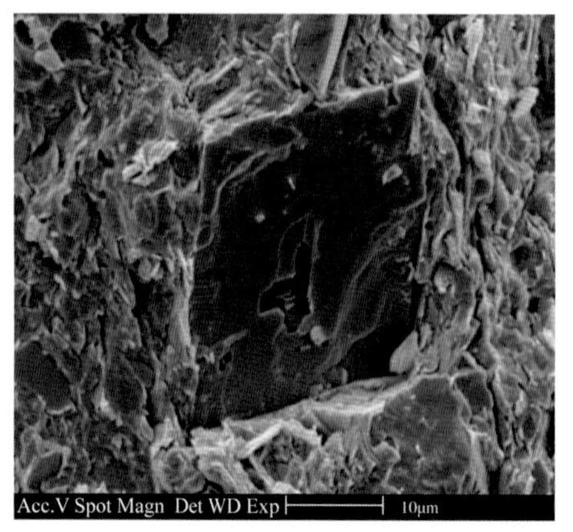

图 8-38　碳酸盐岩晶内溶孔
（龙马溪组，N203）

图 8-39　黄铁矿晶间孔
（龙马溪组，N203 井）

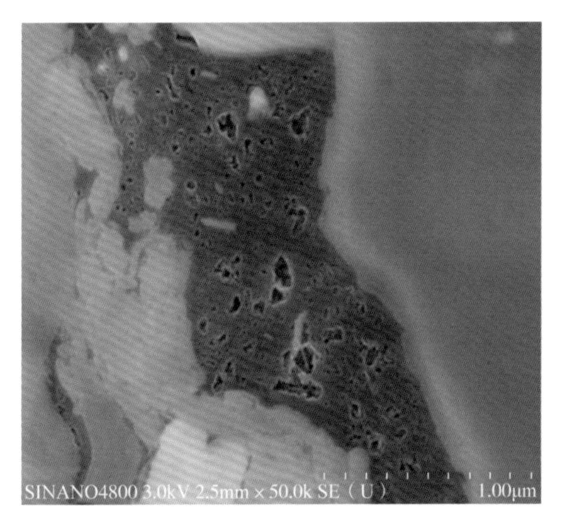

图 8-40 有机质微孔隙

（龙马溪组，N203 井）

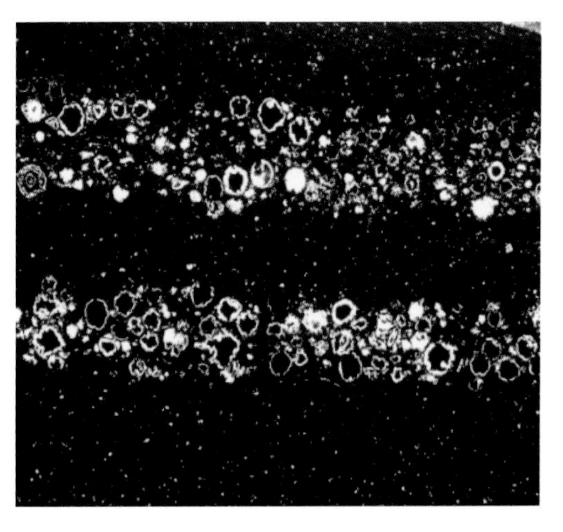

图 8-41 放射虫

（五峰组，N210 井）

5. 天然裂缝特征

长宁区块五峰组—龙马溪组天然裂缝类型主要为构造缝、成岩缝、溶蚀缝及生烃缝，其中构造缝如图 8-42 所示，生烃缝如图 8-43 所示；五峰组—龙一段裂缝相对发育，总缝密度达 3.3~50 条/m，以斜交缝为主，多被方解石、黄铁矿充填，充填裂缝的测井识别如图 8-44 所示。

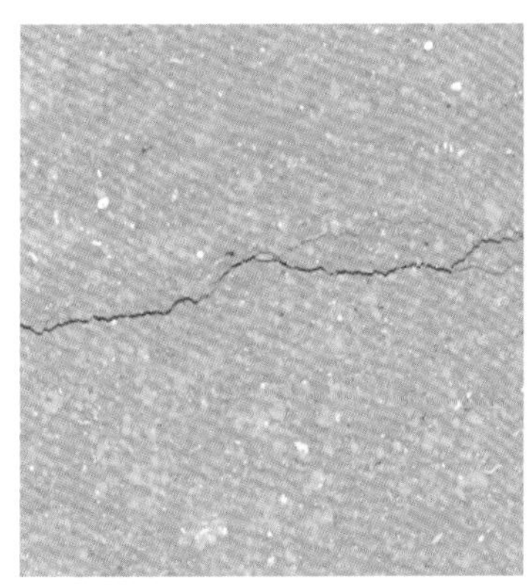

（a）长宁区块页岩构造缝示意图

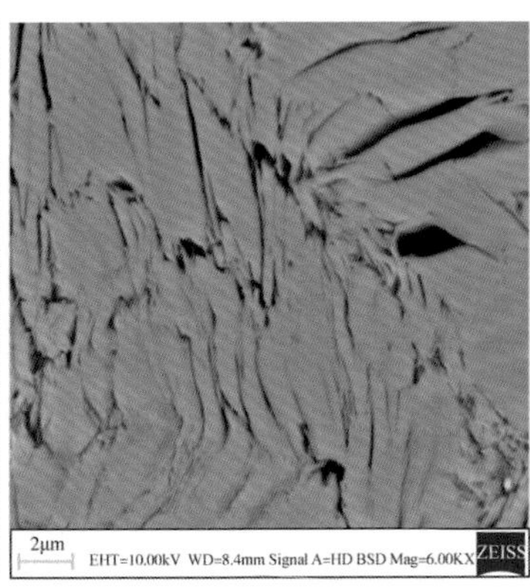

（b）构造缝放大6000倍示意图

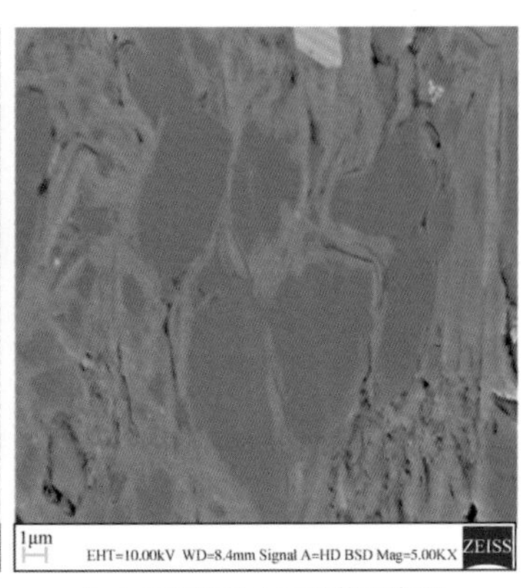

（c）构造缝放大5000倍示意图

图 8-42 长宁区块页岩五峰组—龙一段构造缝特征图

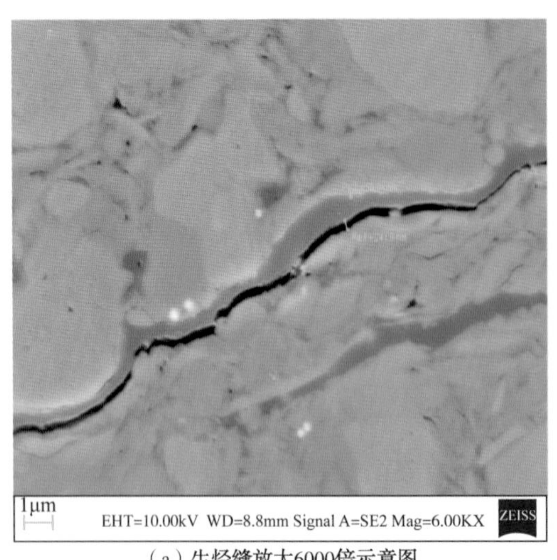

（a）生烃缝放大6000倍示意图

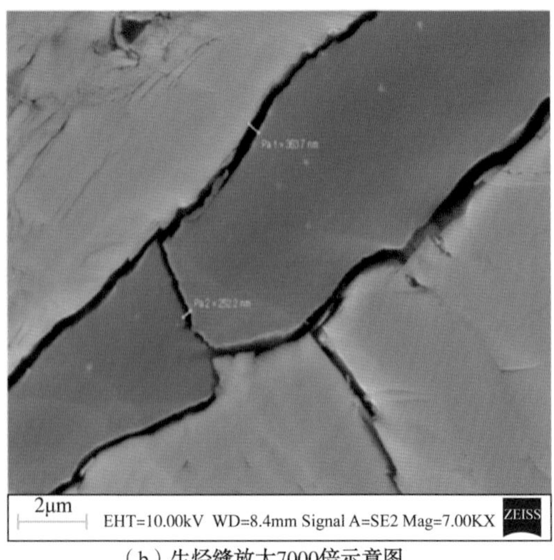

（b）生烃缝放大7000倍示意图

图 8-43　长宁区块页岩五峰组—龙一段生烃缝特征图

图 8-44　N203 井测井识别充填裂缝

6. 岩石力学及地应力

通过对长宁区块 N201 井、N203 井、N211 和 N212 井龙马溪组页岩进行岩石力学参数评价，结果见表 8-12，长宁区块页岩三轴抗压强度分布范围 181.73～321.74MPa，平均值为 238.648MPa；杨氏模量分布范围 1.548×10^4～5.599×10^4MPa，平均值为 2.982×10^4MPa；泊松比分布范围 0.158～0.331，平均值为 0.211，总体显示较高的杨氏模量和较低的泊松比特征。

表 8-12 长宁区块三轴岩石力学实验结果

井号	深度，m	层位	抗压强度，MPa		杨氏模量，10^4MPa		泊松比	
			分布范围	平均值	分布范围	平均值	分布范围	平均值
N201	2479.44~2527.61	龙马溪组	250.053~290.014	265.752	3.567~5.599	4.590	0.195~0.331	0.255
N203	2325.64~2385.36	龙马溪组	181.733~321.742	246.941	1.811~3.516	2.620	0.158~0.241	0.201
N211	2215.35~2234.11	龙马溪组	182.400~221.410	206.800	2.379~3.050	2.629	0.166~0.179	0.173
N212	2013.24~2052.40	龙马溪组	190.000~260.000	224.330	1.548~2.215	2.090	0.19~0.232	0.210
平均值		龙马溪组	181.733~321.742	235.96	1.548~5.599	2.982	0.158~0.331	0.211

对长宁区块 N201、N203、N211 和 N212 等井开展了地应力大小实验，结果见表8-13，其中 N203 井区、N211 井区和 N212 井区三向主应力分布规律为 $\sigma_v>\sigma_H>\sigma_h$，最小水平主应力梯度范围 0.0131~0.0224MPa/m，最大水平主应力梯度范围 0.0169~0.0244MPa/m，垂向应力梯度范围 0.0258~0.0271MPa/m。

表 8-13 长宁区块地应力大小实验结果

井号	井深，m	层位	最小水平主应力梯度 MPa/m	最大水平主应力梯度 MPa/m	垂向应力梯度 MPa/m
N201	2479.44~2527.61	龙一$_1^4$、龙一$_1^3$	0.0267	0.0250	0.0230
N203	2325.64~2385.36	龙一$_1^4$、龙一$_1^3$、龙一$_1^2$	0.0131	0.0169	0.0258
N211	2214.10~2236.22	龙一$_1^4$、龙一$_1^3$	0.0227	0.0244	0.0271
N212	2010.15~2068.06	龙一$_1^4$	0.0224	0.0237	0.026

N211 和 N212 井的地应力方向实验结果见表 8-14、图 8-45，长宁区块最大水平主应力方向主要为近东西向，局部地区最大水平主应力方向为北东向。

表 8-14 长宁区块地应力方向实验结果

井号	井深，m	层位	最大水平主应力方向
N211	2214.10~2236.22	龙一$_1^4$、龙一$_1^3$	N99°E
N212	2010.15~2068.06	龙一$_1^4$	N93°E

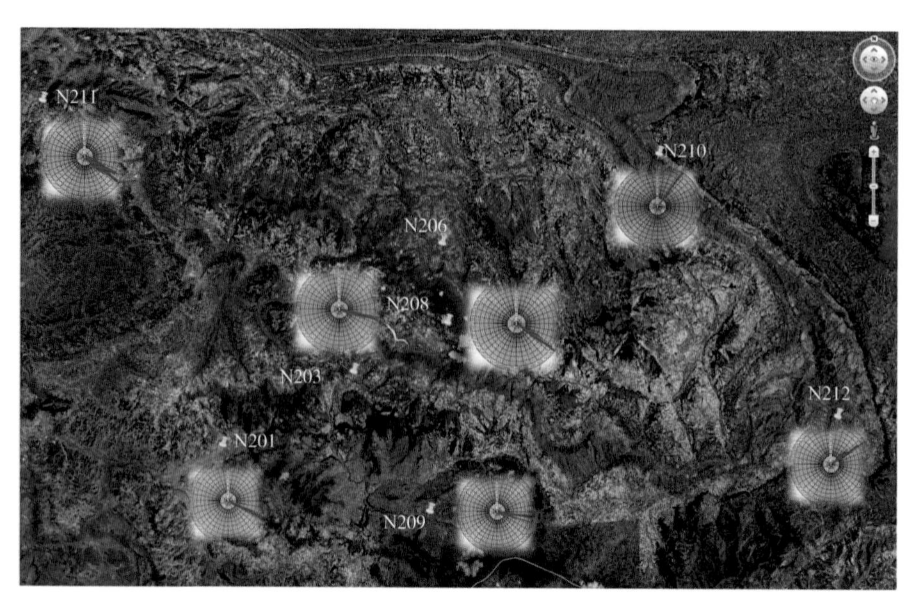

图 8-45　长宁区块五峰组—龙马溪组地应力分布图

7. 脆性指数

通过脆性矿物可计算出岩石的脆性指数。长宁区块页岩脆性指数总体较高，页岩储层具有较好的脆性特征，见表 8-15。

表 8-15　长宁区块页岩脆性指数

井号	井深，m	脆性指数，%
H2-2	2372～2494	56～63
H3-1	2873～3973	55～70
H3-2	2738～3838	55～70
H3-3	2650～3750	55～70
N201-H1	2625～3750	55～70
N201	2400～2525	50～74
N203	2377～2396	49～62
N206	1876～1893	53～65
N209	3134～3174	43～64
N211	2215～2345	51～71
N212	1990～2085	41～57

8. 敏感性特征

储层岩心敏感性主要表现为速敏性中等偏弱—强、水敏性中等偏弱、碱敏性中等偏强，应力敏感性强，见表 8-16，如图 8-46 至图 8-49 所示。

表 8-16 长宁区块页岩敏感特征统计表

敏感性类型	敏感性结果
速敏性	中等偏弱—强
水敏性	中等偏弱
碱敏性	中等偏强
应力敏感性	强

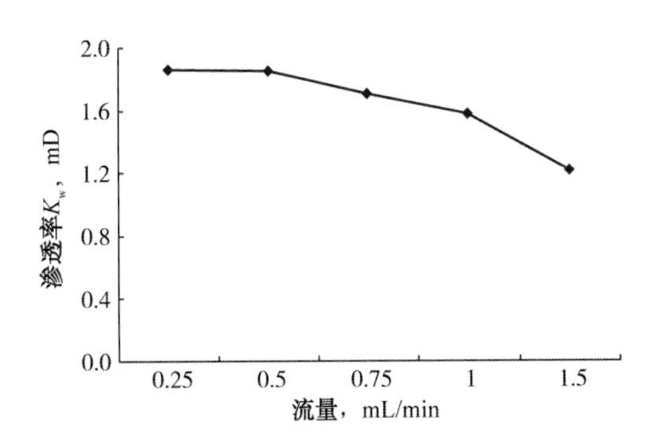

图 8-46 N206 井岩心速敏性实验结果图

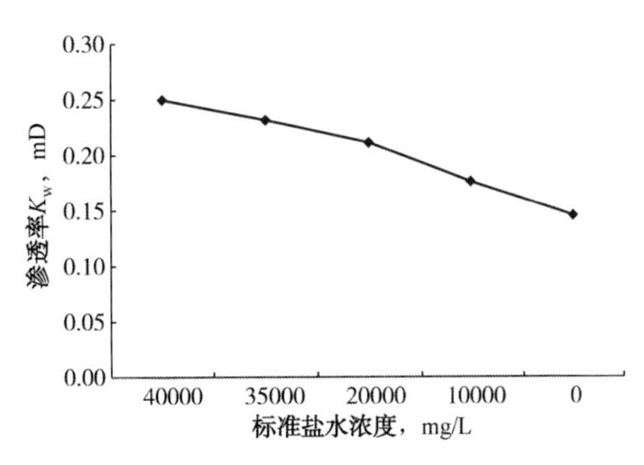

图 8-47 N206 井岩心水敏性实验结果图

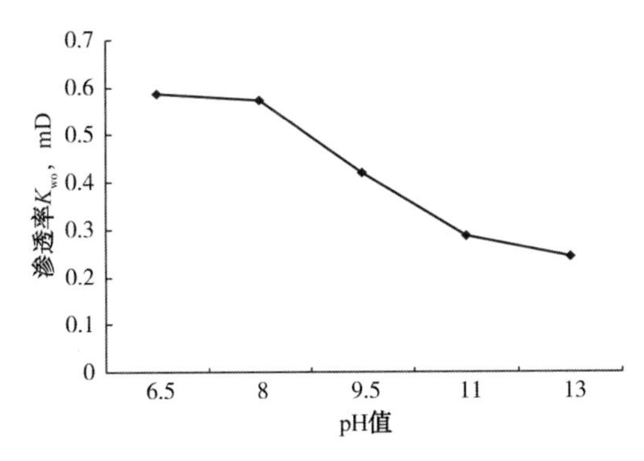

图 8-48 N206 井岩心碱敏性实验结果图

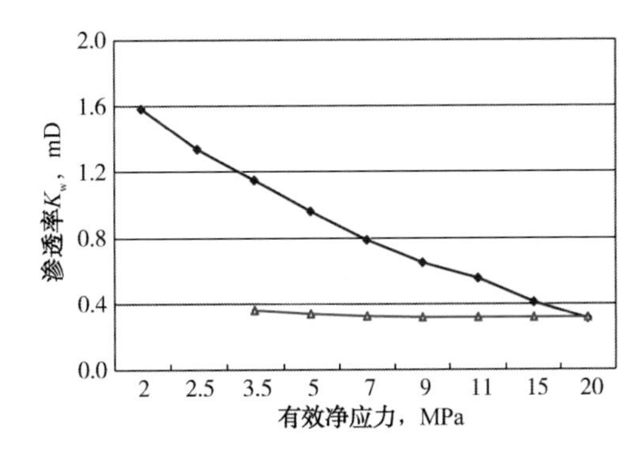

图 8-49 N206 井岩心应力敏感性实验结果图

二、长宁区块龙马溪组页岩气藏加砂压裂应用

长宁区块龙马溪组与五峰组厚度统计表见表 8-17。长宁页岩气田五峰组—龙马溪组页岩储层位于五峰组—龙一$_1$亚段。纵向单井Ⅰ+Ⅱ类储层厚度一般在 29. 5~46. 4m 范围内变化。

表 8-17 长宁区块龙马溪组与五峰组厚度统计表

井号		N211	N201	N203	N208	N209	N212	N210
地层厚度，m	龙马溪组	345	311. 5	319	315	323	373	357. 5
	五峰组	9	4. 5	2. 3	2. 9	2	5	12. 8

以 N209 井为例，该井射孔井段为 3059～3081m、3147～3170m，部分测井曲线如图 8-50 所示。储层黏土质量百分含量较低，21%～56%，平均 41%；硅质矿物含量较高，26%～69%，平均 49%；碳酸盐岩含量 0～33%；平均 10%；黄铁矿含量 0～5%，平均 0.6%；龙马溪组储层高导和高阻裂缝零星发育。

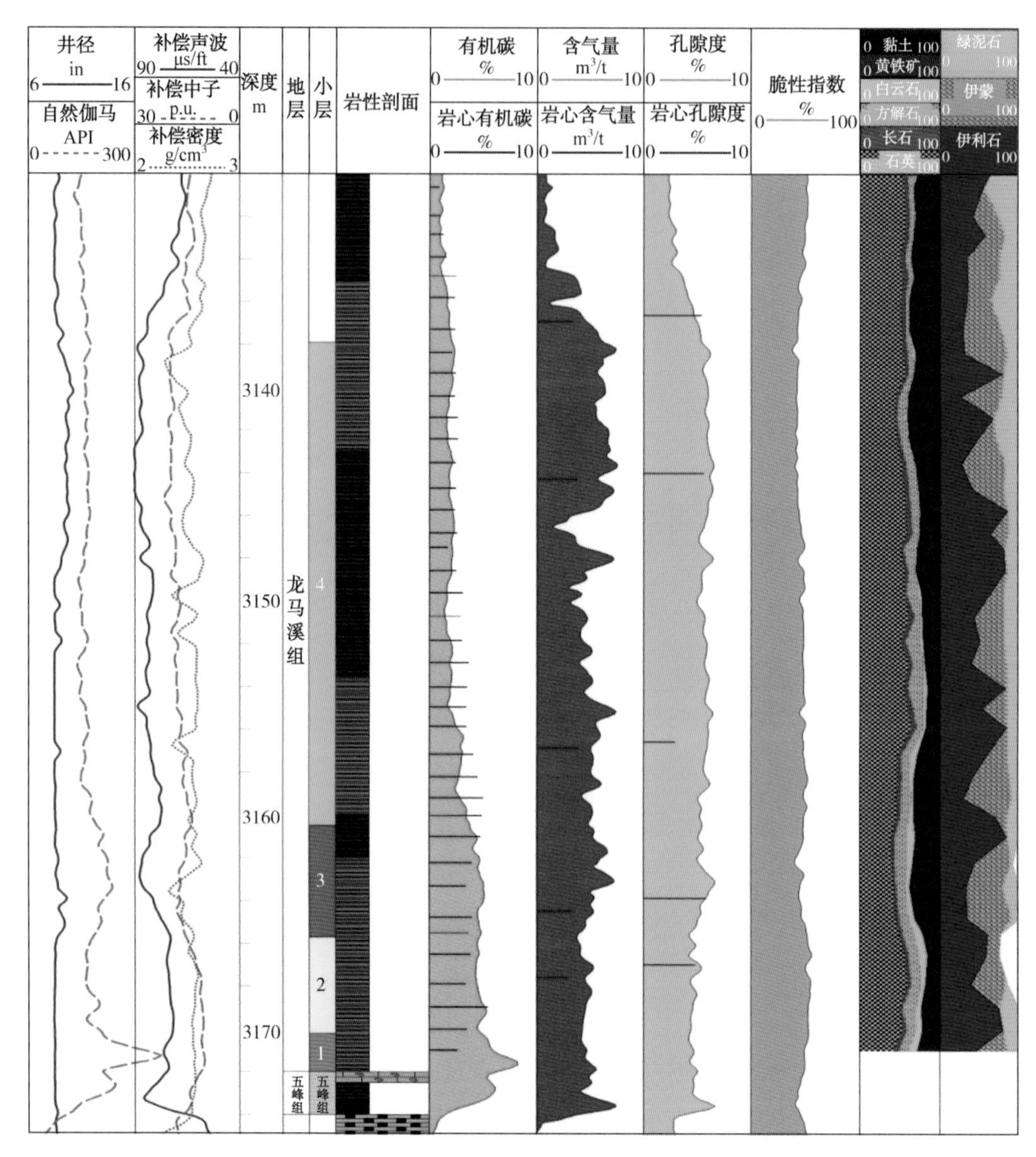

图 8-50 N209 井综合测井图

1. 液体选择

在长宁区块开展了不同压裂液体系的实验评价和现场试验，实验结果和微地震监测表明，采用低黏度的滑溜水体系，摩阻低，能满足大排量的要求，结合大排量注入，能够形

成复杂缝网，改造效果更好，如图 8-51 所示。室内大型物理模拟实验也表明，在应力差异相同的情况下，采用低黏度的压裂液体系更有利于沟通微裂缝，形成复杂裂缝网络，有助于提高改造效果，如图 8-52 所示。

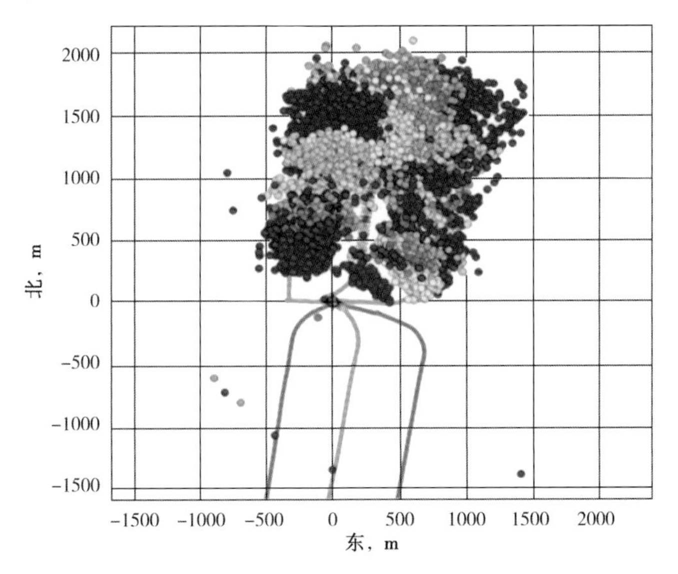

图 8-51 CNH6 平台微地震监测结果

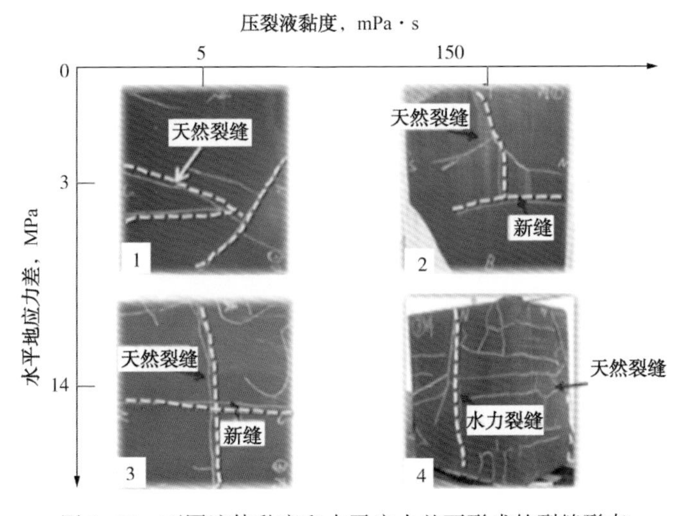

图 8-52 不同液体黏度和水平应力差下形成的裂缝形态

目前在长宁区块主要采用低黏滑溜水体系，降阻剂溶解时间快，具有一定的耐盐性，可采用返排液施工。从实验结果来看，降阻剂溶性较好，20s 起黏，40s 达到较好黏度，配伍性也较好，配制好液体中无不溶物与沉淀，满足现场施工的要求。现场降阻剂用量一般在 0.08%~0.10%。对于裂缝发育区域，初期采用滑溜水容易导致近井裂缝复杂，低砂浓度段塞砂堵。为了处理近井地带裂缝，在压裂前期少量使用线性胶或交联液，确保后期施工顺利。由于采用泵送桥塞工艺，加砂过程中如果井筒附近有沉砂，将导致下一段压裂前泵送桥塞困难，容易进一步导致施工复杂。为了确保后期泵送顺利，尽可能地清洁井筒，在每段施工完毕后使用少量的线性胶清洁井筒。滑溜水和线性胶性能见表 8-18 与表 8-19。长宁某平台压裂的储水池和液体回收池如图 8-53 所示。

表 8-18　长宁区块某井滑溜水性能

配液用水	pH 值	密度，g/cm^3	黏度，mPa·s	是否有沉淀或不溶物	备注
地表水	6~7	1.000	3.35	无	1#样
	6~7	1.000	3.47	无	2#样
	6~7	1.001	3.41	无	3#样
地表水+返排液	6~7	1.000	3.53	无	1#样
	6~7	1.001	3.49	无	2#样
	6~7	1.000	3.61	无	3#样

表 8-19　长宁区块某井线性胶性能

pH 值	密度，g/cm^3	$511s^{-1}$下的表观黏度，mPa·s	是否有沉淀或不溶物	备注
8~9	1.001	23	无	1#样
8~9	1.002	22	无	2#样
8~9	1.000	24	无	3#样

图 8-53　长宁某平台压裂储水池/液体回收池

同时，现场施工表明酸液具有较好的降低破裂压力的作用。为保证施工顺利进行，每段主压裂前注入 $10m^3$ 15%HCl 的酸液进行预处理，降低地层破裂压力。由于每口井第一段施工时，井筒相对较复杂，施工压力较高，加砂较为困难，施工难度较大，在第一段施工时注入酸液增加至 $20m^3$。

综上所述，长宁区块主体的压裂液体系为滑溜水。为处理近井裂缝和后期井筒清洁，使用少量的交联液或线性胶，并采用 15%HCl 的酸液用于降低地层破裂压力。

2. 支撑剂选择

根据长宁区块的闭合压力及页岩储层特征，铺置浓度为 $2.5kg/m^2$ 的支撑剂充填层导

流能力，如图 8-54 所示。为了支撑微裂缝和提高裂缝导流能力的需要，采用 70/140 目石英砂+40/70 目陶粒的组合支撑剂。现场支撑剂质量检测结果见表 8-20 与表 8-21。

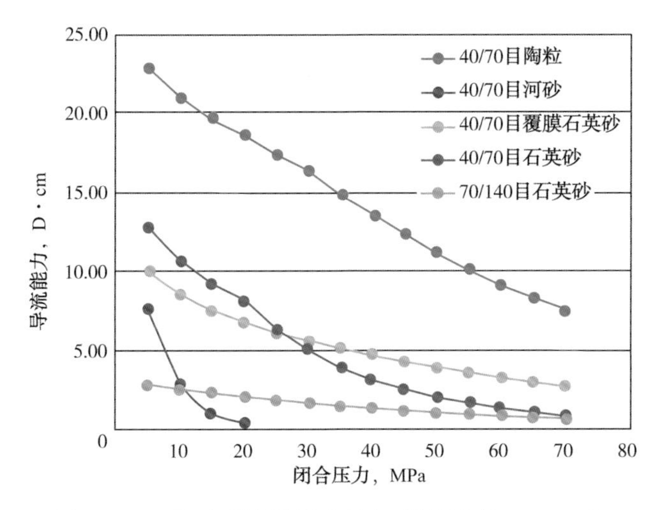

图 8-54　不同支撑剂的导流能力(铺置浓度 2.5kg/m²)

表 8-20　某井 40/70 目陶粒检测统计表

40/70 目陶粒不同粒径质量百分比,%							
30 目	40 目	45 目	50 目	60 目	70 目	100 目	底盘
0	0.75	5.23	13.33	68.7	7.56	1.79	0.1
视密度，g/cm³			平均视密度 g/cm³	体积密度，g/cm³			平均体积密度 g/cm³
1#	2#	3#		1#	2#	3#	
2.65	2.64	2.64	2.65	1.49	1.5	1.5	1.49

表 8-21　某井 70/140 目石英砂检测统计表

70/140 目石英砂不同粒径质量百分比,%							
50 目	70 目	80 目	100 目	120 目	140 目	200 目	底盘
0	0.67	11.21	43.3	32.97	7.55	1.35	0.7
视密度，g/cm³			平均视密度 g/cm³	体积密度，g/cm³			平均体积密度 g/cm³
1#	2#	3#		1#	2#	3#	
2.64	2.64	2.65	2.64	1.48	1.5	1.49	1.49

3. 暂堵材料选择

长宁区块页岩压裂的缝内(缝口)暂堵转向压裂工艺，可分别采用暂堵剂、暂堵球、暂堵剂+暂堵球 3 种加注方式。针对长宁区块出现的井下套管变形等情况，使用了复合粒径暂堵球多级转向压裂，如图 8-55 所示。利用改造段射孔孔眼吸液能力大的特点，通过投入暂堵球堵塞射孔孔眼实现分段压裂改造的目的，施工风险较低，能够防止因套管的进一步变形影响后续段作业，保证了井下套管变形段储层的有效改造，如图 8-56 所示。

图 8-55　不同粒径的暂堵球

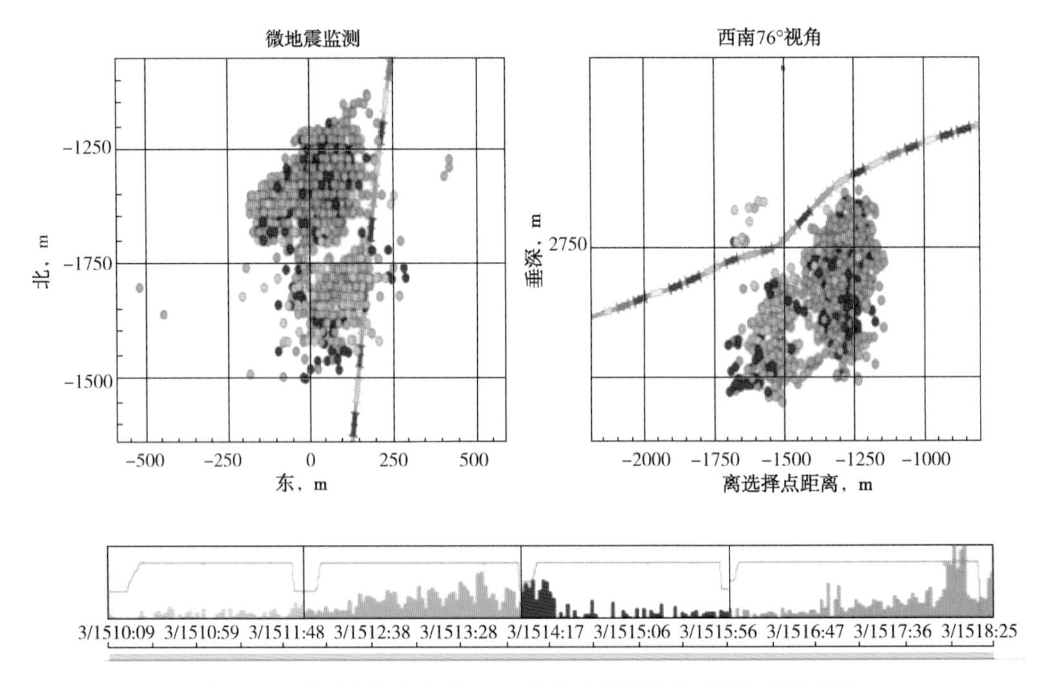

图 8-56　长宁区块某井第 8～10 段投入暂堵球前后微地震监测图

根据室内暂堵剂溶解实验及缝内转向大物模实验，推荐暂堵剂投加浓度控制在 5%～10%。在长宁区块某井的每段 $1000m^3$左右的总液量加注 600kg 左右的暂堵剂，投送暂堵剂后发生转向，在最初的空白区域产生大量新事件点，如图 8-57 所示，并且初始裂缝沿井筒方向，投入暂堵剂后发生转向，在横切裂缝方向产生大量新事件点通过暂堵转向，如图 8-58所示，有效提高了裂缝复杂程度。

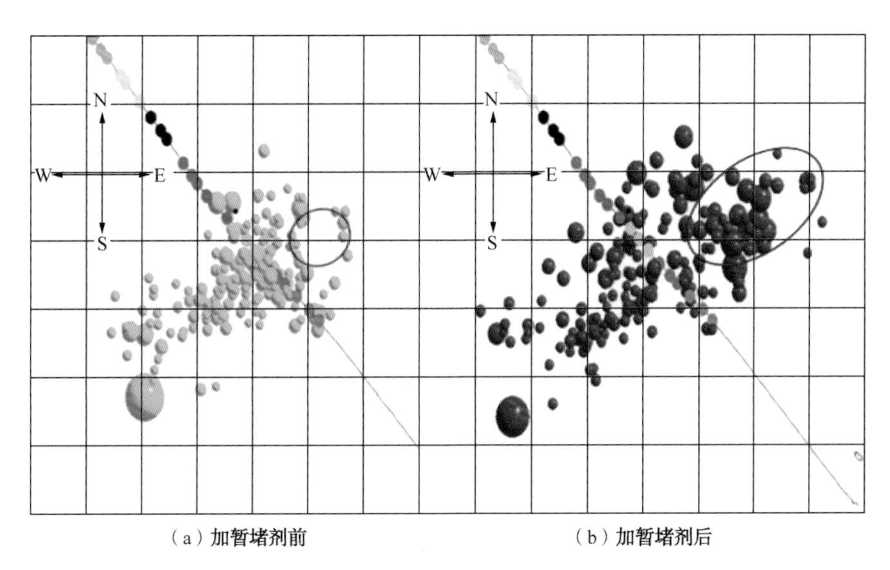

图 8-57 微地震监测暂堵剂投入后增加改造区域(网格：100×100)

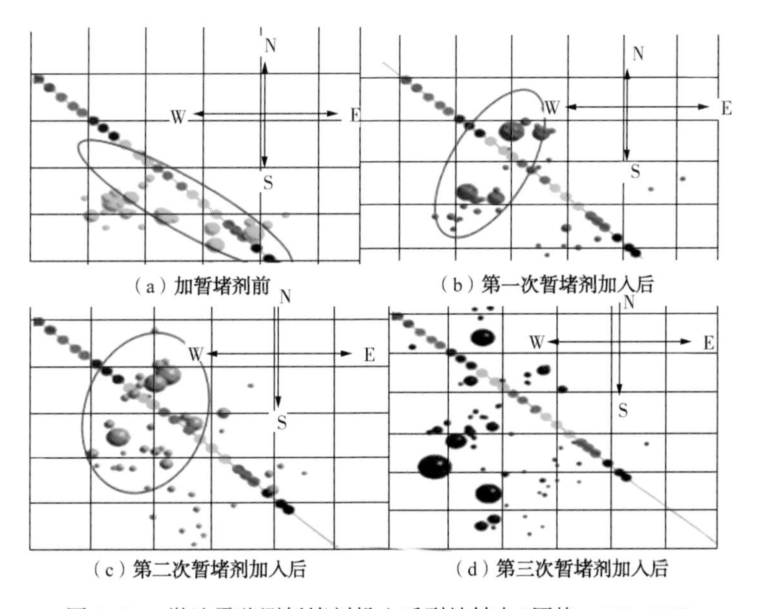

图 8-58 微地震监测暂堵剂投入后裂缝转向(网格：100×100)

4. 施工排量选择

施工排量在保证成功施工的前提下，尽可能地提高裂缝内的净压力和确保井筒完整性。根据区域延伸压力梯度、油层套管参数、液体摩阻及井口装置参数，按照 95MPa 压力控制，长宁区块预测施工排量能达到 12~15m^3/min，见表 8-22。

表 8-22　长宁区块压裂施工泵压预测(139.7mm 套管、垂深 3000m，测深 4800m)

施工排量 m^3/min	液柱压力 MPa	摩阻 MPa	不同裂缝延伸压力梯度下的泵压，MPa				
			0.028MPa/m	0.029MPa/m	0.030MPa/m	0.031MPa/m	0.032MPa/m
10	29.40	13.70	68.30	71.30	74.30	77.30	80.30
11	29.40	16.19	70.79	73.79	76.79	79.79	82.79
12	29.40	18.85	73.45	76.45	79.45	82.45	85.45
13	29.40	21.69	76.29	79.29	82.29	85.29	88.29
14	29.40	24.70	79.30	82.30	85.30	88.30	91.30
15	29.40	27.87	82.47	85.47	88.47	91.47	94.47

由于提高施工排量可提高裂缝内净压力，长宁区块水平应力差异在 13MPa 左右，如图 8-59 与图 8-60 所示。根据控制压力下能够达到的施工排量，结合模拟结果和施工井的裂缝内净压力，通常采用 12~15m^3/min 的施工排量。

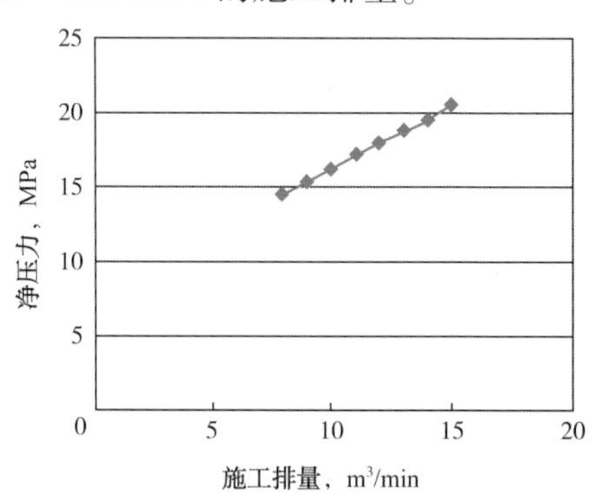

图 8-59　不同施工排量下的裂缝内净压力模拟结果

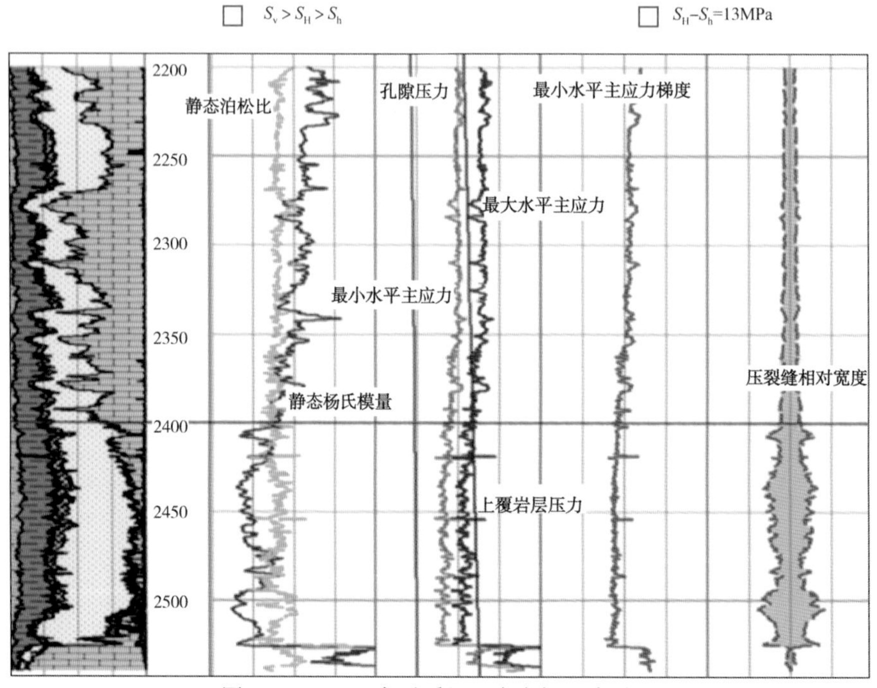

图 8-60　N201 龙马溪组地应力解释成果图

5. 施工规模选择

(1)单段液量。

施工规模的单段液量优化以确保井控范围内储层有效改造为目标。单段液量过大，可能造成严重的井间干扰。单段液量过小，不能实现对储层的有效动用。压裂规模的确定一般根据井间距、压裂模拟及压裂监测等综合确定。

采用 Meyer 软件进行了不同压裂规模的裂缝形态模拟，如图 8-61 所示。模拟结果表明采用3簇射孔，裂缝波及长度在180m左右，如图8-62所示。由于长宁区块气藏工程方案设计水平巷道距离为300m，根据前期干扰试井成果与压裂模拟结果，单段液量通常为 $1800m^3$左右。

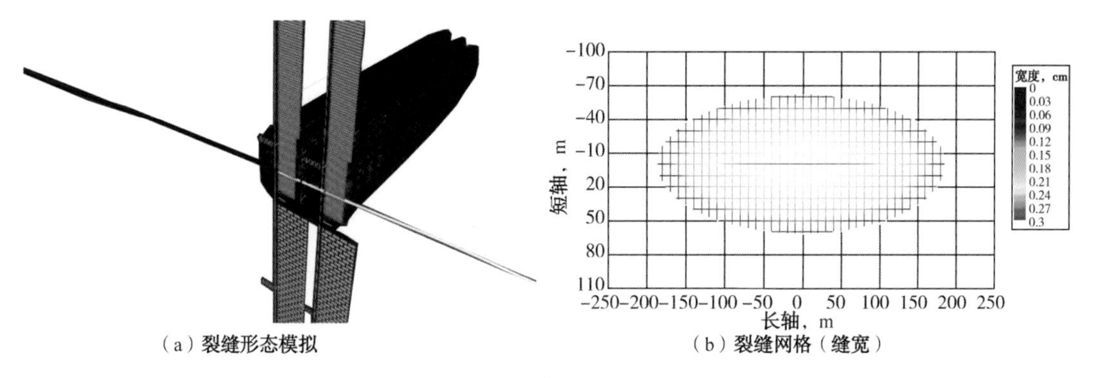

（a）裂缝形态模拟 （b）裂缝网格（缝宽）

图 8-61 $1800m^3$液量裂缝平面图

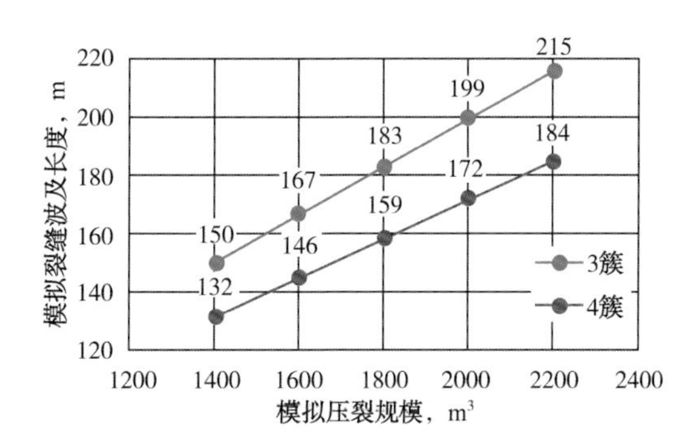

图 8-62 不同注入规模下模拟的裂缝波及长度

(2)单段加砂量。

施工规模的单段加砂量优化以确保改造范围内裂缝的有效支撑为目标。单段加砂量过大，可能造成投入产出比例失衡；单段加砂量过小，不能实现对裂缝的有效支撑。单段加砂量的确定一般根据支撑裂缝长度对压后产量的影响、成本等综合确定。利用 N201 井区岩心实测基质渗透率，通过 Meyer 压裂软件进行模拟研究分析不同基质渗透率下储层所需的最佳支撑裂缝长度，为支撑剂单段加砂量的确定提供依据。软件模拟不同条件下的累计产量，如图 8-63 至图 8-65 所示。从模拟结果可以看出，不同基质渗透率条件下累计产量与支撑缝半长的关系曲线显示当支撑缝半长大于120m后，累计产量增幅下降。故长宁区块最佳支撑裂缝半长为120m左右。根据入井液量最高砂浓度等的限制，结合前期施工情况和储层厚度，单段加砂量为80~120t。

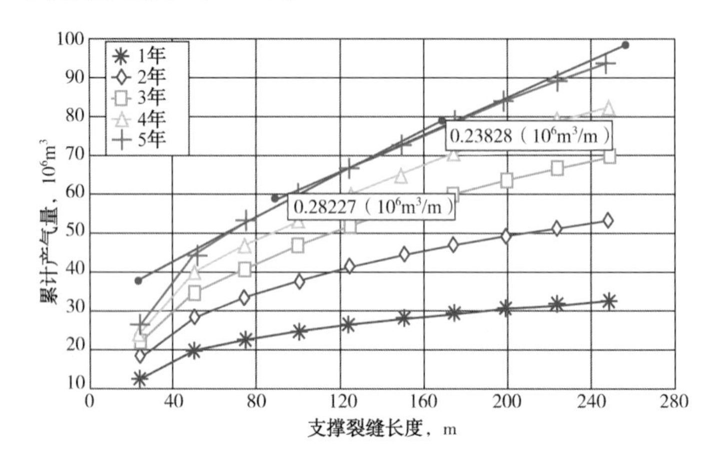

图8-63　基质2.36nD条件下，累计产量与支撑缝半长关系

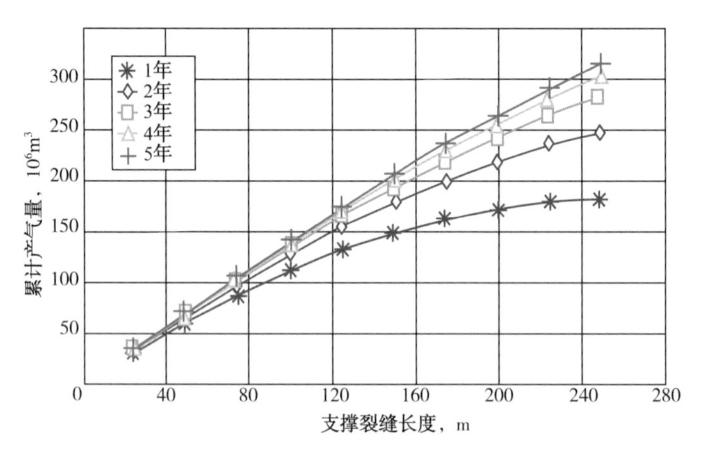

图8-64　基质251nD条件下，累计产量与支撑缝半长关系

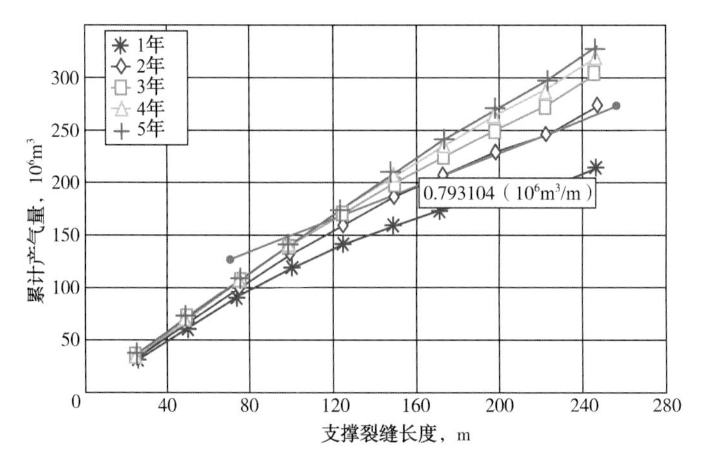

图8-65　基质1250nD条件下，累计产量与支撑缝半长关系

6. 泵注程序优化

页岩气压裂施工中支撑剂和液体用量均较大，加砂压裂施工泵序不合理，容易导致砂堵等施工复杂情况出现，如图 8-66 与图 8-67 所示。因此合理的施工泵注程序需要可以有效降低施工风险，又能确保缝内支撑剂连续，获得较好的改造效果。滑溜水压裂砂浓度的上限取决于支撑剂的大小，70/140 目的支撑剂通常为 300kg/m^3，40/70 目的支撑剂通常为 240kg/m^3。

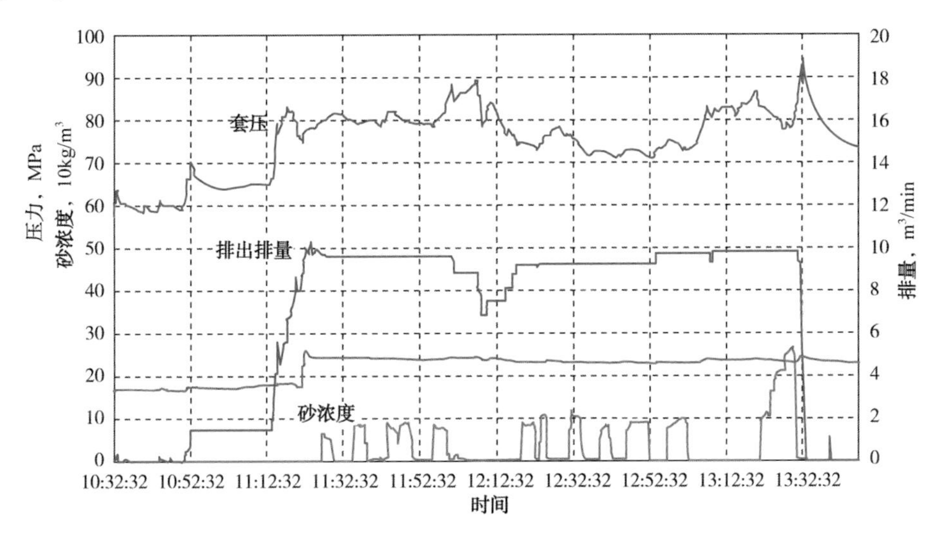

图 8-66　连续加砂压裂施工曲线

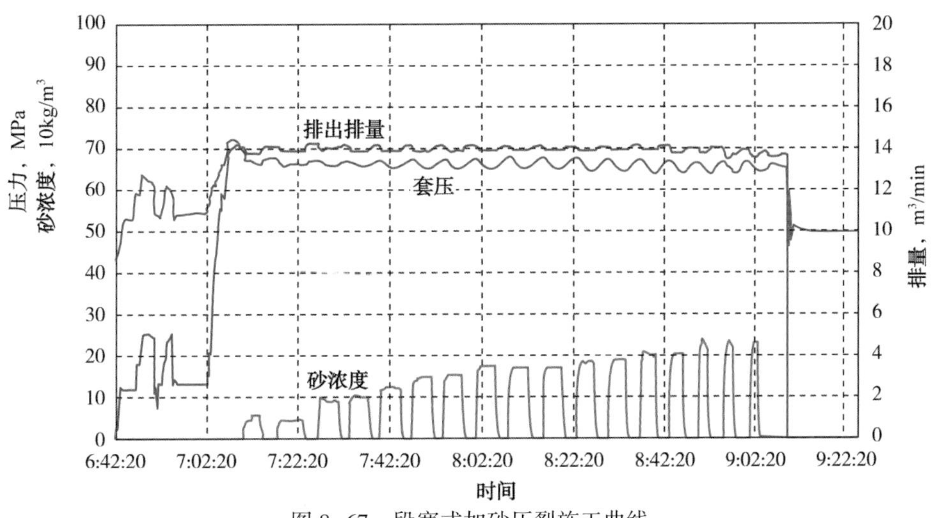

图 8-67　段塞式加砂压裂施工曲线

通过观察不同支撑剂泵注程序下支撑剂铺置形态，如图 8-68 至图 8-70 所示，全程均匀加砂中砂堤高度增长较为迅速，后期缝口处支撑剂铺置浓度较低；斜坡式加砂，支撑剂浓度逐渐变大，导致缝口处支撑剂铺置浓度增加，可形成有效的支撑裂缝；段塞式斜坡加砂，对砂堤冲刷作用更强，将支撑剂输送至裂缝深处，在裂缝深处形成支撑裂缝。

图 8-68　连续加砂裂缝支撑剂铺置

图 8-69　段塞式加砂裂缝支撑剂铺置

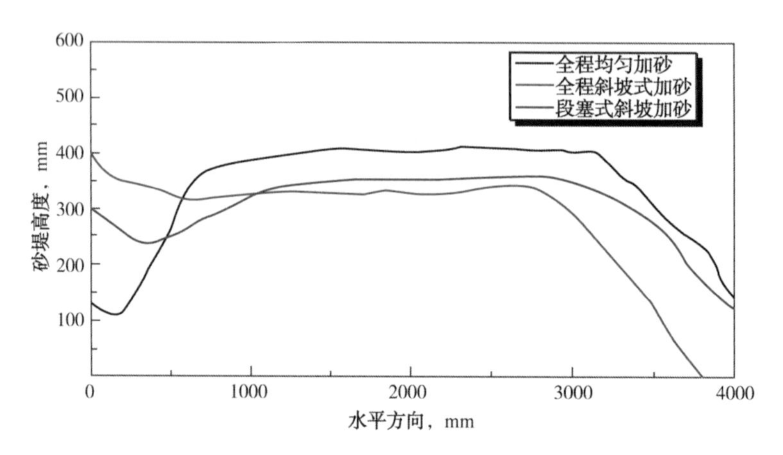

图 8-70　不同支撑剂泵注程序下支撑剂铺置形态

因此根据入井液量及最高砂浓度等的限制，结合前期施工情况，长宁区块的施工泵注程序，大多采用滑溜水段塞式加砂，典型加砂压裂施工泵注程序见表 8-23。

表 8-23 长宁区块典型泵注程序(部分)

序号	阶段	净液量 m^3	累计液量 m^3	排量 m^3/min	砂浓度 kg/m^3	阶段砂量 t	累砂量 t	备注
1	泵球	30	30	1~2	0	0	0	
2	高挤盐酸	15	45	1~2	0	0	0	
3	高挤弱冻胶	100	140	8~10	0	0	0	
4	高挤滑溜水	100	245	12~14	0	0	0.0	70/140 目石英砂
5	高挤携砂液	60	305	12~14	60	3.6	3.6	
6	高挤滑溜水	40	345	12~14	0	0	3.6	
7	高挤携砂液	70	415	12~14	80	5.6	9.2	
8	高挤滑溜水	40	455	12~14	0	0	9.2	
……								
21	高挤滑溜水	62	1550	12~14	0	0	105.4	40/70 目陶粒
22	高挤携砂液	60	1610	12~14	120	7.2	112.6	
23	高挤滑溜水	60	1670	12~14	0	0	112.6	
24	高挤携砂液	30	1700	12~14	140	4.2	116.8	
25	高挤线性胶	20	1720	12~14	160	3.2	120.0	
26	高挤线性胶	30	1750	12~14	0	0	120.0	
27	高挤滑溜水	50	1800	12~14	0	0	120.0	

7. 返排液离子含量变化规律

利用长宁区块 6 口井的压裂返排液，分析返排液 Cl^- 含量数据，总结出返排液离子变化具有以下三种特征：(1)返排达到一定的时间返排液离子含量达到稳定；(2)整个返排阶段返排液离子含量一直持续上升；(3)返排过程中返排液离子含量稳定后又达到第二次平衡稳定。如图 8-71 所示。

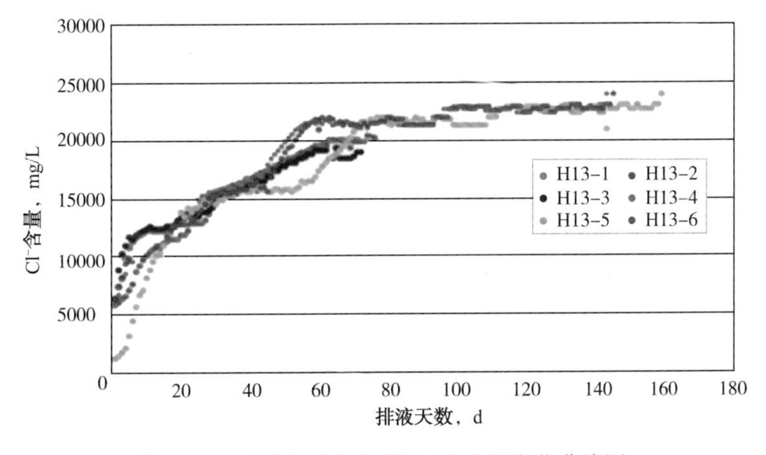

图 8-71 页岩气井返排期间 Cl^- 含量变化曲线图

返排期间盐浓度与返排时间的剖面形状反映的是裂缝的复杂程度，盐浓度一直上升代表比其他两个的网络裂缝有更多的分支。因此，压后返排液中盐浓度变化主要表现出“平稳型”和“升高—平稳型”两种主要特征。返排液初期流体主要以人工裂缝内的单相流为主，返排液中盐的浓度随着返排量的增加而增加。达到一定返排率后，出现上述2种特征：(1)若返排液中盐的浓度逐渐趋于平稳，即平稳型特征，表明储层改造后的人工裂缝与储层基质中的离子交换较少，人工裂缝趋向于以单一裂缝特征为主；(2)若返排液中盐的浓度仍存在增加趋势，即“升高—平稳型”，则表明改造后人工裂缝与储层基质产生大量离子交换，并且交换的体积较大，盐的浓度随返排液量增大而增加的时间越长，表明人工裂缝的复杂化程度越高。因此累计产水与盐浓度变化可有效反映裂缝的复杂程度及裂缝的宽度变化情况，进而反映出裂缝的不同网络特征。

8. 应用效果

以N201井区为例，不同阶段压裂后的测试产量如图8-72所示。建产期第一批井井均压后测试产量16.96×10^4m^3/d，相对于评价期的井均测试产量10.84×10^4m^3/d，井均测试产量提高了56%。随着对储层认识的深入，加砂压裂工艺技术的完善和进步，在第二批建产井的井均压后测试产量22.89×10^4m^3/d是评价期的1.11倍。长宁区块共投入试采井57口，最高单井测试日产量43.3×10^4m^3/d。目前开井数42口，日产气333.64×10^4m^3，如图8-73所示。截至2017年5月，单井累计产量超过5000×10^4m^3的井有16口。

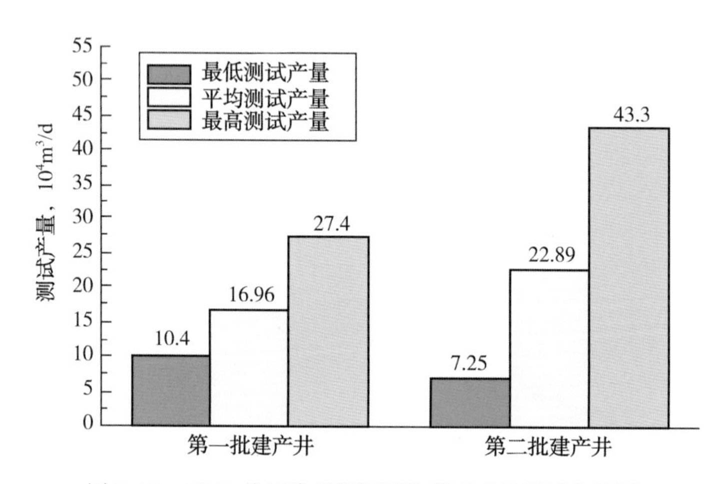

图8-72　N201井区建产期不同阶段完成井测试产量图

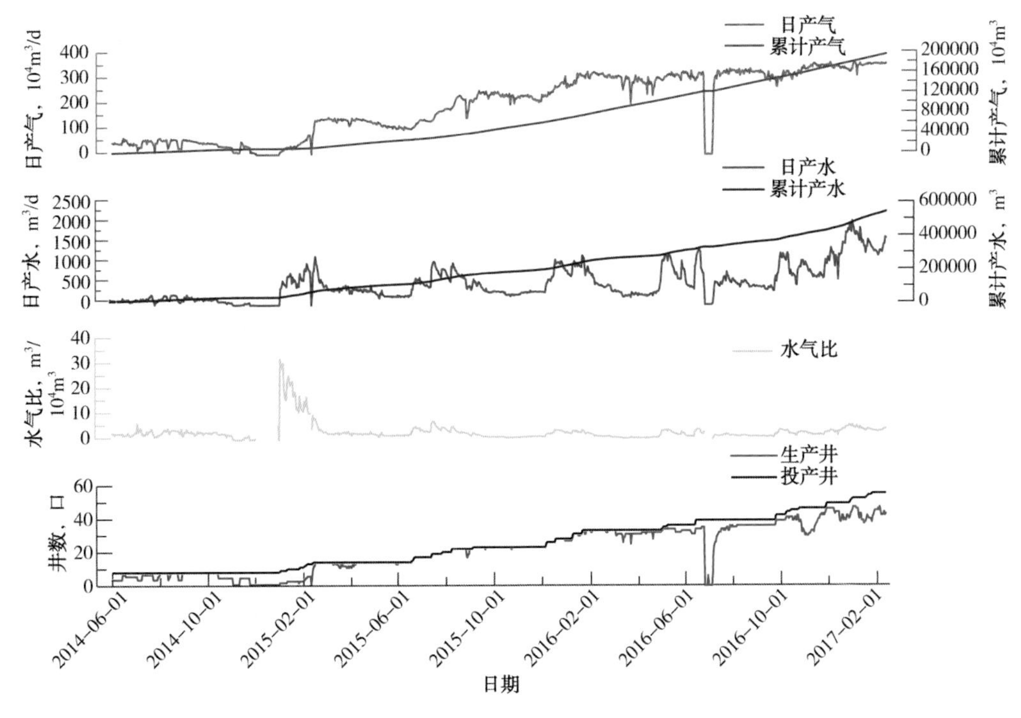

图 8-73 长宁区块 N201 井区采气曲线

参考文献

郭建春，李杨，王世彬．2018．滑溜水在页岩储集层的吸附伤害及控制措施[J]．石油勘探与开发，45(2)：320-325．

郭建春，李根，周鑫浩．2016．页岩气藏缝网压裂裂缝间距优化研究[J]．岩土力学，37(11)：3123-3129．

郭建春，苟波．2015．非对称3D压裂和裂缝无序性压裂设计理念与实践——以四川盆地川西致密砂岩气藏为例[J]．天然气工业，35(1)：74-80．

郭建春，尹建，赵志红．2014．裂缝干扰下页岩储层压裂形成复杂裂缝可行性[J]．岩石力学与工程学报，33(08)：1589-1596．

李颖川．2009．采油工程[M]．北京：石油工业出版社．

李庆辉，陈勉，金衍，等．2013．新型压裂技术在页岩气开发中的应用[J]．特种油气藏，19(6)：1-7．

赵金洲，任岚，沈骋，等．2018．页岩气储层缝网压裂理论与技术研究新进展[J]．天然气工业，38(3)：1-14．

赵金洲，尹庆，李勇明．2017．中国页岩气藏压裂的关键科学问题[J]．中国科学(物理学力学天文学)，47(11)：15-28．

周长林，彭欢，桑宇，等．2016．页岩气 CO_2 泡沫压裂技术[J]．天然气工业，36(10)：70-76．

吴奇，朱天寿．2013．水平井水力喷砂分段压裂技术[M]．北京：石油工业出版社．

管保山，刘玉婷，梁利，等．2019．页岩油储层改造和高效开发技术[J]．石油钻采工艺，41(2)：212-223．

韩烈祥，朱丽华，孙海芳，等．2014．LPG 无水压裂技术[J]．天然气工业，34(06)：48-54．

侯向前．2014．低碳烃无水压裂液体系及流变特性研究[D]．上海：华东理工大学．

彭欢．2014．一种新型低伤害压裂液的研制及性能评价[D]．成都：西南石油大学．

万仁溥，罗俊英．1998．采油技术手册：修订本．压裂酸化工艺技术．第九分册[M]．北京：石油工业出版社．

俞绍诚．2010．水力压裂技术手册[M]．北京：石油工业出版社．

杜凯，黄凤兴，伊卓，等．2014．页岩气滑溜水压裂用降阻剂研究与应用进展[J]．中国科学(化学)，44(11)：1696-1704．

张亚东，苏雪霞，孙举，等．2016．国内压裂用减阻剂的研究及应用进展[J]．精细石油化工进展，17(4)：8-11．

任岚，邸云婷，赵金洲，等．2019．页岩气藏压裂液返排理论与技术研究进展[J]．大庆石油地质与开发，38(02)：144-152．

李小刚，廖梓佳，杨兆中，等．2018．压裂用支撑剂应用现状和研究进展[J]．硅酸盐通报，37(6)：1920-1923．

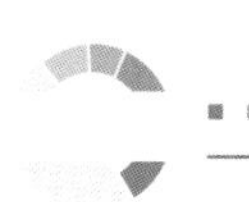

林厉军，刘付臣，黄降水，等 . 2018. 北美压裂用低密度支撑剂技术的进展[J]. 化工管理，(31)：103-106.

李玥 . 2016. 小粒径支撑剂在涪陵页岩压裂中的应用及分析[J]. 江汉石油职工大学学报，29(6)：14-17.

毛金成，卢伟，张照阳，等 . 2018. 暂堵重复压裂转向技术研究进展[J]. 应用化工，47(10)：2202-2206，2211

尹俊禄，刘欢，池晓明，等 . 2017. 可降解纤维暂堵转向压裂技术的室内研究及现场试验[J]. 天然气勘探与开发，40(03)：113-119.

庄茁，柳占立，王涛，等 . 2016. 页岩水力压裂的关键力学问题[J]. 科学通报，61(1)：72-81.

李靓 . 2014. 压裂缝内支撑剂沉降和运移规律实验研究[D]. 成都：西南石油大学 .

仝少凯，高德利 . 2019. 水力压裂基础研究进展及发展建议[J]. 石油钻采工艺，41(1)：101-115.

梁天成，刘云志，付海峰，等 . 2018. 多级循环泵注水力压裂模拟实验研究[J]. 岩土力学，39(S1)：364-370.

张阳 . 2015. 致密储层人工裂缝导流能力及影响因素实验研究[D]. 西安：西安石油大学 .

卢渊，李沁，张浩，等 . 2017. 油气储层保护与改造技术[M]. 北京：科学出版社，

马勇，钟宁宁，程礼军，等 . 2015. 渝东南两套富有机质页岩的孔隙结构特征——来自FIB-SEM的新启示[J]. 石油实验地质，37(1)：109-116.

张金川，金之钧，袁明生 . 2004. 页岩气成藏机理和分布[J]. 天然气工业，24(7)：15-18.

蒲泊伶，董大忠，吴松涛，等 . 2014. 川南地区下古生界海相页岩微观储集空间类型[J]. 中国石油大学学报(自然科学版)，(4)：19-25.

郑珊珊，刘洛夫，汪洋，等 . 2019. 川南地区五峰组—龙马溪组页岩微观孔隙结构特征及主控因素[J]. 岩性油气藏，31(3)：55-65.

任晓霞 . 2016. 致密储层微观孔隙结构对渗流规律的影响研究[D]. 北京：中国石油大学 .

姜鹏，贾慧敏，马世忠 . 2018. 致密砂岩储层孔隙结构多重分形特征定量表征[J]. 石油化工高等学校学报：31(4)：69-73.

罗顺社，魏新善，魏炜，等 . 2013. 致密砂岩储层微观结构表征及发展趋势[J]. 石油天然气学报，35(9)：5-10.

姚尚林，窦宏恩，陈俊峰，等 . 2017. 关于储层敏感性流动实验评价方法标准的探讨[J]. 石油工业技术监督，33(12)：26-29.

鲍春波 . 2008. 生物软组织建模仿真方法研究[D]. 大连：大连理工大学 .

蔡美峰，何满潮，刘东燕，等 . 2013. 岩石力学与工程[M]. 北京：科学出版社 .

陈治喜，陈勉，金衍，等 . 1997. 水压致裂法测定岩石的断裂韧性[J]. 岩石力学与工程学报，(1)：59-64.

丁原辰 . 2000. 声发射法古应力测量问题讨论[J]. 地质力学学报，6(2)：45-52.

侯守信，田国荣 . 2000. 粘滞剩磁(VRM)岩芯定向的应用[J]. 岩石力学与工程学报，19(z1)：1128-1131.

侯冰，陈勉，王凯，李丹丹 . 2014. 页岩储层可压性评价关键指标体系[J]. 石油化工高等学校学报，(6)：42-49.
何涛 . 2016. 大港油田孔二段致密砂岩储层可压性评价研究[D]. 成都：西南石油大学 .
渠爱巧 . 2008. 鞍千矿矿岩特性与可钻性研究[D]. 沈阳：东北大学 .
李毓 . 2004. 现今地应力场特征与评价——以川西坳陷中部侏罗系为例[D]. 成都：成都理工大学 .
李志明，张金珠，等 . 1997. 地应力与油气勘探开发[M]. 北京：石油工业出版社 .
李庆辉，陈勉，金衍，等 . 2012. 页岩脆性的室内评价方法及改进[J]. 岩石力学与工程学报，31(8)：1680-1685.
马建海，孙建孟 . 2002. 用测井资料计算地层应力[J]. 测井技术，26(4)：347-352.
钱恪然 . 2016. 各向异性页岩岩石物理建模及储层脆性评价[D]. 北京：中国石油大学(北京).
师欢欢 . 2009. 泥页岩井壁稳定性测井评价方法探讨[D]. 中国石油大学 .
唐颖 . 2011. 渝页 1 井储层特征及其可压裂性评价[D]. 北京：中国地质大学 .
田国荣 . 2003. 差应变分析与古地磁结合确定地应力方向[D]. 北京：中国地质大学 .
王斌 . 2010. 缅甸 X 区块高陡构造漏失规律及预测方法研究[D]. 北京：中国地质大学 .
王成虎 . 2014. 地应力主要测试和估算方法回顾与展望[J]. 地质论评，60(5)：971-996.
王志刚 . 2009. 基于优化方法的地应力与套管承载规律研究[D]. 东营：中国石油大学 .
徐赣川，钟光海，谢冰，等，2014. 基于岩石物理实验的页岩脆性测井评价方法[J]. 天然气工业，34(12)：38-45.
杨庆生，刘健，杨辉 . 2010. 基于均匀化方法的天然复合材料等效弹性性能分析[J]. 北京工业大学学报，36(6)：759-763，808.
赵全胜 . 2008. 交叉偶极子声波成像测井技术及应用[J]. 国外电子测量技术，27(4)：48-52.
张熙 . 2011. 川西地区新场构造岩石物理特征及应用研究[D]. 成都：成都理工大学 .
周鹏高，李爱军，杨虎，等 . 2009. 克拉美丽气田地应力场研究[J]. 天然气技术，(3)：31-33+78.
张明明 . 2017. T 应力对岩石断裂韧性及裂纹起裂的影响[D]. 成都：西南石油大学 .
赵金洲，许文俊，李勇明，等 . 2015. 页岩气储层可压性评价新方法[J]. 天然气地球科学，26(6)：1165-1172.
李皋，孟英峰，唐洪明，等 . 2007. 砂岩气藏水基欠平衡钻井逆流自吸效应实验研究[J]. 天然气工业，27(1)：75-77.
仓辉，张海霞，郝巍，等 . 2010. 巴喀下侏罗统致密砂岩储层评价[J]. 吐哈油气，15(2)：232-236.
叶素娟，吕正祥 . 2010. 川西新场气田下沙溪庙组致密储层特征及储集性影响因素[J]. 矿物岩石，30(3)：96-104.
刘春，张荣虎，张惠良，等 . 2017. 致密砂岩储层微孔隙成因类型及地质意义—以库车前陆冲断带超深层储层为例[J]. 石油学报，38(2)：150-159.

吕佳蕾，吴因业 . 2019. 鄂尔多斯盆地中部地区致密砂岩储层敏感性及损害机理[J]. 大庆石油地质与开发，38(3)：167-174.
罗向东，罗平亚 . 1992. 屏蔽式暂堵技术在储层保护中的应用研究[J]. 钻井液与完井液，9(2)：19-27.
蒲晓林，罗向东 . 1995. 用屏蔽桥堵技术提高长庆油田洛河组漏层的承压能力[J]. 西南石油学院学报，17(2)：78-84.
邹国庆，熊勇富，袁孝春，等 . 2014. 低孔裂缝性致密储层暂堵转向酸压技术及应用[J]. 钻采工艺，(5)：66-68.
张雄，耿宇迪，焦克波，等 . 2016. 塔河油田碳酸盐岩油藏水平井暂堵分段酸压技术[J]. 石油钻探技术，44(4)：82-87.
陈勉，庞飞，金衍 . 2000. 大尺寸真三轴水力压裂模拟与分析[J]. 岩石力学与工程学报，19(z1)：868-872.
侯振坤，杨春和，王磊，等 . 2016. 大尺寸真三轴页岩水平井水力压裂物理模拟试验与裂缝延伸规律分析[J]. 岩土力学，37(2)：407-414.
衡帅，杨春和，曾义金，等 . 2014. 页岩水力压裂裂缝形态的试验研究[J]. 岩土工程学报，36(7)：1243-1251.
赵益忠，程远方，曲连忠，等，2007. 水力压裂动态造缝的有限元模拟[J]. 石油学报，28(6)：103-106.
何春明，才博，卢拥军，等 . 2015. 瓜胶压裂液携砂微观机理研究[J]. 油田化学，32(1)：34-38.
牟绍艳 . 2017. 压裂用支撑剂相关改性技术研究[D]. 北京：北京科技大学 .
李华阳，周灿灿，李长喜，等 . 2014. 致密砂岩脆性指数测井评价方法——以鄂尔多斯盆地陇东地区长 7 段致密砂岩储集层为例[[J]. 新疆石油地质，35(5)：593-597.
蒋常菊 . 岩石矿物中硅酸盐分析方法的研究与设计[[J]. 现代矿业，2016(3)：98-99+108.
赵庆飞，彭玉玲 . 2012. 论岩石矿物中硅酸盐的系统分析方法研究[J]. 科技与企业，(13)：363-364.
刘小虹，颜肖慈，罗明道，等 . 2001. 原子力显微镜及其应用[J]，自然杂志，(1)：36-40.
刘岁林，田云飞，陈红，等 . 2006. 原子力显微镜原理与应用技术[J]，现代仪器与医疗，12(6)：8-12.
张德添，何昆，张飒，等 . 2002 原子力显微镜发展近况及其应用[J]，现代仪器，8(3)：6-9.
胡圆圆，胡再元 . 2012. 扫描电镜在碎屑岩储层黏土矿物研究中的应用[J]，四川地质学报，(1)：29-32.
肖立志 . 1998. 核磁共振成像测井与岩石核磁共振及其应用[M]. 北京：科学出版社 .
陈勉 . 2004. 我国深层岩石力学研究及在石油工程中的应用[J]. 岩石力学与工程学报，(14)：144-151.
印兴耀，马妮，马正乾，等 . 2018. 地应力预测技术的研究现状与进展[J]. 石油物探，57(4)：488-504.

庄茁，柳占立，王永亮．2015．页岩油气高效开发中的基础理论与关键力学问题[J]．力学季刊，36(1)：11-25．
曹彦超，曲占庆，许华儒，等．2016．水基压裂液对储层液相伤害的实验研究[J]．断块油气田，23(5)：676-680．
刘玉婷，崔丽，程芳，等．2019．压裂液伤害的计算机断层扫描技术[J]．无损检测，41(1)：18-22．
刘建坤，吴峙颖，吴春方，等．2019．压裂液悬砂及支撑剂沉降机理实验研究[J]．钻井液与完井液，36(3)：378-383．
张学军．2009．压裂支撑剂粒径测量分析的新方法[J]．计算机工程与应用，45(35)：246-248．
裴润有，解彩丽，胡科先，等．2015．压裂支撑剂圆度球度测定方法研究[J]．电子测量技术，38(1)：21-24+46．
何红梅，王文凤，汤红琼，等．2009．基于地层水浸泡条件下的支撑剂评价实验[J]．钻采工艺，32(6)：101-102，109．
宋时权．2012．循环应力加载条件下支撑剂破碎率实验研究[J]．重庆科技学院学报(自然科学版)，14(1)：85-86．
秦升益，胡宝苓，钟毓娟，等．2015．模拟地层条件下的支撑剂耐酸性能评价实验研究[J]．石油工业技术监督，31(1)：49-52．
潘文启，胡科先，姚亮．2013．宛式振荡仪在压裂支撑剂浊度测试中的应用[J]．石油工业技术监督，(8)：32-33．
周法元，蒲万芬，刘春志，等．2010．转向重复压裂暂堵剂 ZFJ 的研制[J]．钻采工艺，33(5)：111-113．
周福建，伊向艺，杨贤友，等．2014．提高采收率纤维暂堵人工裂缝动滤失实验研究[J]．钻采工艺，37(4)：83-86．
段晓飞．2017．致密砂岩暂堵转向压裂实验研究[D]．东营：中国石油大学(华东)．
温庆志，王淑婷，高金剑，等．2016．复杂缝网导流能力实验研究[J]．油气地质与采收率，23(5)：116-121．
王磊，杨春和，郭印同，等．2013．利用黏滞剩磁进行水平地应力定向的试验研究[J]．石油钻探技术，41(4)：23-26．
张锁兵，赵梦云，苏晓琳，等．2014．地层流体对压裂用疏水支撑剂润湿性的影响[J]．科学技术与工程，14(11)：184-189．
付海峰，崔明月，邹憬，等．2013．基于声波监测技术的长庆砂岩裂缝扩展实验[J]．东北石油大学学报，(2)：96-101．
姚飞，陈勉，吴晓东，等．2008．天然裂缝性地层水力裂缝延伸物理模拟研究[J]．石油钻采工艺，(3)：83-86．
管保山，薛小佳，何治武，等．2006．低分子量合成聚合物压裂液研究[J]．油田化学，23(1)：36-38．
林蔚然，黄凤兴，伊卓．2013．合成水基压裂液增稠剂的研究现状及展望[J]．石油化工，

42(4)：451-456.

俞绍诚 . 1987. 陶粒支撑剂和兰州压裂砂长期裂缝导流能力的评价[J]. 石油钻采工艺，(5)：93-100.

张毅，马兴芹，靳保军 . 2004. 压裂支撑剂长期导流能力试验[J]. 石油钻采工艺，(1)：59-61+84.

张毅，周志齐 . 2000. 压裂用陶粒支撑剂短期导流能力试验研究[J]. 西安石油学院学报(自然科学版)，(5)：39-41+71-3.

蒋建方，张智勇，胥云，等 . 2008. 液测和气测支撑裂缝导流能力室内实验研究[J]. 石油钻采工艺，(1)：67-70.

孙海成，胥云，蒋建方，等 . 2009. 支撑剂嵌入对水力压裂裂缝导流能力的影响[J]. 油气井测试，18(3)：8-10，75.

王雷，张士诚，温庆志 . 2012. 不同类型支撑剂组合导流能力实验研究[J]. 钻采工艺，35(2)：81-83，12，13.

黄荣樽 . 1984. 地层破裂压力预测模式的探讨[J]. 华东石油学院学报，(4)：335-347.

秦绪英，陈有明，陆黄生 . 2003. 井中应力场的计算及其应用研究[J]. 石油物探，(2)：271-275.

张广智，陈娇娇，陈怀震，等 . 2015. 基于页岩岩石物理等效模型的地应力预测方法研究[J]. 地球物理学报，58(6)：2112-2122.

袁俊亮，邓金根，张定宇，等 . 2013. 页岩气储层可压裂性评价技术[J]. 石油学报，34(3)：523-527.

柳贡慧，庞飞，陈治喜 . 2000. 水力压裂模拟实验中的相似准则[J]. 石油大学学报(自然科学版)，(5)：45-48+6-5.

姚飞，王晓泉 . 2000. 水力裂缝起裂延伸和闭合的机理分析[J]. 钻采工艺，(2)：23-26.

陈畅 . 2017. 转向重复压裂暂堵剂性能评价[D]. 长江大学 .

贾长贵，李双明，王海涛，等 . 2012. 页岩储层网络压裂技术研究与试验[J]. 中国工程科学，14(6)：106-112.

赵金洲，陈曦宇，刘长宇，等 . 2015. 水平井分段多簇压裂缝间干扰影响分析[J]. 天然气地球科学，26(3)：533-538.

唐颖，邢云，李乐忠，等 . 2012. 页岩储层可压裂性影响因素及评价方法[J]. 地学前缘，19(5)：356-363.

葛洪魁，林英松，马善洲，等 . 2001. 修正 Holbrook 地层破裂压力预测模型[J]. 石油钻探技术，(3)：20-22.

Montgomery C T，Smith M B，2010. Hydraulic Fracturing：History of an Enduring Technology[J]. Journal of Petroleum Technology，62(12)：26-40.

Frank F. Chang，Berger P D，Lee C H. 2015. In-Situ Formation of Proppant and Highly Permeable Blocks for Hydraulic Fracturing[C]//SPE Hydraulic Fracturing Technology Conference. Society of Petroleum Engineers.

Loucker G，Reed R M，Ruppel S C，et al. 2009. Morphology，Genesis，and Distribution of

Nanometer-scale Pores in Siliceousmudstones of the Mississippian Barnett shale[J]. Journal of Sedi-mentary Research, 79(12): 848-861.

Jarvie D M, Hill R J, Ruble T E, et al. 2007. Unconventional Shale-gas Systems: the Mississippian Barnett shale of North-central Texas as One Model for Thermogenic Shale-gas Assess-ment [J]. AAPG Bulletin, 91(4): 475-499.

Modica C J, Lapierre S G. 2012. Estimation of Kerogen Porosity in Source Rocks as a Function of Thermal Transformation: Example From the Mowry Shale in the Powder River Basin of Wyoming. AAPG Bulletin, 96(1): 87-108.

Aly A M, Ramsey L, Shehata A M. 2010. Overview of Tight Gas Field Development in the Middle East and North Africa Region[C]. SPE 126181.

Smith P S, Brown S V, Heinz T J, et al. 1996. Drilling Fluid Design to Prevent Formation Damage in High Permeability Quartz Arenite Sandstones[C]. //Denver: the annul SPE Technology Conference.

Ashkan Zolfaghari, Noel M, Dehghanpour H, et al. 2014. Understanding the Origin of Flowback Salts: A Laboratory and Field Study[C]//SPE/CSUR Unconventional Resources Conference-Canada. Society of Petroleum Engineers.

Ashkan Zolfaghari, Holyk J, Tang Y, et al. 2015. Flowback Chemical Analysis: An Interplay of Shale-Water Interactions[C]//SPE Asia Pacific Unconventional Resources Conference and Exhibition. Society of Petroleum Engineers.

Ashkan Zolfaghari, Dehghanpour H, Ghanbari E, et al. 2016. Fracture Characterization Using Flowback Salt-Concentration Transient[J]. Spe Journal, 21(1): 233-244.

Vazquez O, Mehta R, Mackay E, et al. 2014. Post-frac Flowback Water Chemistry Matching in a Shale Development[C]. open source systems.

Seales M B, Dilmore R, Ertekin T, et al. 2016. Numerical Analysis of the Source of Excessive Na+and Cl^- Species in Flowback Water From Hydraulically Fractured Shale Formations[J]. SPE Journal, 21(5): 1, 477-1, 490.

Weaver J D, Schultheiss N C, Liang F. 2013. Fracturing Fluid Conductivity Damage and Recovery Efficiency[C]//SPE European Formation Damage Conference&Exhibition. Society of Petroleum Engineers.

Abhinav Mittal, Rai C S, Sondergeld C H. 2018. Proppant-conductivity Testing Under Simulated Reservoir Conditions: Impact of Crushing, Embedment, and Diagenesis on Long-term Production in Shales[J]. SPE Journal, 23(4): 1304-1315.

Shuai Man, Wong R C K. 2017. Compression and Crushing Behavior of Ceramic Proppants and Sand Under High Stresses[J]. Journal of Petroleum Science and Engineering, 158: 268-283.

Mark G. Mac, Sun J, Khadilkar C. 2014. Quantifying Proppant Transport in Thin Fluids: Theory and Experiments[C]//SPE Hydraulic Fracturing Technology Conference. Society of Petroleum Engineers.

Mark Mac, Coker C. 2013. Development and Field Testing of Advanced Ceramic Proppants[C]//

SPE Annual Technical Conference and Exhibition. Society of Petroleum Engineers.

Shijie Xue, Zhang Z, Wu G, et al. 2015. Application of a Novel Temporary Blocking Agent in Refracturing[C]//SPE Asia Pacific Unconventional Resources Conference and Exhibition. Society of Petroleum Engineers.

Mojtaba P. Shahri, Huang J, Smith C S, et al. 2016. Recent Advancements in Temporary Diversion Technology for Improved Stimulation Performance[C]//Abu Dhabi International Petroleum Exhibition&Conference. Society of Petroleum Engineers.

Nguyen P D, Vo L K, Parton C, et al. 2014. Evaluation of Low-quality Sand for Proppant-free Channel Fracturing Method[C]//International Petroleum Technology Conference. International Petroleum Technology Conference.

Robert Duencke, Moore N, O'Connell L, et al. 2016. The Science of Proppant Conductivity Testing-lessons Learned and Best Practices[C]//SPE Hydraulic Fracturing Technology Conference. Society of Petroleum Engineers.

Maziar Arshadi, Piri M, Sayed M. 2018. Proppant-packed Fractures in Shale Gas Reservoirs: An in-situ Investigation of Deformation, Wettability, and Multiphase Flow Effects[J]. Journal of Natural Gas Science and Engineering, 59: 387-405.

Baidurja Ray, Lewis C, Martysevich V, et al. 2017. An Investigation Into Proppant Dynamics in Hydraulic Fracturing [C]//SPE hydraulic fracturing technology conference and exhibition. Society of Petroleum Engineers.

Clark P E, Guler, N. 1983. Prop Transport in Vertical Fractures: Settling Velocity Correlation [C]. SPE 11636.

Roodhart L. P. 1985. Proppant Settling in Non-newtonian Fracturing Fluids[C]. SPE 13905.

Yajun Liu. 2006. Settling and Hydrodynamic Retardation of Proppant in Hydraulic Fractures[D]. The university of Texas at Austin.

Raimbay A, Babadagli T, Kuru E, et al. 2015. Quantitative and Visual Analysis of Proppant Transport in Rough Fractures and Aperture Stability[C]//SPE Hydraulic Fracturing Technology Conference. Society of Petroleum Engineers.

Dayan A. 2008. Proppant Transport in Slick-Water Fracturing of Shale-gas Shale Formations[C]//SPE-125068, presented at the SPE Annual Technical Conference and Exhibition, Denver, CO. 21-24.

Rakshit Sahai, Miskimins J L, Olson K E. 2014. Laboratory Results of Proppant Transport in Complex Fracture Systems[C]//SPE Hydraulic Fracturing Technology Conference. Society of Petroleum Engineers.

Msalli A. Alotaibi, Miskimins J L. 2015. Slickwater Proppant Transport in Complex Fractures: New Experimental Findings & Scalable Correlation[C]//SPE Annual Technical Conference and Exhibition. Society of Petroleum Engineers.

Congbin Yin, Li Y, Wang S, et al. 2015. Modified Hybrid Fracturing in Shale Stimulation: Experiments and Application[C]//SPE Asia Pacific Unconventional Resources Conference and

Exhibition. Society of Petroleum Engineers.

Li N Y , Li J, Zhao L, et al. 2016. Laboratory Testing and Numeric Simulation on Laws of Proppant Transport in Complex Fracture Systems[C]//SPE Asia Pacific Hydraulic Fracturing Conference. Society of Petroleum Engineers.

Palisch T, Chapman M, Leasure J. 2015. Novel Proppant Surface Treatment Yields Enhanced Multiphase Flow Performance and Improved Hydraulic Fracture Clean-up[C]. SPE Liquids-Rich Basins Conference-North America.

De Pater, Groenenboom J, van Dam D B, et al. 2001. Active Seismic Monitoring of Hydraulic Fractures in Laboratory Experiments. Int J Rock Mech Min Sci, 38: 777-785.

Thomas L B. 1982. An Experimental Study of Interaction Between Hydraulically Induced and Pre-existing Fractures. In: Proceedings of Society of Petroleum Engineers. Pittsburgh, 559-562.

Jeremy Holtsclaw, Funkhouser G. 2009. A Crosslinkable Synthetic Polymer System for High-Temperature Hydraulic Fracturing Applications[C]. SPE 125250, .

Wang Lei, Lai X. J, Fan H. B. 2013. Rheological Property of the Regenerable Polyhydroxy Alcohol Fracturing Fluid System[J]. Journal of Polymer Research, 20(2): 1-6.

Brannon H D, Ault M G. New. 1991. Delayed Borate-Crosslinked Fluid Provides Improved Fracture Conductivity in High-Temperature Applications[C]. SPE 22838.

Lu Yongjun, Yang Z, Guan B. S, et al. 2013. Viscoelastic Evaluation of Gemini Surfactant Gel for Hydraulic Fracturing[C]. SPE 165177.

Milton-Tayler, Fractech Ltd. 1993. Realistic Fracture Conductivities of Propped Hydraulic Fractures[J]. SPE 26602.

Fredd. 1999. Experimental Study of Hydraulic Fracture Conductivity Demonstrates the Benefits of Using Proppants[C]. SPE 60326.

Weaver. 2009. Fracture-Conductivity Loss Caused by Geochemical Interactions Between Man-Made Proppants and Formations[C]. ARMA 09-012.

Kathryn Briggs. 2014. The Relationship Between Rock Properites And Fracture Conductivity in the Fayetteville Shale[C]. SPE 170790.

Thiercelin, M. 1991. Stress Profiling Techniques In Heterogeneous Over-Pressured Formations [J]. Rinsho Byori the Japanese Journal of Clinical Pathology, 52(2): 109-114.

Chong K K, Grieser W V, Passman A. 2010. A Completions Guide Book to Shale-play Stimulation in the Last Two Decades[C]//Proceedings of Canadian Unconventional Resources and International Petroleum Conference, 19-21 October, SPE 133874. Calgary, Albetta, Canada: CSUG/SPE,

Gu H, Weng X, Lund J B, et al. 2012. Hydraulic Fracture Crossing Natural Fracture at Non-orthogonal Angles: a Criterion and its Validation[J]. SPE Production & Operations, 27(1): 20-26.

Breyer J A. 1983. Sandstone Petrology: A Survey For The Exploration And Production Geologist [J]. The mountain Geologist.

Awaji, Satos. 1978. Combined Mode Fracture Toughness Measurement by the Disk Test[J]. Journal of Engineering Materials and Technology, 100(2): 175-182.

Atkinson, Smelser R E, Sanchez J. 1982 . Combined Mode Fracture Via the Cracked Brazilian Disk Test[J]. International Journal of Fracture, 18(4): 279-291.

Mullen. M, Enderlin, Milt. 2012. Is That Frac Job Really Breaking New Rock Or Just Pumping Down a Pre-Existing Plane of Weakness? -The Integration of Geomechanics And Hydraulic-Fracture Diagnostics[J] . ARMA-10-285

Kegang Ling , Jun He , Peng Pei . 2014. Identifying Fractures in Tight Rocks Using Permeability Test Data[C]. the 48th US Rock Mechanics / Geomechanics Symposium held in Minneapolis, MN, USA, 1-4 June.

Samir Kumar Dhar , Viswanath Nandipati , Bhattacharya . 2019. Digital Core-New Tool for Petrophysical Evaluation and Enhanced Reservoir Characterization [C]. the SPE Oil and Gas India Conference and Exhibition held in Mumbai, India, 9-11 April .

Hongxia Li, Raza A, Zhang T J. 2018. Imaging Micro-scale Multiphase Flow in 3D-printed Porous Micromodels[C]// Rdpetro: Research & Development Petroleum Conference & Exhibition.

Doane, Shaw. 1999. Mechanisms of Formation Damage & Permeability Impairment Associated with Drilling, Completion & Production of Low API Gravity Oil Reservoirs: ABSTRACT[J]. Bulletin.

Van der Zwaag, Claas V D Z, et al. 2010. Formation-Damage and Well-Productivity Simulation [J]. Spe Journal, 15(03): 751-769.

Renfeng Yang. 2017. A New Quantitative Predicting Method for Water-Sensitivity Damage[C]// Offshore Technology Conference.

Ye Tian. 2014. Experimental Study on Stress Sensitivity of Naturally Fractured Reservoirs [C]// the SPE Annual Technical Conference and Exhibition held in Amsterdam, The Netherlands, 27-29 October .

Guise P, C. A. Grattoni, S. L. Allshorn, et al. 2018. Stress Sensitivity of Mercury-Injection Measurements, Petrophysics[J]. 59(1): 25-34.